全国工程专业学位研究生教育国家级规划教材

控制系统分析与设计
过程控制系统（第2版）

Control System Analysis and Design
Process Control Systems　Second Edition

王福利　常玉清　主编
Wang Fuli　Chang Yuqing

清华大学出版社
北京

内 容 简 介

本书在阐述过程控制系统相关基本概念的基础上，介绍常见的过程控制参数检测及控制仪表的基本原理与使用方法、被控过程的建模方法以及比较成熟且具有广泛应用前景的过程控制技术和方法。

本书是控制工程领域工程硕士教材，也可供普通高等院校自动化等相关专业的本科生和研究生参考。

图书在版编目（CIP）数据

控制系统分析与设计：过程控制系统/王福利，常玉清主编.—2 版.—北京：清华大学出版社，2023.4
（2024.9重印）
全国工程专业学位研究生教育国家级规划教材
ISBN 978-7-302-63222-1

Ⅰ.①控…　Ⅱ.①王…②常…　Ⅲ.①过程控制－控制系统－系统分析－研究生－教材 ②过程控制－控制系统－系统设计－研究生－教材　Ⅳ.①TP273

中国国家版本馆 CIP 数据核字（2023）第 052434 号

责任编辑：王一玲
封面设计：何凤霞
责任校对：申晓焕
责任印制：宋　林

出版发行：清华大学出版社
　　　　网　　　址：https://www.tup.com.cn，https://www.wqxuetang.com
　　　　地　　　址：北京清华大学学研大厦 A 座　　　邮　　　编：100084
　　　　社 总 机：010-83470000　　　　　邮　　　购：010-62786544
　　　　投稿与读者服务：010-62776969，c-service@tup.tsinghua.edu.cn
　　　　质量反馈：010-62772015，zhiliang@tup.tsinghua.edu.cn
　　　　课件下载：https://www.tup.com.cn，010-83470236
印 装 者：三河市人民印务有限公司
经　　　销：全国新华书店
开　　　本：185mm×260mm　　印　　张：19.5　　　　字　　　数：478 千字
版　　　次：2014 年 1 月第 1 版　2023 年 5 月第 2 版　　印　　　次：2024 年 9 月第 2 次印刷
印　　　数：1501～2300
定　　　价：59.00 元

产品编号：094933-01

前　言

"控制系统分析与设计——过程控制系统"是控制及相关领域工程硕士培养过程中的核心课程之一。通过本课程的学习,工程硕士可进一步系统地了解和掌握过程控制系统设计的基本理论、技术和方法,培养进行过程控制系统分析与设计的能力。

过程控制技术从控制器特点来分可分为常规控制技术和先进控制技术。作为控制及相关领域工程硕士课程,本书在阐述过程控制系统相关基本概念的基础上,介绍常用过程参数检测及控制仪表的基本原理与使用方法、被控过程的建模方法以及比较成熟且具有广泛应用前景的过程控制技术和方法。全书共分为9章:

第1章简述过程控制系统的组成和分类、过程控制系统的特点以及过程控制系统的控制质量指标等。

第2章介绍测量的基本概念,讲述温度、压力、压差、物位、流量、成分测量仪表的基本原理,最后简单介绍过程控制仪表的发展及其在使用过程中常见的问题。

第3章主要介绍机理建模方法、实验建模方法、基于神经网络的数据建模方法及数据与机理相结合的建模方法。

第4章介绍4种工业生产过程中常用的常规控制方法,包括单回路控制、串级控制、前馈控制及比值控制。

第5章在阐述多变量过程控制系统的特点及相关概念的基础上,介绍几种简单的解耦控制方法,同时提出了解耦控制系统在实现过程中存在的问题。

第6章介绍推理控制系统的组成、模型误差对系统性能的影响、输出可测条件下的推理控制、多变量推理控制系统的结构及推理控制器设计。

第7章以模型算法控制、动态矩阵控制和广义预测控制算法为例,讲述预测控制系统的基本结构、核心思想及算法原理。

Foreword

第 8 章介绍过程优化的基本概念、优化目标的确定及最优设定值的求解方法。

第 9 章给出了过程控制系统实例，包括发酵过程、化学反应过程、加热炉过程及锅炉过程的控制。

全书由王福利、常玉清主编，杨英华、王小刚、何大阔、牛大鹏、谭帅、赵露平参加编写。

由于编者的水平有限，书中难免存在一些不足和错误之处，欢迎读者批评指正。

编　者

2022 年 8 月于东北大学

微课视频清单

视频名称	时长/分钟	二维码对应书中的位置
第 01 集 绪论	13	1.1 节节首
第 02 集 过程控制品质指标	8	1.4 节节首
第 03 集 测量与误差	12	2.1 节节首
第 04 集 温度测量仪表(一)	19	2.3 节节首
第 05 集 温度测量仪表(二)	13	2.3 节节首
第 06 集 压力测量仪表	12	2.4.1 节节首
第 07 集 物位测量仪表	13	2.4.2 节节首
第 08 集 流量测量仪表(一)	12	2.5 节节首
第 09 集 流量测量仪表(二)	16	2.5 节节首
第 10 集 单容自衡过程的数学建模	8	3.2.1 节节首
第 11 集 单容无自衡过程的数学建模	3	3.2.2 节节首
第 12 集 多容自衡过程的数学建模	4	3.2.1 节节首
第 13 集 多容无自衡过程的数学建模	3	3.2.2 节节首
第 14 集 单回路控制系统的基本概念	9	4.1.1 节节首
第 15 集 被控参数和控制参数的选择(1)	12	4.1.2 节节首
第 16 集 被控参数和控制参数的选择(2)	9	4.1.2 节节首
第 17 集 被控参数和控制参数的选择(3)	12	4.1.2 节节首
第 18 集 调节阀的结构及工作原理	11	4.1.3 节节首
第 19 集 调节阀的流量特性(1)	9	4.1.3 节节首
第 20 集 调节阀的流量特性(2)	7	4.1.3 节节首
第 21 集 PID 控制器	15	4.1.4 节节首
第 22 集 PID 控制器的选择	13	4.1.4 节节首
第 23 集 串级控制系统的基本概念	20	4.2.1 节节首
第 24 集 串级控制系统的特点	8	4.2.2 节节首
第 25 集 前馈控制系统的基本概念	15	4.3.1 节节首
第 26 集 前馈反馈复合控制系统的结构	14	4.3.2 节节首
第 27 集 前馈控制器	9	4.3.3 节节首
第 28 集 多变量控制系统的基本概念	15	5.1 节节首
第 29 集 解耦控制方法	12	5.3 节节首
第 30 集 比值控制系统	8	4.4 节节首

目 录

第1章 绪论 ……………………………………………………………………………… 1

1.1 过程控制系统的组成和分类 …………………………………………………… 1

    1.1.1 过程控制系统的组成 ……………………………………………………… 1

    1.1.2 过程控制系统的分类 ……………………………………………………… 4

1.2 过程控制系统的特点 …………………………………………………………… 5

1.3 过程控制系统的发展简况 ……………………………………………………… 6

1.4 过程控制系统的控制质量指标 ………………………………………………… 7

本章小结 ……………………………………………………………………………… 9

思考题与习题 ………………………………………………………………………… 10

第2章 过程参数的检测及控制仪表 ……………………………………………… 11

2.1 测量的概念和测量方法 ………………………………………………………… 11

2.2 测量误差与仪表的精度等级 …………………………………………………… 12

    2.2.1 测量误差的分类 ………………………………………………………… 12

    2.2.2 仪表的基本误差、精度等级及分度标准 ……………………………… 12

    2.2.3 检测仪表的组成及分类 ………………………………………………… 15

2.3 温度测量仪表 …………………………………………………………………… 15

    2.3.1 温度的概念 ……………………………………………………………… 16

    2.3.2 工业常用接触式测温仪表 ……………………………………………… 18

    2.3.3 非接触式测温仪表 ……………………………………………………… 23

    2.3.4 电动显示仪表 …………………………………………………………… 24

    2.3.5 温度仪表的工程应用与选型原则 ……………………………………… 30

2.4 压力、压差和物位测量 ………………………………………………………… 30

    2.4.1 压力、压差测量 ………………………………………………………… 30

    2.4.2 物位测量 ………………………………………………………………… 33

2.5 流量测量仪表 …………………………………………………………………… 37

    2.5.1 概述 ……………………………………………………………………… 37

    2.5.2 差压式流量计 …………………………………………………………… 38

    2.5.3 容积式流量计 …………………………………………………………… 41

Contents

2.5.4　涡轮流量计 ……………………………………………… 43

2.5.5　涡街流量计 ……………………………………………… 44

2.5.6　靶式流量计 ……………………………………………… 45

2.5.7　转子流量计 ……………………………………………… 46

2.5.8　电磁流量计 ……………………………………………… 46

2.5.9　超声流量计 ……………………………………………… 47

2.6　成分分析仪表 …………………………………………………… 48

2.6.1　氧化锆氧分析仪 …………………………………………… 48

2.6.2　红外线气体分析器 ………………………………………… 51

2.7　过程控制仪表 …………………………………………………… 53

2.7.1　概述 ………………………………………………………… 53

2.7.2　过程控制仪表的常见应用问题 …………………………… 54

本章小结 …………………………………………………………… 56

思考题与习题 ……………………………………………………… 57

第3章　被控过程的数学模型 ……………………………………………… 58

3.1　概述 ……………………………………………………………… 58

3.1.1　单变量与多变量的被控过程 ……………………………… 58

3.1.2　自衡过程和无自衡过程 …………………………………… 59

3.1.3　被控过程数学模型的表示方法 …………………………… 60

3.2　被控过程的机理建模 …………………………………………… 61

3.2.1　建立自衡过程的数学模型 ………………………………… 62

3.2.2　建立无自衡过程的数学模型 ……………………………… 66

3.3　被控过程的实验建模 …………………………………………… 68

3.3.1　测取阶跃响应曲线 ………………………………………… 68

3.3.2　测取矩形脉冲响应曲线 …………………………………… 68

3.3.3　由阶跃响应曲线辨识被控过程的模型 …………………… 69

3.4　基于神经网络的数据建模 ……………………………………… 73

3.4.1　人工神经元和人工神经网络 ……………………………… 73

3.4.2　典型神经网络 ……………………………………………… 75

3.4.3　基于RBF神经网络的数据建模方法 ……………………… 78

3.5　数据与机理相结合的建模方法 ………………………………… 79

本章小结 …………………………………………………………… 81

思考题与习题 ……………………………………………………… 81

第4章　常规控制系统 ……………………………………………………… 83

4.1　单回路控制系统 ………………………………………………… 83

4.1.1　概述 ………………………………………………………… 83

4.1.2　被控参数与控制参数的选择原则 ……………………………… 85

4.1.3　调节阀(执行器)的选择 …………………………………………… 90

4.1.4　控制器的选择 ………………………………………………………… 96

4.1.5　控制器的参数整定 ………………………………………………… 101

4.2　串级控制系统 ……………………………………………………………… 106

4.2.1　概述 …………………………………………………………………… 106

4.2.2　串级控制系统的特点 ……………………………………………… 110

4.2.3　串级控制系统的设计 ……………………………………………… 115

4.2.4　串级控制系统的应用 ……………………………………………… 118

4.2.5　串级控制系统控制器参数的整定 ……………………………… 120

4.3　前馈控制系统 ……………………………………………………………… 123

4.3.1　概述 …………………………………………………………………… 123

4.3.2　前馈控制系统的结构形式 ……………………………………… 126

4.3.3　前馈控制系统的设计与参数整定 ……………………………… 132

4.3.4　前馈控制系统的应用 ……………………………………………… 136

4.4　比值控制系统 ……………………………………………………………… 140

4.4.1　概述 …………………………………………………………………… 140

4.4.2　比值控制方案 ………………………………………………………… 141

4.4.3　比值控制系统的设计 ……………………………………………… 144

4.4.4　比值控制系统的方案及参数整定 ……………………………… 146

4.5　工程应用实例 ……………………………………………………………… 150

4.5.1　单回路控制系统应用实例 ………………………………………… 150

4.5.2　串级控制系统实例分析 …………………………………………… 151

4.5.3　前馈控制系统应用举例 …………………………………………… 152

4.5.4　比值控制系统应用举例 …………………………………………… 154

本章小结 …………………………………………………………………………… 154

思考题与习题 …………………………………………………………………… 155

第5章　多变量过程控制系统 …………………………………………………… 158

5.1　概述 …………………………………………………………………………… 158

5.1.1　系统的耦合与解耦 ………………………………………………… 158

5.1.2　多变量系统中普遍存在的耦合现象 ………………………… 161

5.2　相对增益 ……………………………………………………………………… 162

5.3　解耦设计方法 ……………………………………………………………… 166

5.3.1　对角矩阵解耦法 …………………………………………………… 166

5.3.2　单位矩阵解耦法 …………………………………………………… 167

5.3.3　前馈补偿解耦法 …………………………………………………… 168

5.3.4　具有纯滞后耦合对象的解耦方法 ……………………………… 169

5.3.5　具有大滞后耦合对象的解耦方法 ……………………………… 170

5.4 解耦控制系统在实现过程中存在的问题 ………………………………… 172

　　5.4.1 解耦控制系统的稳定性问题 ……………………………………… 172

　　5.4.2 解耦网络模型的简化 ……………………………………………… 174

本章小结 ……………………………………………………………………… 174

思考题与习题 ………………………………………………………………… 175

第 6 章　推理控制 …………………………………………………………… 176

6.1 概述 ………………………………………………………………………… 176

6.2 推理控制系统 …………………………………………………………… 177

　　6.2.1 问题的提出 ………………………………………………………… 177

　　6.2.2 推理控制系统的组成 ……………………………………………… 178

　　6.2.3 推理控制器的设计 ………………………………………………… 181

　　6.2.4 推理-反馈控制系统 ………………………………………………… 182

6.3 模型误差对系统性能的影响 …………………………………………… 184

　　6.3.1 扰动通道模型误差的影响 ………………………………………… 184

　　6.3.2 控制通道模型误差的影响 ………………………………………… 184

6.4 输出可测条件下的推理控制 …………………………………………… 186

　　6.4.1 系统构成 …………………………………………………………… 187

　　6.4.2 模型误差对系统性能的影响 ……………………………………… 188

6.5 多变量推理控制系统 …………………………………………………… 188

　　6.5.1 多变量推理控制系统的基本结构 ………………………………… 188

　　6.5.2 多变量推理控制器的 V 规范型结构 …………………………… 189

　　6.5.3 带时间滞后多变量系统的 V 规范型推理控制器设计 ………… 191

　　6.5.4 滤波矩阵的选择 …………………………………………………… 200

6.6 推理控制系统应用实例 ………………………………………………… 201

　　6.6.1 精馏塔塔顶丁烷浓度的推理控制 ………………………………… 201

　　6.6.2 脱木素反应的推理控制 …………………………………………… 203

本章小结 ……………………………………………………………………… 206

思考题与习题 ………………………………………………………………… 206

第 7 章　预测控制 …………………………………………………………… 207

7.1 概述 ………………………………………………………………………… 207

7.2 预测控制的基本原理 …………………………………………………… 208

7.3 模型算法控制 …………………………………………………………… 209

　　7.3.1 预测模型 …………………………………………………………… 210

　　7.3.2 模型校正 …………………………………………………………… 211

　　7.3.3 参考轨迹 …………………………………………………………… 212

　　7.3.4 滚动优化 …………………………………………………………… 212

7.4 动态矩阵控制的基本原理 ……………………………………………… 213
    7.4.1 预测模型 ……………………………………………… 213
    7.4.2 反馈校正 ……………………………………………… 214
    7.4.3 滚动优化 ……………………………………………… 214
    7.4.4 动态矩阵控制的基本算法 ……………………………… 215
    7.4.5 动态矩阵控制的性能分析 ……………………………… 221
7.5 广义预测控制的基本原理 ………………………………………… 224
    7.5.1 预测模型 ……………………………………………… 224
    7.5.2 预测模型参数的求取 …………………………………… 225
    7.5.3 滚动优化 ……………………………………………… 227
    7.5.4 反馈校正 ……………………………………………… 230
    7.5.5 广义预测控制的稳定性 ………………………………… 231
7.6 面向实际应用中的预测控制 ……………………………………… 232
    7.6.1 前馈-反馈预测控制 …………………………………… 232
    7.6.2 串级预测控制 ………………………………………… 234
本章小结 ………………………………………………………………… 235
思考题与习题 …………………………………………………………… 235

第8章 过程优化 ………………………………………………………… 236

8.1 概述 ……………………………………………………………… 236
    8.1.1 基本概念 ……………………………………………… 236
    8.1.2 过程优化的主要工作 …………………………………… 237
8.2 过程优化模型 …………………………………………………… 238
    8.2.1 目标函数 ……………………………………………… 238
    8.2.2 决策变量 ……………………………………………… 240
    8.2.3 约束条件 ……………………………………………… 240
    8.2.4 过程优化模型的建立 …………………………………… 241
8.3 过程优化模型的求解 …………………………………………… 244
    8.3.1 优化算法的选择 ……………………………………… 244
    8.3.2 遗传算法 ……………………………………………… 245
    8.3.3 过程优化控制的结构 …………………………………… 248
8.4 大工业过程稳态优化 …………………………………………… 249
    8.4.1 大工业过程稳态优化问题的引入 ……………………… 249
    8.4.2 大工业过程稳态优化问题的数学描述 ………………… 251
    8.4.3 三种基本协调方法 …………………………………… 253
8.5 过程优化实例 …………………………………………………… 258
    8.5.1 常压蒸馏过程优化 …………………………………… 258
    8.5.2 发酵过程补料优化 …………………………………… 259
本章小结 ………………………………………………………………… 261

思考题与习题 ……………………………………………………………………… 262

第 9 章 过程控制系统实例 …………………………………………………………… 263

9.1 发酵过程的自动控制 ………………………………………………………… 263

9.1.1 发酵过程及其数学模型 ……………………………………………… 263

9.1.2 发酵过程的控制 ……………………………………………………… 266

9.2 化学反应过程控制 …………………………………………………………… 272

9.2.1 化学反应过程概述 …………………………………………………… 272

9.2.2 反应器的控制方案 …………………………………………………… 273

9.3 加热炉过程的控制 …………………………………………………………… 281

9.3.1 概述 …………………………………………………………………… 281

9.3.2 控制系统分析 ………………………………………………………… 281

9.3.3 基础控制回路原理 …………………………………………………… 282

9.3.4 过程优化控制 ………………………………………………………… 284

9.4 锅炉过程的控制 ……………………………………………………………… 291

9.4.1 概述 …………………………………………………………………… 291

9.4.2 控制系统分析 ………………………………………………………… 292

9.4.3 基础控制回路原理 …………………………………………………… 293

9.4.4 工业锅炉的优化控制分析与设计 …………………………………… 296

参考文献 ……………………………………………………………………………… 299

第 1 章

绪 论

学习目标
(1) 掌握过程控制系统的基本概念;
(2) 掌握控制系统的控制质量指标。

1.1 过程控制系统的组成和分类

1.1.1 过程控制系统的组成

工业生产过程必然会受到各种干扰因素的影响,使得工艺参数常常偏离希望的数值。为了实现优质高产和保证生产安全平稳地运行,必须对生产过程实施有效的控制。尽管人工操作也能控制生产,但由于受到生理上的限制,人工控制满足不了大型现代化生产的需要。在人工控制基础上发展起来的自动控制系统,可以借助一整套自动化装置,自动地克服各种干扰因素对工艺生产过程的影响,使生产能够正常运行。这里提到的生产过程一般指生产中连续的或按一定程序周期进行的工业过程,电力拖动及电机运转等过程的自动控制一般不包括在内。而面向生产过程的控制即采用控制装置对生产过程中的某一或某些物理参数(如温度、压力、流量、液位、成分等)进行的自动控制被称为过程控制。一般来说,可以把以温度、压力、流量、液位和成分等工艺参数作为被控变量的自动控制系统称为过程控制系统。

下面以液体储槽的液位控制为例来说明过程控制系统的基本构成。

在生产中液体储槽常被用来作为进料罐、成品罐或者中间缓冲容器。从前一个工序来的物料连续不断地流入槽中,而槽中的液体又被送至下一道工序进行处理。为了保证生产过程的物料平衡,工艺上要求将储槽内的液位控制在一个合理的范围。由于液体的流入量受到上一工序的制约是不可控的,因此流入量的变化是影响槽内液体波动的主要因素,严重时会使槽内液体溢出或抽空。解决这一问题的最简单方法,就是根据槽内液位的变化,相应地改变液体的流出量。

液位在人工控制时,靠人眼观察玻璃管液位计(测量元件)的指示高度,并通过神经系统传入大脑;大脑将观察的液位高度与所期望的液位高度进行比较,判断出液位的偏离方向和程度,并经过思考估算出需要改变的流出量,然后发出动作命令;手根据大脑的指示,改变出口阀门的开度,相应地增减流出量,使液位保持在合理的范围内,如图 1-1(a)所示。

液位采用自动控制时,槽内液体的高度由液位变送器检测并将其变换成统一的标准信号后送到控制器;控制器将接收到的变送器信号与事先置入的液位期望值进行比较,根据两者的偏差按某种规律运算,然后将结果发送给执行器(调节阀);执行器将控制器送来的指令信号转换成相应的位移信号,去驱动阀门的动作,从而改变液体流出量,以实现液位的自动控制,如图 1-1(b)所示。

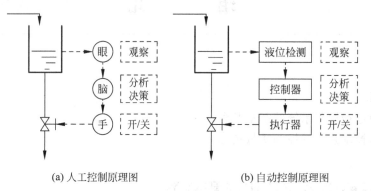

(a) 人工控制原理图   (b) 自动控制原理图

图 1-1　液位控制原理示意图

上述液位的人工控制和自动控制系统的工作原理是相似的,操作者的眼睛类似于测量装置;操作者的头脑类似于控制器;而操作者的肌体则类似于执行器。

从上述实例可见,实现某一物理参数的自动控制需要以下装置:反映被控参数变化情况的传感器、将测量信号转变为标准信号的变送器、设定被控参数正常值的定值器、比较被控参数变化并进行控制运算的控制器、实现控制命令的执行器及改变调节参数的控制阀。利用上述装置以及其他一些必要的设备对被控对象进行控制就构成了一个过程控制系统。简单过程控制系统的方框图如图 1-2 所示,图中箭头方向为信号传递方向,信号只能按照箭头方向传递,不可逆。各组成部分的功能和常用术语简介如下。

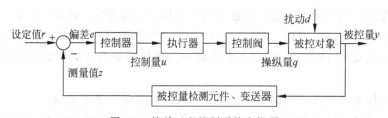

图 1-2　简单过程控制系统方框图

1. 被控对象(简称对象)

被控对象是指生产过程中需要进行自动控制的工艺设备或装置,如上述进行液位控制的水槽。典型的被控对象通常包括锅炉、加热炉、精馏塔、反应釜等生产设备以及储存物料的槽、罐或传输物料的管段等。被控对象有时也称为被控过程。在被控过程中,所有需要进行自动控制的参数称为被控量或被控参数。上例中水槽液位是被控量。当系统只有一个被控量时,称该系统为单变量控制系统;具有两个或两个以上被控量和操纵量且互相之间存在关联时,称其为多变量控制系统。被控量往往就是被控对象的输出量。

2. 检测元件和变送器

反映生产过程与生产设备状态的参数很多,按生产工艺要求,有关的参数都应通过自动检测,才能了解生产过程进行的状况,以获得可靠的控制信息。对被控对象进行自动控制时,应由传感器检测出被控参数的变化,当其输出不是电量或虽是电量而非标准信号时,再通过变送器将其转换成标准信号。传感器或变送器的输出就是被控量的测定值。

3. 控制器

由传感器或变送器获得的信息即被控量,当其符合生产工艺要求时,控制器的输出不变;否则控制器的输出发生变化,对系统施加控制作用。除了控制作用外,使被控量发生变化的任何其他作用都被称为扰动。当扰动使得被控参数发生变化时,控制器都将发出控制命令对系统进行自动控制。

按生产工艺要求,规定被控量的参考值称为设定值。设定值也是经过控制系统的自动控制作用后,被控量所应保持的正常值。在过程控制系统中,被控量的测量值 z 由系统的输出端反馈到输入端与设定值比较后得到的偏差值 $e = r - z$ 就是控制器的输入信号。当 $z < r$ 时称为正偏差,$z > r$ 称为负偏差。

控制器有正作用和反作用两种形式。在本书中,正作用的控制器是指在设定值不变时,被控量增大,控制器输出减小(或被控量减小,控制器输出增大);反作用的控制器是指在设定值不变时,被控量增大,控制器输出增加(或被控量减小,控制器输出减小)。

4. 执行器

被控量的测量值和设定值在控制器内进行比较得到的偏差大小,由控制器按规定的控制规律(如 PID 等)进行运算,发出相应的控制信号去推动执行器,该控制信号称为控制器的控制量 u。目前采用的执行器多为气动执行器和电动执行器两类。

5. 控制阀

由控制器发出的控制作用,通过电动或气动执行器驱动控制阀门,以改变被控对象的操纵量 q,使被控量受到控制。在水槽液位控制系统中,出水流量就是操纵量。控制阀是控制系统的终端部件,阀门的输出特性决定于阀门本身的结构,有的与阀门输入信号呈线性关系,有的则呈对数或其他曲线关系。

由液体储槽的液位控制可知,实现液位的自动控制需要三类环节,即测量与变送装置、控制器和执行器。测量与变送装置的作用是自动检测被控变量的变化,并将其转换成统一的标准信号后传送给控制器。控制器的作用是根据偏差的大小、方向以及变化情况,按照某种预定的控制规律计算后,发出控制信号。执行器的作用是将控制信号转换成位移,并驱动阀的动作,使操纵变量发生相应的变化。如果把测量与变送装置、控制器以及执行器统称为自动化装置,则过程控制系统是由被控对象和自动化装置两部分组成的。

显然,不论被控对象是什么,作为生产过程自动化装置必须具备测量、比较、决策、执行这些基本功能。前面所述的单回路系统是最基本的过程控制系统结构,复杂的系统都是以此为基础为了克服某些特定扰动或达到特殊功能而进一步丰富的。

1.1.2 过程控制系统的分类

过程控制系统根据划分过程控制类别的方式不同有不同的名称。按被控参数的名称来分,可分为温度控制系统、压力控制系统、流量控制系统、液位控制系统以及成分控制系统等;按系统完成的任务和功能来分,可分为比值控制系统、均匀控制系统、前馈控制系统及选择控制系统等;按被控变量的多少来分,可分为单变量和多变量控制系统;按采用常规仪表和计算机来分,可分为常规过程控制系统和计算机过程控制系统等。但是最基本的分类方法有下列几种。

1. 按系统的结构特点来分

1) 反馈控制系统

反馈控制系统是根据系统被控量和给定值之间的偏差进行工作的,偏差是控制的依据,控制系统要达到减小或消除偏差的目的。前面所述的液体储槽液位控制系统就是反馈控制系统。另外,因为该系统的被控量反馈到了系统的输入端,使得系统构成了一个闭合回路,所以又称其为闭环控制系统。反馈控制系统是过程控制系统中一种最基本的控制形式。反馈控制系统中的反馈信号也可能有多个,从而可以构成多个闭合回路,称为多回路控制系统。

2) 前馈控制系统

图 1-3 所示的前馈控制系统是根据扰动量的大小进行工作的,扰动是控制的依据。由于前馈控制没有被控量的反馈信息,因此它是开环控制系统。图 1-3 中,扰动 d 是引起被控量发生变化的原因,扰动的出现是前馈控制的依据。可见,前馈控制可以及时消除扰动对被控量的影响。但是,由于前馈控制系统是一种开环系统,最终无法检查控制的效果,所以在实际生产过程中是不能单独采用的。

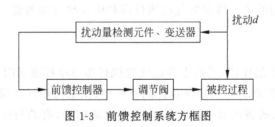

图 1-3 前馈控制系统方框图

3) 复合控制系统(前馈-反馈控制系统)

图 1-4 所示为复合控制系统方框图。前馈控制的主要优点是能及时迅速克服主要扰动对被控变量的影响。反馈控制的特点是能检查控制的效果。因此,在反馈控制系统中引入前馈控制,构成复合控制系统,可以大大提高控制系统的控制质量。

2. 按设定值信号的特点来分

1) 定值控制系统

定值控制系统是工业生产过程中应用最多的一种过程控制系统。在运行时,系统被控

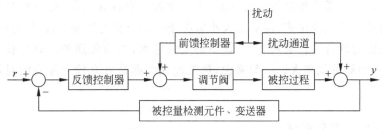

图 1-4　复合控制系统方框图

量(温度、压力、流量、液位、成分等)的给定值是固定不变的。有时根据生产工艺要求,被控量的给定值保持在规定的小范围附近不变。

2) 随动控制系统

随动控制系统是一种被控量的给定值随时间任意变化的控制系统。它的主要作用是克服一切扰动,使被控量随时跟踪给定值。例如,在燃烧控制系统中,要求空气量随燃料量的变化而成比例变化,保证燃料经济地燃烧,而燃料量则随负荷而变,其变化规律是任意的,因此,空气流量控制系统就是随动控制系统。

3) 顺序控制系统

顺序控制系统是被控量的给定值按预定的时间程序变化的控制系统。例如,机械工业中退火炉的温度控制系统,其给定值是按升温、保温和逐次降温等程序变化的,这就是顺序控制系统。

1.2　过程控制系统的特点

生产过程的自动控制,一般是要求保持过程进行中的有关参数为一定值或按一定规律变化。显然,过程参数的变化不但受外界条件的影响,它们彼此之间往往也存在着相互作用,这就增加了某些参数自动控制的复杂性和困难。过程控制有以下特点。

1. 被控过程的多样性

工业生产各不相同,生产过程本身大多比较复杂,生产规模也可能差异很大,这就使得对被控对象的认识存在一定的困难。不同生产过程要求控制的参数各异,且被控参数一般不止一个,这些参数的变化规律不同,引起参数变化的因素也不止一个,并且往往互相影响。要正确描绘这样复杂多样的对象特性还不完全可能,至今也只能对简单的对象特性有明确的认识,对那些复杂多样的对象特性,还只能采用简化的方法来近似处理。虽然理论上有适应不同情况的控制方法,但是由于对象特性辨识的困难,要设计出适应不同对象的控制系统至今仍非易事。

2. 对象存在滞后

由于热工生产过程大多在比较庞大的设备内进行,对象的储存能力大,惯性也较大,内部介质的流动与热量转移都存在一定的阻力,并且往往具有自动转向平衡的趋势。因此当流入或流出对象的物质或能量发生变化时,由于被控对象存在容量、惯性和阻力的存在,使被控参数不可能立即反映出来,滞后的大小取决于生产设备的结构与规模,并同研究它的流入量与流出量的特性有关。显然,生产设备的规模愈大,物质传递的距离愈长,热量传递的阻力愈大,造成的滞后就愈大。一般来说,热工过程大都是具有较大滞后的对象,对自动控制十分不利。

3. 对象特性存在非线性

对象特性往往是随负荷而变的,即当负荷不同时,其动态特性有明显的差别。如果只以较理想的线性对象的动态特性作为控制系统的设计依据,难以达到控制目的。

4. 控制系统比较复杂

从生产安全上的考虑,生产设备的设计制造都力求使各种参数稳定,不产生振荡,作为被控对象就具有非振荡环节的特性。热工对象往往具有自动趋向平衡的能力,即被控量发生变化后,对象本身能使被控量逐渐稳定下来,这就具有惯性环节的特性。也有无自动趋向平衡的能力的对象,被控量会一直变化而不能稳定下来,这种对象就具有积分特性。

由于对象的特性不同,其输入与输出量也可能不止一个,控制系统的设计在于适应这些不同的特点,以确定控制方案和控制器的设计和选型以及控制器特性参数的计算与设定,这些都要以对象的特性为依据。而对象的特性正如上述那样复杂且难于充分认识,要完全通过理论计算进行系统设计与整定至今仍不可能。目前已设计出各种各样的控制系统,如简单的位式控制系统、单回路及多回路控制系统以及前馈控制等,都是通过必要的理论计算,采用现场调整的方法,才能达到过程控制的目的。

1.3 过程控制系统的发展简况

生产过程自动化是保持生产稳定、降低消耗、降低成本、改善劳动条件、促进文明生产、保证生产安全和提高劳动生产率的重要手段,是 20 世纪科学与技术进步的特征,是工业现代化的标记之一。其发展过程与生产过程本身乃至控制设备相关技术的发展有着密切的联系,它经历了一个从简单形式到复杂形式,从局部自动化到全局自动化,从低级经验管理到高级智能决策的发展过程。回顾生产过程自动化的发展历史,大致经历了三个发展阶段。

1. 初级阶段

20 世纪 50 年代以前,工业生产的规模比较小,设备也相对简单,大多数生产过程处于手工操作状态。生产过程自动化局限于简单的检测仪表和笨重的基地式仪表,只能在局部生产环节就地实现一些简单的自动控制。控制系统设计明显凭借实际经验,过程控制的目的主要是维持生产的平稳运行。

2. 仪表化阶段

20 世纪 50 年代和 60 年代,随着人们对生产过程机理认识的深化和各种单元操作技术的开发,使得工业生产朝着大型化、连续化和综合化的方向迅速发展。为了适应工业生产发展的客观需要,各种自动化仪表应运而生,先后出现了单元组合仪表和巡回检测仪表。与此同时,现代控制理论也取得了惊人的进展,控制系统的设计不再完全依赖于经验,各种较为复杂的过程控制系统相继投入运行成功。由单元组合仪表组成的常规控制系统已经从原来分散的个别设备向装置级的规模发展,并实现了集中监视和操作,为强化生产过程和提高设备效率起到了重要作用。尽管在那时计算机集中控制系统已经在生产过程中有了应用,但单元组合仪表无疑是这一时期生产过程自动化的主角。

3. 综合自动化阶段

自 20 世纪 70 年代中期以来,随着现代工业的迅猛发展与微型计算机的广泛应用,过程控制的发展达到了一个新的水平,即实现了过程控制最优化与现代化的集中调度管理相结合的全盘自动化方式,这是过程控制发展的高级阶段。这一阶段的主要特点是:在新型的自动化技术工具方面,开始采用以微处理器为核心的智能单元组合仪表(包括可编程序控制器等),成分在线检测与数据处理技术的应用也日益广泛,模拟调节仪表的品种不断增加,可靠性不断提高,电动仪表也实现了本质安全防爆,适应了各种复杂过程的控制要求。过程控制由单一的仪表控制发展到计算机/仪表分布式控制,如集中/分散型控制(distributed control system,DCS)、现场总线(fieldbus control system,FCS)控制等。与此同时,现代控制理论的主要内容,如过程辨识、最优控制、最优估计以及多变量解耦控制等获得了更加广泛的应用。

当前,过程控制已进入全新的、基于网络的计算机集成过程控制(computer integrated process system,CIPS)时代。CIPS 是以企业整体优化为目标(包括市场营销、生产计划调度、原材料选择、产品分配、成本管理以及工艺过程的控制、优化和管理等),以计算机及网络为主要技术工具,以生产过程的管理与控制为主要内容,将过去传统自动化的"孤岛"模式集成为一个有机整体。而网络技术、数据库技术、分布式控制、先进过程控制策略、智能控制等则成为实现 CIPS 的重要基础。

总之,生产过程自动化是自动控制理论、计算机科学、仪器仪表技术和生产工艺知识相结合而构成的一门综合性的技术科学。它也必将随着计算机、网络、控制理论等软硬件技术的进步而逐渐发展完善,满足日益增长的工业生产的需要。

1.4 过程控制系统的控制质量指标

在过程控制中,由于控制器的自动控制作用而使被控量不再随时间变化的平衡状态称为稳态或静态。被控量随时间而变化,系统未处于平衡状态时则称为动态或瞬态。当改变控制器的设定值或干扰进入系统,原来的平衡状态就被破坏,被控量随即偏离设定值,控制器及控制阀门都会相应动作,改变操纵量的大小,使被控量逐渐回到设定值,恢复平衡状态。

在阶跃信号输入的情况下,整个过渡过程可能有几种不同的状态,如图 1-5 所示。其中①为发散振荡过程,②为等幅振荡过程,③为衰减振荡过程,④为非周期过程,当然还可能出现其他过程。显然前两种过程是不稳定的,不能采用;后两种过程可以稳定下来,是可以接受的,一般都希望是衰减振荡的控制过程。非周期过程虽然能稳定下来,但偏离设定值的时间较长,过渡过程进行缓慢,除特殊情况外,一般难以满足要求。

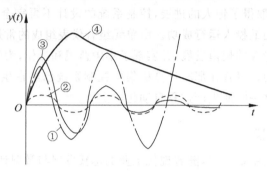

图 1-5　几种不同的过渡过程

总之,控制过程就是克服和消除干扰的过程。一个控制系统的优劣,就在于在受到外来扰动作用或给定值发生变化后,经过控制器的控制作用,能否平稳、迅速、准确地回复(或趋近)到给定值上。在衡量和比较不同的控制方案时,必须定出评价控制性能好坏的性能指标。

1. 余差(静态偏差)C

余差是指系统过渡过程达到稳态时,给定值与被控参数稳态值之差。它是一个重要的静态指标,一般要求余差不超过预定值或为零。

2. 衰减率 Ψ(递减比 n)

衰减率和递减比都是衡量系统过渡过程稳定性的一个动态指标。衰减率 Ψ 和递减比 n 可以分别定义为

$$\Psi = \frac{B_1 - B_2}{B_1} = 1 - \frac{B_2}{B_1} = 1 - \frac{1}{n} \tag{1-1}$$

$$n = \frac{B_1}{B_2} \tag{1-2}$$

式(1-1)和式(1-2)中,B_1、B_2 分别为衰减振荡过程第一和第二波峰的幅值。根据 Ψ 的定义可知,Ψ 值的大小可以确定系统的稳定程度。在工程实践中,应根据生产过程的特点来确定适宜的 Ψ 值。为了保持系统足够的稳定程度,一般取 $\Psi = 0.75 \sim 0.9$。

递减比 n 表示曲线变化一个周期后的衰减快慢,一般用 $n:1$ 表示。在实际工作中,控制系统的递减比习惯于采用 4:1,即振荡一个周期后衰减了 3/4,被控量经上下两次波动后,被控量的幅值降到最大值的 1/4,这样的控制系统就认为稳定性好。递减比也有用面积比表示的,如图 1-6 中阴影线面积 A_1 与 A_2 之比,指标仍然是 4:1。虽然公认 4:1 递减比较好,但并非是唯一的,特别是对一些变化比较缓慢的过程,如温度过程,采用 4:1 递减比可能过程振荡过甚,所以有时也采用 10:1 递减比,因此递减比应视具体对象不同,做适当选取。

3. 最大偏差或超调量

对于定值系统来说,最大偏差是指被控参数第一个波的峰值与给定值的差,即如图 1-6 中的 B_1;随动系统通常采用超调量指标,如式(1-3)所示。

$$\sigma = \frac{y(t_{\rm p}) - y(\infty)}{y(\infty)} \times 100\% \tag{1-3}$$

最大偏差(或超调量)是表示被控参数偏离给定值的程度,所以是衡量系统控制质量的一个重要指标。

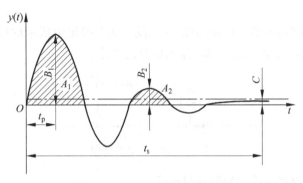

图 1-6 过渡过程的品质指标

4. 过渡过程时间 $T_{\rm s}$

过渡过程时间是指系统从受扰动作用时起,直到被控参数进入新的稳定值±5％的范围内所经历的时间。过渡过程时间的大小,表示过程控制系统过渡过程的快慢,是衡量控制系统快速性的指标。通常要求 $T_{\rm s}$ 愈短愈好。

应该说明,上述性能指标之间是相互矛盾的。当一个系统的稳态精度要求很高时,可能会引起动态不稳定;解决了稳定问题,又可能因反应迟钝而失去快速性。所以对于不同的控制系统,这些性能指标各有其重要性。要同时最好地满足这些指标的要求是很困难的。因此,应根据工艺生产的具体要求,分清主次,统筹兼顾,保证优先满足主要的质量指标要求。

本章小结

在石油、化工、冶金、炼焦、造纸、建材、陶瓷及热力发电等工业过程中,为了维持生产的正常进行,通常要对其中的某一或某些物理参数(如温度、压力、流量、液位、成分等)进行自动控制。但由于生产过程具有多样性及复杂性的特性,使得不可能利用单一的控制方案完成所有物理参数的自动控制,因此只有根据不同对象的特点,才能设计出合理、正确的控制方案。

本章首先介绍了过程控制系统的基本概念,然后描述了过程控制系统的组成及分类、过程控制系统的发展以及过程控制系统的控制质量指标。

通过对本章的学习,可以更清楚地掌握什么是过程控制系统以及相关的基础知识,为后面章节的学习奠定良好的基础。

思考题与习题

1. 什么是过程控制系统?它主要由哪几部分组成?

2. 过程控制系统最基本的分类方法有哪几种?反馈控制和前馈控制的主要区别是什么?

3. 某一流量控制系统的原理图如图 1-7 所示,试根据图中所示的原理图画出控制系统的方框图,并说出被控对象、被控参数、操纵量分别是什么?

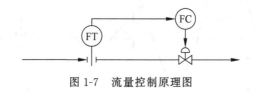

图 1-7　流量控制原理图

4. 试描述过程控制系统的控制质量指标。

第 **2** 章

过程参数的检测及控制仪表

学习目标

(1) 掌握测量的基本概念；

(2) 掌握常用测量仪表的基本结构及工作原理；

(3) 掌握常用测量仪表的工作过程；

(4) 掌握过程控制仪表的相关基础知识。

过程控制系统是由一系列单元组合仪表构成的，如检测过程参数的测量仪表，用于控制运算的控制器，用于实施控制指令的执行器等。正是这些各具独特功能的设备的合理组合，才构成了各式各样或复杂或简单的过程控制系统。

本章分别对各种主要过程参数检测仪表的测量原理及其主要特征进行介绍，并对其他控制仪表的功能和典型的控制系统组成做概括说明，为形成实际的过程控制系统概念打下初步基础。

2.1 测量的概念和测量方法

测量就是借助专用的技术工具，通过实验或计算的方法，对被测对象取得测量结果的过程。

任何测量过程都是将被测量与某一标准量进行比较的过程。测量中必不可少的一环是比较，即被测量与同性质的标准量进行比较，并确定被测量是该标准量的多少倍。通常被测量能直接与标准量比较的场合不太多，大多数的被测量和标准量都要变换到双方便于比较的某个中间量。例如用酒精温度计测量室温时，室温（被测量）被变换成玻璃管内酒精柱的热膨胀位移量；而温度的标准量被传递到玻璃管上的标尺分格，这时被测量和标准量都需变换到同性质的线性位移（中间量），这样就可以比较了。由此可见，通过变换可实现测量。以后可以发现，这种变换是整个测量技术的核心。

实现变换的元件叫变换元件。多个变换元件的有机组合，就构成了自动检测仪表。变换元件中最重要的是敏感元件，又称传感器。它直接与被测对象接触，其工作条件往往最复杂，因而最受重视。

根据最终的结果获得方式的不同，可将测量方法分为直接测量和间接测量两种。

（1）直接测量 它是将被测量与标准量直接进行比较，或用预先按标准校对好的测量仪器对被测量进行测量,并能直接得到被测量的大小。例如用米尺量出一根钢管的长度。

（2）间接测量 它是通过一个或多个直接测量值,代入一定的函数关系式运算才能得到被测量的。例如用节流装置测量流量时,在测量出节流装置前后的压差以后,要代入流量公式才能计算出所对应的流量值。

2.2 测量误差与仪表的精度等级

在工程技术或科学研究中,对一个参数进行测量时,人们总要提出这样一个问题：所获得的测量结果是否就是被测参数的真实值？它的可信赖程度究竟如何？

诚然,测量的最终目的是求得被测量的真值。可是人们对被测参数真值的认识,虽然随着实践经验的积累以及科学技术的发展会越来越接近,但是绝对达不到完全相等的地步,只能以不同的精度逼近真值。因而,测量值与真实值之间总是存在着一定的差别,这个差别就是测量误差。

目前有不少科技工作者在研究测量误差理论,其目的一方面是要在认识和掌握误差规律的基础上,设计、制造出更准确的测量仪表；另一方面是为了指出测量仪表的正确使用方法,以指导测试工作的正确进行。

2.2.1 测量误差的分类

（1）按误差出现的规律来分,可分为系统误差、随机误差及粗大误差。

① 系统误差 指由仪器造成的误差。反复测量同一物理量时,所出现的误差大小和符号均保持不变或按一定规律变化。例如弹簧秤指示偏高。这种误差可以引入修正机制克服。

② 随机误差 指由无规律的干扰造成的误差。其大小和符号均不固定,但多次测量时符合正态分布,进而可以一定程度克服。

③ 粗大误差 指由操作人员操作不当带来的误差。如错误读数、条件不满足等。

（2）按误差出现的原因来分,可分为工具误差、方法误差。它们同属于系统误差。

（3）按误差表示形式来分,可分为绝对误差、相对误差。

（4）按被测量与时间的关系来分,可分为静态误差、动态误差。

（5）按仪表使用条件来分,可分为基本误差、附加误差。

深入地了解误差理论,就能找到减小误差的方法,从而设计、制造出精度满足要求的仪表。但是针对一只已出厂的合格仪表来说,选表不当或使用有误,也同样达不到预期的测量效果。下面将结合给定的测量任务,讨论仪表误差的定义、如何选取合适的仪表及怎样合理使用仪表的问题。

2.2.2 仪表的基本误差、精度等级及分度标准

仪表的基本技术指标是衡量仪表质量好坏的标准,也是正确选择和使用仪表所必须具备与了解的知识。下面仅讨论工业上最常用的一些指标。

1. 仪表读数误差

仪表都是批量生产,统一刻度的。但是,每个传感器及其使用条件又不可能完全一样,所以每只仪表均会在读数上出现不同的误差。这正是每只仪表在使用前必须进行校验的原因。

读数误差的实质,是仪表读数与被测参数真实值之差。但真实参数值也只有通过测量才能知道。所以,仪表的读数误差只能是读数与标准测量值之差,如式(2-1)所示。标准值将随着科技水平的发展而更接近被测参数的真实值。

$$\Delta = M - A \tag{2-1}$$

式中,Δ 为读数绝对误差;M 为仪表读数;A 为读数的标准值。

仪表读数误差的求法是:用精确度高的标准仪表和实用测量仪表,在相同的条件下,对同一参数进行测量,然后进行数据的比较。这项工作就叫作仪表的校验。

实践证明,仅使用绝对误差往往无法给出合理的评断。因为若不考虑具体的使用情况,只知道了某一读数上的绝对误差值,这对测量误差的工作不会有什么实际的指导意义,甚至会带来错误的结论。例如,读数的绝对误差是+5℃,由此并不能得出这只仪表测量是否准确的结论。如果这个+5℃的误差是在测量 440℃ 的过热蒸气温度时出现的,那么这只仪表的测量值是足够准确的,此时的误差对生产的影响不大;而如果这个+5℃的误差发生在人体温度的测量中,可想而知,将给病情的诊断带来多么大的混乱,这将是不允许的。因此,在实践中常采用更具有实际意义的相对值的概念,即

$$\delta = \Delta / A \times 100\% \tag{2-2}$$

式中,δ 为读数相对误差。

在上例中,测量 440℃ 时误差为+5℃,由式(2-2)知,其读数相对误差约为 1%;而在测量 37℃ 时如果误差为+5℃,则此时的读数相对误差约为 13.5%。可见,同样大小的读数绝对误差值,对不同测量值的影响是截然不同的。

2. 仪表误差

对每一只仪表来说,若给出其各个读数上可能出现的最大误差值,就可以保证在正常使用条件下,此仪表各测点的读数误差均不会超过此值。这使得工业仪表的选用更加简单,使用也更可靠。

在测量标尺范围内,各读数误差的最大值,就定义为仪表的绝对误差。现举例如下:

(1) 某测量范围为 0~600℃ 的温度计,通过校验得到数据如表 2-1 所示。由表 2-1 可知该仪表的绝对误差为±6℃。

表 2-1　校验数据

读数/℃	0	100	200	300	400	500	600
误差值/℃	0	+1	−2.7	−6	+3	+2	−3.5

由于仪表测量准确性不但与绝对误差有关,而且还与仪表的量程有关。因此,工业仪表不采用绝对误差来判断其精度的高低,而是将其折合成仪表量程的百分数表示,称为仪表的相对误差或折合误差,即

$$S = \Delta_m / X \tag{2-3}$$

式中,S 为仪表折合误差;Δ_m 为仪表的绝对误差;X 为仪表的量程,即仪表测量范围的上限值与下限值之差。

(2) 一只测量范围是 0~500℃ 的温度计,其绝对误差为 6℃,则仪表折合误差是 1.2%;另一只测温仪表的测量范围是 20~100℃,其绝对误差仍为 6℃,此表折合误差为 7.5%。

显然,在仪表绝对误差相同时,量程较大的表质量优于量程较小的仪表。

(3) 有一只测温仪表,参数如下:

刻度范围:−50~450℃;测量读数:190℃;读数标准值:200℃(用标准仪表测得)。读数绝对误差:190−200=−10℃(负号说明读数偏低)。由式(2-2)知,读数相对误差 $\delta = -5\%$;由式(2-3)知,仪表相对误差 $S = -2\%$。从数值上看该仪表的读数相对误差大于仪表折合误差,这是由于没有充分利用仪表的缘故。这只测温仪表的测量上限为 450℃。现在只用来测量 200℃,因此误差偏大。可见,充分利用仪表的最大量程可减小仪表读数误差。

3. 仪表的基本误差、允许误差、精度等级、灵敏度及变差

(1) **仪表的基本误差** 指在仪表制造厂保证一定精度的条件下仪表的折合误差值。仪表制造厂家无法预知每一只仪表在具体工程中的使用条件,因此厂家只能提出仪表在标定刻度时所保持的标准工作条件。例如,电源电压为交流 220V ± 5%;环境温度为 −10~40℃;相对湿度为 45%~95%;大气压力为 86~106kPa;环境噪声小于 60dB 等。

在上述使用条件下,制造厂保证仪表使用时的误差为基本误差,即规定使用条件下的折合误差。

(2) **仪表的允许误差** 允许误差是国家标准规定的,即指在标准条件下使用时(制造厂正是根据国家的这个标准而提出的上述使用条件),仪表所应满足的相对误差。基本误差必须与允许误差相一致。

(3) **仪表的精度等级** 精度等级又称准确度级,是按国家统一规定的允许误差大小划分成的等级。例如,某只温度计的允许误差为 ±1.5%,则该温度计的精度等级为 1.5;同理,误差为 ±1% 的仪表,就叫作 1 级表。

目前,我国生产的仪表,其精度等级有 0.001、0.005、0.02、0.05、0.1、0.2、0.4、0.5、1.0、1.5、2.5、4.0 等。级数越小,准确度(精度)就越高。

通常,科学实验用的仪表精度等级在 0.05 级以上;工业检测用的仪表多在 0.1~4.0 级,其中校验用的标准仪表多为 0.1 或 0.2 级,现场用的多为 0.5~4.0 级。由此进一步说明,标准仪表的读数并不是参数的真值,只是比实用仪表的读数更接近于真实值。

为保证测量精度和安全操作,建议在选用仪表时,应保证仪表工作在刻度标尺的 1/3~1/2 处(对压力表)或刻度标尺的 2/3~3/4 处(对其他检测仪表)。作为校验用仪表应选择至少比被校仪表高出一个精度等级。

(4) **仪表的灵敏度** 仪表指针的线位移或角位移 $\Delta\alpha$ 与引起此位移的被测参数的变化 ΔX 之比即为仪表的灵敏度,即

$$n = \Delta\alpha / \Delta X \tag{2-4}$$

式中,n 为仪表的灵敏度。

由此可见,当被测参数变化很小时,仪表已有明显的示值改变,则这只仪表的灵敏度就高。

（5）仪表的变差　变差可用来表征仪表测量的稳定程度或复现性。

在进行仪表校验时，常常会发现在外界条件不变的情况下，使用同一仪表对相同的被测参数值进行正、反行程（即被测参数逐渐由小到大和逐渐由大到小）测量时，其所得到的仪表指示值是不相等的，两者之差就称为该仪表在该读数点的变差。造成变差的原因很多，例如传动机构的间隙、运动件的摩擦、弹性元件的弹性滞后影响等。变差的大小，一般用在同一被测参数数值下，正、反行程时仪表指示值的绝对误差的最大值与仪表标尺范围（量程）之比的百分数表示，即

$$a = (m_正 - m_反)/X \tag{2-5}$$

式中，a 为变差；$m_正$ 为被校验表正行程读数；$m_反$ 为被校验表反行程读数。

仪表校验时，一般应检定仪表量程范围内 10％、50％、90％ 三个刻度处的变差，其数值都应小于仪表基本误差。

2.2.3　检测仪表的组成及分类

1. 检测仪表的组成及各部分的作用

检测仪表的结构形式是多种多样的，但基本上由三部分组成：

（1）一次仪表　又称测量元件或传感器，其作用是将被测参数（各种物理量）转换成容易被量度的量，如电量、位移量等。

（2）传输、转换部分　其作用是将一次仪表测出的信号输出、转换或放大后再送至二次仪表。

（3）二次仪表　又称显示仪表。其作用是将转换、输送部分送来的信号量度出来或与标尺比较得出被测物理量的数值。它可以将被测物理量指示、记录或累计下来。

显示方式分为模拟显示（即用指针的位移模拟被测量的大小）、数字显示。

2. 检测仪表的分类

工业生产过程中所用的检测仪表，其结构和形式是多种多样的，可从不同的角度进行分类。按仪表使用的动力，检测仪表可分为气动仪表、电动仪表和液动仪表。目前常用的为气动和电动仪表，冶金企业以电动仪表为主。

气动仪表的结构比较简单，工作比较可靠；对温度、湿度、电磁场、放射线等环境影响的抗干扰能力较强；能防火、防爆，价格比较便宜。但气动仪表一般精度偏低，反应速度较慢，传送距离受到限制；与计算机结合比较困难，使远距离集中控制受到限制。

电动仪表以电为能源，信号之间联系比较方便，适宜于远距离传送、集中控制，便于与计算机结合控制生产过程。近年来，电动仪表也可以做到防火、防爆，更有利于电动仪表的安全使用。

2.3　温度测量仪表

温度是冶金生产中最普遍最重要的热工参数。许多冶金产品的质量、产量和能耗等都直接与温度参数有关，因此实现精确的温度测量与控制具有重要意义。

2.3.1 温度的概念

1. 温度

温度是表征物体冷热程度的一个物理量。人们习惯认为,热的物体温度高,冷的物体温度低。但科学上温度的定义不能凭人们对冷热的感觉来决定。比如,在一间温度很低的屋子里,会感到很冷;倘若从风雪交加的室外进入这间屋子,又会顿觉十分暖和。原因是人们的感官所反映的只是相对的、定性的信息,而不能给出定量的说明。所以凭人的感觉来判断冷热(温度的高低)是很不可靠的。因此,必须为表征物体冷热程度的物理量——温度,建立一个严格的、科学的定义。

设有两个热力学系统,它们各处于不同的状态。若使这两个系统互相接触(热接触),它们之间就会发生热交换。实验证明,热交换后,热量将从温度较高的物体传给温度较低的物体,直到两者冷热程度完全一致,此时达到热平衡状态;若两个系统相互接触时,没有热量的传递,则说明该两系统已处于热平衡状态。上述情况表明:处于同一热平衡状态的热力学系统,都具有共同的宏观性质。定义这个决定系统宏观性质的变量为温度。一切互为热平衡的系统都具有相同的温度。

2. 温标

温标是将温度数值化的一套规则和方法,它同时确定了温度的单位。和数学中的坐标一样,温标有起点、单位和方向。历史上曾有过许多种温标,至今仍被各国使用的有以下几种:

(1) 经验温标   借助于某一种物质的物理量与温度变化的关系,用实验方法或经验公式所确定的温标称作经验温标。它主要指摄氏温标和华氏温标两种。

华氏温标($^\circ\mathrm{F}$):是在标准大气压下,将水的冰点和沸点之间的温度差分为 180 等份,每一等份称为一华氏度。并规定冰点的温度数值为 $32^\circ\mathrm{F}$,沸点为 $212^\circ\mathrm{F}$。

摄氏温标($^\circ\mathrm{C}$):是在标准大气压下,将水的冰点和沸点之间的温度差分为 100 等份,每一等份称为一摄氏度。并规定冰点的温度数值为 $0^\circ\mathrm{C}$,沸点为 $100^\circ\mathrm{C}$。

摄氏温标和华氏温标的起点不同,基本单位的大小也不同。

(2) 热力学温标(又称开尔文温标)   上述经验温标是用水银作温度计的测温介质,由于依附于具体物质的性质而带有任意性,不能严格地保证世界各国所采用的基本温度单位完全一致。

物理学家开尔文提出的以热力学第二定律为基础的热力学温标,是一种纯理论的理想温标,无法直接实现。它规定分子运动停止时(即无热存在)的温度为绝对零度,即 0K;水的三相点为 273.16K。其间进行 273.16 等分为 1K。

(3) 国际温标   气体温度计虽然能复现热力学温标,但它的装置系统复杂,不适于实际应用。为了实用方便,国际上协商决定,建立一种既使用方便又具有一定科学技术水平的温标,这就是国际温标。

国际温标的基本内容为:规定不同范围内的基准仪器;选择一些纯物质的平衡态作为温标基准点;建立内插值公式可计算出任何两个相邻基准点间的温度值。以上被称为温标三要素。

目前,国际上使用的是 1990 年的 ITS-90 标准。ITS-90 定义了 17 个固定点,都是一些纯物质的熔点、沸点及三相点。例如,水的三相点为 0.1℃(273.16K),锌的凝固点是 419.527℃(692.677K);整个温标分为 4 个温区,都有对应的标准仪器。其中工业上常见的温区标准仪器有两个,961.78℃以下为铂电阻温度计,961.78℃以上为光学高温计;内插值公式分得很细,工业应用很少用得到,本书就不列举了。

3. 温度检测仪表的分类及其测温范围

温度不能直接测量,只能借助于两物体建立热平衡后的某些物理特性来衡量。根据测温方式,可将测温仪表分为接触式与非接触式两大类。

(1) 接触式测温 这种测温方法是测温元件与待测温介质直接接触,当两者达到热平衡状态时其温度相等,于是通过测温元件的某一物理量(如液体的体积、导体的电阻等)得出待测的温度值。例如体温计测量体温。常见的接触式测温仪表有膨胀式温度计、压力式温度计、热电偶、热电阻等,部分仪表如图 2-1 和图 2-2 所示。

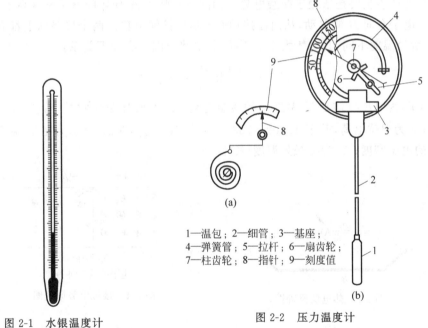

1—温包;2—细管;3—基座;
4—弹簧管;5—拉杆;6—扇齿轮;
7—柱齿轮;8—指针;9—刻度值

(a)

(b)

图 2-1 水银温度计   图 2-2 压力温度计

接触式测温简单、可靠、测量精度高。但由于测温元件与被测介质需要进行充分的热交换,所以测量常伴有时间上的滞后;测温元件有时可能破坏被测介质的温度场,此时将引起不能允许的测量误差;接触式测温仪表的传感器因受到耐高温材料的限制,测温上限是有界的。

(2) 非接触式测温 这种测温方法是,不同温度的物体向外辐射不同的能量,测温元件只需接收物体辐射出来的能量便可测得其温度的高低,如太阳表面温度的测量方法。测温元件不与被测温物体直接接触,测温上限原则上是不受限制的;由于它是通过热辐射来测温,所以不会破坏被测介质的温度场,并且误差小,反应速度快。但它受被测物体热辐射率及环境因素(物体与仪表间的距离、烟尘和水汽等)的影响,当应用不当时,会引起额外的测量误差。

2.3.2 工业常用接触式测温仪表

1. 热电偶

热电偶传感器在工业中使用极为广泛。其主要优点是测温精度高;热电动势与温度在小范围内基本上呈单值、线性关系;稳定性和复现性较好,响应时间较快;测温范围宽。热电偶常用测温上限可达 1600℃,低温可达−200℃。

1) 热电偶温度计的工作原理

热电偶测温的基本原理是热电效应。如图 2-3 所示,两根不同材料的金属导体两端连接在一起,当 1 点与 2 点的温度不同时($T>T_0$),回路中就会产生热电势,这种物理现象称为热电效应。

热电势的产生主要是依赖于接触电势。如图 2-4 所示,A 导体的电子密度高于 B 导体,在接触面上电子会向 B 侧移动,从而在接触面上形成接触电势。两个接触面上都有接触电势,但由于所处温度不同,其电势大小也不同,其电势与温度有如下关系:

$$E_{AB}(T)=\frac{kT}{e}\ln\frac{N_{AT}}{N_{BT}}=f(T) \tag{2-6}$$

式中,$E_{AB}(T)$ 为 AB 导体在 T 温度下的接触电势;k 为玻耳兹曼常数,等于 $1.380658×10^{-23}$ J/K;e 为单位电荷,等于 $1.60217733×10^{-19}$ C;N_{AT},N_{BT} 分别为在 T 温度下的 A 和 B 导体的电子密度;T 为接触处温度(K)。

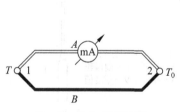

图 2-3 热电偶原理图

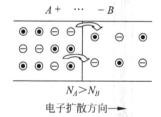

图 2-4 接触电势原理图

在热电偶闭环回路中,除了接触电势之外,还有温差电势。由于导体两端温度不同而产生的电势称为温差电势。高温端的电子能量大于低温端电子能量,电子从高温端向低温端扩散,形成温差电势。

导体 A、B 上的温差电势分别为

$$E_A(T,T_0)=\frac{k}{e}\int_{T_0}^{T}\frac{1}{N_{At}}\mathrm{d}(N_{At}\cdot t) \tag{2-7}$$

$$E_B(T,T_0)=\frac{k}{e}\int_{T_0}^{T}\frac{1}{N_{Bt}}\mathrm{d}(N_{Bt}\cdot t) \tag{2-8}$$

可见,热电偶闭合回路中存在两个接触电势和两个温差电势。由于温差电势比接触电

势小,所以测量端接触电势的方向决定了总电势的方向,如图 2-5 所示,总电势为

$$E_{AB}(T, T_0) = E_{AB}(T) + E_B(T, T_0) - E_{AB}(T_0) - E_A(T, T_0) \tag{2-9}$$

将接触电势和温差电势代入式(2-9),整理可得

$$E_{AB}(T, T_0) = \frac{k}{e} \int_{T_0}^{T} \ln \frac{N_{At}}{N_{Bt}} dt \tag{2-10}$$

当热电偶两端电极材料一定时,有

$$E_{AB}(T, T_0) = f(T) - f(T_0) \tag{2-11}$$

当 T_0 固定时有

$$E_{AB}(T, T_0) = f(T) - C \tag{2-12}$$

式(2-12)称为热电偶的热电特性。

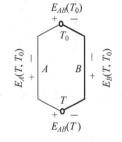

图 2-5　热电偶闭合回路

由于当材料固定时,电子密度也不变,此时接触电势只与温度有关。如果能将 T_0 温度固定,则回路总电势就只与温度 T 成单值函数关系。热电偶就是通过测量这个热电势来测温的。

在实际应用中,温度为 T 的一侧是被测温度侧,又称电偶工作端或热端;T_0 的一侧是参考温度侧,又称电偶参考端或冷端。

根据以上所述,可以得出下面几点结论:

(1) 凡是两种不同性质的导体材料均可制成热电偶。

(2) 热电偶所产生的热电势在热电极材料一定的条件下,仅决定于测量端和参考端的温度,而与电极形状无关。

(3) 热电偶参考端温度必须保持恒定,最好保持为 0℃。

与其他温度计相比,热电偶温度计具有以下特点:

(1) 热电偶可将温度量转换成电量进行检测,因此对于温度的测量、控制以及对温度信号的放大、变换等都很方便。

(2) 结构简单,制造容易。

(3) 惰性较小,测温准确可靠,测温范围广。

(4) 大多数热电偶性能都相当稳定,并有较好的互换性。

(5) 必须有参考端,并且温度要保持恒定。

(6) 在高温和长期使用时,因受被测介质影响或腐蚀作用(如氧化、还原等)而发生劣化。

2) 热电偶的应用定则

根据热电偶的测温原理,并通过大量的试验研究得出下列应用定则:

(1) 均质导体定则　由同一种匀质导体(电子密度处处相同)组成的闭合回路中,不论导体的截面、长度以及各处的温度分布如何,均不产生热电势。

这条定则说明:两种材料相同的热电极不能构成热电偶。由于 $N_A = N_B$,$\ln(N_A/N_B) = 0$,所以 $E_{AB}(T, T_0) = 0$。当热电偶两端的温度相同时,也不会产生热电势,即 $E_{AB}(T, T_0) = 0$。

(2) 中间导体定则　在热电偶回路中接入第三种导体,只要与第三种导体相连的两端温度相同,接入第三种导体后,对热电偶回路中的总电势没有影响。证明如下:

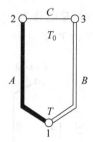

图 2-6 热电偶接入第三种导体

图 2-6 是把热电偶冷接点分开后引入显示仪表(或第三根导线 C),如果被分开后的两点 2、3 温度相同且都等于 T_0,那么热电偶回路的总电势为

$$E_{ABC}(T, T_0) = E_{AB}(T) + E_{BC}(T_0) + E_{CA}(T_0) + E_B(T, T_0) + E_C(T_0, T_0) - E_A(T, T_0) \tag{2-13}$$

导体 B 与 C、A 与 C 在接点温度为 T_0 处接触电势之和为

$$E_{BC}(T_0) + E_{CA}(T_0) = \frac{kT_0}{e}\ln\frac{N_{BT_0}}{N_{CT_0}} + \frac{kT_0}{e}\ln\frac{N_{CT_0}}{N_{AT_0}} = \frac{kT_0}{e}\ln\frac{N_{BT_0}}{N_{AT_0}} = -E_{AB}(T_0) \tag{2-14}$$

代入后得到热电偶回路总电势为

$$E_{ABC}(T, T_0) = E_{AB}(T) + E_B(T, T_0) - E_{AB}(T_0) - E_A(T, T_0) = E_{AB}(T, T_0) \tag{2-15}$$

同理还可加入第四、第五种导体等。应用这一性质,可以在热电偶回路中引入各种仪表、连接导线等。

(3) 中间温度定则 它是指热电偶在两接点温度为 T、T_0 时的热电势等于该热电偶在两接点温度分别为 T、T_n 和 T_n、T_0 时相应热电势的代数和。即

$$E_{AB}(T, T_0) = E_{AB}(T, T_n) + E_{AB}(T_n, T_0) \tag{2-16}$$

这一定则容易由热电势定义证明。其意义在于使热电偶的应用条件简化,即冷端温度不必一定为 0℃,使热电偶在工业现场使用更加方便。

3) 热电偶结构及标准型热电偶

(1) 工业热电偶的常用结构形式 图 2-7 为工业用热电偶的典型结构。主要由热电极、绝缘套管、保护套管和接线盒等部分组成。为适应各种不同现场条件的需要,还有其他的结构形式,如消耗式热电偶、铠装热电偶等。

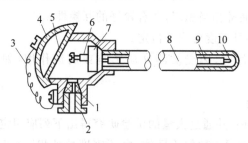

1—出线孔密封圈;2—出线孔螺母;3—链环;
4—盖;5—盖的密封圈;6—接线座;7—接线盒;
8—保护套管;9—热电极绝缘子;10—热电偶测量端

图 2-7 工业热电偶结构图

(2) 标准型热电偶 所谓标准型热电偶是指按国家规定定型生产、有标准化分度表的热电偶。标准型热电偶目前在各个国家是不完全相同的,但正逐渐趋向统一,各国的标准均在向国际电工委员会(IEC)的标准靠近。表 2-2 列出了我国标准型热电偶的主要特性。我

国热电偶标准已与 IEC 标准一致。

4）冷端温度处理

在热电偶的分度表中或分度检定时,冷端温度都保持在 0℃;在使用时,往往由于环境和现场条件等原因,冷端温度不能维持在 0℃($T_0 \neq 0$),使热电偶输出的电势值产生误差,因此需要对热电偶冷端温度进行处理。常用的处理方法有以下 3 种:

(1) 补偿导线法　热电偶一般比较短,应用中常常需要把热电偶输出的温度信号传输到远离数十米的控制室里,送给显示仪表或控制仪表。如果用铜导线把信号从热电偶的冷端引至控制室,则热电偶冷端仍在热设备附近,冷端温度受热源影响而不稳定。如果把热电偶延长并直接引到控制室,这样冷端温度由于远离热源就比较稳定,用这种加长热电偶的办法对于廉价金属热电偶还可以,而对于贵金属热电偶来说价格就太高了。常用的解决方法是采用"补偿导线"。

在一定温度范围内,与配用热电偶的热电特性相同的一对带有绝缘层的廉价金属导线称为补偿导线。如图 2-8 所示,$A'B'$ 为补偿导线,实质上是由两根廉价金属导线组成的热电偶,在一定温度范围内(如 $0 \sim 100℃$),它的热电特性与主热电偶 AB 的热电性质基本相同。所以,$A'B'$ 可以视为 AB 的延长,因而热电偶的冷端也从 T_0' 处移到 T_0 处,这样热电偶回路的热电势只同 T 和 T_0 有关,原冷端 T_0' 的变化不再影响读数。若

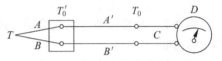

图 2-8　热电偶基本测温线路

$T_0 = 0$,则仪表对应热端的实际温度值;若 $T_0 \neq 0$ 时,再利用其他方法进行补偿与修正。

使用时应该注意,一种类型的补偿导线只能同相应的热电偶配套使用,而且有正负极,极性不可以接反。

(2) 计算修正法　当用补偿导线把热电偶冷端延长到某一温度 T_0 处以后,由于 T_0 通常是环境温度且有 $T_0 \neq 0$,因此还需要对冷端温度进行修正。

假设被测温度为 T,热电偶冷端温度为 T_0,所测得的电势值为 $E_{AB}(T, T_0)$。根据中间温度定则有

$$E_{AB}(T, 0) = E_{AB}(T, T_0) + E_{AB}(T_0, 0) \tag{2-17}$$

利用热电偶分度表先查出 $E_{AB}(T_0, 0)$ 的数值,就可以计算出真实电势 $E_{AB}(T, 0)$ 的数值,按照该值再查询分度表,即可得出被测温度 T。

表 2-2　我国标准型热电偶的主要特性

热电偶名称	分度号	适用条件	等级	测量范围/℃	允许误差
铂铑 10-铂 铂铑 13-铂	SR	适宜在氧化性气氛中测温;长期使用时测温范围 0～1300℃,短期使用最高可达 1600℃;短期可在真空中测量	I	0～1100	±1℃
				1100～1600	$\pm[1+(t-1100)\times 0.003]℃$
			II	0～600	±1.5℃
				600～1600	$\pm(0.25\%)t$
铂铑 30-铂铑 6	B	适宜在氧化性气氛中测温;长期使用时可达 1600℃,短期测温最高 1800℃;稳定性好;自由端在 0～100℃内可不用补偿导线;可短期真空中测温	II	600～1700	$\pm(0.25\%)t$
			III	600～800	±4℃
				800～1700	$\pm(0.5\%)t$

续表

热电偶名称	分度号	适用条件	等级	测量范围/℃	允许误差
镍铬-镍硅	K	适宜在氧化及中性气氛中测温;测温范围为-200~1300℃;可短期在还原性气氛中使用,但必须外加密封保护管	Ⅰ	-40~1100	±1.5℃或±(0.4%)t
			Ⅱ	-40~1300	±2.5℃或±(0.75%)t
			Ⅲ	-200~40	±2.5℃或±(1.5%)t
铜-铜镍(康铜)	T	适合于在-200~400℃范围内测温;精度高、稳定性好;测低温时灵敏度高;价格低廉	Ⅰ	-40~350	±0.5℃或±(0.4%)t
			Ⅱ	-40~350	±1℃或±(0.75%)t
			Ⅲ	-200~40	±1℃或±(1.5%)t
镍铬-铜镍(康铜)	E	适宜在氧化或弱还原性气氛中测温;测温范围为-200~900℃;稳定性好;灵敏度高	Ⅰ	-40~800	±1.5℃或±(0.4%)t
			Ⅱ	-40~900	±2.5℃或±(0.75%)t
			Ⅲ	-200~40	±2.5℃或±(1.5%)t
铁-铜镍(康铜)	J	适宜在各种气氛中测温;测温范围为-40~750℃;稳定性好;灵敏度高;价廉	Ⅰ	-40~750	±1.5℃或±(0.4%)t
			Ⅱ	-40~750	±2.5℃或±(0.75%)t

例 2-1　用 K 型热电偶在冷端温度为 25℃时,测得热电势为 34.36mV,求热电偶热端的实际温度。

解:查 K 型热电偶分度表知 $E_{AB}(25,0)=1.00$mV,测得 $E_{AB}(T,25)=34.36$mV,则 $E_{AB}(T,0)=E_{AB}(T,25)+E_{AB}(25,0)=34.36+1.00=35.36$mV。

再查分度表知,35.36mV 所对应的实际温度为 851℃(温度区间内查表按线性插值公式计算)。

(3) 电路补偿法　电路补偿法仍然以中间温度定则为基础,通过设计相应温度补偿电路,自动修正热电偶的冷端温度,因此常常在一些温度仪表中被采用。

5) 热电偶的实用测温电路

图 2-8 为热电偶基本测温线路。是由一支热电偶和一只显示仪表配用的连接线路组成。T 为被测温度,AB 为热电偶,$A'B'$ 为补偿导线,C 为控制柜内铜导线,D 为显示仪表。根据热电偶测温原理,只要 C 导线两端温度相等,则其对测量的准确性没有影响。

2. 热电阻

1) 测温原理

实验证明,大多数的金属在温度每升高 1℃时,其电阻值增加 0.4%~0.6%;半导体材料的电阻值在温升 1℃时,其电阻值减小 3%~6%。根据这一特性,可用金属导体或半导体制成测温仪表的传感器——热电阻。

不是所有金属材料都可以用来制造热电阻,一般要求工业热电阻的材料应具有电阻温度系数大、电阻率大、热容量小、在测温范围内具有稳定的物理和化学性能、良好的复制性以及电阻随温度的变化呈线性关系等特性。

纯金属的电阻温度系数一般均较大,也易于复制。目前世界上用作热电阻的材料主要有铂、铜及镍,因我国镍储量较少,故只采用铂、铜两种金属热电阻。

2) 标准化热电阻

我国规定的标准化铜、铂热电阻的使用范围和允许误差列于表 2-3 中;热电阻的阻值和电阻比等特性列于表 2-4 中。其结构与工业热电偶结构基本相同。

表 2-3　电阻的使用范围和允许误差

热电阻名称	代号	测量范围/℃	允许误差/℃
铜热电阻	WZC	−50～150	$\Delta t = \pm(0.3+0.006\lvert t\rvert)$
铂热电阻	WZP	−200～850	A 级 $\Delta t = \pm(0.15+0.002\lvert t\rvert)$ B 级 $\Delta t = \pm(0.3+0.005\lvert t\rvert)$

表 2-4　工业热电阻的电阻值与电阻比

热电阻名称	代号	分度号	温度为零度时的电阻值 R_0/Ω		电阻比 $W_{100}=R_{100}/R_0$	
			名义值	允许误差	名义值	允许误差
铜热电阻	WZC	Cu50	50	±0.05	1.428	±0.002
		Cu100	100	±0.1		
铂热电阻	WZP	Pt10	10(0～850℃)	A 级±0.006,B 级±0.012	1.385	±0.0006
		Pt100	100(−200～850℃)	A 级±0.06,B 级±0.12		±0.0012

在中、低温区,用热电阻比用热电偶作为测温元件时的测量精确度更高。这是因为,在中、低温区热电偶输出的热电动势很小,从而对显示仪表及抗干扰措施的要求都较高,否则将增大测量误差;另外,在较低的温度区域内,冷端温度的漂移及环境温度的变化所引起的误差相对来说也就更大,并且不易得到完全的补偿。热电阻的最大特点是性能稳定、测量精度高、测温范围宽,一般可在−200～+850℃范围内使用。

2.3.3　非接触式测温仪表

接触式测温仪表虽然具有简单、可靠、精确、价廉等优点,但由于在高温下许多金属会被熔化或受到氧化、还原而变质,因而测量上限不能太高(长期使用在 1600℃以下);又由于传感器与被测介质间有一个建立热平衡的过程,故不适合测量体积较小的物体;而且建立热平衡不可避免地会造成测温时滞,不适于测量运动物体的温度。

自从 19 世纪末辐射测温理论的提出,为温度测量又开辟了新领域。热辐射测温方法是基于物体的热辐射能量随温度而变化的性质提出来的。显然,这是一种非接触式的测温方法,它克服了接触测温的限制和不足,特别适用于高温、超高温范围的温度测量,且适用于测量运动物体的温度。

1. 辐射测温仪表的基本组成

辐射测温仪表种类和形式繁多,但概括起来,都是由下列三个基本环节组成的。

(1)聚焦辐射能量的光学系统。该系统大多数采用透镜系统,由于它的材质使某些特定波长无法通过,所以有不同原理的辐射温度计。

(2)检测系统。它主要是将辐射能量转变为电信号的检测元件。

(3)将检测系统变换来的电信号表示成温度值的电路。

下面仅以高温辐射温度计为例介绍其原理结构。

2. 高温辐射温度计

图 2-9 所示为测量 700~2000℃温度的高温辐射温度计,其传感器是在前面加玻璃滤光片的硅光电池。该温度计的使用波长为 0.7~1.1μm,在这一测温范围内是不需要放大的,所以不需要电源;其响应时间小于 1ms。适于测量快速运动物体的温度。例如,可用于轧钢过程中钢板表面温度的测量。

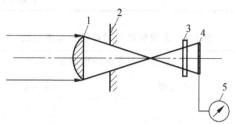

1—物镜;2—光阑;3—玻璃滤光片;
4—硅光电池;5—显示仪表

图 2-9　高温辐射温度计原理图

3. 使用注意事项

(1) 物体的辐射率随物体性质、表面状态、温度和辐射条件而变化,测量时需要进行相应的辐射率调整或标定。

(2) 高温计和物体之间的介质如水蒸气、二氧化碳、尘埃等对辐射有较强的吸收,而且不同波长的吸收率也不同,因此使用时应注意保持高温计和物体之间的介质稳定。

(3) 由于上述限制,非接触式仪表应用前均需要进行现场标定。

2.3.4　电动显示仪表

这部分内容主要指大量应用于自动检测领域中的电动式显示仪表,即平衡电桥与不平衡电桥、动圈式指示仪表与自动平衡指示(记录)仪表。这类显示仪表的任务是与敏感元件或变送器配套使用,以显示测量值的大小。它们通常设计成直接与热电偶或热电阻配套使用并显示温度量的仪表,也有的设计成与 DDZ 各类变送器配套使用(此时显示仪表的输入信号为统一的标准直流信号)以显示温度、压力、流量、物位、成分以及各类机械量的仪表,甚至还可以设计成与一切非标准敏感元件(只要能转变成电压或电流)配套使用的显示仪表。因此,这类显示仪表的应用面很广,品种较多。但是,就显示仪表本身来说,几乎都是一样的。所以这里着重分析与热电偶、热电阻配套应用的温度显示仪表。

1. 平衡电桥与不平衡电桥

平衡电桥与不平衡电桥都是测量电阻变化量的仪表。当把它们应用于自动检测领域时,根据所配用的电阻型敏感元件的(如热电阻、应变片等)不同,可以有各种不同的刻度,例如温度、压力、物位、重量等。

1) 平衡电桥

(1) 平衡电桥的工作原理

图 2-10(a)为平衡电桥基本原理图,图中 R_t 为热电阻,阻值随温度而变化。R_2、R_3 为固定电阻,R_1 为可变电阻,由这四个电阻组成桥路的四个桥臂。G 为检流计,E 为电源。当 R_t 值改变时,桥路平衡被破坏,检流计 G 偏转。这时改变 R_1 值,使电桥重新达到平衡,检流计 G 指零,这时有

$$\begin{cases} R_t \times R_2 = R_1 \times R_3 \\ R_t = R_1 \times R_3 / R_2 \end{cases} \tag{2-18}$$

由于 R_2 和 R_3 都是固定的已知电阻,其比值为常数,所以被测电阻 R_t 与 R_1 成正比,只要沿 R_1 敷设标尺(如滑动变阻器),便可根据触头位置读出被测电阻,即被测温度。

在实际应用电路中,由于导线长,其电阻值也较大,不能忽略不计。图 2-10(b)所示是一个四臂电桥,R_1、R_2、R_3 是固定电阻,R_H 是滑线电阻(可变电阻),R_t 为热电阻,R_W 是把热电阻连接到电桥上去的连接导线电阻。其中 R_1+r_1、R_2、R_3 和 $R_t+2R_W+(R_H-r_1)$ 构成电桥的四个臂。

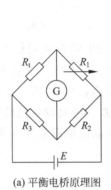 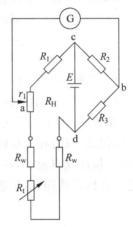

(a) 平衡电桥原理图　　　　(b) 平衡电桥两线接法原理图

图 2-10　平衡电桥

根据电桥平衡条件有

$$(R_1+r_1)R_3 = R_2(2R_W+R_t+R_H-r_1)$$

整理得

$$R_t = kr_1 + C \tag{2-19}$$

式中,$k=1+R_3/R_2$,$C=R_1R_3/R_2-2R_W-R_H$。

可见 R_t 电阻值同样与 R_H 滑线电阻指针的行程 r_1 成正比。

从上述推证可以得到以下结论:

① 如采用图 2-10(b)的桥路形式,即把热电阻 R_t 置于滑线电阻 R_H 的相邻桥臂上,就能得到线性的转换规律。

② 当导线较长时,导线电阻不能忽略。由连接导线引起的环境温度附加误差需要补偿处理。

③ 用平衡电桥测温是基于零值法,因此能得到较高的测量精度。

④ 公式中并未包含电源电压 E,这说明电源的种类和稳定性一般不影响测量结果。但必须指出,工作电流始终流过热电阻体 R_t,对于标准型热电阻,允许通过的最大电流为 6mA,超过此值时电阻体会发热,引起测量误差。

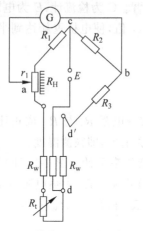

图 2-11　三线接法的平衡电桥原理图

(2) 导线电阻补偿——平衡电桥的三线接法

图 2-10(b)中,除热电阻 R_t 和 R_w 铜连接导线电阻外,其余电阻都是用不随温度变化的锰铜线做成的。测量温度时,R_t 置于被测介质中以感受被测温度的变化,而 R_w 处于测温现场的环境中,它随着环境温度变化而变化,从式(2-19)可看出,R_w 的变化也会影响测量结果,即 R_w 的变化带来的是测量误差。

为了减小这项误差,实用上多采用三线接法。图 2-11 是采用三线接法的平衡电桥原理图,即把热电阻 R_t 经三根电阻均为 R_w 的铜连接导线与电桥相连。其中一根接在电源对角线 cd 上,对电桥的测量结果几乎没有影响。另外两根分别接于桥臂 ad 和 bd 之中,使相邻的两个桥臂均增加同样的电阻。当电桥平衡时有

$$\frac{R_1 + r_1}{R_t + R_w + (R_H - r_1)} = \frac{R_2}{R_3 + R_w} \tag{2-20}$$

相比式(2-19)可看出,平衡电桥采用三线接法后,两根铜导线的电阻分别加到等式两边的分母上(因为它们分置于电桥相邻的两臂上),它们的电阻变化对读数的影响可以相互抵消。置于中间的第三根铜导线,由于连接在电源对角线上,其电阻变化对读数没有影响。

应该指出,采用三线接法,只有在电桥两臂的电阻 $R_1 + r_1 = R_2$ 这一特定点上,才能使上述影响得到完全补偿。偏离此点愈远,补偿效果愈差。因此设计电桥时,一般希望将此特定点选在标尺中央,这样在标尺两端,由于连接导线电阻值随温度变化所引起的温度附加误差都不致过大。

2) 不平衡电桥

如图 2-12(a)所示,三个桥臂 R_1、R_2、R_3 是锰铜电阻,第四个桥臂是热电阻 R_t。

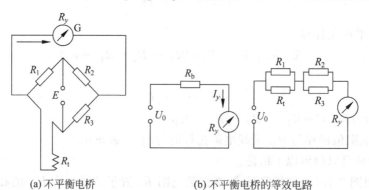

(a) 不平衡电桥　　　　　　　(b) 不平衡电桥的等效电路

图 2-12　不平衡电桥的原理图

（1）不平衡电桥的原理

不平衡电桥的工作原理是当被测温度为下限值 t_{min}（相应于 R_{tmin}）时，电桥恰好处于平衡状态，测量对角线的电流 $I_y = 0$。那么，当 $t \neq t_{min}$ 时（$R_t \neq R_{tmin}$），电桥平衡被破坏，$I_y \neq 0$，且随着 t 与 t_{min} 偏差的加大，I_y 的值也愈大。这样，只要能推导出 R_t 与 I_y 的关系，就可以根据 I_y 的大小来判断被测温度值。

根据戴维南定理，求出桥路的等效内阻 R_b 和 R_y 两端空载电压输出 U_0，等效电路图见图 2-12（b），其中 R_y 是检流计的内阻。在此

$$\begin{cases} U_0 = E\dfrac{R_t}{R_1 + R_t} - E\dfrac{R_3}{R_2 + R_3} \\ R_b = \dfrac{R_1 R_t}{R_1 + R_t} + \dfrac{R_2 R_3}{R_2 + R_3} \end{cases}$$

$$
\begin{aligned}
I_y &= \frac{U_0}{R_y + R_b} = E\frac{\dfrac{R_t}{R_1 + R_t} - \dfrac{R_3}{R_2 + R_3}}{R_y + \dfrac{R_1 R_t}{R_1 + R_t} + \dfrac{R_2 R_3}{R_2 + R_3}} \\
&= \frac{E(R_2 R_t - R_1 R_3)}{R_y(R_1 + R_t)(R_2 + R_3) + R_1 R_t(R_2 + R_3) + R_2 R_3(R_1 + R_t)}
\end{aligned}
\tag{2-21}
$$

由式看出，I_y 与 R_t 呈非线性关系，也就是说不平衡电桥的转换规律 $I = f(R_t)$ 是非线性的，且电源电压 E 的数值和稳定性对 I_y 有影响。为了消除电源的影响，不平衡电桥多采用稳压电源或稳流电源供电。

（2）不平衡电桥的特点

不平衡电桥与平衡电桥相比，有以下特点：

① 具有非线性的转换规律。

② 电源电压的稳定性对测量结果有严重影响，需要用稳压电源（或稳流电源）供电。

③ 与平衡电桥一样，也有连接导线引起的环境温度附加误差，也可用三线接法予以消除。

④ 能连续自动指示被测温度，而无须像平衡电桥那样另增加一套自动平衡装置，因此结构简单，价格便宜。

不平衡电桥在自动检测中应用极广，在本章中配热电阻的动圈仪表、电子电位差计的测量桥路中都有应用。此外，在 DDZ-Ⅲ型温度变送器、热电偶冷端温度补偿电桥、电子秤、电磁流量计等仪表接口电路里都用到不平衡电桥。

2. 动圈式指示仪表

1）工作原理

动圈式仪表是一种磁电式仪表，与磁电式电压表和电流表同属一类。如图 2-13 所示，它是由动圈、张丝、铁芯、永久磁铁、指针、刻度标尺组成的一个磁电系测量机构。动圈用绝缘铜线绕成矩形框，借张丝的作用悬吊在永久磁铁和圆柱形磁芯之间的永久磁场中。当测量信号输入到仪表测量回路时，便有电流流过动圈，动圈的两个有效边（与磁场垂直的两边）受到大小相等方向相反的力的作用。该力迫使动圈发生偏转，与此同时张丝被扭曲而产生一个反作用力矩，直到二者平衡，指针在某一位置停止偏转，指示被测量的大小。且有 $\alpha = cI$，

其中，α 为转角；c 为常数；I 为流过动圈的电流。

2) 配接热电偶电路图

热电偶的输出信号是直流毫伏信号，可以直接与动圈仪表连接。其线路如图 2-14 所示。动圈仪表的示值取决于流过动圈的电流的大小，此电流不仅与热电偶输出的热电动势 $E_{AB}(T,T_0)$ 有关，还和回路内的总电阻值有关。根据欧姆定律知，流过动圈的电流应为

$$I = E_{AB}(T,T_0)/\Sigma R = E_{AB}(T,T_0)/(R_0 + R_i) \tag{2-22}$$

式中，R_i 为动图表内阻；R_0 为外线电阻，它包括热电极电阻、补偿导线电阻、冷端补偿电阻、铜连接导线电阻及外接调整电阻 R_b 等。

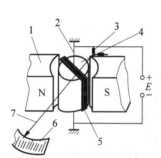

1—永久磁铁；2—张丝；3—平衡杆和平衡锤；
4—铁芯；5—动圈；6—刻度盘；7—仪表指针

图 2-13　动圈式指示仪表原理图

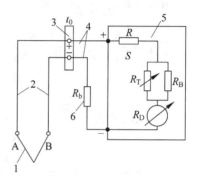

1—热电偶；2—补偿导线；3—冷端补偿器；
4—连接铜导线；5—动圈仪表；6—可调电阻

图 2-14　配接热电偶动圈表接线原理图

流经动圈的电流与热电动势呈单值比例关系，在仪表内阻一定的前提下，应使外线电阻 R_0 也保持定值。但仪表在制造厂做刻度时无法预知现场使用情况下具体的外线电阻值，为统一起见，规定凡配接热电偶的动圈仪表，其外线电阻一律定为 15Ω，并将此值（$R_0=15Ω$）标注在仪表面板上。R_b 是用锰铜丝绕制的可调电阻，它的作用是在现场使用时，当外线电阻不足 15Ω 时，用它凑足 15Ω。

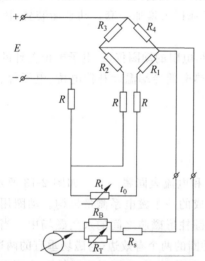

图 2-15　配接热电阻时动圈表接线原理图

3) 配接热电阻时动圈仪表的测量线路

仪表要求输入直流毫伏信号，因此，配接热电阻时，就得设法将随温度变化的电阻值转换成直流毫伏信号。为此采用不平衡电桥测量线路，如图 2-15 所示。不平衡电桥采用三线制接法，使热电阻的连接导线分别加在相邻的两个桥臂上，这样，当导线电阻变化时，将不会改变桥路的输出，从而减小其对仪表读数的影响。

通常桥路电阻取为 $R_3=R_4$；$R+R_2=R_{t_0}+R+R_1$。其中，R_{t_0} 是对应仪表下限值时的热电阻值，R 是热电阻与仪表间每根连接导线的电阻值。当被测温度对应仪表测量下限值时，即在 $R_t=R_{t_0}$ 时，电桥达到平衡，流过动圈表头的电流为零；当被

测温度高于下限温度时,电阻体的热电阻值 $R_t > R_{t_0}$,电桥失去平衡,此时就有不平衡电流流过动圈,被测温度越高,桥路输出的不平衡电压就越大,仪表指针的偏转也就越大。

3. 自动平衡式显示仪表

动圈仪表是由若干环节串联组成的开环式仪表,这种开环式仪表在提高其测量灵敏度的同时会引起累积误差的增加,故其在提高灵敏度及仪表精度之间存在着矛盾。一般动圈式仪表的精度为 1.0 级,自动平衡式显示仪表采用自动补偿原理,属于闭环式仪表,因此具有较高的测量精度。

1) 自动平衡式直流电桥

它基于手动直流平衡电桥的原理而构成。只是现在是利用被放大了的不平衡电压去推动可逆电动机工作,以带动与指针联动的滑动触点移动,达到电桥再次平衡的目的。其原理如图 2-16 所示。它与热电阻配合用于被测温度的指示及记录。精度为 0.5 级。图 2-16 中,桥臂电阻 R_2、R_3、R_4 和 R_6 为固定电阻,是测量桥路的基本元件,其中 R_2 有时也写作 R_{Cu},它是由铜线绕制而成作为环境温度补偿的电阻;R_3、R_4 是由锰铜丝绕制而成的;R_6 是锰铜丝绕制的起始电阻,调整 R_6 可校准仪表的下限温度值;由于制造上的要求,在滑线电阻 R_H 上并联工艺电阻 R_B,使 $R_H/R_B = 90\Omega$,R_M 为量程电阻,作调整仪表量程用。

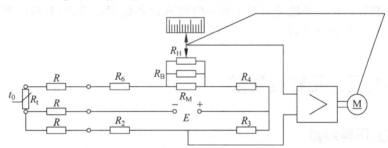

图 2-16　自动平衡式直流电桥原理图

2) 电子电位差计

电位差计的工作原理和用天平称量物体重量的原理相类似,是根据平衡法的原理,用已知的标准量与被测量相比较,当两者相等时,就用已知的标准量来代替被测量的数值。

直流电位差计的测量桥路如图 2-17 所示。它与热电偶配合用于被测温度的指示及记

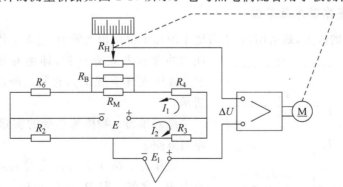

图 2-17　电子电位差计原理图

录。它属于不平衡电桥原理。当桥路对角端输出的电位差与被测热电势相平衡时,可逆电机停止转动,读数指出被测温度值。图 2-17 中,R_4 为上支路限流电阻,用来保证上支路电流为 4mA;R_3 为下支路限流电阻,它使 $I_2＝2mA$;桥路中其他阻值的名称及意义与自动平衡电桥测量桥路中相同。值得注意的是,由于测量时流过热电偶的电流为零,因此导线电阻波动对测量没有影响。

2.3.5　温度仪表的工程应用与选型原则

在过程参数检测中,温度仪表使用是最多的。在选用测温仪表时,应注意以下几点。

(1) 仪表的精度等级应根据生产工艺对参数允许偏差值的大小确定。

(2) 仪表选型应力求操作方便、运行可靠、经济、合理等,在同一工程中,应尽量减少仪表的品种和规格。

(3) 温度仪表的测量上限应选得比实际使用的最高温度略高一些,一般取实测最高温度为仪表上限值的 90%,而 30% 以下的刻度原则上最好不用。

(4) 热电偶测温反应速度快,适于远距离传送,便于与计算机联用,价廉,故只在测温范围低于 150℃时才选用热电阻。热电偶、补偿导线及显示仪表的分度号要一致。

(5) 保护套管的耐压等级应不低于所在管线或设备的耐压等级,材料应根据最高使用温度及被测介质的特性来选择。

2.4　压力、压差和物位测量

2.4.1　压力、压差测量

压力是过程控制系统中的重要工艺参数之一,如果压力不符合要求,不仅影响生产效率,降低产品质量,有时还会造成严重的生产事故;另外,许多过程参数(如流量、液位)均可转换成压力的测量,所以压力往往成为重要的基本物理量。因此,为保证生产的正常进行,必须对压力按工艺要求进行测量与控制。

1. 压力的基本概念及单位

工程上定义的压力,是指均匀、垂直地作用在单位面积上的力,也就是物理学上的压强。

压力的表示方式有三种,即绝对压力 P_J,表压力 P_B,负压或真空度 P_Z,它们之间的关系如图 2-18 所示。

绝对压力　物体所承受的实际压力,其零点为绝对真空。

表压力　高于大气压力时的绝对压力与大气压力 P_D 之差。即 $P_B＝P_J-P_D$。

真空度(负压)　大气压力与低于大气压力时

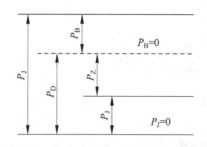

图 2-18　绝对压力、表压力及负压的关系

的绝对压力之差。即 $P_Z = P_D - P_J$。

由于各种工艺设备和测量仪表通常是处于大气之中,本身就承受着大气压力,所以工程上经常采用表压或真空度(负压)来表示压力的大小。通常,压力表和真空表指示的压力除特别说明外,均指表压力或真空度;而较高真空度时,习惯上又往往采用绝对压力的数值来表示。

压差　指两点压力的差值,一般为较高的绝对压力与较低的绝对压力之差。可以用压差来重新思考压力的三种表达方式:绝对压力是某压力对零压力点的压差;表压力是某压力对一个大气压的压差;真空度是大气压对某低压点的压差。

压差必然由两个压力点组成,高压力一侧经常被称为"正压"侧,较低压的一侧(其绝对压力一般是高于大气压的)称为"负压"侧。值得指出的是,这里所定义的"负压"侧不要和真空度(负压)相混淆。也可以将压差的"负压"侧理解为"低压"侧。

根据国际单位制(SI)规定,压力的单位是帕斯卡(Pascal),简称帕(Pa)。它表示 1N 力垂直均匀地作用在 $1m^2$ 面积上所形成的压力,即 $1Pa = 1N/m^2$。

我国已规定帕为压力的正式计量单位,它将代替其他所有的压力单位而在国内外通用。

很久以来,在工程技术上也采用了其他一些压力单位,这些压力单位仍然为许多工程技术人员所使用,它们与帕斯卡单位间及其相互间的换算关系如表 2-5 所示。

表 2-5　各种压力单位的换算

压力单位	帕(Pa)	工程大气压(at)	标准大气压(atm)	毫米水柱(mmH_2O)	毫米汞柱(mmHg)	毫巴(mbar)
$Pa(N/m^2)$	1	1.0197×10^{-5}	0.987×10^{-5}	0.1019716	0.75×10^{-2}	0.01
$at(kgf/cm^2)$	0.9807×10^5	1	0.9678	10^4	735.57	980.665
atm	1.013×10^5	1.0332	1	1.0332×10^4	760	1013.25
mmH_2O	9.80665	10^{-4}	0.968×10^{-4}	1	0.073556	0.09807
mmHg	133.3224	1.3595×10^{-3}	1.316×10^{-3}	13.5951	1	1.333224
mbar	100	1.0197×10^{-3}	0.987×10^{-3}	10.19716	0.75006	1

2. 工程上常用的压力及压差仪表

测量压力的仪表类型很多,按其转换原理的不同,大致可分为四大类。

1) 液柱式压力计

它是根据流体静力学原理,把被测压力转换成液柱高度,利用这种方法测量压力的仪表有 U 形管压力计、单管压力计和斜管压力计等。其特点是:原理简单、价格便宜、适合一个大气压附近的低压测量。

2) 活塞式压力计

它是根据水压机液体传送压力的原理,将被测压力转换成活塞面积上所加平衡砝码的质量。它普遍地被作为标准仪器用来对弹性式压力计进行校验和刻度。如图 2-19 所示,其工作原理是由压力发生器改变工作液压力,用砝码的重量(或标准压力表上的示值)与被校验表的示值进行比较,由此得出被校验表的误差或进行刻度。其精度为 0.4 级或更高。

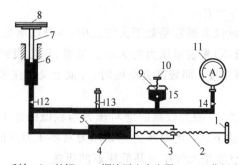

1—手轮；2—丝杆；3—螺旋压力发生器；4—工作活塞；
5—工作液；6—活塞柱；7—测量活塞；8—砝码；9—油杯；
10—进油阀柄；11—压力表；12，13，14—切断阀；15—进油阀

图 2-19　活塞式压力计

3）弹性式压力计

这种压力计是根据弹性元件在其弹性限度内形变与所受压力成正比例的关系制成的仪表，它结构简单，造价低廉，精度高，有较宽的测量范围（最低可测 0.98Pa，最高可达 1000MPa），能远距离传送信号。因此，这是目前工业上应用最广泛的一种压力测量仪表。

弹性压力计的敏感元件种类较多，目前普遍采用的弹性元件有三种类型：薄膜式（包括膜盒式）、波纹管式、弹簧管式，如图 2-20 所示。薄膜式和波纹管式一般用于微压和低压的测量，弹簧管式用以测量高压、中压或真空度。弹簧管式压力表是工业上应用最为广泛的，其中又以单圈弹簧管的应用为最多。

单圈弹簧管如图 2-21 所示。这是一根弯成 270° 的圆弧，具有扁圆环形（或椭圆环形）截面的空心金属管。其长轴 a 与中心轴 O 平行，管子的自由端 B 封闭，A 端固定并与传压管相接。当弹簧管内通入被测压力后，由于管内受压，其截面有变圆的趋势，即长轴 a 变小，短轴 b 增大；反之，当通入负压时，管子外部受压，截面有变扁的趋势，即长轴 a 变大，短轴 b 变小。

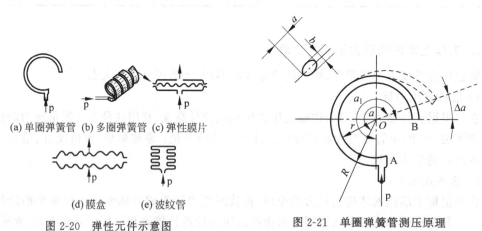

(a) 单圈弹簧管　(b) 多圈弹簧管　(c) 弹性膜片

(d) 膜盒　　(e) 波纹管

图 2-20　弹性元件示意图　　　　　图 2-21　单圈弹簧管测压原理

在受压前后，弹簧管的弧长可认为是不变的。因此，在测正压时，其中心角将变小（由 a_1 到 a），自由端随之产生位移，此位移大小与被测压力成正比。故可通过对此位移的测

量,指示出被测压力值。

弹簧管的原始中心角 a_1 越大,椭圆环形截面的短轴越短,则在同样压力作用下产生的角位移就越大,仪表灵敏度越高,因此,在一些记录式压力计中,常把弹簧管做成扁管多圈螺旋形,如图 2-20(b)所示。

4)电气式压力计

这种压力计一般以弹性元件为载体,附着敏感元件,将被测压力的变化转换为电阻、电容、电动势等各种电气量的变化,从而使得信号更易于远距离传送,因此又常被称为压力变送器。这种变送器在控制系统中应用非常普遍,其中最常见的是电容式压力变送器和扩散硅压力变送器。如图 2-22 所示,其中图(a)为电容式压力变送器,测量膜片随压力变化的形变使得 C_1 和 C_2 两个电容值发生改变,通过测量电路检测电容值即可转换为压力值的大小;图(b)为扩散硅压力变送器,硅杯形变时会形成表面电阻阻值的变化,一般通过桥式电路放大整理为压力信号输出。一般来说,电容式压力变送器体积稍大,稳定性好,用于较高精度要求场合;扩散硅压力变送器体积小,安装方便,适合较高压力或精度要求一般的测量。

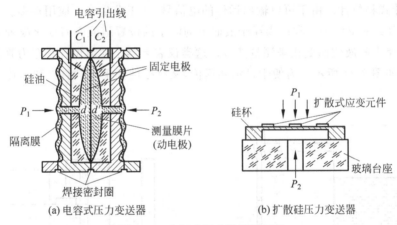

(a)电容式压力变送器　　　　　　(b)扩散硅压力变送器

图 2-22　电气式压力计检测原理

3. 压力仪表的工程应用与选型原则

正确地选用是保证压力表在生产过程中发挥应有作用的重要环节。测压仪表的选用与被测压力的种类(压力、负压、绝对压力或差压等),被测介质的物理、化学性质(温度、黏度、腐蚀性与爆炸件等),用途(标准、指示、记录或远传等)以及测量准确度,被测压力的变化范围等都有关系。

在选择量程时,为保证弹性元件在其弹性形变的安全范围内工作,选择弹性压力计量程时必须留有足够的余地。一般被测压力较稳定的情况下,最大压力值应不超过满量程的 3/4;在被测压力波动较大时,最大压力值应不超过满量程的 2/3;为保证测量精度,被测压力最小值应不低于全量程的 1/3。

2.4.2　物位测量

在生产过程中经常会遇到介质的液位、料位和界面的测量问题,测量固体料位的仪表称料位计,测量液位的仪表称液位计,测量分界面位置的仪表称界面计,这些测量统称为物位的测量。在物位测量中,液位测量又是工业生产中使用最多的。下面仅就目前工业上已广泛使用的各种物位测量方法作简单的介绍。

1. 物位仪表的种类

工业生产中,对物位的测量要求多种多样。就测量范围而言,从测量几毫米到几十米,甚至更高。另外,物位测量所涉及的被测容器、被测介质以及工艺过程对物位计的要求也是各不相同的。因此,工业上所采用的物位计种类很多,按其工作原理可分为

(1) 直读式物位仪表　它直接使用与被测容器相连通的玻璃管(或玻璃板)来显示容器内的物位高度。这类仪表有玻璃管液位计、玻璃板液位计、窗口式料位计等。其原理如图 2-23 所示。

(2) 静压式物位仪表　静止介质内某一点所受压力与其上方的介质高度成正比,因此可用压力表示其高度。或者间接测量此点对另一参考点的压力差。这类仪表有压力计式物位计、差压计式物位计。由于可以输出远传的电信号,在工业生产上应用很多。

(3) 浮力式液位仪表　利用漂浮于液面上的浮子的位置随液面而变化或者浸没于液体中的沉筒的浮力随液位而变化来测量液位。这类仪表有浮子式液位计和扭力管沉筒液面计等。其原理如图 2-24 所示。为便于显示和远传,又有磁性浮子(磁翻板)和远传型磁浮子液位计等仪表产品。

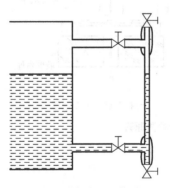

图 2-23　直读式液位计

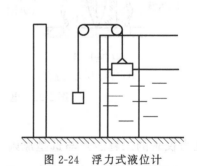

图 2-24　浮力式液位计

(4) 声波式物位仪表　由于物位的变化引起声阻抗变化,声波的遮断和声波反射距离的不同,测出这些变化就可测知物位高低。这类仪表有声波遮断式、反射式和声阻尼式,典型应用有超声波物位计、声呐测距等。

(5) 核辐射式物位仪表　放射性同位素所放出的射线(如 β 射线、γ 射线等)被中间介质吸收而减弱,利用此原理可制成多种物位仪表。

(6) 电接点式液位计　这种液位计是利用气、水两种介质的电阻率相差悬殊的性质来测量水位的。水为良好的导电体,而蒸气为非导电体(实际为难导电体)。电接点水位计测量原理如图 2-25 所示。电接点的通断情况直接采用氖灯显示。

(7) 电气式物位仪表　将物位的变化转换为某些电量参数的变化而进行间接测量的仪表。根据电量参数的不同,可分为电阻式、电容式、电感式及压磁式等。图 2-26 为电容式液

位计检测原理图。

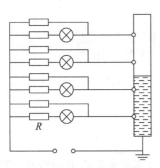

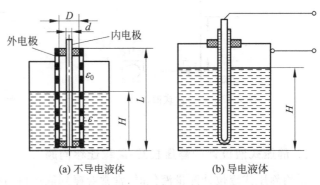

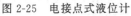

图 2-25　电接点式液位计

图 2-26　电容式液位计

(a) 不导电液体　　　(b) 导电液体

鉴于静压式液位计通用性最强,同时利用静压测量的原理可间接测量很多参数,如密度、介质质量、成分量等,故以它作为液位测量的重点予以介绍。

2. 静压式液位计

1) 压力式液位计

在敞口容器中,应用压力计测量液位的装置如图 2-27 所示。压力计通过取压导管与容器底侧相连,即可指示被测液位的高度。

根据流体静压原理有

$$P = \rho g H$$

于是有

$$H = \frac{P}{\rho g} \tag{2-23}$$

式中,H 为液体表面距液位零面的距离(m);P 为液体对液位零面的压力(Pa);ρ 为液体介质的密度(kg/m^3);g 为重力加速度(m/s^2)。

由式(2-23)可知,当容器内介质一定,且假设密度为常数时,测出容器中液位零面所受的压力 P,就可求出物位的高度,并可在压力计上刻度液位,即将压力的量程线性转换为液位的量程,直接指示出物位的变化。

2) 差压式液位计

在密闭容器中测量液位高度,当被测液面上部的介质压力与大气压力不同时,尤其是液面上部压力还有波动的情况下,不能应用压力计式液位计。因为,此时液位零面受到的压力除与液面高度有关外,还与液面上部压力有关。这种情况下,可以采用差压式液位计。

如图 2-28 所示。据流体静力学原理得

$$P = P_0 + H \rho g$$
$$\Delta P = P - P_0 = H \rho g \tag{2-24}$$

式中,P_0 为气相压力(Pa);ΔP 为液位零面的压力与气相压力之差(Pa)。

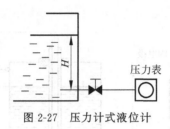

图 2-27　压力计式液位计

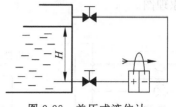

图 2-28　差压式液位计

3. 静压式液位计的静压校正-量程迁移问题

采用静压式液位计测量液位时，常常会碰到取压口与测压口不等水平高度的情况，即液位零点时静压力并不为零。解决这一问题的方法被称为"量程迁移问题"。

1）无量程迁移

如图 2-28 的安装状况可认为无须进行静压校正。此时，液位零面与正压室等高，即取压口与测压口等高；负压室与气相取压口虽不等高，但由于气体密度较小，所以取压口与测压口造成的气相静压误差很小，可以忽略，即 $P_- \approx P_0$（P_- 为负压室测到的压力）。换句话说，这种情况为"无量程迁移"的安装。

设 P_+ 为差压计正压室测到的压力，于是

$$\begin{cases} P_+ = P_0 + \rho g H \\ P_- = P_0 \end{cases} \qquad (2\text{-}25)$$

则有 $\Delta P = P_+ - P_- = \rho g H$。

可见，当 $H = 0$ 时，$\Delta P = 0$，差压计未受任何附加外力作用，对于 DDZ-Ⅲ仪表来说，其输出为 4mA DC；当 $H = H_m$ 时，ΔP 也达最大，此时输出信号也达最大，为 20mA DC。

2）负量程迁移

如图 2-29 所示，当容器空间的气体是可凝性的（如水蒸气）或者是为了防腐在负压室装入隔离液，设其密度为 ρ_1，负压室液柱高度为 h，若容器中介质的密度为 ρ，于是

$$\begin{cases} P_+ = P_0 + \rho g H \\ P_- = P_0 + \rho_1 g h \end{cases} \qquad (2\text{-}26)$$

则有 $\Delta P = P_+ - P_- = \rho g H - \rho_1 g h$。

可见，当 $H = 0$ 时，$\Delta P = -\rho_1 g h$，差压计受到一个附加的负压力作用，对于 DDZ-Ⅲ仪表来说，其输出小于 4mA DC。如果要使 $H = 0$ 时，输出等于 4mA DC，就要设法抵消 $-\rho_1 g h$ 的作用。即量程需要向负方向迁移，而且迁移量为 $\rho_1 g h$，此过程称为"负量程迁移"。从而使 $H = 0$ 时，$\Delta P = -\rho_1 g h$，输出等于 4mA DC；当 $H = H_m$ 时，ΔP 达最大，此时输出信号也达最大，为 20mA DC。

3）正量程迁移

如图 2-30 所示，当仪表置于容器下方时，正压室测压口与取压口不等高；由于负压管线中为气体，所以近似认为测压口与取压口压力相等。于是

$$\begin{cases} P_+ = P_0 + \rho g H + \rho g h \\ P_- = P_0 \end{cases} \qquad (2\text{-}27)$$

则有 $\Delta P = \rho g (h + H)$。

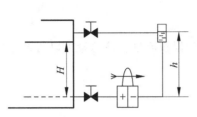
图 2-29 具有负迁移的液位测量

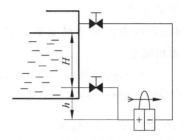
图 2-30 具有正迁移的液位测量

可见,当 $H = 0$ 时,$\Delta P = \rho g h$。说明被测液位为零时,差压计受到一个附加正压力的作用,即 $\Delta P > 0$,输出 > 4mA DC。如果要使 $H = 0$ 时,$\Delta P = 0$,输出 $= 4$mA DC,就需设法抵消 $\rho g h$。即量程需要向正方向迁移,而且迁移量为 $\rho g h$,此过程称为"正量程迁移"。从而使 $H = 0$ 时,$\Delta P = \rho g h$,输出等于 4mA DC;当 $H = H_m$ 时,ΔP 达最大,此时输出信号也达最大,为 20mA DC。

在实际安装中,往往是正、负量程迁移同时出现,但仍可用上述分析方法分别求出 P_+、P_- 和 ΔP,再令 $H = 0$,即可判断迁移的正、负并求出迁移量。最后说明一点,迁移的作用是同时改变量程的上下限,而并不改变量程范围。

2.5 流量测量仪表

2.5.1 概述

在生产过程中,应用着大量的煤气、氧气、燃料油、空气、水以及酸、碱、盐等溶液,这些流体介质使用量的测量是有效地进行生产、节约能源及企业进行经济管理所必需的重要内容之一。

目前工业技术发展很快,要求对工质流量测量精度更高,测量的流体从单相固定物料的传输(如单相气体、液体)到多相流体。测量条件从高温到极低温,从高压到低压,还有低黏度和高黏度的液体等。因此流量测量非常复杂多样,根本不可能用一种测量原理完成所有流量的测量。

1. 流量的基本概念及单位

工业上对流量的定义,是指单位时间内流过管道横截面的流体数量,也称为瞬时流量。当流体的数量以体积表示时,称"体积流量",记作 Q_v;当流体的数量以质量表示时,称"质量流量",记为 Q_m。在某一段时间内流过管道横截面的流体总和称为累积流量。

1) 体积流量

若流体通道管道截面各处的流速相等,则体积流量与流速的关系为

$$Q_v = vA \tag{2-28}$$

式中,A 为管道的横截面积(m^2);v 为管道中某一截面上流体的平均流速($\mathrm{m/s}$)。

2)质量流量

流体的密度为 ρ,则质量流量为 $Q_m = \rho Q_v$。

3)累积流量

在某一时间间隔内流过管道截面流体的总和为累积流量。该总量可以通过在某段时间间隔内的瞬时流量对时间的积分得到。即

质量累积流量 $= \displaystyle\int_0^t Q_m \, \mathrm{d}t$。

体积累积流量 $= \displaystyle\int_0^t Q_v \, \mathrm{d}t$。

2. 工业常用的流量测量方法

流量的测量方法很多。但原则上讲,常用流量测量方法大致可以分为容积法和速度法两大类。

1)容积法

在单位时间内以标准固定体积对流动介质连续不断地进行度量,以排出流体固定容积的数量来计算流量,这种方法称为容积法。

应用容积法测量流量的方法,与日常生活中用容器计量流体体积的方法类似,所不同的只是为适应工业生产的情况,要在密闭管道中连续地测量流体的体积。这种测量方法实际上是用容积积分的方法,直接测量流体的总量。常用的容积式流量计有椭圆齿轮流量计和罗茨流量计等。

2)速度法

根据瞬时流量定义,瞬时体积流量为管道截面积与平均流速的乘积。以测量流体在管道内固定截面上的平均流速作为测量依据来计算流量的方法称为速度法,采用速度法的流量仪表又分为很多种类,即通过不同的方法来测量流体的流速。常用流量计有差压式流量计、转子流量计、涡轮流量计、电磁流量计等。

下面选择工业上常见的几种流量仪表进行介绍。

2.5.2 差压式流量计

差压式流量计(又称节流式流量计)是根据安装于管道中流量检测件产生的差压、已知的流体条件和检测件与管道的几何尺寸来测量流量的仪表。差压式流量计由一次装置(节流件)和二次装置(差压转换和流量显示仪表)组成。通常以检测件的形式对差压式流量计分类,如孔板流量计、文丘里管流量计及均速管流量计等,它是一种使用范围最广的流量仪表。

1. 工作原理

充满管道的流体,当它流经管道内的节流件时(如图 2-31 所示),流束将在节流件处形成局部收缩,因而流速增加,静压力降低,于是在节流件前后便产生了压差。流体流量愈大,

产生的压差愈大,这样可依据压差来衡量流量的大小。

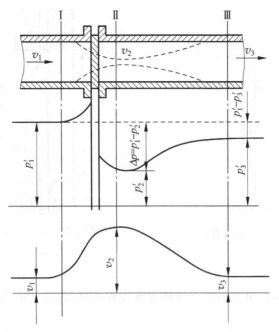

图 2-31 孔板附近的流速和压力分布

这种测量方法是以流动连续性方程(质量守恒定律)和伯努利方程(能量守恒定律)为基础的。即

$$\begin{cases} Q_m = \dfrac{C}{\sqrt{1-\beta^4}} \varepsilon \dfrac{\pi}{4} d^2 \sqrt{2\Delta P \rho} \\ Q_v = Q_m / \rho \end{cases} \qquad (2\text{-}29)$$

式中,Q_m 为质量流量,单位为 kg/s;Q_v 为体积流量,单位为 m³/s;C 为流出系数;ε 为可膨胀性系数;β 为直径比,$\beta = d/D$;d 为工作条件下节流件的孔径,单位为 m;D 为工作条件下上游管道内径,单位为 m;ΔP 为差压,单位为 Pa;ρ 为上游流体密度,单位为 kg/m³。

当介质特性、管道材质、节流件特性确定后,式(2-29)可以简化为

$$Q_v = k\sqrt{\Delta P} \qquad (2\text{-}30)$$

式中,k 为流量系数。

压差的大小不仅与流量有关,还与其他许多因素有关,例如当节流装置结构形式或管道内流体的物理性质(密度、黏度)不同时,在同样大小的流量下产生的压差也是不同的。

2. 常用节流元件

1)标准孔板

其轴向截面如图 2-32 所示。孔板是一块加工成圆形同心的具有锐利直角边缘的薄板。孔板开孔的上游侧边缘应是锐利的直角。

2)标准喷嘴(ISA 1932 喷嘴)

如图 2-33 所示,喷嘴前部为廓形圆周的两段弧线所确定的收缩段,后部为圆筒形喉

部和凹槽。

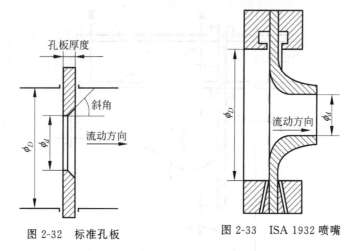

图 2-32 标准孔板   图 2-33 ISA 1932 喷嘴

3）经典文丘里管

如图 2-34 所示,文丘里管不像前两种节流件收缩剧烈,整体由收缩、直管、扩张三部分组成。

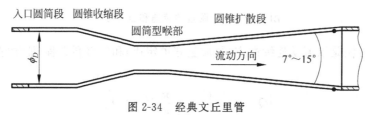

图 2-34 经典文丘里管

3. 主要特点

应用最普遍的节流件标准孔板结构易于复制,简单,牢固,性能稳定可靠,使用期限长,价格低廉。

差压式流量计应用范围极广泛,至今尚无任何一类流量计可与之相比。可应用于全部单相流体(包括液、气、蒸气)、部分多相流体(如气固、气液、液固等)、一般生产过程的管径、工作状态(如压力、温度)。

差压式流量计主要存在以下缺点:

(1) 测量的重复性、精确度在流量计中属于中等水平,由于众多因素的影响错综复杂,精确度难以提高。

(2) 范围度窄,由于仪表信号(差压)与流量为平方关系,一般范围度仅 3∶1～4∶1。

(3) 现场安装条件要求较高,如需较长的直管段(指孔板,喷嘴)。

(4) 压损大(指孔板,喷嘴)。

4. 均速管流量计

均速管流量计的测量元件——均速管(又称 Annubar,直译为阿牛巴),是基于早期皮托

管测速原理发展起来的,是一种新型差压流量测量元件。图 2-35
所示为均速管流量计的结构示意图。

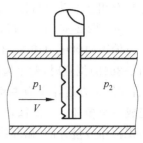

均速管流量传感器的测量原理如图 2-35 所示,它是一根沿
直径插入管道中的中空金属杆,其外形似笛。在迎向流体流动
方向有成对的测压孔,一般来说是两对,但也有一对或多对的。
迎流面的多点测压孔测量的是总压,与全压管相连通,引出平均
全压 p_1。背流面的中心处一般开有一个孔,与静压管相通,引
出静压 p_2。均速管是利用测量流体的全压与静压之差来测量
流速的。均速管的输出差压(Δp)和流体流量计算基本公式为

图 2-35　均速管流量计

$$\begin{cases} Q_v = \alpha\ \varepsilon A\ \sqrt{\dfrac{2}{\rho}\Delta P} \\ Q_m = Q_v\rho \end{cases} \tag{2-31}$$

式中,Q_v 为流体的体积流量,单位为 m^3/s；Q_m 为流体的质量流量,单位为 kg/s；α 为工作
状态下均速管的流量系数；ε 为工作状态下流体流过检测杆时的流束膨胀系数,对于不同
压缩性流体 $\varepsilon=1$；对于可压缩性流体 $\varepsilon<1$；ρ 为上游流体密度,单位为 kg/m^3；A 为工作
状态下管道内截面积,单位为 m^2。

均速管的优点是结构较简单,压力损失小,安装、拆卸方便,维护量小。特别是由于其压
力损失小(与孔板相比较,仅为孔板的 5% 以下),大大减少了动力消耗。

5. 差压式气体流量计量温度压力补正

由于可压缩介质(如气体)在温度和压力改变时密度也发生改变。对于基于速度法的流
量仪表来说,此时的体积流量必然发生误差。如果需要进行精确的测量,则必须对温度和压
力改变造成的影响进行补偿计算。

节流装置的国家标准 GB/T 2624—1993 中对标准状态下差压气体流量计的示值修正
在气体温度和压力改变时给出了气体体积流量计量的补正公式。在工业生产中,常常采用
下述简化公式进行补偿计算:

$$Q'_v = Q_v\sqrt{\dfrac{P'T}{PT'}} = k\sqrt{\dfrac{P'T}{PT'}\Delta P} \tag{2-32}$$

式中,Q'_v 为标准状态下气体实际流量；Q_v 为标准状态下气体设计流量；P' 为气体实际压
力；P 为气体设计压力；T' 为气体实际温度；T 为气体设计温度。

2.5.3　容积式流量计

容积式流量计在流量仪表中是精度最高的一类。它利用机械测量元件把流体连续不断
地分割成单个已知的体积单元,根据计量室逐次、重复地充满和排放该体积部分流体的次数
来测量流量体积总量。

容积式流量计从原理上讲是一台从流体中吸收少量能量的水力发动机,这个能量用来
克服流量检测元件和附件转动的摩擦力,同时在仪表流入与流出两端形成压力降。

椭圆齿轮流量计是一种典型的容积式流量计,其工作原理如图 2-36 所示。两个椭圆齿

轮具有相互滚动进行接触旋转的特殊形状。p_1 和 p_2 分别表示入口压力和出口压力，显然 $p_1 > p_2$，图 2-36(a) 下方齿轮在两侧压力差的作用下，产生逆时针方向旋转，为主动轮；上方齿轮因两侧压力相等，不产生旋转力矩，是从动轮，由下方齿轮带动，顺时针方向旋转。在图 2-36(b) 位置时，两个齿轮均在差压作用下产生旋转力矩，继续旋转。旋转到图 2-36(c) 位置时，上方齿轮变为主动轮，下方齿轮则成为从动轮，继续旋转到与图 2-36(a) 相同位置，完成一个循环。一次循环动作排出四个由齿轮与壳壁间围成的新月形空腔的流体体积，该体积称作流量计的"循环体积"。

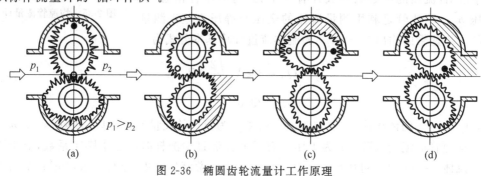

图 2-36 椭圆齿轮流量计工作原理

设流量计循环体积为 v，一定时间内齿轮转动次数为 N，则在该时间内流过流量计的流体体积为 V，则 $V = Nv$。

椭圆齿轮的转动通过磁性密封联轴器及传动减速机构传递给计数器直接指示出流经流量计的总量。若附加发信装置后，再配以显示仪表可实现远传瞬时流量或累积流量。

虽然有许多分割方法形成各种形式的容积式流量计，但大部分都有相似的基本特征。其产生误差的主要原因是分割单个流体体积的活动测量件和静止测量室之间的缝隙泄漏量形成的。产生泄漏的原因之一是为克服活动件摩擦阻力；之二是受仪表水力学阻力形成压力降的作用。

1. 优点

(1) 容积式流量计计量精度高，基本误差一般为 ±0.5%，特殊的可达 ±0.2% 或更高。通常在昂贵介质或需要精确计量的场合使用。

(2) 容积式流量计在旋转流和管道阻流件流速场畸变时对计量精确度没有影响，没有前置直管段要求。这一点在现场使用中有重要的意义。

(3) 容积式流量计可用于高黏度流体的测量。量程比宽，一般为 10:1 到 5:1，特殊的可达 30:1 或更大。

2. 缺点

(1) 容积式流量计结构复杂，体积大，尤其较大口径容积式流量计体积庞大，故一般只适用于中小口径。与其他几类通用流量计（如差压式、浮子式、电磁式）相比，大部分容积式流量计仪表只适用洁净单相流体。

(2) 容积式流量计安全性差，如检测活动件卡死，流体就无法通过。

2.5.4 涡轮流量计

图 2-37 所示为涡轮流量计传感器结构图,当被测流体流过传感器时,在流体作用下,叶轮受力旋转,其转速与管道平均流速成正比。叶轮的转动周期地改变磁电转换器的磁阻值,检测线圈中磁通随之发生周期性变化,产生周期性的感应电势,即电脉冲信号,经放大器放大后,送至显示仪表显示。

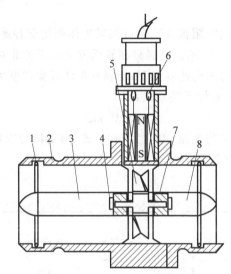

1—紧固件;2—壳体;3—前导向件;4—止推片;5—叶轮;
6—电磁感应式信号检出器;7—轴承;8—后导向件
图 2-37 涡轮流量计工作原理

涡轮流量计的实用流量方程为

$$\begin{cases} Q_v = f/K \\ Q_m = Q_v\rho \end{cases}$$

(2-33)

式中,Q_v,Q_m 为体积流量和质量流量,单位分别为 m^3/s 和 kg/s;f 为流量计输出信号的频率,单位为 Hz;K 为流量计的仪表系数,单位为 $Hz \cdot s/m^3$。

涡轮流量计的主要特点如下:

(1) 高精确度,在所有流量计中,它属于最精确的。

(2) 重复性好,短期重复性可达 0.05%~0.2%。正是由于具有良好的重复性,如经常校准或在线校准可得极高的精确度,在贸易结算中是优先选用的流量计。

(3) 流体物性(密度、黏度)对仪表特性有较大影响。

(4) 传感器上下游侧需设置较长的直管段。

(5) 不适于脉动流和混相流的测量。

(6) 对被测介质的清洁度要求较高。

(7) 小口径涡轮流量计的仪表性能难以提高。

2.5.5 涡街流量计

在特定的流动条件下,一部分流体动能转化为流体振动,其振动频率与流速(流量)有确定的比例关系,依据这种原理工作的流量计称为流体振动流量计。目前流体振动流量计有三类:涡街流量计、旋进(旋涡进动)流量计和射流流量计。

1. 工作原理与结构

在流体中设置旋涡发生体(阻流体),从旋涡发生体两侧交替地产生有规则的旋涡,这种旋涡称为卡曼涡街,如图 2-38 所示。旋涡列在旋涡发生体下游非对称地排列。设旋涡的发生频率为 f,被测介质来流的平均速度为 V,旋涡发生体迎面宽度为 d,表体通径为 D,截面积为 A,根据卡曼涡街原理,有如下关系式:

$$f = S_r V / md \tag{2-34}$$

式中,V 为旋涡发生体两侧平均流速,单位为 m/s;S_r 为斯特劳哈尔数;m 为旋涡发生体两侧弓形面积与管道横截面积之比。

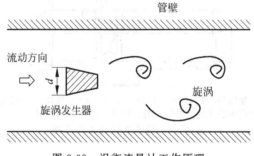

图 2-38 涡街流量计工作原理

管道内体积流量 Q_v 为

$$\begin{cases} Q_v = AV = Amdf / S_r = f/k \\ k = S_r / Amd \end{cases} \tag{2-35}$$

式中,k 为流量计的仪表系数,脉冲数/m³。k 除与旋涡发生体、管道的几何尺寸有关外,还与流动状态有关。

2. 特点

(1) 输出为脉冲频率,其频率与被测流体的实际体积流量成正比,它不受流体组分、密度、压力、温度的影响。

(2) 测量范围宽,一般范围度可达 10∶1 以上。

(3) 精确度为中上水平。

(4) 无可动部件,可靠性高。

(5) 应用范围广,可适用液体、气体和蒸气。

2.5.6 靶式流量计

1. 工作原理

靶式流量计的工作原理如图 2-39 所示。在测量管(仪表表体)中心同轴放置一块圆形靶板,当流体冲击靶板时,靶板上受到一个力 F,它与流速 V、介质密度 ρ 和靶板受力面积 A 之间的关系式如下:

$$F = C_D A \frac{\rho V^2}{2} \tag{2-36}$$

式中,F 为靶板上受的力,单位为 N;C_D 为阻力系数;ρ 为流体密度,单位为 $\mathrm{kg/m^3}$;V 为流体流速,单位为 m/s;A 为靶板受力面积,单位为 $\mathrm{m^2}$。

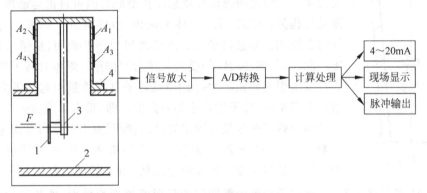

1—靶; 2—测量管; 3—把管; 4—弹性体; $A_1 \sim A_4$—应变片

图 2-39 靶式流量计工作原理

经推导与换算,得流量计算式如下:

$$\begin{cases} Q_m = 4.512 \alpha D \left(\dfrac{1}{\beta} - \beta \right) \sqrt{\rho F} \\ Q_v = 4.512 \alpha D \left(\dfrac{1}{\beta} - \beta \right) \sqrt{\dfrac{F}{\rho}} \end{cases} \tag{2-37}$$

式中,Q_m,Q_v 为质量流量和体积流量,单位分别为 $\mathrm{kg/h}$,$\mathrm{m^3/h}$;α 为流量系数;D 为测量管内径,单位为 mm;β 为直径比,$\beta = d/D$;d 为靶板直径,单位为 mm。

靶板受力经力转换器转换成电信号,经前置放大、A/D 转换及计算机处理后,可得到相应的流量和总量。

2. 主要特点

(1) 准确度高,总量测量可达 0.2%。

(2) 量程比宽,4:1～15:1 至 30:1。

(3) 可解决困难的流量测量问题,如测量含有杂质(微粒)之类的脏污流体、原油、污水、高温渣油、浆液、烧碱液、沥青等。

(4) 灵敏度高,能测量微小流量,流速可低至 0.08m/s。

（5）用于小口径（DN15～DN50）、低雷诺数（$Re = 10^3 \sim 5 \times 10^3$）的流体，它可以弥补标准节流装置难以应用的场合，如小口径蒸气流量测量等。

（6）压力损失较低，约为标准孔板的一半。

2.5.7　转子流量计

转子流量计也是一种利用节流原理测量流量的仪表，但它与差压式流量计的测量原理不同，差压流量计是利用恒截面（节流件流通面积不变）变压降原理，而转子流量计利用的是恒压降变截面原理。这种测量方法适用于管径小于 200mm 的垂直管道上小流量的测量，且流体介质的流向只能是自下而上的。

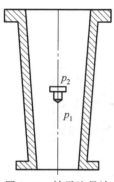

图 2-40　转子流量计

图 2-40 为转子流量计测量原理示意图。它由两部分组成：锥度为 $4' \sim 3°$ 的透明锥形管及悬浮在锥形管内可自由运动的转子。其测量过程为：被测流体（气体或液体）由锥形管下部进入，沿着锥形管向上流动。穿过转子与锥形管之间的环形截面，从锥形管上方流出。此时，节流件（转子）受到三种力的作用：流体对转子的浮力（向上），节流引起的压差力（向上）及转子自身重量引起的重力（向下）。当三力平衡时，转子稳定于某一高度。即，重力＝浮力＋压差力。

因为转子的重量是固定的，故其所受重力及浮力是固定的，因而压差力 $\Delta P = P_1 - P_2 =$ 常数。当被测流量变化时，转子将离开其原来的稳定悬浮位置。比如流量增加，由于转子节流作用产生的压差力 ΔP 增加，使转子上升，从而转子与锥形管壁间的环形流通面积增大，致使流过此间隙的流速降低，使压差力随之下降，直到其恢复为原来的压差数值为止，此时转子就平衡在比原来高的位置上了。因此，转子的停留高度是与流量大小相对应的。由差压流量计原理可知，当转子前后压差一定时，流量与其流通截面积呈线性关系。故可在锥形管外沿其高度线性地按流量进行刻度。

2.5.8　电磁流量计

1. 测量原理

电磁流量计的基本原理是法拉第电磁感应定律，即导体在磁场中切割磁力线运动时在其两端产生感应电动势。如图 2-41 所示，导电性液体在垂直于磁场的测量管内流动，与流动方向垂直的方向上产生与流量成比例的感应电势，电动势值如下：

$$E = kBDV \tag{2-38}$$

式中，E 为感应电动势，即流量信号；k 为系数；B 为磁感应强度，单位为 T；D 为测量管内径，单位为 m；V 为平均流速，单位为 m/s。

液体的体积流量为

$$Q_v = \pi D^2 V / 4 = \frac{\pi D}{4kB} E \tag{2-39}$$

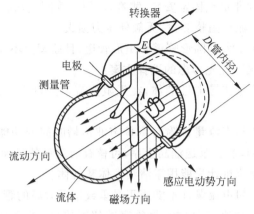

图 2-41 电磁流量计工作原理

2. 主要特点

(1)电磁流量计的测量通道是一段无阻流检测件的光滑直管,因不易阻塞,适用于测量含有固体颗粒或纤维的液固二相流体,如纸浆、煤水浆、矿浆、泥浆和污水等。

(2)电磁流量计所测得的体积流量,实际上不受流体密度、黏度、温度、压力和电导率(只要在某阈值以上)变化明显的影响。

(3)与其他大部分流量仪表相比,前置直管段要求较低。

(4)电磁流量计测量范围大,通常为 20 : 1～50 : 1,可选流量范围宽。

(5)易于选择与流体接触件的材料品种,可应用于腐蚀性流体。

(6)不能测量电导率很低的液体,如石油制品和有机溶剂等。不能测量气体、蒸气和含有较多较大气泡的液体。

2.5.9 超声流量计

封闭管道用超声流量计按测量原理分类有传播时间法、多普勒效应法、波束偏移法、相关法和噪声法。本节主要讨论用得最多的传播时间法。

1. 传播时间法

声波在流体中传播,顺流方向声波传播速度会增大,逆流方向则减小,同一传播距离就有不同的传播时间。利用传播速度之差与被测流体流速之间的关系求取流速,称为传播时间法。按测量具体参数不同,分为时差法、相位差法和频差法。其原理结构如图 2-42 所示。

2. 主要特点

(1)超声流量计可作非接触测量。夹装式换能器超声流量计可无须停流截管安装,只要在既设管道外部安装换能器即可。这是超声流量计在工业用流量仪表中具有的独特

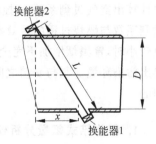

图 2-42 超声流量计工作原理

优点,因此可作移动性(即非定点固定安装)测量,适用于管网流动状况评估测定。

(2) 超声流量计为无流动阻挠测量,无额外压力损失。

(3) 超声流量计适用于大型圆形管道和矩形管道,且原理上不受管径限制,可认为是在无法实现实流校验的情况下优先考虑的选择方案。

(4) 超声流量计可测量非导电性液体,在无阻挠流量测量方面是对电磁流量计的一种补充。

(5) 某些传播时间法超声流量计附有测量声波传播时间的功能,即可测量液体声速以判断所测液体类别。例如,油船泵送油品上岸,可核查所测量的是油品还是舱底水。

(6) 传播时间法超声流量计只能用于清洁液体和气体。

(7) 外夹装换能器的超声流量计不能用于衬里或结垢太厚的管道,也不能用于衬里(或锈层)与内管壁剥离(若夹层夹有气体会严重衰减超声信号)或锈蚀严重(改变超声传播路径)的管道。

2.6　成分分析仪表

在工业热工生产及科学研究中,成分分析主要是正确测量(或控制)烟气成分,如 O_2、CO、CO_2 及其含量,并确定炉子燃烧状况,计算燃烧效率,达到节能的目的。如在加热炉生产中,燃烧好坏是影响生产效益的重要因素,过量空气的过剩系数 α 是影响燃烧的重要因素。而 α 与烟气中的 O_2、CO 含量有关,故可利用烟气中 O_2、CO 含量了解 α 值,以判别燃烧是否最佳。在工业生产中自动化成分分析系统由下面四部分组成。

(1) 取样系统　正确地取出被分析气体的样品,由过滤器、分离净化设备、冷却器和抽吸设备等组成。

(2) 发送器　将分析样品通过发送器,使被测成分含量转化为电量输出信号。

(3) 信号放大系统和显示部分　为提高分析精度,将转化的电量信号放大并送入自动电子电位差计或电桥进行显示,其刻度为被分析成分的百分数。

(4) 附加部分　如对环境温度进行自动补偿,采用补偿电路。

2.6.1　氧化锆氧分析仪

在燃烧过程中,测量和控制烟气中氧的含量,不仅对判断最佳燃烧状态,而且从含氧量中计算出空气过剩系数 α,控制空气和燃料比例对节约能源都有重要意义。另一方面,空气过剩系数与燃烧过程的热效率和热损失有关,一般而言 $\alpha=1.02\sim1.10$ 为最佳燃烧区,当 α 值较小时,冒黑烟增加不完全燃烧的热损失;当 α 值较大时,热量被烟气带走并使有害气体排出污染环境。氧与 α 值之间呈单值函数关系,所以通过氧来确定 α 值控制燃烧是比较合理的。

1. 氧化锆式氧量分析仪器的基本工作原理

氧化锆氧量分析器的取样装置与检测器是一体的,其采样与预处理系统较简单,灵敏度和分辨率高,测量范围宽(从 ppm 到百分含量),响应快;但工作寿命较短,在被测的混合气体中有燃烧的 H_2、CO、CH_4 等时,会影响准确度,要求在一定的高温条件下工作,当工作温度不稳定时,需加以校正或恒温。

二氧化锆(ZrO_2)是一种陶瓷固体电解质,在高温下有良好的离子导电特性。若在纯氧化锆中掺入一些稳定剂(低价金属氧化物,如氧化钙、氧化钇等)经高温焙烧后则形成稳定的萤石型立方晶系固熔体,其中 Ca^{2+} 置换了 Zr^{4+} 的位置,而在晶体中留下了氧离子空穴。空穴的多少与掺杂量有关。当温度升高到 800℃ 以上时,掺有 CaO 的 ZrO_2 便是一种良好的氧的阴离子导电体,在电场作用下,离子在空间产生移动。如果在一块氧化锆的两侧分别附上一个多孔铂电极,在高温时,若两侧气体含氧量不同,则在两极间就会出现电势。这种由于固体电解质两侧气体的含氧浓度不同而产生的电势称为浓差电势,这种装置称为浓差电池。含氧浓度与浓差电势对应关系如图 2-43 所示。

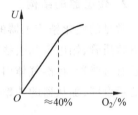

图 2-43　浓差电势

氧化锆氧量传感器的基本工作原理,就是浓差电池。如图 2-44 所示,在一个高致密的氧化锆陶瓷体内外两侧烧结附着有电极(常为海绵状多孔铂),当两侧氧分压力不同时,吸附在电极上的氧分子离解得到 4 个电子,形成两个 O^{2-},进入固体电解质中。在 600～850℃ 的高温下,由于氧离子从高浓度向低浓度转移而产生电动势。

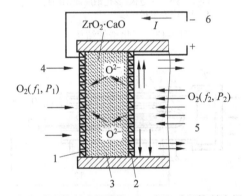

1—多孔(或网状)铂电极阳极；2—多孔(或网状)铂电极阴极；
3— ZrO_2·CaO；4—被测气体(烟气)；5—参比空气；
6—指示仪表

图 2-44　氧化锆氧量传感器的基本工作原理

以上就是在高温下,氧分子在气固界面上得到电子,氧离子迁移到阳极并在气固界面上释放电子的过程。若忽略高温下氧化锆的自由电子导电,则氧化锆氧浓度差电势 E(一般为几毫伏到几百毫伏)可由能斯特公式决定,即

$$E = \frac{RT}{nF}\ln\frac{P_2}{P_1} \tag{2-40}$$

式中,E 为氧浓度差电势,单位为 V；R 为理想气体常数,即 8.3143J/(mol·K)；F 为法拉第常数,即 9.6487×10^4 C/mol；T 为绝对温度(被测气体进入电极中的工作温度)；n 为参加反应的每一个氧分子从正电极带到负电极的电子数,$n = 4$；P_1 为待测烟气中的氧分压,单位为 Pa；P_2 为参比空气中的氧分压,$P_2 = 21227.6$Pa(在标准大气压下)。

若考虑氧化锆在高温条件下自由电子导电,致使浓差电池有内部短路电流而降低输出电势,则应用氧化锆的电子导电率的特征氧分压对式(2-40)进行修正。此外因两侧气流温度不同和因流速差别形成温差而产生热电势以及存在本底电势等情况,也都使氧化锆浓差电池的输出偏离式(2-40)所给出的理论值。因此,生产厂家一般要给出修正后的实际分度方程或表格。

2. 传感器的结构

常见的氧化锆传感器的结构有片状和管状。图 2-45 所示是管状结构,它是由氧化锆固体电解质管、铂电极和引线构成。其辅助结构有参比气体(空气)引入管、测温热电偶等,有时还有过滤器、标准气体引入管、加热炉等。图 2-46 是带有恒温加热器的氧化锆测氧传感器的示意图,加热器的功率为 $100\sim250\text{W}$,恒温温度在 $700℃$ 左右。

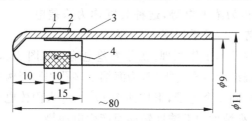

1,2—外、内电极(多孔铂片或铂网);
3,4—内外电极引线

图 2-45 氧化锆管结构

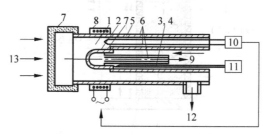

1,2—多孔铂(或网)外、内电极;3,4—电极引线;5—热电偶;
6—Al_2O_3陶瓷管;7—氧化锆管;8—恒温加热器

图 2-46 带恒温炉的氧化锆传感器示意图

3. 应用注意事项

使用氧化锆式氧量分析传感器时,应注意以下几点:

(1) 测点处被测气流的温度应在 $650\sim900℃$,变化不能剧烈。一般而言,温度低内阻高,对输出电势不利;温度过高时,电化学渗透加强,误差增大,电极材料易升华导致降低寿命。温度变化剧烈时易发生热震裂缝,造成传感器不能使用。

(2) 可燃气体中的氢、一氧化碳等有害气体,在电极上与传导过来的氧离子反应,成为燃料电池,使传感器输出电势增大,造成误差。而 SO_2 气体可使铂电极"中毒"使其活性减弱,影响输出电势。

（3）气样和参比气体都应不断地流过电极，不停滞也无死角。参比气体应是清洁的干空气。

（4）防止电极积灰等污物使电极微孔堵塞，影响反应。

（5）两侧气流的压力应尽量维持恒定，并尽可能一致。

（6）温度测量要准确和稳定，以保持控温和温度补偿的准确性。

2.6.2　红外线气体分析器

红外线气体分析器具有灵敏度高、选择性好、滞后小等特点，工业上得到广泛应用。

1. 气体分析器基本工作原理

红外线是波长为 $0.76\sim420\mu m$ 的电磁波，因其位于相邻的可见红光波段之外，故称红外光。许多原子气体（CO_2、CO、CH_4、水蒸气等）对红外线都有一定的按波长选择性吸收能量的特性，但只是选择吸收某些波段的红外线。不同气体由于本身结构不同，其特征吸收某些波段的红外线也就不同，如 CO_2 有两个特征吸收波段 $2.6\sim2.9\mu m$ 及 $4.1\sim4.5\mu m$。这就是说，当波长为 $2\sim7\mu m$ 的红外线射入含有 CO_2 的气体后，这两个特征波段的红外线将被吸收。而透过的射线中，将少含或不含该两个波段的红外线。又如双原子气体（N_2、O_2、H_2 等）对 $1\sim25\mu m$ 波长的红外线均不吸收。气体分析器只能分析那些具有特征吸收波段的气体，当气体分子吸收红外辐射能后转化为热能，使气体分子温度升高，然后将这种温度变化直接或间接的检测出来。

对于一定波长的红外辐射能的吸收，其强度与被测介质浓度间的关系可由朗伯比尔定律来确定。即

$$I = I_0 e^{-K_\lambda Cl} \tag{2-41}$$

式中，I 为吸收后透射红外辐射强度；I_0 为吸收前入射的红外辐射强度；K_λ 为被测介质对波长为 λ 的红外辐射吸收系数；C 为被测介质的摩尔百分浓度；l 为红外辐射线穿过的被测介质长度。

当红外线穿过被测介质长度 l 和入射红外辐射强度 I_0 一定时，由于 K_λ 对某一种特定的被测介质是常数，所以透过的红外辐射强度 I 仅仅是被测介质摩尔百分浓度 C 的单值函数，其关系如图 2-47 所示。一些气体吸收光谱特性如图 2-48 所示。

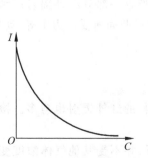

图 2-47　朗伯-比尔定律确定的 I-C 关系曲线

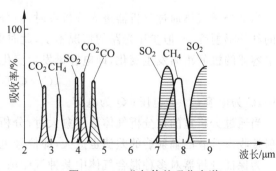

图 2-48　一些气体的吸收光谱

以测定透射的红外线辐射强度 I 而确定被测介质浓度 C 为理论基础的光谱仪器称为红外气体分析器。

2. 气体分析器结构及工作过程

红外线气体分析器结构如图 2-49 所示。它由红外线光源 1,抛物体反射镜 2、分析室 6、参比室 7、同步电动机 3 及主放大器 10 和记录器 11 等组成。红外光源 1 是由两个几何形状和物理参数相同的镍铬合金丝串联而成,能发射出平行光束的辐射器,它由恒流电源供给 1.35A 的恒定电流。辐射器的温度可达 $600\sim800℃$,这时能辐射出 $2\sim7\mu m$ 的红外辐射线。这两部分红外辐射分别由两个抛物线反射镜 2,聚成两束平行光,通过以同步电动机 3 带动的切光片 4,以 12.5Hz 的频率调制成断续的红外辐射线,射向滤波室 5,通过分析室 6 到达检测室 8。另一路通过参比室 7 到达检测室 8。在检测室正面(迎着红外线辐射面)有两个几何形状完全相同的辐射接收室,接收室内充满待测气体,且长久地封在其中。在两个辐射接收室之间用以铝箔为动极、铝合金圆柱体为定极的微音电容器隔开。在参比室内装有"零点气体"氮时,因为它们都不吸收红外辐射,所以在两个检测室内接收的两个红外辐射相等。因此,电容器动极两侧压力相等,动极保持动平衡,电容量没有变化,无输出信号。

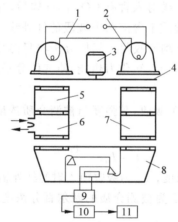

1—光源;2—抛物体反射镜;3—同步电动机;4—切光片;5—滤波室;6—分析室;7—参比室;8—检测室;9—前置放大器;10—主放大器;11—记录器

图 2-49 红外线气体分析器结构图

当被分析气体通过分析器进入分析室时,被分析气体吸收一部分红外辐射而到达接收室的红外辐射变少,但参比光路的情况不变,此时电容器动极两面所受压力不等,动极变形,使电容器的极间距离发生变化,即电容量发生变化。

$$C = Q/U \tag{2-42}$$

式中,C 为电容;U 为电压;Q 为电荷。

当通过分析室的被分析气体浓度愈大时,分析室内吸收的红外辐射也愈多。检测器两辐射接收室接收的辐射能的差值也愈大,即信号也愈大。

为保证分析器对多种混合气体中某气体浓度的分析,并不受其他气体浓度变化的干扰,在光学系统中设置有滤波室 5。由于各种气体只吸收特定波长的辐射线,这样就可以在滤波室内充以除被分析组分以外的其他气体,如分析 CO_2 时,滤波室内可充 CO 和 CH_4 各 50%,以使产生浓度变化干扰的辐射被吸收而不再进入检测室。也可用干涉滤光片代替充气滤波室,如高透射率基底的石英片等,它能很容易地改变仪器所能检测的对象。

红外线气体分析器主要用于工业流程气体的监测,燃烧效率控制,也可用于大气污染、医学等方面的自动气体监测。仪器精度为 1~2.5 级,对低浓度范围一般以 ppm(百万分之一体积比)为单位,通常为 2~5 级。

2.7　过程控制仪表

2.7.1　概述

在过程控制系统中,除了需要各种检测仪表用于测量以外,还有许多用来构成过程控制系统其他功能的仪表,统称为过程控制仪表。它包括执行器、控制器、变送器、操作器、配电器、伺服放大器、运算器等多种仪表或装置,是构成生产过程自动化系统的重要技术工具。

在 20 世纪六七十年代,单元组合式仪表被普遍应用于工业生产,也正是过程控制仪表空前发展的阶段。控制系统被分解成具有代表性、通用性的功能模块并形成各自的产品,正是由于这些产品的有机组合,才构造出各式各样的过程控制系统。

从仪表动力来说,控制仪表可分为气动、电动两类。

电动单元组合仪表(简称 DDZ 仪表)最为常见,目前被广泛使用的 DDZ-Ⅲ型仪表以 24V DC 为电源,以 4~20mA DC 为现场传输信号,以 1~5V DC 和 4~20mA DC 为控制室联络信号。由于其信号传输、放大、变换、处理比较方便,便于远传,而且易于和计算机联用,因此在生产实践中应用越来越广。由电动单元组合仪表组成的一个典型系统实例如图 2-50 所示。

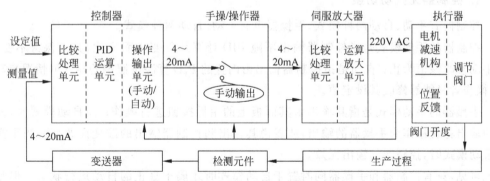

图 2-50　由电动单元组合仪表组成的一个典型系统

控制器主要完成设定值与测量值的比较、PID 运算等功能,并将根据偏差运算得到的控制信号输出到下一个仪表单元。手操器是用来选择控制方式的仪表,可以选择控制器的输出信号,也可以选择由该仪表自身给出的手动输出信号。伺服放大器是控制器与执行器的接口单元,它将控制器来的信号转换成执行器可以接收的信号。执行器接收控制信号以后,驱动阀门动作,达到调整过程的目的。

气动单元组合仪表（简称 QDZ 仪表）常常用于化工、石油等对防爆等级要求较高的场合。即便如此，也只是气动执行器较为常见。它采用 140kPa 压缩空气为能源，以 20～100kPa 为标准信号输出，同时配以气/电和电/气转换器，与电动单元组合仪表构成系统。由 DDZ-Ⅲ型控制仪表和气动仪表构成的一个典型系统实例如图 2-51 所示。

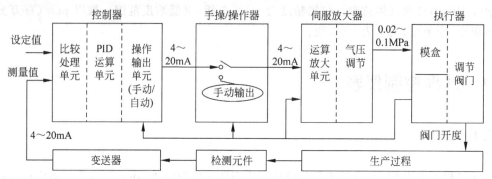

图 2-51   由 DDZ-Ⅲ型控制仪表和气动仪表构成的一个典型系统

系统中控制器、手操器的功能与 DDZ 仪表系统相同。电气转换器（4～20mA→0.02～0.1MPa）是控制器与气动执行器的接口单元，它将控制器的信号转换成执行器可以接收的气压信号。执行器接收控制信号以后，驱动阀门动作，达到调整过程的目的。

随着计算机技术的不断普及，计算机或以 CPU 为核心的智能仪表越来越多被应用于过程控制系统中。一般来说，它们起到了替代一个或多个控制器的作用。此外，一些用于计算的过程控制仪表被节省掉了，改由软件方法来完成。

2.7.2   过程控制仪表的常见应用问题

1. 控制器无扰动切换

控制器有手动、自动两种模式，手操器也有手动、自动两种模式。

控制器的手动模式是指控制器输出不随 PID 计算结果变化而变化，其值保持不变，直到手动修改该值为止；自动是指控制器输出由内置的 PID 算法按照偏差输入的情况自动计算，操作者只能够修改其设定值。

手操器的手动模式是指其输出由其面板上的手操按钮进行操作；而自动模式时，控制器的输出将直接作为手操器的输出，或者说其输出随控制器输出的改变而改变。当手操器为手动模式时，控制器的输出无效。

可见，只有控制器和手操器同时置于自动模式时才属于真正的自动运行状态。但是随着工况的不同和操作状况的改变，操作者需要对二者进行相应的模式切换和修改操作。一般来说，过程要求在模式切换时要保证不影响生产过程参数，即输出到阀门的控制信号保持平稳，没有跳跃，这就是无扰切换的概念。

两个设备，各两种模式组合起来理论上讲共有四种操作模式，但由于手操器手动时，其输出与控制器的状态无关，因此一共有三种模式：①手操器手动；②手操器自动-控制器手动；③手操器自动-控制器自动。

下面讨论一下这三种模式间的无扰切换问题。

1）模式①→模式②、③

模式①下，手操器可能进行多次操作，其值在没有做特殊处理的情况下很可能与控制器的输出不相等。如果直接切换到模式②、③（投自动），势必会造成输出的跳变和阀门的动作，从而影响过程稳定。因此要想保证模式①→模式②、③的无扰切换，必须使控制器在模式①（手操器手动）的情况下保持跟踪状态，并且使其输出值与实际阀门位置保持一致，只有这样才可以确保无扰切换。

2）模式②、③→模式①

模式②、③情况下，手操器处于自动模式，一直将控制器的输出作为自己的输出。切换到模式①时，手操器的输出将保持在上一时刻的阀位不动，不需要特殊处理就是无扰切换。

3）模式②→③、③→②

这种模式指的是控制器内部手自动的切换情况，这两种模式的切换一般在控制器设计时都已经做了相应的考虑，也不需要进行其他处理。

常规调节器（控制器）没有跟踪功能，因此无法实现无扰切换。基于 CPU 的控制器或 PLC、DCS 都可以通过编程实现。

2. 一体化执行器

对于电动执行器来说，一般都需要伺服放大器来控制伺服电机的转动来调节正确的阀位。在传统生产过程应用中，一个控制回路常常由控制器、手操器、伺服放大器及电动执行器构成。其中，电动执行器的控制信号一般只有电机正转和反转两种，伺服放大器主要解决控制器输出信号放大问题，将其值与实际阀位相比较，确定输出正转还是反转，驱动阀门动作。连接这几台设备的接线是相当复杂的，故障点多，维护不方便，目前应用较多的是一体化电动执行器。

一体化电动执行器的最大特点是将伺服放大器和电动执行器集成到一起，成为一台独立设备，可以直接连接到控制器输出信号，即输入为 4～20mA 的电流信号。这样一方面减少了故障点，另一方面大大降低了维护量。

3. 手操器的输出类型

手操器是执行手动操作或自动控制的选择设备，随着执行器种类的不同，相应手操器的输出信号也应该与之对应。

对于传统电动执行器来说，执行器需要电机正转/反转的控制信号，因此配套手操器应选择 D 型操作器，输出交流的电机正转/反转信号。参见图 2-50。

对于一体化执行器和气动执行器来说，执行器需要表示阀门开度的控制信号（4～20mA DC），因此配套手操器应选择 Q 型操作器，输出直流的阀位控制信号。参见图 2-51。

4. 配电器及信号接线制

各种仪表的检测原理不同，其输出信号也各不相同，虽然在逐渐规范，但仍存在一定区别。常见的仪表输出信号有 4～20mA DC 电流、1～5V DC 电压、热电偶、热电阻以及脉冲等。

以标准的 4～20mA DC 信号为例,有的仪表可以供出有源的电流(即串联电阻后可以产生电压,不需要供电);有的仪表本身没有电源,需要外部供电并在供电线路上获取电流值。

规定信号接线的方法又常被称为信号接线制,电流信号连接有两种制度:

(1) 两线制　只有两根线实现一次仪表与二次仪表的连接,两根线既供电又兼有检测信号的功能,信号线可以输出无源的电流信号。接线原理如图 2-52 所示。代表性仪表为各种压力变送器。

(2) 四线制　有四根接线,两根为电源线,另外两根为信号线,信号线输出有源电流。接线原理如图 2-53 所示。代表性仪表为电磁流量计、超声波仪表。

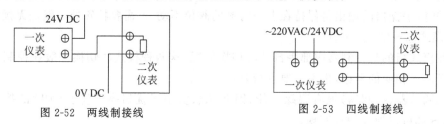

图 2-52　两线制接线　　　　　　　图 2-53　四线制接线

对绝大多数的控制系统或二次仪表来说,多要求电流信号是有源的。如果是两线制信号就必须转换为有源信号,可以实现这种功能的控制仪表称为配电器。配电器的内部分为两部分功能,一部分连接两线制仪表,一边供电一边检测回路中的电流;另一部分则将检测到的信号隔离放大输出,同时配电器还兼有信号隔离的功能。配电器在检测系统中的作用如图 2-54 所示。

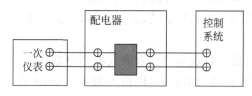

图 2-54　配电器接线示意图

综上所述,按照在系统中的作用,过程控制仪表被分为一些种类,同时每个种类当中的仪表又有各自的特点。因此,只有在设计选择仪表的时候仔细考虑,注意各仪表的功能接线说明,才可能设计出功能完整的控制系统。

本章小结

本章分别介绍了工业过程控制系统中常常出现的温度、压力、流量、物位、分析等热工测量仪表,分析了它们的工作原理和应用场合,对设计选型人员选择合适的仪表有很好的指导意义。最后一节着重介绍了用常规仪表构成控制系统时的一些应用注意事项,是多年应用经验的总结,并对采用计算机实现的控制系统设计同样有重要的参考价值。

思考题与习题

1. 用一只量程很大的仪表来测量很小的参数值会有什么问题？

2. 校验仪表时得到某仪表的精度为 $\pm 0.3\%$，问此仪表的精度级应定为多少级？自工艺允许的最大误差计算出某测量仪表的精度至少为 1.33% 才能满足工艺要求，问应选几级表？

3. 一只量程 $0\sim 1.6\mathrm{MPa}$ 的弹簧管压力表，精度级为 2.5 级，检验时在某点出现的最大绝对误差为 $0.05\mathrm{MPa}$，问这只仪表合格吗？

4. 有两只测温仪表，测量标尺范围分别为 $A_1=0\sim 800℃$、$A_2=0\sim 500℃$，已知其绝对误差的最大值均为 $5℃$，试问哪一只表较准确？为什么？

5. 一台电子自动电位差计，量程为 $0\sim 800℃$，精度级为 0.5 级，问在测温时可能产生的最大允许绝对误差是多少？

6. 一块压力表量程为 $0\sim 1\mathrm{MPa}$，精度级为 1.0 级，问 $0.1\mathrm{MPa}$、$0.5\mathrm{MPa}$、$1.0\mathrm{MPa}$ 三点的最大允许绝对误差分别为多少 kPa？三点测量的相对误差又分别为多少？

7. 试证明中间温度定则。

8. 某型号热电偶热端和冷端温差不变，但两端温度均发生改变，如由 $(300℃,50℃)$ 变化到 $(600℃,350℃)$。变化前后热电势是否相等？

9. 采用 K 型热电偶测量温度，冷端温度为 $20℃$。配接带有冷端补偿功能的温度显示仪表显示值为 $800℃$，问此时热电偶的热电势应该是多少？

10. 接上题，如果此时该热电偶改用没有冷端补偿功能的温度显示仪表，其显示值应该为多少？

11. 如图 2-55 所示，利用差压式液位计测量锅炉水位。已知，水位波动范围从 H_0 到 H_m 为 $200\mathrm{mm}$，水的密度变化忽略不计。问：

(1) 是否需要量程迁移？为什么？

(2) 如果需要，是哪种迁移？迁移量是多少？

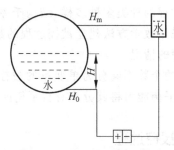

图 2-55　锅炉气包液位测量

12. 试用自己的语言简单扼要的介绍各种流量计的工作原理。

第**3**章

被控过程的数学模型

学习目标

(1) 掌握被控过程的基本概念;

(2) 掌握被控过程的数学模型表示方法;

(3) 掌握自衡和无自衡过程的机理建模方法;

(4) 掌握被控过程的实验建模方法;

(5) 掌握基于神经网络的数据建模方法;

(6) 了解机理与数据相结合的混合建模方法。

3.1 概述

控制质量的优劣是工业过程自动控制中最重要的问题,它主要取决于自动控制系统的结构及组成控制系统的各个环节的特性。为了很好地控制一个过程,需要知道当控制量变化一个已知量时,被控量如何改变并最终将改变多少以及向哪个方向改变、被控量的变化将需要经历多长时间、被控量随时间变化的曲线形状等。这些均依赖于被控过程的数学模型。因此,建立被控过程的数学模型是自动控制系统分析与设计中的重要环节。

被控过程的数学模型是指被控过程的输出变量与输入变量之间的函数关系数学表达式。

在工业生产过程中,被控过程的种类多种多样,结构千差万别,影响被控过程特性的参数和条件也各不相同。因此,采用数学方法建立被控过程的数学模型,只适用于设备结构比较简单、生产过程机理比较清楚的情况。

被控过程可以按照被控量的个数不同分为单变量的被控过程和多变量的被控过程,也可以按照被控过程是否具有自平衡能力将其分为有自平衡能力和无自平衡能力的过程。

3.1.1 单变量与多变量的被控过程

单变量的被控过程也可以称为单输出的被控过程。

通常,被控过程的输入量不止一个,应该选择容易被控制又直接影响对象动态特性的一个作为控制器的输入,其他的输入均视为扰动作用,如图 3-1 所示。其中,被控量的拉普拉斯变换函数为

$$Y(s) = W_o(s)X(s) + W_{f1}(s)F_1(s) + \cdots + W_{fn}(s)F_n(s) \tag{3-1}$$

式中,$X(s)$,$F_1(s)$,$\cdots$,$F_n(s)$ 为控制信号 x 及扰动信号 $f_1 \cdots f_n$ 的拉普拉斯函数;$W_{f1}(s)$,$\cdots$,$W_{fn}(s)$ 为在扰动 $f_1 \cdots f_n$ 作用下对象的传递函数;$W_o(s)$ 为在 x 控制作用下对象的传递函数。

图 3-1 中,被控量 y 与输入量 x 之间的联系通道称为控制通道,被控量 y 与扰动 f 之间的联系通道称为扰动通道。

多变量的被控过程也可以称为多输入多输出的被控过程。

当被控过程中存在多个输入量 $(x_1, x_2, \cdots, x_n, f_1, f_2, \cdots, f_m)$ 和多个输出量 $(y_1, y_2, \cdots, y_n)$ 时,输入量与输出量之间往往不是一对一的关系,也就是说,某个输入量将同时影响两个或两个以上的被控量,即某一个控制作用除了影响与其"对应"的被控量外,还对其他的被控量产生影响。多变量的被控过程可以表示为图 3-2 所示。其中,被控量的拉普拉斯变换函数可表示成如下的矩阵向量形式:

$$\boldsymbol{Y}(s) = \boldsymbol{W}_o(s)\boldsymbol{X}(s) + \boldsymbol{W}_f(s)\boldsymbol{F}(s) \tag{3-2}$$

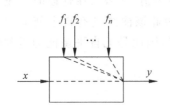

图 3-1 单变量对象及其信号通道示意图

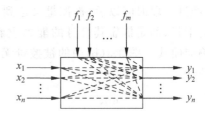

图 3-2 多变量对象及其信号通道示意图

其中,$\boldsymbol{Y}(s) = [Y_1(s)\,Y_2(s)\cdots Y_n(s)]^{\mathrm{T}}$ 为被控量的拉普拉斯函数向量;$\boldsymbol{X}(s) = [X_1(s)\,X_2(s)\cdots X_n(s)]^{\mathrm{T}}$ 为调节量的拉普拉斯变换函数向量;$\boldsymbol{F}(s) = [F_1(s)\,F_2(s)\cdots F_m(s)]^{\mathrm{T}}$ 为扰动量的拉普拉斯变换函数向量。$\boldsymbol{W}_o(s)$、$\boldsymbol{W}_f(s)$ 分别为被控过程在调节量和扰动量的作用下被控过程的传递函数矩阵,并可以表示为

$$\boldsymbol{W}_o(s) = \begin{bmatrix} W_{11}(s) & W_{12}(s) & \cdots & W_{1n}(s) \\ W_{21}(s) & W_{22}(s) & \cdots & W_{2n}(s) \\ \vdots & \vdots & \ddots & \vdots \\ W_{n1}(s) & W_{n2}(s) & \cdots & W_{nn}(s) \end{bmatrix} \quad \boldsymbol{W}_f(s) = \begin{bmatrix} F_{11}(s) & F_{12}(s) & \cdots & F_{1m}(s) \\ F_{21}(s) & F_{22}(s) & \cdots & F_{2m}(s) \\ \vdots & \vdots & \ddots & \vdots \\ F_{n1}(s) & F_{n2}(s) & \cdots & F_{nm}(s) \end{bmatrix}$$

$$\tag{3-3}$$

在多变量的被控过程中,如果一个调节量只对一个被控量起作用,则不同控制区是彼此独立的,这时,可以认为多变量的被控过程是由多个彼此独立的单变量被控过程所组成的;如果一个调节量同时影响多个被控量,并且这些影响是不利的,则采用解耦控制等方法来消除其对其余被控量的影响。在本书中,如果没有特别指出,仅讨论单变量的被控过程。

3.1.2 自衡过程和无自衡过程

当输入量发生变化破坏了被控过程的平衡状态时,如果在没有任何外界干扰的情况下,被控过程依靠自身的能力能够重新达到一个新的平衡状态,那么这个被控过程就称为有自平衡能力的过程,也可以称其为自衡过程,该被控过程所具有的这个特性称为自衡特性。然而,当输入量发生变化破坏了被控过程的平衡状态时,如果在没有任何外界干扰的情况下,被控过程无法依靠其自身的能力重新达到一个新的平衡状态,那么这个被控过程就称为无自平衡能力的过程或无自衡过程,该被控过程就不具有自衡特性。

被控过程的动态特性取决于生产过程本身的物理、化学特性,并与生产设备的结构和运行状态有关。原则上可以采用机理方法,根据过程的物料或能量平衡以及过程进行中的物理或化学变化,经过数学推导或简化而得到描述被控过程动态特性的数学表达式。由于生产过程大多比较复杂,要得到正确的表达式十分困难,即使得到也难于求解,有时又因为过于简化而失去了实际的意义。采用实验方法测取被控过程的响应曲线,是分析研究被控过程动态特性的常用方法。

一般常采用测取被控过程的阶跃响应曲线的方法来表达和研究过程的动态特性,图 3-3 中记录了有自平衡能力过程和无自平衡能力过程的阶跃响应曲线。从图 3-3(a)可以看出,当被控过程的输入量 x 发生一个阶跃变化 Δx 后,被控量 y 的平衡状态遭到破坏,但经过一段时间以后,被控量又达到了一个新的稳定值 $y(\infty)$,在这段时间里并没有外界的干扰,而是依靠其自身的能力重新恢复平衡,因此该曲线是有自平衡能力过程的阶跃响应曲线。图 3-3(b)中的被控量无法再平衡下来,因此是无自平衡能力过程的阶跃响应曲线。

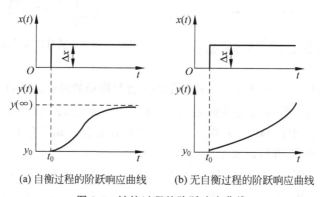

(a) 自衡过程的阶跃响应曲线 (b) 无自衡过程的阶跃响应曲线

图 3-3 被控过程的阶跃响应曲线

3.1.3 被控过程数学模型的表示方法

求取被控过程数学模型的方法目前有三种。一是根据过程的内在机理,通过静态与动态物料平衡或能量平衡关系,采用数学推导的方法求取过程的数学模型,这种方法适用于内在机理比较清楚、简单的情况;二是根据过程的输入、输出数据,通过过程辨识和参数估计的方法建立被控过程的数学模型,这种方法仅依赖于过程的输入输出数据,不需要知道被控过程的先验知识;三是将上述两种方法相结合,利用机理分析的方法分析确定模型的结构,再通过过程的输入输出数据对模型参数进行估计。

机理推导的几类数学模型可见表 3-1。

表 3-1　数学模型的类型

过 程 类 别	静 态 模 型	动 态 模 型
集中参数过程	代数过程	微分方程
分布参数过程	微分方程	偏微分方程
多级过程	差分方程	微分-差分方程

由系统辨识所得到的模型结构一般比较简单。以单输入单输出的过程模型为例，最常用的有如下形式。

1. 线性时间连续模型（微分方程或传递函数形式）

$$a_n y^{(n)}(t) + \cdots + a_1 y'(t) + y(t) = b_m u^{(m)}(t-\tau) + \cdots + b_1 u'(t-\tau) + b_0 u(t-\tau) \tag{3-4}$$

或

$$W_o(s) = \frac{Y(s)}{U(s)} = \frac{b_0 + b_1 s + \cdots + b_m s^m}{1 + a_1 s + \cdots + a_n s^n} e^{-\tau s} \tag{3-5}$$

式中，y、u 和 τ 分别代表被控过程的输出变量、输入变量和滞后时间。

2. 线性时间离散模型

$$a_n y(k-n) + a_{n-1} y(k-n-1) + \cdots + a_1 y(k-1) + y(k)$$
$$= b_m u(k-m-d) + \cdots + b_1 u(k-1-d) + b_0 u(k-d) \tag{3-6}$$

即

$$y(k) = \frac{b_0 + b_1 q^{-1} + \cdots + b_m q^{-m}}{1 + a_1 q^{-1} + \cdots + a_n q^{-n}} q^{-d} u(k) \tag{3-7}$$

式中，d、q^{-1} 分别表示滞后时间（采样周期的整数倍）和后向差分算子，q^{-1} 与 z 变换的 z^{-1} 相当。

与线性系统建模方法不同，由于非线性系统的输入、输出之间具有更为复杂的时间关联性与非线性关系，输入输出非线性时间离散系统模型可以用一般表达式描述为

$$y(k) = f(y(k-1), y(k-2), \cdots, y(k-n), u(k-d),$$
$$u(k-d-1), \cdots, u(k-d-m), \xi(k)) \tag{3-8}$$

式中，y、u 和 ξ 分别代表被控过程的输出变量、控制变量和扰动量，d 为滞后时间，$f(\cdot)$ 为可以描述过程输入输出关系的非线性函数。为了从理论上精确地描述一个非线性系统 f，人们提出了多种类型的描述非线性模型的方法，如块联模型、基于各种核函数描述的模型以及利用输入输出信号中隐含的过程动态特性所提出的神经网络、支持向量机等数据建模方法等。

3.2　被控过程的机理建模

对于一些比较简单的、物料或能量变化过程以及内在机理比较清楚的被控过程，一般可

以通过静态和动态的物料平衡或能量平衡关系来推导出被控过程的数学模型。

静态的物料(或能量)平衡关系是指单位时间内进入被控过程的物料量(或能量)等于单位时间内从被控过程流出的物料量(或能量)。动态的物料(或能量)平衡关系是指单位时间内进入被控过程的物料量(或能量)减去单位时间内从被控过程流出的物料量(或能量)等于被控过程中物料量(或能量)储存量的变化率。

3.2.1 建立自衡过程的数学模型

被控过程有无自平衡能力,决定于对象本身的结构,并与生产过程的特性有关。凡是受到干扰后,不依靠外加控制作用就能重新达到平衡状态的对象都具有自平衡能力,否则就是没有自平衡能力。

1. 单容自衡过程的数学模型

所谓单容过程,是指只有一个储蓄能量的过程。

如图 3-4(a)所示,为一个单容液位被控过程,其流入量为 q_1,改变阀 1 的开度可以改变 q_1 的大小;其流出量为 q_2,改变阀 2 的开度可以改变 q_2。当流入量 q_1 和流出量 q_2 相等时,液位 h 保持不变,处于平衡状态。当流入阀门突然开大,水的流入量阶跃增多,液位便开始上升,随着液位的升高,水箱内液体的静压力增大,使水的流出量跟着增多,这一趋势会使流出量 q_2 和流入量 q_1 再次相等,从而使得液位 h 达到一个新的平衡状态。可见,单容水箱是一个自衡过程。自平衡是一种自然形式的负反馈,好像在过程内部具有比例控制器的作用,但对象的自平衡作用与系统的控制作用完全不同,后者是靠控制器施加的控制作用,而不是被控过程自身所具有的能力。

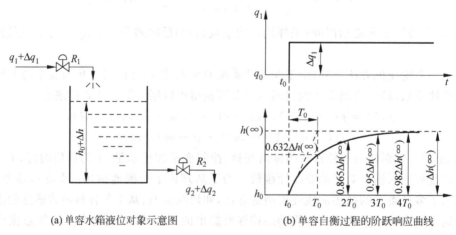

(a) 单容水箱液位对象示意图　　(b) 单容自衡过程的阶跃响应曲线

图 3-4　单容水箱过程及其阶跃响应曲线

若将前述水箱的流入量 q_1 作为液位对象的输入变量,液位 h 为其输出变量,则该被控过程的数学模型就是 h 与 q_1 之间的数学表达式。

上述水箱在平衡状态时,流入量 q_1 和流出量 q_2 相等,液位 h 保持不变,即

$$q_{10} = q_{20}, \quad h = h_0 \tag{3-9}$$

当控制阀突然开大一些,液位会逐渐上升,如果流出侧阀门开度不变,则随着液位的升高而流出量逐渐增大,这时根据动态物料平衡关系有

$$q_1 - q_2 = A\frac{\mathrm{d}h}{\mathrm{d}t} \tag{3-10}$$

或

$$(q_{10} + \Delta q_1) - (q_{20} + \Delta q_2) = A\frac{\mathrm{d}(h_0 + \Delta h)}{\mathrm{d}t} \tag{3-11}$$

由式(3-9)~式(3-11)可得

$$\Delta q_1 - \Delta q_2 = A\frac{\mathrm{d}\Delta h}{\mathrm{d}t} \tag{3-12}$$

上述各式中,Δq_1、Δq_2、Δh 分别表示偏离某一平衡状态 q_{10}、q_{20}、h_0 的增量;A 为水箱的横截面积。

由流体力学可知,流体在紊流情况下,液位 h 与流出量之间为非线性关系。但为简化起见,经线性化处理,可近似认为 Δq_2 和 Δh 成正比,而与流出阀门的阻力 R_2 成反比,即

$$\Delta q_2 = \frac{\Delta h}{R_2} \quad 或 \quad R_2 = \frac{\Delta h}{\Delta q_2} \tag{3-13}$$

式中,R_2 为流出阀门的阻力,称为液阻。

为了求取单容过程的数学模型,需要消去中间变量 q_2。这里介绍两种消去中间变量的方法:代数代换法和画方框图法。

代数代换法 将式(3-13)代入式(3-12)并化简,即可得到微分方程形式的数学模型

$$AR_2\frac{\mathrm{d}\Delta h}{\mathrm{d}t} + \Delta h = R_2\Delta q_1 \tag{3-14}$$

对式(3-14)两端进行拉普拉斯变换,经整理即可得到传递函数形式的数学模型

$$W_\circ(s) = \frac{H(s)}{Q_1(s)} = \frac{R_2}{AR_2 s + 1} = \frac{K_0}{T_0 s + 1} \tag{3-15}$$

式中,$H(s)$、$Q_1(s)$ 为水箱液位变化和进水流量变化的拉普拉斯变换函数;T_0 为被控过程的时间常数;K_0 为被控过程的放大系数。

由此可见,单容自衡过程的数学模型为一个一阶惯性环节。由式(3-15)可得单容过程的阶跃响应如下:

$$\Delta h(t) = K_0\Delta q_1(1 - \mathrm{e}^{-t/T_0}) \tag{3-16}$$

图 3-4(b)为单容水箱被控过程的阶跃响应曲线。

画方框图法 将式(3-12)、式(3-13)取拉普拉斯变换后,画出图 3-5 所示方框图。然后再利用画出的方框图求取被控过程传递函数形式的数学模型。

被控过程都具有一定储存物料或能量的能力,其储存能力的大小称为容量,用容量系数来表示,其物理意义是:引起单位被控量变化时,被控过程储存量的变化量。上述单容水箱的容量系数为 A。

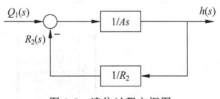

图 3-5 液位过程方框图

从式(3-15)可知，液阻 R_2 不但影响过程的时间常数 T_0，而且影响过程的放大系数 K_0，而容量系数 A 仅影响过程的时间常数。

2. 有纯滞后单容自衡过程的数学模型

在工业生产过程中，过程具有纯滞后是经常碰到的问题。当被控量的检测点与产生扰动的地点之间有一段物料传输距离时，就会出现纯滞后。如图 3-6 为典型的具有纯滞后的皮带运输机过程。在该过程中，如果输送皮带秤的扰动发生在电动控制阀，与物料称重传感器相距为 l，皮带必须经过这一段传输距离后，变化后的重量才会被传感器检测出来，显然流经距离 l 的时间完全是传输滞后造成的，故称其为传输滞后或纯滞后，以 τ_0 表示。

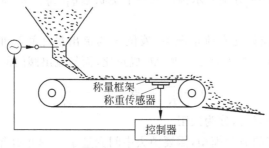

图 3-6　皮带运输机传输过程

对于前述单容水箱，当进水阀门在距离水箱 l 的地方，如图 3-7 所示，则阀门开度变化产生扰动后，液体要经过流经 l 距离的时间后才流入水箱，使水位发生变化而被检测出来。显然图 3-7 所示的水箱为具有纯滞后的自衡过程，假设该过程的纯滞后为 τ_0，那么具有纯滞后 τ_0 的单容水箱的微分方程和传递函数形式的数学模型可分别表示为式(3-17)和式(3-18)。

$$T_0 \frac{\mathrm{d}\Delta h}{\mathrm{d}t} + \Delta h = K_0 \Delta q_1(t - \tau_0) \tag{3-17}$$

$$W_{\mathrm{o}}(s) = \frac{H(s)}{Q_1(s)} = \frac{K_0}{T_0 s + 1} \mathrm{e}^{-\tau_0 s} \tag{3-18}$$

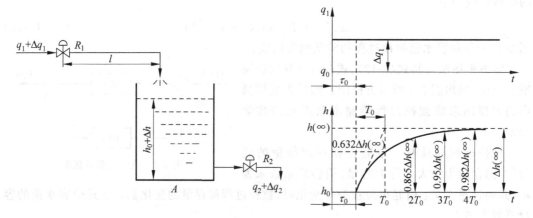

图 3-7　具有纯滞后的单容水箱过程及其阶跃响应曲线

在式(3-17)和式(3-18)中, T_0、K_0 和 τ_0 分别为被控过程的时间常数、被控过程的放大系数和被控过程的纯滞后时间。

3. 多容自衡过程的数学模型

在工业生产过程中,被控过程往往由多个容积和阻力构成,这种过程称为多容过程。下面以双容水箱为例,介绍建立多容过程数学模型的方法。

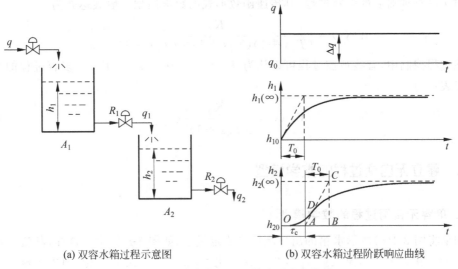

(a) 双容水箱过程示意图　　　　　(b) 双容水箱过程阶跃响应曲线

图 3-8　双容水箱过程及其阶跃响应曲线

如图 3-8(a)所示的由两个单容水箱串联组成的双容过程,若其输入量为 q,输出量为液位 h_2,根据物料平衡关系,可以列出下列微分方程组:

$$\begin{cases} \Delta q - \Delta q_1 = A_1 \dfrac{\mathrm{d}\Delta h_1}{\mathrm{d}t} \\[2mm] \Delta q_1 - \Delta q_2 = A_2 \dfrac{\mathrm{d}\Delta h_2}{\mathrm{d}t} \\[2mm] \Delta q_1 = \dfrac{\Delta h_1}{R_1} \\[2mm] \Delta q_2 = \dfrac{\Delta h_2}{R_2} \end{cases} \tag{3-19}$$

消去中间变量后可得

$$T_1 T_2 \frac{\mathrm{d}^2 \Delta h_2}{\mathrm{d}t^2} + (T_1 + T_2) \frac{\mathrm{d}\Delta h_2}{\mathrm{d}t} + \Delta h_2 = K_0 \Delta q \tag{3-20}$$

式中, A_1、A_2 为两只水箱的容量系数; T_1 为第一容积的时间常数, $T_1 = A_1 R_1$; T_2 为第二容积的时间常数, $T_2 = A_2 R_2$; K_0 为双容过程的放大系数, $K_0 = R_2$。

将式(3-20)两端进行拉普拉斯变换,可得双容过程传递函数形式的数学模型为

$$W_o(s) = \frac{H_2(s)}{Q(s)} = \frac{K_0}{T_1 T_2 s^2 + (T_1 + T_2)s + 1} = \frac{K_0}{(T_1 s + 1)(T_2 s + 1)} \tag{3-21}$$

由此可见,双容自衡过程的数学模型为二阶惯性环节,其S型阶跃响应曲线如图3-8(b)所示。由曲线可以看出,双容过程受到扰动后,其被控量 h_2 的变化速率并非一开始就最大,而要经过一段时间以后,变化速率才达到最大,这段时间是由于被控过程的两个容积均存在着阻力而造成的,称其为容量滞后,用 τ_c 表示。τ_c 可用作图法求得,即通过多容被控过程的阶跃响应曲线拐点作切线,与时间轴相交于 A 点,与稳态值 $h(\infty)$ 交于 C 点,C 点在时间轴上的投影为 B,则 AB 即为过程的时间常数,OA 为过程的容量滞后时间 τ_c。

对于具有纯滞后的多容过程,其传递函数形式的数学模型一般表达式为

$$W_o(s) = \frac{K_0}{(T_1 s + 1)(T_2 s + 1)\cdots(T_n s + 1)} e^{-\tau_0 s} \tag{3-22}$$

在过程控制中,有些被控过程可以认为 $T_1 = T_2 = \cdots = T_n = T_0$,则多容过程的数学模型可以表示为

$$W_o(s) = \frac{K_0}{(T_0 s + 1)^n} e^{-\tau_0 s} \tag{3-23}$$

3.2.2 建立无自衡过程的数学模型

1. 单容无自衡过程的数学模型

如果将图3-4(a)所示水箱的出口阀门换成定量泵,如图3-9所示。这样,其流出量将与液位 h 的变化无关。当流入量 q_1 发生阶跃变化时,液位 h 即发生变化,但由于流出量是不变的,所以水箱液位或者等速上升直至液体溢出,或者等速下降直至液体被抽干,其阶跃响应曲线如图3-9所示。

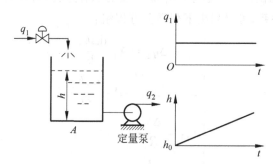

图3-9 单容无自衡过程及其阶跃响应曲线

图3-9所示过程的微分方程为

$$A \frac{\mathrm{d}\Delta h}{\mathrm{d}t} = \Delta q_1 \tag{3-24}$$

式中,A 为水箱的容量系数。

过程传递函数形式的数学模型为

$$W_o(s) = \frac{1}{T_a s} \tag{3-25}$$

式中,T_a 为过程的积分时间常数,$T_a = A$。

当过程具有纯滞后时,其传递函数为

$$W_{\text{o}}(s) = \frac{1}{T_a s} e^{-\tau_0 s} \tag{3-26}$$

2. 多容无自衡过程的数学模型

同理,若图 3-8(a)中第二个水箱的出口阀门变成定量水泵,如图 3-10 所示,那么双容自衡过程就成了双容无自衡过程,若其输入量为 q,输出量为液位 h_2,则该过程的微分方程组为

$$\begin{cases} \Delta q - \Delta q_1 = A_1 \dfrac{\mathrm{d}\Delta h_1}{\mathrm{d}t} \\[2mm] \Delta q_1 = A_2 \dfrac{\mathrm{d}\Delta h_2}{\mathrm{d}t} \\[2mm] \Delta q_1 = \dfrac{\Delta h_1}{R_1} \end{cases} \tag{3-27}$$

消去式(3-27)的中间变量,得到微分方程形式的数学模型为

$$T_a T_1 \frac{\mathrm{d}^2 \Delta h_2}{\mathrm{d}t^2} + T_a \frac{\mathrm{d}\Delta h_2}{\mathrm{d}t} = \Delta q \tag{3-28}$$

式中,A_1、A_2 为两只水箱的容量系数;T_1 为第一只水箱的时间常数,$T_1 = A_1 R_1$;T_a 为双容过程的积分时间常数,$T_a = A_2$。

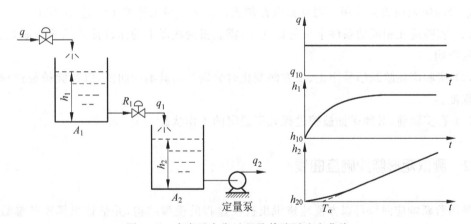

图 3-10 多容无自衡过程及其阶跃响应曲线

对式(3-28)进行拉普拉斯变换,可得上述双容无自衡过程的传递函数为

$$W_{\text{o}}(s) = \frac{1}{T_a s (T_1 s + 1)} \tag{3-29}$$

对于多容具有纯滞后的无自衡过程,则有

$$W_{\text{o}}(s) = \frac{1}{T_a s (T_1 s + 1)(T_2 s + 1) \cdots (T_n s + 1)} e^{-\tau_0 s} \tag{3-30}$$

$$W_{\text{o}}(s) = \frac{1}{T_a s (T_0 s + 1)^n} e^{-\tau_0 s} \tag{3-31}$$

3.3 被控过程的实验建模

上面介绍的机理建模方法具有较大的普遍性,但是多数工业过程的机理较复杂,建立其机理模型非常困难。同时在建模过程中虽然作了一些具有一定实际依据的近似和假设,但仍使得所建立的数学模型不能完全反映过程的实际情况。在这种情况下,利用实验方法——过程辨识与参数估计方法,建立其数学模型是一种有效的手段。实验建模方法主要有响应曲线法、相关统计法和最小二乘方法等。在这里,只介绍一种容易理解,又较常用的响应曲线实验建模法。响应曲线法包括阶跃响应曲线法和矩形脉冲响应曲线法。

3.3.1 测取阶跃响应曲线

将被控过程的输入量作一阶跃变化,同时记录其输出量随时间变化的曲线,称其为阶跃响应曲线。

阶跃响应曲线能直观、完全描述被控过程的动态特性。实验测试方法易于实现,只要使阀门开度作一阶跃变化即可。实验时必须注意以下几点:

(1) 扰动量的大小要合适。如果扰动量太大,会影响生产的正常进行,太小了又可能受干扰信号的影响而失去作用。通常是取控制阀门流入量最大值的10%左右为宜。

(2) 实验应在相同的条件下重复做几次,需获得两次以上的比较接近的响应曲线,减少干扰的影响。

(3) 实验应在阶跃信号作正、反方向变化时分别测出其响应曲线,以检验被控过程的非线性程度。

(4) 在实验前,必须保证被控过程处于稳定的工作状态。

3.3.2 测取矩形脉冲响应曲线

利用阶跃响应曲线可以方便地辨识出被控过程的模型结构,并估计出模型的参数。但在生产过程中,有时不允许存在长时间的阶跃扰动,这时可采用矩形脉冲法。另外,当阶跃信号幅值受生产条件限制而影响过程的模型精度时,也要改用矩形脉冲信号作为过程的输入信号,其响应曲线称为矩形脉冲响应曲线。为了利用阶跃响应曲线辨识模型的方便之处,在测得矩形脉冲曲线后,仍需要将其转换成阶跃响应曲线,如图3-11所示。

为了实现曲线转换,首先将幅值为 Δx,宽度为 a 的矩形脉冲信号分解为两个方向相反幅值相等的阶跃信号,其一是从 $t=0$ 开始幅值为 Δx 的正阶跃 $x_1(t)$,另一是从 $t=a$ 开始的幅值为 Δx 的负阶跃 $x_2(t)$,即

$$x(t)=x_1(t)+x_2(t)=x_1(t)-x_1(t-a) \tag{3-32}$$

假设被控过程是线性的,则其矩形脉冲响应曲线 $y^*(t)$ 可以看成由 $x_1(t)$ 和 $x_2(t)$ 的阶跃响应曲线 $\bar{y}(t)$ 及 $\bar{y}(t-a)$ 叠加而成,即

$$y^*(t) = \bar{y}(t) - \bar{y}(t-a) \tag{3-33}$$

由上式可见,要获得阶跃信号 $x_1(t)$ 的阶跃响应曲线 $y_1(t)$,可以通过叠加矩形脉冲响应曲线 $y^*(t)$ 和阶跃响应曲线 $\bar{y}(t-a)$ 而实现。即

$$\bar{y}(t) = y^*(t) + \bar{y}(t-a) \tag{3-34}$$

从图 3-11 可以看出,在 $t = 0 \sim a$ 时间段内,$\bar{y}(t-a) = 0$,即 $\bar{y}(t) = y^*(t)$,阶跃响应曲线 $\bar{y}(t)$ 和脉冲响应曲线 $y^*(t)$ 重合。在 $t > a$ 时,$\bar{y}(t) = y^*(t) + \bar{y}(t-a)$,此时 $\bar{y}(t-a)$ 是已经获得的。这样,就可以由矩形脉冲响应曲线求得完整的阶跃响应曲线。

对于脉冲宽度 a 的选择,应视被控过程的惯性、滞后时间以及被控量的幅值而定。通常,在正式测试前,选几个不同脉冲宽度 a 的信号作几次实验,观察被控量的变化,选择最合适的一次进行测得。

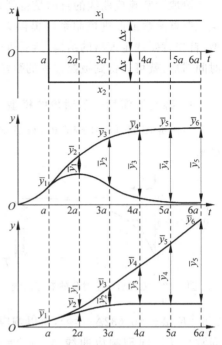

图 3-11 由脉冲响应曲线求取阶跃响应曲线

3.3.3 由阶跃响应曲线辨识被控过程的模型

在工业生产过程中,大多数自衡过程模型常常可以近似地以一阶、二阶以及一阶加时延、二阶加时延特性之一来描述,即

$$\begin{cases} W_o(s) = \dfrac{K_0}{T_0 s + 1} \\[2mm] W_o(s) = \dfrac{K_0}{T_0 s + 1} e^{-\tau s} \\[2mm] W_o(s) = \dfrac{K_0}{(T_1 s + 1)(T_2 s + 1)} \\[2mm] W_o(s) = \dfrac{K_0}{(T_1 s + 1)(T_2 s + 1)} e^{-\tau s} \end{cases} \tag{3-35}$$

而少数无自衡过程模型,可以描述为

$$\begin{cases} W_o(s) = \dfrac{1}{T_a s} \\[2mm] W_o(s) = \dfrac{1}{T_a s} e^{-\tau s} \\[2mm] W_o(s) = \dfrac{1}{T_1 s(T_2 s + 1)} \\[2mm] W_o(s) = \dfrac{1}{T_1 s(T_2 s + 1)} e^{-\tau s} \end{cases} \tag{3-36}$$

测取阶跃响应曲线的目的是得到表征所测对象的数学模型,为分析、设计控制系统,整定控制器参数或改进控制系统提供必要的参考依据。由阶跃响应曲线确定过程的数学模型,首先就要选定模型的结构,然后再由阶跃响应曲线确定过程的放大系数、时间常数以及时间滞后,就可以得到被控过程的数学模型。下面介绍几种常用的模型参数确定方法。

1. 确定无滞后一阶对象的模型参数

一阶非周期过程比较简单,只需确定放大系数 K_0 及时间常数 T_0 即可获得传递函数模型。

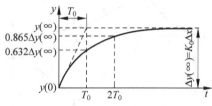

图 3-12 无滞后一阶对象的响应曲线

确定静态放大系数 K_0 利用所测取的阶跃响应曲线估计并绘出被控量的最大稳态值 $y(\infty)$,如图 3-12 所示,放大系数 K_0 为

$$K_0 = [y(\infty) - y(0)]/\Delta x \quad (3-37)$$

确定时间常数 T_0 由响应曲线起点作切线与 $y(\infty)$ 相交点在时间轴上的投影,就是时间常数 T_0。由于切线不易作准,从式(3-16)可知 $\Delta y(T_0) = 0.632 K_0 \Delta x = 0.632 \Delta y(\infty)$,所以响应曲线 $\Delta y(t_1) = 0.632 \Delta y(\infty)$ 所对应的时间 t_1 就是时间常数 T_0,同理响应曲线 $\Delta y(t_2) = 0.865 \Delta y(\infty)$ 所对应的时间 t_2 是 2 倍时间常数,即 $2T_0$。

2. 确定有滞后一阶对象的模型参数

当所测取的响应曲线起始速度较慢,曲线呈 S 形,可近似将此具有滞后的过程视为带纯滞后的一阶非周期过程,将对象的容量滞后也当纯滞后处理,则传递函数模型可以表示为

$$W_o(s) = \frac{K_0}{T_0 s + 1} e^{-\tau_c s} \quad (3-38)$$

对于 S 形曲线的参数估计,常用两种方法处理。

切线法是一种比较简单的方法,即通过响应曲线的拐点 D 作一切线,在时间轴上的交点为 A,则 OA 为滞后时间 τ_c;切线与 $y(\infty)$ 线的交点在时间轴上的投影为 B,则 AB 即为等效的时间常数 T_0,如图 3-13 所示。对象的放大系数 K_0 可按式(3-37)计算。

计算法被控量 $y(t)$ 以相对值表示,即 $y'(t) = \Delta y(t)/\Delta y(\infty)$,当 $t \geqslant \tau_c$ 或 $t < \tau_c$ 时有

$$y'(t) = \begin{cases} 0 & t < \tau_c \\ 1 - e^{-(t-\tau_c)/T_0} & t \geqslant \tau_c \end{cases} \quad (3-39)$$

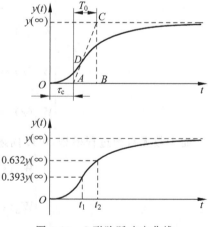

图 3-13 S 形阶跃响应曲线

在曲线上选择两个不同的点 $(t_1, y'(t_1))$、$(t_2, y'(t_2))$,建立两个联立方程

$$\begin{cases} y'(t_1) = 1 - e^{-(t_1-\tau_c)/T_0} \\ y'(t_2) = 1 - e^{-(t_2-\tau_c)/T_0} \end{cases} \quad (t_2 > t_1 > \tau_c)$$

对上式两边取对数后,有

$$\begin{cases} -(t_1 - \tau_c)/T_0 = \ln[1 - y'(t_1)] \\ -(t_2 - \tau_c)/T_0 = \ln[1 - y'(t_2)] \end{cases}$$

求解得

$$\begin{cases} T_0 = \dfrac{t_2 - t_1}{\ln[1 - y'(t_1)] - \ln[1 - y'(t_2)]} \\ \tau_c = \dfrac{t_2\ln[1 - y'(t_1)] - t_1\ln[1 - y'(t_2)]}{\ln[1 - y'(t_1)] - \ln[1 - y'(t_2)]} \end{cases} \tag{3-40}$$

通常选择 $y'(t_1) = 0.393$,$y'(t_2) = 0.632$,因此可得

$$T_0 = 2(t_2 - t_1), \quad \tau = 2t_1 - t_2 \tag{3-41}$$

计算出 T_0 与 τ 后,放大系数 K_0 仍可按式(3-37)求取。

3. 确定无滞后二阶对象的模型参数

对于 S 形的阶跃响应曲线,若对模型精度要求较高,则应采用二阶对象的模型结构,即

$$W_o(s) = \frac{K_0}{(T_1 s + 1)(T_2 s + 1)}$$

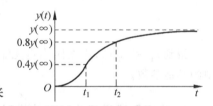

图 3-14 S 形阶跃响应曲线示例

式中,K_0、T_1、T_2 的求法如下:

第一,由式(3-37)求取过程的静态放大系数 K_0。

第二,T_1、T_2 可根据阶跃响应曲线上的两个点来确定,如图 3-14 所示,首先读取 $y(t_1) = 0.4y(\infty)$ 和 $y(t_2) = 0.8y(\infty)$ 所对应的时间 t_1 和 t_2 值,然后利用下式计算 T_1、T_2。即

$$\begin{cases} T_1 + T_2 \approx \dfrac{t_1 + t_2}{2.16} \\ \dfrac{T_1 T_2}{(T_1 + T_2)^2} \approx 1.74 \dfrac{t_1}{t_2} - 0.55 \end{cases} \quad \left(0.32 < \frac{t_1}{t_2} < 0.46\right) \tag{3-42}$$

当 $t_1/t_2 \leqslant 0.32$ 时,可采用无滞后的一阶环节来近似,其时间常数为

$$T_0 = \frac{t_1 + t_2}{2.12} \tag{3-43}$$

当 $t_1/t_2 = 0.46$ 时,可采用下式所示的二阶环节近似,即

$$W_o(s) = \frac{K_0}{(T_0 s + 1)^2}$$

此时,时间常数为

$$T_0 = \frac{t_1 + t_2}{2 \times 2.18} \tag{3-44}$$

当 $t_1/t_2 > 0.46$ 时,则应采用高于二阶环节来近似,即

$$W_o(s) = \frac{K_0}{(T_0s+1)^n} \tag{3-45}$$

此时,仍采用上述两个点所对应的时间来确定式(3-45)中的时间常数

$$T_0 \approx \frac{t_1+t_2}{2.16n} \tag{3-46}$$

式中,n 的值可由表3-2查得。

表3-2 多容过程的 n 与 t_1/t_2 的关系

n	1	2	3	4	5	6	8	10	12	14
t_1/t_2	0.32	0.46	0.53	0.58	0.62	0.65	0.685	0.71	0.735	0.75

4. 确定有滞后二阶对象的模型参数

如式(3-47)所示有滞后二阶对象的数学模型,需要确定的模型参数有 K_0、T_1、T_2 和 τ。

$$W_o(s) = \frac{K_0}{(T_1s+1)(T_2s+1)}e^{-\tau_0 s} \tag{3-47}$$

如图 3-15 所示,时间轴上的点 A 为过程输出响应输入发生变化的起点,OA 为滞后时间 τ_0。读取 $y(\tilde{t}_1)=0.4y(\infty)$ 和 $y(\tilde{t}_2)=0.8y(\infty)$ 所对应的时间 $\tilde{t}_1$ 和 $\tilde{t}_2$ 值,利用式(3-48)计算 t_1 和 t_2。

$$\begin{cases} t_1 = \tilde{t}_1 - \tau_0 \\ t_2 = \tilde{t}_2 - \tau_0 \end{cases} \tag{3-48}$$

得到 t_1 和 t_2 后,再按照确定无滞后二阶对象的模型参数的方法求取式(3-47)所示模型中的其他参数。

5. 确定无滞后积分环节的模型参数

当被控过程的阶跃响应曲线为一条如图 3-16 所示直线时,其模型结构可用一积分环节表示,即

$$W_o(s) = \frac{1}{T_\alpha s}$$

式中,T_α 为积分时间常数。$\dfrac{1}{T_\alpha}$ 的值就是直线的斜率。

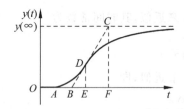

图 3-15 S形阶跃响应曲线图

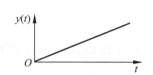

图 3-16 积分环节阶跃响应曲线

6. 确定有滞后积分环节的模型参数

如图 3-17 所示,若被控过程的阶跃响应曲线开始时,变化速度较慢,一段时间后开始等

速上升,此时,过程的模型结构可由下式来近似,即

$$W_o(s) = \frac{1}{T_a s} e^{-\tau_0 s}$$

式中,T_a 为积分时间常数,τ_0 为滞后时间。

在阶跃响应曲线变化速度最大处作切线,交时间轴于 A 点,OA 即为滞后时间 τ,T_a 为切线斜率。

7. 确定有滞后、一阶和积分环节的模型参数

若被控过程的阶跃响应曲线如图 3-18 所示,为了提高模型精度,可采用下式近似无自衡过程的数学模型,即

$$W_o(s) = \frac{1}{T_a s (T_0 s + 1)} e^{-\tau_0 s} \tag{3-49}$$

图 3-18 中,OA 即为纯滞后时间 τ_0。在阶跃响应曲线变化速度最大处作切线,交时间轴于 B 点,AB 即为时间常数 T_0,T_a 仍为切线斜率。

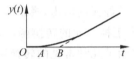

图 3-17　有滞后积分环节阶跃响应曲线　　　图 3-18　有滞后一阶积分环节阶跃响应曲线

3.4　基于神经网络的数据建模

机理建模是从过程系统内在的物理和化学规律出发,利用物料、能量或动量守恒等关系,得到关于过程的数学关系表达式。机理建模方法具有先验性、预估性等优点,然而机理建模要求对研究对象的机理有深刻的理解,如果过程非常复杂,研究过程机理需要投入相当大的资源和较长的时间,而且在多数情况下,必须提出简化假设条件,以使建模问题比较易于处理。对于实际工业过程,机理建模可能代价很高,引入的各种假设条件也会影响模型的精度。因此,对复杂工业过程应用机理建模有较大的局限性。

数据建模方法在了解过程机理的基础上,可在较少的先验知识和假设的条件下进行建模。由于过程的动态特性必然表现在过程的输入输出信号中,因此通过测量过程的输入输出数据,就可以直接利用输入输出数据所提供的信息建立数学模型。神经网络是一种常用的数据建模方法,在工业生产过程非线性建模中应用十分广泛。

3.4.1　人工神经元和人工神经网络

神经网络是一个高度复杂的非线性动力学系统,具有很强的自适应学习能力;具有联想、概括、类比和推理能力;具有大规模并行计算能力、较强的容错能力和鲁棒性;尤其具有独特的实时、并行和强大的信息处理能力。因此,可成功用于数据建模。

1. 人工神经元模型

神经生理学和神经解剖学的研究表明，人脑极其复杂，由一千多亿个神经细胞（也称神经元）交织在一起的网状结构构成。为了模拟生物神经元处理信息的特性，人们提出人工神经元模型。最典型的人工神经元模型如图3-19所示。

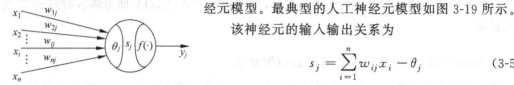

该神经元的输入输出关系为

$$s_j = \sum_{i=1}^{n} w_{ij} x_i - \theta_j \qquad (3\text{-}50)$$

$$y_j = f(s_j) \qquad (3\text{-}51)$$

图 3-19　人工神经元模型示意图

式中各变量含义如下：

x_i 为人工神经元的输入，模仿生物神经元模型来自其他神经元的输入信号。

w_{ij} 为人工神经元之间的连接权值，表示第 i 个神经元对第 j 个神经元的影响程度，模仿生物神经元模型的神经连接强度。

θ_j 为人工神经元的阈值，模仿生物神经元模型的阈值。

y_j 为人工神经元的输出，模仿生物神经元模型的输出信号。

$f(\cdot)$ 为人工神经元的转换函数，通常取非线性函数，模拟生物神经元的非线性处理能力。图3-20表示了几种常见的转换函数。

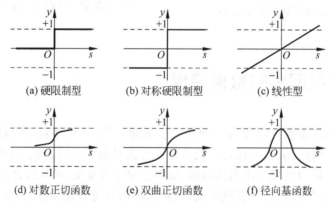

(a) 硬限制型　　　(b) 对称硬限制型　　　(c) 线性型

(d) 对数正切函数　　　(e) 双曲正切函数　　　(f) 径向基函数

图 3-20　常用的转换函数

2. 人工神经网络

单个神经元本身就其功能而言并不强大，但由多个神经元以各种形式构成的人工神经网络则是一个并行和分布式的网络结构，具有强大的信息处理能力。神经元的不同连接形式构成了具有各种拓扑结构的神经网络，其中前馈网络和反馈网络是两种典型的结构模型。

1）前馈神经网络

前馈神经网络结构如图3-21所示。可以看出，在前馈网络中，神经元分层排列，可以有多层，同层神经元之间无连接。网络输入模式从输入层起，经过各层变换后传向输出层，信息流向由入到出，无反馈。前馈神经网络是应用最广泛的神经网络。

2) 反馈神经网络

反馈神经网络如图 3-22 所示,在反馈神经网络中存在着信息的反馈,即输入节点会接收来自输出神经元的信息。这种神经网络是一种反馈动力学系统,它需要工作一段时间才能达到稳定。Hopfield 网络是最简单且应用最广泛的一种反馈网络。

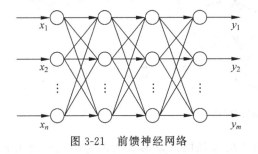

图 3-21　前馈神经网络

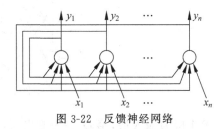

图 3-22　反馈神经网络

3. 神经网络的学习

神经网络的学习功能是神经网络智能特性的重要标志,神经网络通过学习算法,实现了自适应、自组织和自学习能力。目前神经网络的学习算法有多种,按有无“教师”来分类,可分为有监督学习、无监督学习、再励学习等几大类。在有监督学习方式中,网络的输出和期望的输出(即教师信号)进行比较,然后根据两者之间的差异调整网络的权值,最终使偏差减小。在无监督的学习方式中,输入模式进入网络后,网络按照预先设定的规则(如竞争规则)自动调整权值,使网络最终具有模式分类等功能。再励学习是介于上述两者之间的一种学习方式。下面介绍神经网络中常用的几种最基本的学习方法。

1) Hebb 学习规则

Hebb 学习规则是一种联想式学习方法。生物学家 D. O. Hebb 基于对生物学和心理学的研究,提出了学习行为的突触联系和神经群理论。认为突触前与突触后二者同时兴奋,即两个神经元同时处于激发状态时,它们之间的连接强度将得到加强,这一论述的数学描述为

$$w_{ij}(k+1) = w_{ij}(k) + x_i x_j \tag{3-52}$$

式中,w_{ij} 是神经元 i,j 之间的连接权,x_i,x_j 是神经元 i,j 的状态。

Hebb 学习规则是一种无教师的学习方法,它只根据神经元连接间的激活水平改变权值,因此这种方法又称为相关学习或关联学习。

2) δ 学习规则

令误差准则函数为

$$E = \frac{1}{2}\sum_{p=1}^{P}(d_p - y_p)^2 = \sum_{p=1}^{P}E_p \tag{3-53}$$

其中,d_p 代表期望的输出,为教师信号;y_p 为网络的实际输出。神经网络学习的目的是通过调整权值,使误差准则函数最小。

3.4.2　典型神经网络

1. BP 网络

BP 网络是一个多层前馈网络,因其学习算法采用误差反向传播算法(BP 算法)而得名。

它具有和多层感知器相同的网络结构,但是神经元转换函数不再采用二值函数,而是采用连续的 S 型函数。BP 网络结构如图 3-23 所示。

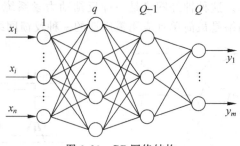

图 3-23　BP 网络结构

第 1 层为输入层,第 Q 层为输出层,中间各层为隐层。设第 q 层的神经元个数为 n_q,第 $q-1$ 层的第 j 个神经元与第 q 层的第 i 个神经元的连接权为 $w_{ij}^{(q)}$。神经元模型如下

$$s_i^{(q)} = \sum_{j=0}^{n_{q-1}} w_{ij}^{(q)} x_j^{(q-1)} \quad (x_0^{(q-1)}=\theta_i^{(q)}, w_{i0}^{(q)}=-1) \tag{3-54}$$

$$x_i^{(q)} = f(s_i^{(q)}) = \frac{1}{1+\mathrm{e}^{-\mu s_i^{(q)}}} \tag{3-55}$$

其中,$i=1,2,\cdots,n_q$;$j=1,2,\cdots,n_{q-1}$;$q=1,2,\cdots,Q$。

给定输入输出样本集,如何利用该样本集对 BP 网络进行训练,即调整网络的连接权系数,使网络能够表达样本所给定的输入输出映射关系。Rumelhart 提出的误差反向传播(back propagation,BP)学习算法,解决了这一问题。BP 算法的学习过程由信息正向传播和误差反向传播两部分组成。在正向传播过程中,计算各层神经元的状态。输入信息从输入层经各隐含层逐层处理,并传向输出层,每层神经元(节点)的状态只影响下一层节点的状态。如果输出层的状态与期望的输出不一致,则转入反向传播过程,将误差信号沿原来的连接通路返回,同时修改各层神经元的权值,权值的不断调整会使网络误差越来越小。

BP 网络本质上具有对任意非线性映射关系进行逼近的能力,并且采用的是全局逼近,因而 BP 网络有较好的泛化能力。BP 网络在控制领域得到了非常广泛的应用,但是它也存在一些缺点,主要包括:

(1) 收敛速度慢。对于给定的样本集,目标函数 E 是全体连接权系数 $w_{ij}^{(q)}$ 的函数,因此要寻优的参数个数比较多,也就是说,目标函数 E 是关于连接权的一个非常复杂的超曲面,这就导致算法收敛速度慢。

(2) 局部极值问题。目标函数 E 关于连接权的超曲面可能存在多个极值点,按照上面的寻优算法,它一般收敛到初值附近的局部极值。

(3) 难以确定隐层数和各隐层节点数目。原理上只要有足够多的隐层和节点就可以实现复杂的映射关系,但是如何根据特定的问题来具体确定网络的结构尚无很好的方法,仍需凭借经验和试凑的方法。

2. RBF 神经网络

径向基函数(radial basis function,RBF)神经网络是由 J. Moody 和 C. Darken 在 20 世纪 80 年代末提出的一种神经网络,其结构如图 3-24 所示。它是具有单隐层的 3 层前馈网

络,输入层节点只是传递信号到隐层,隐层节点的转换函数可采用高斯基函数、多二次函数、逆多二次函数、薄板样条函数等。网络输出是隐层节点输出的线性加权和。

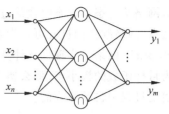

图 3-24 RBF 神经网络示意图

隐层节点的高斯基转换函数具有如下形式

$$\mu_j = \exp\left[-\frac{(\boldsymbol{X} - \boldsymbol{C}_j)^{\mathrm{T}}(\boldsymbol{X} - \boldsymbol{C}_j)}{2\sigma_j^2}\right] \quad j = 1, 2, \cdots, N_h$$

(3-56)

其中,μ_j 是第 j 个隐层节点的输出,$\boldsymbol{X} = (x_1, x_2, \cdots, x_n)^{\mathrm{T}}$ 是输入样本,$\boldsymbol{C}_j$ 是高斯函数的中心值,σ_j 是标准差,N_h 是隐层节点数。可以看出,隐层节点的输出范围在 0 和 1 之间,输入样本越靠近节点的中心,节点的输出越大。

RBF 网络的输出节点状态为隐层节点输出的线性组合,即

$$y_i = \sum_{j=1}^{N_h} w_{ij}\mu_j \quad i = 1, 2, \cdots, m$$

(3-57)

RBF 网络的学习过程分为两个阶段:①根据所有的输入样本决定隐层节点的高斯函数的中心值 $\boldsymbol{C}_j$ 和标准差 σ_j。可随机地选取 l 个输入样本作为隐层节点的中心。但更常用的方法是采用聚类分析的方法,对输入样本聚类,将聚类中心作为隐层节点高斯函数的中心值。最常用的一种聚类方法是 K-Means 法。②确定隐层参数后,根据样本,利用最小二乘原则,求输出层的权值 w_{ij}。

从理论上讲,RBF 网络和 BP 网络一样可近似任何的连续非线性函数。两者的主要差别在于使用不同的转换函数。BP 网络隐层节点使用 Sigmoid 函数,其函数值在输入空间中无限大的范围内为非零值,而 RBF 网络中的转换函数是径向基函数,其值在输入空间中有限范围内为非零值,因而 RBF 网络是局部逼近的神经网络,BP 网络则是全局逼近网络。BP 网络在训练过程中,每一次样本学习都要重新调整网络的所有权值,致使其收敛速度慢;而 RBF 网络在训练时,由于其局部逼近的特点,在学习某一样本时,只有少数影响该样本输出的权值进行调整,因此学习速度快。因此 RBF 网络更适合于实时控制的要求。

3. 其他典型神经网络

CMAC 网络是 J. S. Albus 于 1975 年最先提出来的,它是小脑模型关节控制器(cerebellar model articulation controller)的简称,是仿照小脑如何控制肢体运动的原理而建立的神经网络模型。CMAC 本质上是一种用于映射复杂非线性函数的查表技术。CMAC 是基于局部学习的神经网络,它把信息存储在局部结构上,使每次修正的权很少,在保证函数非线性逼近性能的前提下,学习速度快,适合于实时控制。CMAC 网络具有一定泛化能力,即相近输入产生相近输出。CMAC 网络学习时,对数据出现的次序不敏感。CMAC 网络在机器人控制中得到了广泛的应用。

1986 年美国物理学家 J. J. Hopfield 利用非线性动力学系统理论中的能量函数方法研究反馈人工神经网络的稳定性,提出了 Hopfield 神经网络模型。Hopfield 网络是一个动态的反馈网络,其输入是网络的状态初值,输出是网络的稳定状态。根据网络的输出是离散量还是连续量,Hopfield 网络可分为离散和连续两种。离散 Hopfield 网络实质上是一个离散的非线性动力学系统。它可以实现联想记忆的功能。若将系统稳态视为一个记忆样本,那

么网络从初态朝稳态收敛的过程便是寻找记忆样本的过程。初态可认为是给定样本的部分信息,网络改变的过程可认为是从部分信息找到全部信息,从而实现联想记忆的功能。连续Hopfield 网络可实现优化计算的功能。若将稳态与某种优化计算的目标函数相对应,并作为目标函数的极小点,那么初态朝稳态收敛的过程便是优化计算过程,该优化计算是在网络演变过程中自动完成的。

3.4.3　基于 RBF 神经网络的数据建模方法

在 RBF 神经网络中,输出层和隐含层所完成的任务是不同的,因而学习策略也不相同。输出层是对线性连接权进行调整,采用的是线性优化策略,因而学习速度较快;隐含层是对激励函数的参数进行调整,采用的是非线性优化策略,相对来说较慢。RBF 神经网络的主要训练方法有 Poggio 训练方法、局部训练方法、监督训练方法、正交最小二乘训练方法以及各种改进的训练方法,其中局部训练方法为 RBF 神经网络使用较多的学习算法之一。

局部训练方法是指 RBF 神经网络中每个隐含层单元的学习是独立进行的,RBF 的中心是可以移动的,并通过自组织学习确定其位置。输出层的线性连接权则通过有监督学习规则计算。因此,这是一种混合的学习方法。自组织学习部分是在某种意义上对网络资源进行分配,学习目的是使 RBF 的中心位于输入空间重要的区域。

RBF 中心的选择可以采用 K-均值聚类算法。这是一种无监督的学习方法,算法的具体步骤如下:

步骤 1　初始化聚类中心 C_j($j=1,2,\cdots,N_h$),一般是从输入样本 $x_i(i=1,2,\cdots,N)$ 中选择 N_h 个样本作为聚类中心。

步骤 2　将输入样本按最邻近规则分组,即将 $x_i(i=1,2,\cdots,N)$ 分配给中心 C_j($j=1,2,\cdots,N_h$),即 $x_i \in \theta_j$,且满足

$$d_i = \min(\| x_i - C_j \|)　i=1,2,\cdots,N; j=1,2,\cdots,N_h \tag{3-58}$$

式中,d_i 是最小欧氏空间距离。

步骤 3　计算 θ_j 中样本的平均值(即聚类中心 C_j)

$$C_j = \frac{1}{m_j} \sum_{x_i \in \theta_j} x_i \tag{3-59}$$

式中,m_j 是 θ_j 中的输入样本数。按以上步骤计算,直到聚类中心的分布不再变化。RBF的中心确定以后,如果 RBF 是高斯函数,则计算其均方差。这样隐含单元的输出就可以得到。

输出层线性连接权的计算可以采用误差校正学习算法,如最小二乘法(LS)。此时,隐含层的输出就是 LS 算法的输入。

下面以某生物发酵过程中的菌体浓度建模来说明 RBF 神经网络的应用。菌体浓度 X 是发酵过程中的关键生化变量,但很难在线测量,可以利用过程中的其他数据信息来进行建模以获得菌体浓度的估计值 $\hat{X}$。通过机理分析,可以选取溶解氧浓度 C_O、溶解氧浓度变化率 $\dot{C}_O$、二氧化碳释放率 C_{ER}、发酵液 pH 值 p_H、发酵液温度 T、发酵罐进气流量 Q 及搅拌转

速 N 为菌体浓度预测模型的输入信息,建立如式(3-60)所示的菌体浓度预测模型。即

$$\hat{X} = f(C_O, \dot{C}_O, C_{ER}, p_H, T, Q, N) \tag{3-60}$$

将所选取的模型输入信息作为输入,菌体浓度的估计值 $\hat{X}$ 作为输出的基于 RBF 神经网络的菌体浓度数据模型结构如图 3-25 所示。

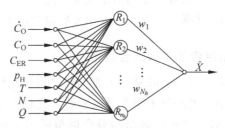

图 3-25　RBF 神经网络菌体浓度数据模型

菌体浓度数据模型的输入节点数为所选辅助变量个数 7,令输入变量表示为 $\boldsymbol{x} = [\dot{C}_O, C_O, C_{ER}, p_H, T, N, Q]^T = [x_1, x_2, x_3, x_4, x_5, x_6, x_7]^T$。隐含层径向基函数有多种选择,但理论和数值分析表明,隐含层径向基函数的选择对 RBF 神经网络的性能影响不大。高斯函数表示简单且解析性好,因此隐含层径向基函数选用高斯函数

$$\mu_j = \exp\left[-\frac{(\boldsymbol{X} - \boldsymbol{C}_j)^T (\boldsymbol{X} - \boldsymbol{C}_j)}{2\sigma_j^2} \right] \quad j = 1, 2, \cdots, N_h \tag{3-61}$$

本例中,隐含层节点数 N_h 可由交叉验证法确定,RBF 神经网络的输出层节点个数 $n_o = 1$(菌体浓度)。隐含层与输出层之间的连接权值向量用 $\boldsymbol{w}$ 表示,即 $\boldsymbol{w} = [w_1, w_2, \cdots, w_{N_h}]^T$。令 $\boldsymbol{u} = [u_1, u_2, \cdots, u_{N_h}]^T$,则可得数据模型的菌体浓度输出为

$$\hat{X} = \sum_{j=1}^{N_h} w_j u_j = \boldsymbol{u}^T \boldsymbol{w} \tag{3-62}$$

综上,在获得训练样本数据后,首先需要对数据进行预处理,数据预处理主要是指对辅助变量数据进行平滑滤波处理、归一化处理和对样本数据进行异常数据的检测、剔除等,进而提高数据质量,保证数据模型的描述精度;其次,利用神经网络的训练算法确定所建立的数据模型的结构,即确定网络隐含层节点数以及网络中各个未知参数等;最后,利用测试数据验证数据模型的泛化性,如模型精度无法满足预测精度要求,需要重新训练模型,直至满足要求为止。

3.5　数据与机理相结合的建模方法

单纯的数据建模不依赖于机理模型,而仅仅根据生产过程中积累的大量数据进行建模,对数据的依赖性较强,在模型训练数据之外又容易出现违背客观规律的情况;而另一方面,对于一部分复杂工业生产过程,我们并非对其机理知识一无所知,它们往往已经存在比较成熟的机理模型,例如:生物发酵过程,精苯精馏过程等,只是在已知的机理模型中有时会存在一些难以确定的未知参数,或者机理模型本身受各种因素限制与实际的工业生产过程特

性之间存在一定的差异。因此将机理与数据结合进行混合建模成为许多复杂工业生产过程建模的理想方法。

混合建模过程中通常会采用简化的机理模型，结合各种观测数据处理的方法，以求得既能反映过程本质又能解释过程现象的模型。因此，此种模型在工业过程的建模中比较常用。在混合建模的实际应用中，根据机理模型与数据模型所起的作用与连接方式的不同，又可将混合模型分为串联混合模型、并联混合模型以及串并联混合模型。

1. 数据与机理模型相结合的串联混合模型

串联结构混合模型是以数学描述的复杂工业生产过程机理模型为基础，以数据驱动的经验模型去估计输出模型中不可测的中间变量或参数。它们的结构呈串联形式，串联结构混合模型示意如图 3-26 所示。该种串联结构混合模型适用于过程机理模型结构已知（精确），但存在未知模型参数的情况。

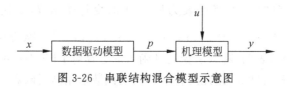

图 3-26　串联结构混合模型示意图

2. 数据与机理模型相结合的并联混合模型

并联结构混合模型是以数学描述的复杂工业生产过程机理模型为基础，以数据驱动的经验模型去建立机理模型无法或难于实现的未建模动态，补偿机理模型的建模误差。它们的结构呈并联形式，并联结构混合模型示意图如图 3-27 所示。该种并联结构混合模型适用于过程机理模型部分已知、存在未建模动态的情况。

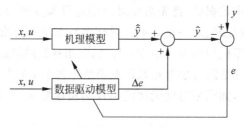

图 3-27　并联结构混合模型示意图

3. 数据与机理相结合的串并联混合模型

图 3-28 所示的串并联结构比串联结构或并联结构的模型更能精确描述复杂工业生产过程的特性。串并联结构的模型中，通过串接的数据驱动模型实现机理模型中不可测的中间变量或未知参数的估计，同时再利用并接的数据驱动模型来补偿机理模型的未建模动态。该种串并联结构混合模型适用于过程机理模型部分已知、存在未知模型参数，且存在未建模动态的情况。

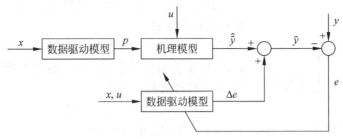

图 3-28　串并联结构混合模型示意图

总之,在并联或串并联的混合模型结构中,并联的数据驱动模型的作用是机理模型的附加校正,它的输出是机理模型估计输出与实际输出的偏差。

工业过程的机理模型具有明显的物理意义,但往往由于各种简化而导致模型描述精度大大下降;数据模型通常具较强的数据拟合能力,但却不具有明显的物理意义;机理和数据相结合的混合模型能够吸取两者的优点,既能反映实际系统的主要规律,又能体现未知扰动或不确定性对实际系统的影响。混合模型的实质是用成熟的机理模型保证混合模型的物理意义、工业可用性和外推能力,同时采用数据模型对机理模型未精确描述的过程特性部分进行修正,从而提高模型的准确性能,进而减少模型的预测误差。因此,数据与机理相结合的混合模型已经在很多领域得到了成功的应用。

本章小结

建立被控过程的数学模型,对正确设计过程控制系统的控制方案具有重要的指导意义。

在本章中,首先介绍了被控过程的基本概念、被控过程的分类、被控过程数学模型的表示方法等,然后以单容和多容水箱为例,讲解了自衡过程和无自衡过程的机理建模方法,并针对复杂工业过程难以实现机理建模的问题,介绍了比较常用又简单易懂的实验建模方法以及利用神经网络进行数据建模的方法,最后对基于机理与数据的混合建模方法进行了简单介绍。

思考题与习题

1. 举例说明什么是自衡过程和无自衡过程? 自衡过程和无自衡过程的阶跃响应曲线各有什么特点?

2. 什么是控制通道和扰动通道? 什么是单容过程和多容过程? 什么是纯滞后和容量滞后?

3. 什么是阶跃响应曲线和矩形脉冲响应曲线? 如何利用矩形脉冲响应曲线获得阶跃响应曲线?

4. 某被控过程的传递函数为 $W_o(s)=Y(s)/X(s)=20/(T_0 s+1)$,要求:

① 求出该被控过程的单位阶跃响应;

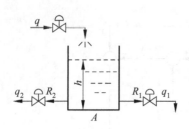

图 3-29　单容水箱过程

② 在同一坐标系中，分别画出 $T_0 = 1$ 和 $T_0 = 2$ 的单位阶跃响应曲线。

5. 图 3-29 所示单容水箱的流入量为 q，流出量为 q_1、q_2，液位 h 为被控参数，A 为水箱的容量系数，设 R、R_1、R_2 均为线性液阻。要求：

① 列出对象的微分方程组；

② 画出对象的方框图；

③ 求出被控对象的传递函数 $W_o(s) = H(s)/Q(s)$；

④ 求出被控对象的单位阶跃响应。

6. 图 3-30 所示为两只串联工作的水箱。该过程的流入量为 q，流出量为 q_2，两只水箱的容量系数分别为 A_1、A_2，设 R、R_1、R_2 均为线性液阻。要求：

① 列出对象的微分方程组；

② 画出对象的方框图；

③ 求出被控对象的传递函数 $W_o(s) - H_2(s)/Q(s)$。

7. 某被控过程的单位阶跃响应曲线如图 3-31 所示，试求出该被控过程的放大系数、时间常数以及纯滞后时间。

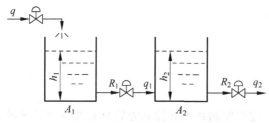

图 3-30　两只串联水箱过程

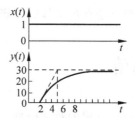

图 3-31　某被控过程的单位阶跃响应曲线

8. 说明利用神经网络和机理知识进行串并联混合建模的基本原理。

第 **4** 章

常 规 控 制 系 统

学习目标

(1) 掌握单回路控制系统的基本原理、适用范围、设计方法及参数整定方法；

(2) 掌握串级控制系统的基本原理、适用范围、设计方法及参数整定方法；

(3) 掌握前馈控制系统的基本原理、适用范围、设计方法及参数整定方法；

(4) 了解比值控制系统的基本原理、适用范围、设计方法及参数整定方法。

4.1 单回路控制系统

4.1.1 概述

单回路控制系统是指针对一个过程参数,采用一个控制器和与之配套的检测元件及变送器和执行器都只有一个的简单控制系统,它只有一个输入信号和一个输出信号,与过程中的其他参数没有或极少关联,是生产过程中应用十分广泛的基本控制系统。一般来说,只有在单回路控制系统不能满足生产过程控制要求时,才有必要采用其他复杂的控制系统。

1. 单回路控制系统的基本结构

单回路控制系统是一种具有闭合回路的反馈控制系统。一个典型例子如图 4-1 所示,液体储槽是化工生产上常用的中间容器,由前一工序送来的半成品不断流入槽中,而槽中的液体又不断送至下一个工序继续加工。流入量(或流出量)的变化会引起槽内液位 H 的波动,严重时会出现溢出或抽干。于是,槽内液位就成为被控量,它经液位检测元件和变送器 1 之后,变成统一的标准信号,再送到液位控制器 2 与工艺要求的液位高度即设定值进行比较,按预定的运算规律算出结果,并将此结果送至执行器 3,执行器按此信号自动地开大或关小阀门,以保持槽内液位 H 在设定要求上,整个储槽即为被控对象。

单回路控制系统的基本结构方框图如图 4-2 所示(图中箭头表示各方框之间的信号传递方向,而不是指物料或能量的流向)。它由被控过程 $W_o(s)$、测量变送器 $W_m(s)$、调节器 $W(s)$ 和调节阀 $W_v(s)$ 等环节组成。图中 $X(s)$ 为设定值的拉普拉斯变换式；$E(s)$ 为偏差的拉普拉斯变换式；$U(s)$ 为调节器输出的控制信号的拉普拉斯变换式；$Q(s)$ 为控制变量的拉普拉斯变换式；$F(s)$ 为扰动的拉普拉斯变换式；$Y(s)$ 为被控变量的拉普拉斯变换式；$Z(s)$

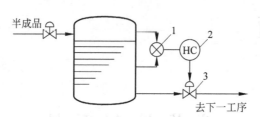

1—检测元件和变送器；2—液位控制器；3—执行器

图 4-1　典型单回路控制系统

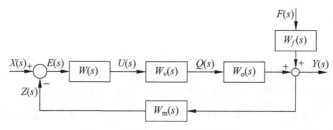

图 4-2　单回路控制系统结构框图

为测量值的拉普拉斯变换式。系统由于扰动 $F(s)$ 作用使被控变量 $Y(s)$ 偏离了设定值 $X(s)$，即产生偏差 $E(s)$，调节器根据偏差 $E(s)$ 大小并按某种控制算法发出控制信号 $U(s)$ 送往调节阀，以改变阀门开度，即改变控制变量 $Q(s)$，从而克服扰动 $F(s)$ 对被控变量 $Y(s)$ 的影响，使测量值 $Z(s)$ 接近设定值 $X(s)$。由控制理论可知，闭环系统的输出输入关系式为

$$Y(s) = \frac{W(s)W_v(s)W_o(s)}{1+W(s)W_v(s)W_o(s)W_m(s)}X(s) + \frac{W_f(s)}{1+W(s)W_v(s)W_o(s)W_m(s)}F(s)$$

$$(4\text{-}1)$$

式中，$W_f(s)$ 为扰动通道的传递函数。

　　单回路控制系统是所有过程控制系统中最简单、最基本、应用最广泛且最为成熟的控制系统。由于其结构简单、投资少、易于调整，又能满足一般生产过程的工艺要求，所以，通常占实际应用的控制回路 85% 以上，尤其适用于被控过程的纯滞后与惯性不大、负荷与干扰变化比较平稳或者工艺要求不太高的场合。

2. 系统设计的基本内容

　　对于一个实际生产过程，要设计一个理想的过程控制系统，首先应该对过程进行全面了解，同时对工艺过程设备等做比较深入的分析，然后应用自动控制理论和控制技术，拟定合理正确的控制方案，从而达到保证产品质量、提高产品产量、降低消耗、实现安全运行、节能、改善劳动条件、保护环境卫生和提高管理水平等目的。过程控制系统的设计主要包括四部分内容：自动控制系统的方案设计，工程设计，工程安装和仪表的单校及系统的联校，控制器的参数整定等。而控制方案设计和调节器参数值的确定则是系统设计中的两个核心内容。如果控制方案设计不正确，仅凭调节器参数的整定，则不可能获得好的控制质量；反之，若控制方案设计正确，但是调节器参数整定不合适，也不能发挥控制系统的作用，不能使其运行在最佳状态。

控制方案设计需要考虑合理选择被控参数和控制参数,被控参数的获取与变送、调节器正、反作用方式的确定及其控制规律的选取,调节阀的选择等问题。由于单回路控制系统的设计原则是其他复杂过程控制系统的设计基础,因此掌握了单回路控制系统的设计方法,了解控制系统各环节对控制质量的影响,又掌握了系统设计的一般原则,就能设计其他更为复杂的过程控制系统。

本章将介绍单回路控制系统方案设计和调节器参数整定两个问题。

4.1.2 被控参数与控制参数的选择原则

1. 被控参数的选择

被控量的选择是控制系统方案设计中的核心问题,它能否正确选择对稳定生产、提高产品的产量和质量、改善劳动条件等都具有重要意义。在一个生产过程中影响正常运行的因素很多,但并非一一加以控制,所以就要求设计者必须深入生产实际,调查研究,熟悉和掌握工艺操作的要求,找出那些对产品的产量和质量以及安全生产都具有决定意义,且能最好地反映工艺生产状态变化的参数,同时这些参数往往又是无法采用人工能够控制或人工控制操作十分紧张而频繁的。

一般来说,选择被控量的方法有两种:一种是选择直接参数,另一种是选择间接参数。直接参数即能直接反映生产过程产品产量和质量以及安全运行的参数。例如,蒸气锅炉锅筒水位控制系统,水位就是直接参数,因它直接表征了锅炉运行安全与否。显然,用直接参数作为被控量最好。当选择直接参数有困难(如缺少获取质量信息的仪表,或者测量滞后过大)、无法满足控制质量的要求时,可以选用间接参数作为被控参数,但它必须与直接参数有单值一一对应关系。例如,在化工生产中的精馏塔成分控制,成分是压力和温度的函数,如果保持压力一定,则成分与温度就成单值函数关系,所以选温度为被控参数。此外,所选择的被控参数对控制作用的反应必须具有足够的灵敏度,同时还应考虑到工艺生产的合理性等。

2. 控制参数的选择

被控参数确定后,还要正确选择控制参数、控制规律与调节阀等,以便正确设计一个控制回路(方案)。如果在生产过程中有多个因素能影响被控参数变化,则应分析过程扰动通道特性与控制通道特性对控制质量的影响,以被控对象特性参数对控制质量的影响为依据,正确地选择可控性良好的变量作为控制参数。通常希望控制通道的抗扰动能力要强,动态响应比扰动通道快。所以,在设计控制回路时,深入研究过程的控制通道和扰动通道是必要的。下面通过分析过程特性对控制质量的影响,讨论一下选择控制参数的一般原则。

1) 过程静态特性对控制质量的影响

过程的静态放大系数对控制质量的影响即为过程静态特性对控制质量的影响。以图 4-3 所示的单回路控制系统为例。图中 $W(s)$ 为调节器传递函数,$W_o(s)$ 为过程控制通道传递函数,$W_f(s)$ 为过程扰动通道传递函数。设

$$W(s) = K_c$$

$$W_o(s) = \frac{K_o}{T_o s + 1}$$

$$W_f(s) = \frac{K_f}{T_f s + 1} \tag{4-2}$$

由此可得出系统扰动与输出之间的闭环传递函数为

$$\frac{Y(s)}{F(s)} = \frac{W_f(s)}{1 + W(s)W_o(s)} \tag{4-3}$$

此时控制系统的偏差为（此时 $Z(s) = Y(s)$）

$$E(s) = X(s) - Y(s) = X(s) - \frac{W_f(s)F(s)}{1 + W(s)W_o(s)} \tag{4-4}$$

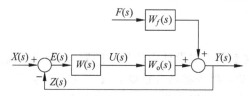

图 4-3　单回路控制系统结构框图

由于系统是定值控制系统，在单位阶跃扰动作用下，系统余差可应用终值定理求得

$$C = -\Delta y(\infty) = -\lim_{t \to \infty} \Delta y(t) = -\lim_{s \to 0} s \frac{W_f(s)}{s[1 + W(s)W_o(s)]} = \frac{-K_f}{1 + K_c K_o} \tag{4-5}$$

由式(4-5)可见，过程静态特性对控制质量有很大的影响，是选择控制参数的一个重要依据。扰动通道的静态放大系数 K_f 愈大，系统的余差也愈大。为了提高控制精度，在选择控制参数时，应使 K_f 愈小愈好，以减弱扰动对被控参数的影响。控制通道的放大系数 K_o 愈大，表示控制作用愈灵敏，克服扰动的效果愈好。但是，由于最佳的控制过程中 K_o 与 K_c 的乘积应为一常数，而调节器的 K_c 是可调节的，K_o 的大小可通过改变 K_c 来补偿，以满足 K_o 与 K_c 的乘积为一常数的要求。所以，在系统设计时，选择控制通道的 K_o 适当大一些以加强控制作用，但必须以满足工艺生产的合理性为前提条件。

2) 过程动态特性对控制质量的影响

过程的动态特性包括过程扰动通道和控制通道两个部分的动态特性。

(1) 扰动通道动态特性的影响

① 时间常数 T_f 的影响　在图 4-3 的单回路控制系统中，设各环节的放大系数均为 1，干扰通道为一阶惯性环节，则系统的闭环传递函数为

$$\frac{Y(s)}{F(s)} = \frac{W_f(s)}{1 + W(s)W_o(s)} = \frac{K_f}{T_f} \times \frac{1}{\left(s + \dfrac{1}{T_f}\right)[1 + W(s)W_o(s)]} \tag{4-6}$$

可见，系统特征方程式中增加了一个极点 $(-1/T_f)$。而一阶惯性环节的扰动通道传递函数为一个一阶滤波器，其时间常数 T_f 愈大，则滤波能力愈强，扰动 $F(s)$ 对被控参数 $Y(s)$ 的影响愈小，这种扰动的影响就比较容易克服。扰动通道的容积愈多、时间常数 T_f 愈大，滤波的效果愈好，则扰动对被控参数的影响愈小，控制质量愈好。

② 滞后时间 τ_f 的影响　如图 4-3 所示，在设定作用下，系统闭环传递函数为

$$\frac{Y(s)}{X(s)} = \frac{W(s)W_o(s)}{1 + W(s)W_o(s)} \tag{4-7}$$

闭环系统特征方程式为

$$1 + W(s)W_o(s) = 0$$

当扰动通道有纯滞后时,在扰动作用下的闭环传递函数为

$$\frac{Y(s)}{F(s)} = \frac{W_f(s)e^{-\tau_f s}}{1 + W(s)W_o(s)} \tag{4-8}$$

　　可见,其闭环传递函数的分母与式(4-7)相同。因此,从理论上讲扰动通道的纯滞后不影响系统的控制质量,仅使整个过渡过程 $y(t)$ 推迟了一个纯滞后时间 τ_f。当扰动通道存在容量滞后时间时,它将使干扰信号变得平缓一些,对系统克服扰动有利。它对控制质量的影响与时间常数 T_f 对控制质量的影响是相同的。

　　③ 扰动作用点位置的影响　　通常被控过程存在多个扰动而各扰动进入系统的位置不同,则它们对被控参数的影响也不同。考虑图 4-4(a)所示的三只水箱串联工作过程中实现 $3^{\#}$ 水箱水位不变而设计的控制系统。现有三个扰动 f_1、f_2、f_3 由三个不同位置分别引入系统。为能更清楚地分析扰动作用点位置不同对系统控制质量的影响,根据控制流程图,画出其方框图如图 4-4(b)所示设三只水箱均为一阶惯性环节。如前所述,它对扰动能起滤波作用。所以,当引入系统的扰动的位置离被控参数 $Y(s)$ 愈近时,则扰动对 $Y(s)$ 影响愈大;反之,当扰动离被控参数愈远(即离调节阀愈近)时,则扰动对其影响愈小。所以,在系统设计时,应使扰动作用点位置远离被控参数。

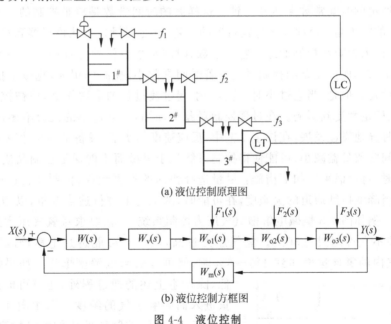

(a) 液位控制原理图

(b) 液位控制方框图

图 4-4　液位控制

　　(2) 控制通道动态特性的影响

　　分析了扰动通道动态特性对控制质量的影响,下面来了解一下控制通道动态特性对控制质量的影响。

　　① 可控性指标　　在过程控制系统设计中,对同一个被控参数,工艺上往往存在几个可供选择的变量作为控制参数。由于选择的变量不同,则构成的过程特性也不同,因而控制难易程度也不同。在过程控制中有各种简单、复杂的控制方案,除了因控制精度要求不同外,

主要是由"过程可控性"的差异引起的。为了比较不同过程的可控性,通常采用相同模式的调节器,并分别将调节器参数整定到最佳,然后在相同扰动作用下,比较它们的工作性能。

由式(4-5)可知,系统余差与$(1+K)$($K=K_cK_o$,K_o为控制通道静态放大系数,K_c为调节器的比例放大系数)成反比。另外,一个稳定的过程控制系统的过渡过程快慢与其自激振荡频率成正比。由此可见,决定系统控制过程情况的因素大体可归结为系统增益K和振荡频率ω,即K愈大,则余差愈小;而ω愈大,则过渡过程进行得愈快。对于同一个被控过程,如果采用不同类型的调节器,在最佳整定的情况下,K和ω是不同的。但是它们的大小主要决定于该系统的最大增益K_{max}和临界频率ω_c(即在纯比例作用时,系统处于稳定边界下的增益和振荡频率)。K_{max}和ω_c反映了过程的动态特性,在一定程度上代表了被控过程的控制性能。所以$K_{max}\omega_c$称为衡量过程进行控制的难易程度的指标,即可控性指标。而当产生临界振荡时系统开环频率特性的振幅比为1且开环相频特性的相角为$-180°$,也就是说,当已知广义被控过程的频率特性时,即可求得过程可控性的$K_{max}\omega_c$值。

② 时间常数T对控制品质的影响 控制通道时间常数的大小反映了控制作用反应的强弱,也反映了调节器的调节作用克服干扰对控制参数影响的快慢。若时间常数太大,控制作用太弱,反应迟钝,过渡过程时间太长,控制品质下降。在过程控制中,时间常数T较大的居多,如炼油厂管式加热炉燃料油出口这一主控制通道,$T>15min$;有的化学反应器,进料量对反应通道的时间常数多达几分钟。这样大的时间常数是较难控制的。当发现T过大时,较妥当的措施是:合理地选择执行器的位置,使之尽量减小从执行器到被控量检测点之间的距离,以大大减小控制通道的容量系数,时间常数也就随之减小。如果不行,那就要考虑采用前馈或其他更复杂的控制系统。若时间常数小,控制作用强,克服干扰影响快,过渡过程时间缩短。但是,当它过小时,就容易引起过渡过程的多次振荡,使被控量难于稳定下来,即系统稳定性受到影响。在过程控制对象中,时间常数过小的机会不多,但随着现代化生产日新月异地飞速发展,在许多工艺中,反应速度加快了,设备结构尺寸减小了,这就象征着对象时间常数日益减小,可能使得控制系统过于灵敏而不能保证控制品质。当出现T过小的情况时,可考虑采取如下措施:尽量选择快速的检测元件、控制器、执行器;使用反微分单元适当降低控制通道的灵敏度,在可能时,从工艺上进行适当改革,以增大控制通道的时间常数。例如图4-5烧碱电解槽氢气压力控制系统,工艺要求对氢气压力进行严格控制,最大偏差不允许超过$\pm30Pa$。氢气压力过高,氢气有可能透过电解槽隔膜进入氯气室,当氯气室内的氢含量增加到$4\%\sim6\%$时,就可能引起电解槽爆炸。如果氢气压力过低,除产生上述的逆过程外,还有可能因空气的大量进入而影响氢气的纯度。采用图4-5的压力控制系统时,尽管控制器的比例度已放到最大数值,控制阀仍不断地开大关小,动作频繁,控制系统出现急剧的振荡。其原因就在于被控介质很轻,控制通道十分灵敏,时间常数仅为1s。在控制器的输出端接上一个反微分单元以降低广义对象的灵敏度之后,当控制器的参数$\delta=80\%$、$T=0.8min$时,系统获得了良好的控制质量。

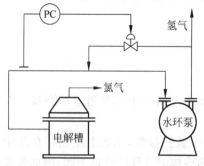

图4-5 电解槽氢气压力控制系统原理图

控制通道的滞后包括纯滞后 τ_0 和容量滞后 τ_c 两种。它们对控制质量的影响均不利，尤其是对 τ_0 的影响最坏。

图 4-6 所示系统中，设

$$W(s) = K_c \quad W_0(s) = \frac{K_0}{T_0 s + 1}$$

当被控过程纯滞后时间 $\tau_0 = 0$ 时，系统开环传递函数为

$$W_k(s) = W(s) W_0(s) = \frac{K_c K_0}{T_0 + 1}$$

根据奈氏判据，无论系统开环放大系数 $K_c K_0$ 为多大，闭环系统总是稳定的。其频率特性可由图 4-7 中的曲线 A、B、C 表示。

若设 $W(s) = K_c$，$W_0(s) = \dfrac{K_0}{T_0 s + 1} e^{-\tau_0 s}$。当纯滞后时间 $\tau_0 \neq 0$ 时，则系统开环传递函数为

$$W_k(s) = \frac{K_c K_0}{T_0 s + 1} e^{-\tau_0 s}$$

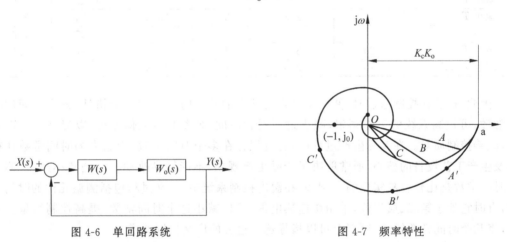

图 4-6　单回路系统　　　　　　　　　　图 4-7　频率特性

由于 τ_0 的存在使相角滞后增加了 $\omega \tau_0$ 弧度而幅值不变。其频率特性求法如下：在 $\tau_0 = 0$ 时的 $W(j\omega)$ 曲线上取 $\omega_1, \omega_2, \omega_3, \cdots$ 各点，如点 A 处，频率为 ω_1，取 $W(j\omega_1)$ 的幅值，但相角滞后增加了 $\omega_1 \tau_0$ 弧度，从而定出新的 $W'(j\omega_1)$ 点 A'。同理可得出 $\omega_2, \omega_3, \cdots$ 时各相应点 $B', C', \cdots$，将 $A', B', C', \cdots$ 各点连接起来即为 $W'(j\omega)$ 的幅相频率特性。由此曲线可见，当 $\tau_0 \neq 0$ 时，随着 $K_c K_0$ 的增大，$W'(j\omega)$ 有可能包围 $(-1, j_0)$ 点。当 τ_0 值愈大时，则这种可能性将更大。可见，纯滞后时间 τ_0 的存在将严重影响系统的稳定性。纯滞后 τ_0 会使调节器的校正作用滞后一个纯滞后时间 τ_0，从而使超调量增加，使被控参数的最大偏差增大，引起系统动态指标下降。控制通道的容量滞后 τ_c 同样会造成控制作用不及时，使控制质量下降，但是 τ_c 的影响比纯滞后对系统的影响缓和。另外，克服 τ_c 对控制质量影响的有效方法是引入微分作用，其效果显著，尤其是对于低阶容量滞后。由上述分析可知，在选择操纵量时，要设法使控制通道的时间常数适当地小一点，滞后时间则越小越好。

③ 过程的时间常数匹配　控制系统的广义对象通常存在几个时间常数，讨论它们之间

的匹配问题对控制质量的影响有重要的意义。在实际生产过程中，许多被控过程可看作由多个一阶环节串联组成。设广义过程的传递函数为

$$W_o(s) = \frac{1}{(T_1 s + 1)(T_2 s + 1)(T_3 s + 1)}$$

时间常数 $T_1 > T_2 > T_3$。并设 $T_1 = 10min$，$T_2 = 5min$，$T_3 = 2min$。每次改变其中一个或两个时间常数，可求得一组 K_{max}、$K_{max}\omega_c$、ω_c 值，其结果如表 4-1 所示。从表 4-1 中的数值变化可以看出：减小过程中最大的时间常数 T_1，不但无益，反而使 $K_{max}\omega_c$ 数值比原始数据小，引起控制质量下降。减小 T_2 或 T_3 都能提高控制性能指标，若同时减小 T_2、T_3，则提高性能指标的效果最好。$K_{max}\omega_c$ 值达到 14.2。增大最大时间常数 T_1，使 ω_c 略有下降，但 K_{max} 增大，有助于提高控制指标。

表 4-1　不同时间常数对控制质量的影响

变化情况	参数					
	T_1	T_2	T_3	K_{max}	ω_c	$K_{max}\omega_c$
原始数据	10	5	2	12.6	0.41	5.2
减小 T_1	5	5	2	9.8	0.49	4.8
减小 T_2	10	2.5	2	13.5	0.54	7.3
减小 T_3	10	5	1	19.8	0.57	11.2
增大 T_1	20	5	2	19.2	0.37	7.1
减小 T_2、T_3	10	2.5	1	19.3	0.74	14.2

因此，在选择控制通道时，使广义过程特性中的几个时间常数数值错开，减小中间的时间常数，可提高系统的工作频率，减小过渡过程时间、余差和最大偏差等，以提高可控性指标，改善控制质量。在实际生产过程中，若过程存在多个时间常数，则最大的时间常数往往涉及生产工艺设备的核心，通常取决于产品生产规模，不能轻易改动。但是减小第二、第三个时间常数是比较容易实现的。例如，在温度控制系统中，广义过程包括测温元件的时间常数，有时它处于第二、第三位，采用快速热电偶，可以减小这个时间常数，提高控制质量。所以，将几个时间常数错开，原则上可以指导选择过程的广义控制通道。

3）根据过程特性选择控制参数的一般原则

通过上述干扰、控制通道特性对控制质量影响的分析，可以得到根据过程特性来分析和设计单回路控制系统时，选择控制参数的一般原则：由于干扰通道的时间常数越小，对被控量的影响越大，而控制通道的时间常数小，对被控量的控制作用强，因此，选择操纵量时应使干扰通道的时间常数越大越好，而控制通道的时间常数应该适当小一些，纯滞后时间则越小越好；如果有几个干扰同时作用于控制系统，由于由检测元件处进入的干扰对被控量的影响最严重，因此，在选择操纵量时应当尽力使干扰远离被控量而向执行器靠近；如果广义对象是由几个时间常数串联而成的，在选择操纵量时应当尽可能地避免几个时间常数相等或相近的状况，它们越错开越好；同时，操纵量应具有可控性、工艺操作的合理性、经济性。

4.1.3　调节阀（执行器）的选择

调节阀是组成过程控制系统的一个重要环节，其特性好坏对控制质量的影响很大。调

节阀(执行器)按照采用的动力方式不同,可以分为电动、气动和液动三大类。在过程控制系统中它接收调节器输出的控制信号,相应改变输出的角位移或直线位移,并通过调节机构改变其开度,调节流过调节阀的控制变量(流量)的大小,实现控制作用。为了在过程控制系统设计中能正确合理选用调节阀,将其特点列于表 4-2 作一比较。过程控制系统的运行实践证明,系统不能正常运行的原因之一往往发生在调节阀的选用上。调节阀选得过大或过小、安装不符合要求等均会降低控制品质或造成系统失灵。在过程控制系统设计中,调节阀的选择,目前仍采用经验准则。

表 4-2 各类执行器的特点

内　容	类　别		
	电动执行器	气动执行器	液动执行器
输入信号制	0～10mA DC 或 4～20mA DC	20～100kPa	—
结构	复杂	简单	较简单
体积	小	中	大
信号管线配置	简单	较复杂	复杂
推力	小	中	大
动作滞后	小	大	小
维修	复杂	简单	较简单
适用场合	隔爆型,适用于防火防爆场合	适用于防火防爆场合	要注意火花
价格	贵	便宜	贵

调节阀的选择是指流量特性、流通能力,气开、气关形式和结构的选择。在实际应用时,应根据过程特性、负荷变化情况和生产工艺的要求等确定所需的调节阀。具体说来,调节阀选择的主要内容有口径大小的选择、作用方式的选择以及流量特性的选择。

1. 控制阀口径大小的选择

控制阀口径大小直接决定控制介质流过它的能力。从控制角度看,控制阀口径选得过大,超过了正常控制所需的介质流量,控制阀将经常处于小开度下工作,阀的特性将会发生畸变,阀性能就较差。反过来,如果控制阀口径选得太小,在正常情况下都在大开度下工作,阀的特性也不好。此外,控制阀口径选得过小也不适应生产发展的需要,一旦需要设备增加负荷时,控制阀原有的口径太小就不够用了。因此,控制阀口径的选择应留有一定的余地,以适应增加生产的需要。

控制阀口径大小是通过计算控制阀流通能力的大小来决定的。控制阀流通能力必须满足生产控制的要求并留有一定的余地。一般流通能力要根据控制阀所在管线的最大流量以及控制阀两端的压降来进行计算,并且为了保证控制阀具有一定的可控范围,必须使控制阀两端的压降在整个管线的总压降中占有较大的比例。所占的比例愈大,控制阀的可控范围愈宽。如果控制阀两端压降在整个管线总压降中所占的比例小,可控范围就变窄,将会导致控制阀特性的畸变,使控制效果变差。

2. 控制阀作用方式的选择

1)气开、气关方式的选择

控制阀按作用方式可分为气开、气关两种。气开阀即随着信号压力的增加而开度加大,无信号时,阀处于全关状态;反之,随着信号压力的增加,阀逐渐关闭,无信号时,阀处于全开状态则称气关阀。对于一个控制系统来说,究竟选择气开或气关作用方式要由生产工艺要求来决定。在具体选用控制阀的气开、气关方式时,应考虑以下情况。

(1)从安全生产考虑:当过程控制系统发生故障(如气源供气中断、控制器与控制阀损坏等)时,控制阀所处状态应能确保工艺设备的安全,不致发生事故。如锅炉供水控制阀,为了保证发生上述情况时不致把锅炉烧坏,就应选择气关阀。

(2)从保证产品质量考虑:当控制阀不能正常工作时,阀所处的状态不应造成产品的质量下降。如精馏塔回流量控制系统通常选用气关阀,这样,一旦发生故障阀门全开,使生产处于全回流状态,这就防止出现不合格产品,从而保证了塔顶产品的质量。

(3)从降低原料和动力的损耗考虑:如控制精馏塔进料的控制阀常采用气开式。这样一旦出现故障,阀门是处于关闭状态的,不再给塔投料,从而减少浪费。

(4)从介质特点考虑:如精馏塔釜加热蒸气控制阀一般选用气开式,以保证发生故障时不浪费蒸气。但是,有些生产装置内是易结晶、易凝结的物料时,则应考虑选用气关式控制阀。这样,在事故状态下控制阀全开以防止由于停止了蒸气的供给而导致釜内液体的结晶或凝聚毁坏设备。

2)执行机构正、反作用方式的决定

控制阀的气开、气关方式取决于执行机构的正、反作用方式以及调节结构的正、反作用方式。正作用的执行机构是指当气源压力信号增大时,推杆向下运动;当气源压力信号增大,执行机构推杆向上运动时,则为反作用的执行机构。正作用的调节机构是指当推杆下移时,阀芯与阀座之间的流通面积缩小,反之则为反作用的调节机构。气动控制阀执行机构与调节机构配用情况如表 4-3 所示。

表 4-3   气动控制阀执行机构与调节机构配用情况表

执行机构	作用方式	正 作 用		反 作 用	
	型 号	ZMA		ZMB	
	动作情况	信号压力增加,推杆运动向下		信号压力增加,推杆运动向上	
调节机构		正作用	反作用	正作用	反作用
控制阀的作用方式	气开式				
	气关式				

3. 选择调节阀的流量特性

调节阀的流量特性是指介质流过阀门的相对流量与相对开度之间的关系,即

$$\frac{q_V}{q_{V\max}} \approx f\left(\frac{l}{L}\right)$$

式中,$q_V/q_{V\max}$ 为相对流量,即调节阀某一开度流量与全开流量之比;l/L 为相对开度,即调节阀某一开度行程与全行程之比。

调节阀的特性对整个过程控制系统的品质有很大的影响。系统工作不正常,通常与调节阀的特性选择不合适有关,或者是阀芯在使用中因受腐蚀、磨损,使特性变坏引起的。

通过调节阀的流量不仅与阀的开度(流通截面)有关,而且还与阀门前后的压差有关。调节阀接在管路中工作时,阀门开度一变,随着流量的变化,阀门前后的压差也发生变化。所以,为了便于分析比较,先假定阀门前后压差固定,然后再引申讨论实际工作的情况。

1) 理想流量特性

理想流量特性是指在调节阀前后压差不变时得到的流量特性。它完全取决于阀芯的形状。理想流量特性有直线、对数、抛物线和快开四种,如图 4-8 所示。

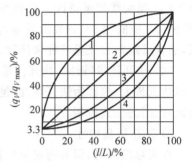

1—快开流量特性;2—直线流量特性;
3—抛物线流量特性;4—对数流量特性

图 4-8　理想流量特性

(1) 直线流量特性。直线流量特性是指调节阀的相对流量与阀芯的相对开度成直线关系,即调节阀相对开度变化所引起的相对流量变化是常数。其数学表达式为

$$\mathrm{d}\left(\frac{q_V}{q_{V\max}}\right) \Big/ \mathrm{d}\left(\frac{l}{L}\right) = K_v \tag{4-9}$$

式中,K_v 为调节阀的放大系数。对式(4-9)积分得

$$\frac{q_V}{q_{V\max}} = K_v \frac{l}{L} + c \tag{4-10}$$

式中,c 为积分常数。

已知边界条件:当 $l=0$ 时,$q_V = q_{V\min}$;当 $l=L$ 时,$q_V = q_{V\max}$,将其代入式(4-10),经整理后可得

$$\frac{q_V}{q_{V\max}} = \frac{1}{R} + \left(1 - \frac{1}{R}\right)\frac{l}{L} \tag{4-11}$$

式中,R 为调节阀的可调范围,$R = q_{V\max}/q_{V\min}$。

由式(4-11)可见,$q_V/q_{V\max}$ 与 l/L 成直线关系(见图 4-8 中曲线 2)。K_v 是常数,即阀芯相对开度变化所引起的流量变化是相等的。

但是,它的流量相对变化量(流量变化量与原有流量之比)是不同的。在小开度时,流量相对变化量大;而在大开度时,其流量相对变化量小。所以,直线流量特性调节阀在小开度时,控制作用强,易引起振荡;在大开度时,控制作用弱,控制缓慢。

(2) 对数(等百分比)流量特性。对数流量特性是指阀杆的相对开度变化所引起的相对流量变化与该点的相对流量成正比,其数学表达式为

$$\frac{d(q_V/q_{V\max})}{d(l/L)} - K\left(\frac{q_V}{q_{V\max}}\right) - K_v \tag{4-12}$$

可见,调节阀的放大系数 K_v 是变化的。它随相对流量的变化而变化。

对式(4-12)积分,并将上述的边界条件代入,经整理可得

$$\frac{q_V}{q_{V\max}} = R^{\left(\frac{l}{L}-1\right)} \tag{4-13}$$

由式(4-13)可知,$q_V/q_{V\max}$ 与 l/L 成对数关系(见图 4-8 中曲线 4)。从过程控制角度看,调节阀在小开度时 K_v 小,控制缓和平稳,调节阀在大开度时 K_v 大,控制及时有效,这对控制是有利的。

(3) 抛物线流量特性。抛物线流量特性指相对流量与阀杆的相对开度成抛物线关系(见图 4-8 中曲线 3),即相对流量与相对开度成平方关系。它介于直线与对数流量特性之间,通常可用对数流量特性来代替。

(4) 快开流量特性。快开流量特性在小开度时流量就比较大,随着开度的增大流量很快就达到最大,故称为快开特性(见图 4-8 中曲线 1)。快开流量特性调节阀主要适用于要求迅速开、闭的位式控制。

2) 工作流量特性

在实际应用时,调节阀安装在管道系统上,所以调节阀两端的压差是变化的,此时调节阀的相对流量与相对开度之间的关系称为工作流量特性。

(1) 串联管道中的工作流量特性。如图 4-9 所示,为调节阀与管道设备串联工作情况。当总压差 Δp 一定时,随着阀门开度增大,流量增加,管道设备上的压力降将随流量的平方增大;调节阀前后的压差将逐渐减小,结果调节阀的流量特性将发生变化。如果图 4-9(a)中用的是线性阀,其理想流量特性是一条直线,由于串联阻力的影响,其实际的工作流量特性变成如图 4-10(a)所示向上缓慢变化的曲线。图 4-10(b)为对数阀工作流量特性。为了衡量调节阀实际工作流量特性相对于理想流量特性的变化程度,可用阻力比这个系数 S 来表示

$$S = \frac{\Delta p_{V\min}}{\Delta p} \tag{4-14}$$

式中,$\Delta p_{V\min}$、Δp 为调节阀全开时阀门前后的压差和系统总压差。

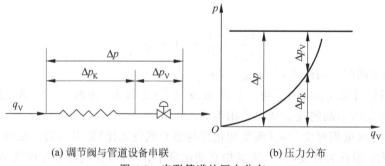

(a) 调节阀与管道设备串联　　　　(b) 压力分布

图 4-9　串联管道的压力分布

在图 4-10 中,$q_{V\max}$ 表示串联管道阻力为零时调节阀全开的流量。由图 4-10(a)可知,当 $S=1$ 时,管道压降为零,调节阀前后的压差等于系统的总压差,故工作流量特性即为理

想流量特性。当 $S<1$ 时,由于串联管道设备阻力的影响,流量特性发生两个变化,一个是调节阀全开时流量减小,即调节阀可调范围变小;另一个是流量特性曲线为向上拱,理想直线特性变成快开特性。S 值越小,畸变越严重,对控制越不利。所以,在实际使用中要求 S 不低于 $0.3 \sim 0.5$。

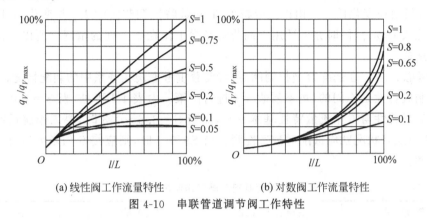

(a) 线性阀工作流量特性　　　　　(b) 对数阀工作流量特性

图 4-10　串联管道调节阀工作特性

(2) 并联管道中的工作流量特性。调节阀除了与管道设备串联工作外,在现场使用中,为了便于手动操作和维护,调节阀还与管道设备并联工作。其特性曲线如图 4-11 所示。

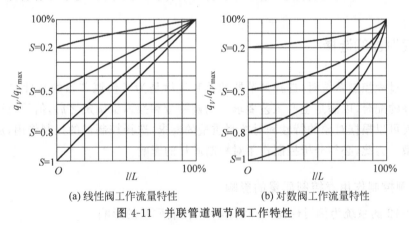

(a) 线性阀工作流量特性　　　　　(b) 对数阀工作流量特性

图 4-11　并联管道调节阀工作特性

在图 4-11 中,当 $S=1$ 时,即关闭旁路时,工作流量特性与理想流量特性是一致的。随着旁路阀逐渐打开,其流量逐步增加,S 逐渐减小,调节阀可调范围大大下降;同时总存在串联管道阻力的影响,这将使调节阀所能控制的流量变化很小,甚至不起控制作用。所以,用打开旁路的控制方案是不好的。根据现场使用经验,旁路流量只能为总流量的百分之十几,S 值不能低于 0.8。

3) 调节阀流量特性的选择

调节阀流量特性直接影响过程控制系统的控制质量,它的选择是一个十分重要的问题。最常用的流量特性有直线特性和对数特性。选择的方法有理论计算法和经验法两种,目前常用经验法。一般可从以下几方面考虑。

(1) 从过程控制系统的控制质量分析。对于一个过程控制系统,在负荷变动情况下要使系统保持预定的品质指标,则要求系统总的放大系数在整个操作范围内保持不变。在生产过程中由于负荷与操作条件的变化将使被控过程特性发生变化,合理选择调节阀的流量特性来补偿被控过程特性的变化,使系统总的放大系数保持或近似不变,则可提高系统的控制质量。例如,被控过程为非线性时,则选用对数调节阀,使系统总放大系数保持或近似不变。

(2) 分析负荷变化情况。由以上分析可知,对数特性调节阀的 K_v 是变化的,因此能适应负荷变化大的场合,同时亦能适用于调节阀经常工作在小开度的情况。所以选用对数调节阀均能适应。

(3) 考虑 S 值。在选配恰当控制阀后,就要着重考虑阀在管系中的装配情况,因为在管系中的控制阀特性是不同的,可参看表 4-4 进行决策。由表 4-4 可见,当 $S=1.0\sim0.6$ 时,控制阀的流量特性与工作流量特性基本一致,而当 $S=0.6\sim0.3$ 时,要工作流量特性为直线特性,考虑配管状况就应选配对数特性阀。当 $S<0.3$ 时,则应使 S 值增大后再选择合适的流量特性。

表 4-4   配管状况与阀工作流量特性关系

配 管 状 况	$S=1.0\sim0.6$		$S=0.6\sim0.3$		$S<0.3$
阀工作流量特性	直线	对数	直线	对数	不适于控制
阀流量特性	直线	对数	对数	对数	

4.1.4   控制器的选择

在设计过程控制系统时,选择调节器的控制规律是为了使调节器的特性与广义过程的特性能很好的配合,以满足生产工艺要求。当被控量和操纵量确定之后,信号通道就定下来了,这样,就可以根据对象的特性和对控制质量的要求,选择控制器的控制作用,从而确定控制器的类型。为此,必须分析控制作用对控制质量的影响。

1. 比例控制作用对控制质量的影响

以图 4-12 的系统为例讨论比例控制作用对控制质量的影响。

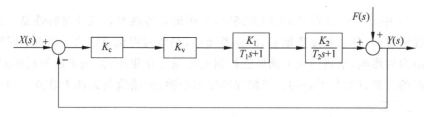

图 4-12   比例控制系统

若 $F(s)$ 为阶跃干扰,幅值为 A,则输出 $Y(s)$ 可写成

$$Y(s) = \frac{A(T_1 s + 1)(T_2 s + 1)}{s[T_1 T_2 s^2 + (T_1 + T_2)s + (1 + K_c K)]} \tag{4-15}$$

式中,$K = K_v K_1 K_2$。

系统的特征方程为

$$T_1T_2s^2 + (T_1+T_2)s + (1+K_cK) = 0 \qquad (4\text{-}16)$$

若令 $a = T_1T_2$, $b = T_1+T_2$, $c = 1+K_cK$, 则上式可化成标准二次方程式

$$as^2 + bs + c = 0$$

上式特征方程的根 s_1、s_2 为

$$
\begin{aligned}
s_{1,2} &= \frac{-b \pm \sqrt{b^2-4ac}}{2a}\\[2mm]
&= \frac{-(T_1+T_2) \pm \sqrt{(T_1+T_2)^2 - 4T_1T_2(1+K_cK)}}{2T_1T_2}\\[2mm]
&= \frac{-(T_1+T_2) \pm \sqrt{(T_1-T_2)^2 - 4T_1T_2K_cK}}{2T_1T_2} \qquad (4\text{-}17)
\end{aligned}
$$

在式(4-17)中,随着 $(T_1-T_2)^2 - 4T_1T_2K_cK$ 的取值不同(大于零、小于零或等于零),其特征根的性质也不同。由于这里只是讨论控制器放大系数 K_c 的大小对控制品质的影响,因此,式(4-17)中的 T_1、T_2、K 等参数均可认为是定值,有如下讨论。

当 $(T_1-T_2)^2 - 4T_1T_2K_cK > 0$,在 K 很小时,必有 $(T_1-T_2)^2 - 4T_1T_2K_cK > 0$ 成立,特征根 s_1、s_2 均为负实根。这时控制系统的过渡过程将不振荡。

当 $(T_1-T_2)^2 - 4T_1T_2K_cK = 0$,只有 K_c 在前一种情况下逐渐增大到某一值时才成立。特征根 s_1、s_2 则为两个相等的实根,控制系统的过渡过程将处于振荡与不振荡之间的临界状态。

当 $(T_1-T_2)^2 - 4T_1T_2K_cK < 0$,只有 K_c 在第二种情况的基础上继续增大到某一值时才成立,特征根 s_1、s_2 为一对共轭复根,控制系统的过渡过程处于振荡状态,并且随着 K_c 的增大,振荡将进一步加剧。

由上可知,随着控制器放大系数 K_c 的增大,控制系统的稳定性降低。如果从控制系统的阻尼系数 ξ_P 进行分析,也可得到同样的结论。将系统的特征方程式(4-16)改写成

$$s^2 + 2\xi_P\omega_0 s + \omega_0^2 = 0$$

式中,

$$\omega_0^2 = \frac{1+K_cK}{T_1T_2}, \quad \xi_P = \frac{T_1+T_2}{2\sqrt{T_1T_2(1+K_cK)}} \qquad (4\text{-}18)$$

由式(4-18)可见,当 K_c 较小时,ξ_P 值较大,并有可能大于 1,这时过渡过程为不振荡过程。随着 K_c 的增加,ξ_P 值将逐渐减小,直至小于 1,相应的过渡过程将由不振荡过程而变为不振荡与振荡的临界情况,随 K_c 的继续增大,ξ_P 继续减小,过渡过程的振荡加剧。但是,不论 K_c 值增大到多大,ξ_P 不可能小于零,因而这个系统不可能出现发散振荡,即该系统总是稳定的,如图 4-13 所示。

因为这个系统是稳定的,因而可应用终值定理求得在幅值为 A 的阶跃干扰作用下,被控参数变化的稳态

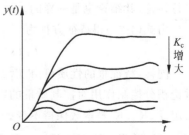

图 4-13　放大系数对过渡过程的影响

值为

$$\Delta y(\infty) = \lim_{t \to \infty} \Delta y(t) = \lim_{s \to 0} s \left[s \cdot \frac{A}{s} \cdot \frac{(T_1 s + 1)(T_2 s + 1)}{T_1 T_2 s^2 + (T_1 + T_2)s + (1 + K_c K)} \right] = \frac{A}{1 + K_c K} \tag{4-19}$$

式(4-19)表明：应用比例控制器构成的系统,其控制结果的稳态值不为零,即系统存在余差。随着控制器放大系数 K_c 的增大,余差将减小,但不能完全消除,因此,比例控制只能起到"粗调"的作用。

2. 积分控制作用对控制质量的影响

以图 4-14 所示的系统为例讨论积分控制作用对控制质量的影响。系统在阶跃干扰 f(幅值为 A)的作用下,闭环控制系统的传递函数为

$$\frac{Y(s)}{F(s)} = \frac{1}{1 + K_c \left(1 + \frac{1}{T_I s}\right)\left(\frac{K}{Ts + 1}\right)}$$

$$= \frac{T_I s (Ts + 1)}{T_I s (Ts + 1) + K_c K (T_I s + 1)} \tag{4-20}$$

则有

$$Y(s) = \frac{A T_I s (Ts + 1)}{s \left[T_I T s^2 + (K_c K + 1) T_I s + K_c K \right]} \tag{4-21}$$

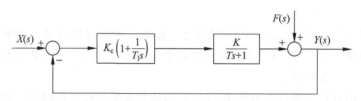

图 4-14　比例积分控制系统

对式(4-21)应用终值定理,可求得在幅值为 A 的阶跃干扰作用下被控参数变化的稳态值为

$$\Delta y(\infty) = \lim_{s \to 0} s Y(s) = 0 \tag{4-22}$$

即该系统的余差为零。显然,积分控制作用具有消除余差的独特作用。积分控制作用对系统稳定性的影响,仍从闭环传递函数特征方程根的性质加以说明。当然,从系统的阻尼系数进行讨论,其结论也是一样的。

由式(4-20)得特征方程为

$$T_I T s^2 + (K_c K + 1) T_I s + K_c K = 0 \tag{4-23}$$

同样,特征根的性质可由 $T_I^2 (K_c K + 1)^2 - 4 T_I T K_c K = 0$ 的情况来判别。由于此处只讨论积分控制作用对控制质量的影响,即积分时间常数 T_I 变化对控制质量的影响,因而可假定 T、K_c、K 等参数保持不变。有以下三种情况：

(1) 当 $T_I^2 (K_c K + 1)^2 - 4 T_I T K_c K > 0$ 时,经移项化简可改写成

$$(K_c K + 1) > \frac{4T K_c K}{T_I} \tag{4-24}$$

式(4-24)关系要成立，T_I 必定较大，这时特征根 s_1、s_2 均为负实根，所以，控制系统的过渡过程不振荡。

(2) 当 $T_I^2(K_c K + 1)^2 - 4T_I T K_c K = 0$ 时，此时 T_I 一定比第一种情况时的值要小，特征根 s_1、s_2 为两个相等的实根，因此，控制系统的过渡过程处于振荡与非振荡的临界状态。

(3) 当 $T_I^2(K_c K + 1)^2 - 4T_I T K_c K < 0$ 时，此时 T_I 值一定比第二种情况时的 T_I 值要小，特征根 s_1、s_2 为一对共轭复根，控制系统的过渡过程处于振荡状态，并且随着 T_I 的进一步减小，振荡加剧。

由上可知，积分控制作用能消除余差，但降低了系统的稳定性，特别是当 T_I 比较小时，稳定性下降较为严重。因此，控制器在参数整定时，如欲得到纯比例作用时相同的稳定性，当引入积分作用之后，应当把 K_c 适当减少，以补偿积分作用造成的稳定性下降。

3. 微分控制作用对控制质量的影响

在图 4-12 的比例作用控制系统中，控制器在加入微分控制作用之后，系统在干扰作用下的闭环传递函数为

$$\frac{Y(s)}{F(s)} = \frac{1}{1 + K_c(1 + T_D s)\dfrac{K}{(T_1 s + 1)(T_2 s + 1)}}$$
$$= \frac{(T_1 s + 1)(T_2 s + 1)}{(T_1 s + 1)(T_2 s + 1) + K_c K(1 + T_D s)}$$
$$= \frac{(T_1 s + 1)(T_2 s + 1)}{T_1 T_2 s^2 + (T_1 + T_2 + K_c K T_D)s + (1 + K_c K)} \tag{4-25}$$

特征方程式为

$$T_1 T_2 s^2 + (T_1 + T_2 + K_c K T_D)s + (1 + K_c K) = 0 \tag{4-26}$$

也可写为

$$s^2 + 2\xi_D \omega_0 s + \omega_0^2 = 0$$

其中

$$2\xi_D \omega_0 = \frac{T_1 + T_2 + K_c K T_D}{T_1 T_2}$$
$$\omega_0^2 = \frac{1 + K_c K}{T_1 T_2}$$

因此，系统的阻尼系数为

$$\xi_D = \frac{T_1 + T_2 + K_c K T_D}{2\sqrt{T_1 T_2(1 + K_c K)}} \tag{4-27}$$

比较式(4-18)与式(4-27)可以看出：两式的分母相同，仅式(4-27)的分子较式(4-18)多了一项 $K_c K T_D$，在此讨论的稳定系统中，其 K_c、K、T_D 都为正值，故当 K_c 相同时，$\xi_D > \xi_P$，并且 T_D 越大，ξ_D 也越大。ξ 值的增加将使系统过渡过程的振荡程度降低，也就是衰减比增大，因而，在纯比例作用的基础上增加微分作用提高了系统的稳定性，最大偏差也减小了。

此时,为了维持原有的衰减比,即与纯比例作用具有相同的阻尼系数,须将放大系数 K_c 适当增加,由此引起的稳定性下降由微分作用使稳定性提高来补偿。

设系统在幅值为 A 的阶跃干扰作用下,由式(4-25)应用终值定理可求得被控参数变化的稳态值为

$$\Delta y(\infty) = \lim_{s \to 0} s \frac{A(T_1 s + 1)(T_2 s + 1)}{s[T_1 T_2 s^2 + (T_1 + T_2 + K_c K T_D)s + (1 + K_c K)]} \tag{4-28}$$

由此可见,微分作用无法消除余差。但如上所述,由于这时的 K_c 值较纯比例作用时的 K_c 值大,所以余差比纯比例作用时小。由于微分作用是按偏差变化的速度来工作的,因而对于克服对象容量滞后的影响有明显的作用,但对纯滞后则无能为力。

综上所述,控制系统引入微分作用之后,将全面提高控制质量。当然,如果控制器的微分时间常数 T_D 整定得太大,这时即使偏差变化的速度不是很大,因微分作用太强而使控制器的输出发生很大变化,从而引起控制阀时而全开,时而全关,如同双位控制,严重影响控制质量和安全生产。因此,控制器参数整定时,不能把 T_D 取得太大,应根据对象特性和控制要求作具体分析。

4. 根据过程特性来选择调节器的控制规律

当无法获得被控过程的数学模型时,可按以下原则选择调节器的控制规律。

1) 比例控制规律(P)

比例控制规律是最基本的控制规律。它能较快地克服扰动的影响,使系统稳定下来,但存在余差。它适用于控制通道滞后较小、负荷变化不大、控制要求不高、被控参数允许在一定范围内变化的场合。如储槽液位控制、压缩机储气罐压力控制等。

2) 比例积分控制规律(PI)

比例积分控制规律是在工程上应用最广泛的一种控制规律。由于积分能消除余差,所以它适用于控制通道滞后较小、负荷变化不大、被控参数不允许有余差的场合。如某些流量、压力和液位等要求无余差的控制系统。

3) 比例微分控制规律(PD)

利用微分的超前作用,将微分控制规律引入具有容量滞后的过程控制通道,只要微分时间设置得当,对于改善系统的动态性能指标有显著的效果。因此,对于控制通道的时间常数或容量滞后较大的场合,为了提高系统的稳定性,减小动态偏差等可选用比例微分控制规律。如温度或组分控制。但对于纯滞后较大,测量信号有噪声或周期性扰动的系统,则不宜采用微分作用。

4) 比例积分微分控制规律(PID)

PID 控制规律是一种最理想的控制规律,它在比例的基础上引入积分,可以消除余差,再加入微分作用,又能提高系统的稳定性。它适用于过程控制通道时间常数或容量滞后较大、控制要求较高的场合。如温度控制、PH 控制等。当然,调节器 PID 控制规律是要根据过程特性和工艺要求来选取的,并非选择了 PID 控制规律就一定取得好的控制效果,如果不分场合对象则会给其他工作增加复杂性,并带来困难(如参数整定)。当采用 PID 控制规律仍无法达到工艺要求时,则应考虑其他复杂的控制方案。

5．确定调节器的正、反作用

调节器分正作用调节器和反作用调节器两种。调节器正、反作用的选择同被控过程的特性及调节阀的气开、气关形式有关。被控过程的特性也分正、反两种。即当被控过程的输入量(通过调节阀的物料或能量)增加(或减小)时,其输出(被控参数)亦增加(或减小),此时称此被控过程为正作用;反之,当被控过程的输入量增加时,其输出却减小,称此过程为反作用。调节阀按其作用方式分气开、气关两种类型。图 4-2 所示过程控制系统要能正常工作,则组成该系统的各个环节的极性(可用其静态放大系数表示)相乘必须为正。由于变送器的静态放大系数 K_m 通常为正极性,故只需调节器 K_c、调节阀 K_v 和过程的 K_0 极性相乘起来必须为正即可。对于组成过程控制系统各环节的极性是这样规定的：正作用调节器,即当系统的测量值增加时,调节器的输出亦增加,其静态放大系数 K_c 取负;反作用调节器,即当系统的测量增加时,调节器的输出减小,其静态放大系数 K_c 取正。气开式调节阀,其静态放大系数 K_v 取正,气关式调节阀,其静态放大系数 K_v 取负。正作用被控过程,其静态放大系数 K_0 取正,反作用被控过程,其静态放大系数 K_0 取负。

一般来说,确定调节器正、反作用的方法为：首先根据生产工艺安全等原则确定调节阀的气开、气关形式;然后按被控过程特性,确定其正、反作用;最后根据上述组成该系统的开环传递函数各环节的静态放大系数极性相乘必须为正的原则来确定调节器的正、反作用方式。

4.1.5　控制器的参数整定

过程控制系统的控制质量取决于组成该系统的各个环节的特性和系统的结构。一个系统通常由广义过程和调节器两部分组成,对象的特性和干扰情况是受工艺操作和设备特性限制的,不可能任意改变,如果控制方案已经确定,则过程各通道的静态和动态特性就已确定,这样,系统的控制质量就只取决于调节器各个参数值的设置。

调节器参数整定,是指决定调节器的比例度 δ、积分时间 T_I 和微分时间 T_D 的具体数值,通过改变调节器的参数,使其特性和过程特性相匹配,以改善系统的动态和静态指标,取得最佳的控制效果。所谓最佳的控制效果,就是在某种质量指标下,系统达到的最佳调整状态。此时的控制器参数就是所谓的最佳整定参数。对于大多数过程控制系统,当递减比为 4∶1 时,过渡过程稍带振荡,不仅具有适当的稳定性、快速性,而且又便于人工操作管理,因此,目前习惯上把满足这一递减比过程的控制器参数也称为最佳参数。

目前调节器参数的整定方法有两种即理论计算整定法和工程整定法。

理论计算整定法有对数频率特性法、根轨迹法等。这类整定方法都基于过程的数学模型。但工业过程特性往往较复杂,不论是理论推导或过程辨识(实验测定)所得数学模型多属近似模型。同时,由于理论计算的整定参数法计算烦琐,工作量大、可靠性不高,因此在现场使用中,尚需反复修正。但这种方法可以减少整定工作中的盲目性,较快整定到最优状态,尤其在较复杂的过程控制系统中,理论计算整定法更是不可少的。

工程整定法有经验法、响应曲线法等。这类方法不需要事先知道过程的数学模型,直接在过程控制系统中进行现场整定。其方法简单,计算简便,易于掌握。虽然这也是一种近似方法,所得整定参数不一定为最佳,但却相当实用。在工程上得到了十分广泛地应用。下面介绍几种常用的工程整定方法。

1. 经验法

1) 经验凑试法

经验凑试法(现场凑试法)是根据经验先将控制器的参数放在某一数值上,直接在闭环控制系统中通过改变设定值施加扰动,观察过渡过程曲线形状,运用 δ、T_I、T_D 对过渡过程的影响为依据,按规定的顺序对比例度 δ、积分时间常数 T_I 和微分时间常数 T_D 逐个进行反复凑试,直到获得满意的控制质量。

常用过程控制系统控制器的参数经验范围如表 4-5 所示。

控制器参数凑试的顺序有两种。一种认为比例作用是基本的控制作用,因此,首先把比例度凑试好,待过渡过程已基本稳定,然后加积分作用以消除余差,最后加入微分作用以进一步提高控制质量。其具体步骤如下:

(1) 对 P 控制器,将比例度 δ 放在较大数值位置,逐步减小 δ,观察被控量的过渡过程曲线,直到曲线满意为止。

(2) 对 PI 控制器,先置 $T_I=\infty$,按纯比例作用整定比例度 δ,使之达到 4:1 衰减过程曲线;然后将 δ 放大(10~20)%,将积分时间常数 T_I 由大至小逐步加入,直到获得 4:1 衰减过程。

(3) 对 PID 控制器,将 $T_D=0$,先按 PI 作用凑试程序整定 δ、T_I,然后将比例度 δ 减低到比原值小(10~20)%位置,T_I 也适当减小之后,再把 T_D 由小至大地逐步加入,观察过渡过程曲线,直到获得满意的过渡过程为止。

另一种整定顺序是将比例度与积分时间常数在一定范围内相匹配,可以得到相同衰减比的过渡过程。这样,比例度的减小可用增大积分时间常数来补偿,反之亦然。因此,可根据表 4-5 的经验数据,预先确定一个积分时间常数数值,然后由大至小调整比例度以获得满意的过渡过程为止。如需加微分作用,可取 $T_D=(1/3\sim1/4)T_I$,放好 T_I、T_D 之后,再调整比例度。

表 4-5　控制器整定参数经验范围

控制系统	参数范围		
	δ	T_I/min	T_D/min
液位	20%~80%	—	—
压力	30%~70%	0.4~3	—
流量	40%~100%	0.1~1	—
温度	20%~60%	3~10	0.3~1

在应用经验凑试法整定控制器参数的过程中,若观察到曲线振荡很频繁,则需把比例度 δ 加大以减小振荡;若曲线最大偏差大,且趋于非周期过程,则需把比例度减小。当曲线波动较大时,应增加积分时间常数;曲线偏离设定值后长时间不能回来,则需减小积分时间常数。如果曲线振荡得厉害,需把微分作用减到最小或者暂时不加微分作用;如果曲线最大偏差大而衰减慢,则需把微分时间常数加长。总之,要以 δ、T_I、T_D 对控制质量的影响为依

据,看曲线调参数,不难把过渡过程达到两个周期基本稳定,控制质量满足工艺要求。

2)临界比例度法

在工程中,临界比例度法是目前应用较广泛的一种调节器参数的整定方法。在闭环控制系统里,将调节器置于纯比例作用下,从大到小逐渐改变调节器的比例度,得到等幅振荡的过渡过程。此时的比例度称为临界比例度 δ_K,相邻两个波峰间的时间间隔,称为临界振荡周期 T_K。通过计算即可求得调节器的整定参数。

具体整定步骤如下:

(1)将调节器的积分时间常数 T_I 置于最大($T_I = \infty$),微分时间常数 T_D 置零($T_D = 0$),比例度 δ 适当,平稳操作一段时间,把系统投入自动运行。

(2)将比例度 δ 逐渐减小,得到图 4-15 所示等幅振荡过程,记下临界比例度 δ_K 和临界振荡周期 T_K 值。

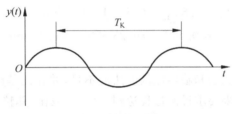

图 4-15　等幅振荡过程

(3)根据 δ_K 和 T_K 值,采用表 4-6 中的经验公式,计算出调节器各个参数,即 δ、T_I 和 T_D 的值。

表 4-6　临界振荡法整定计算公式

控 制 规 律	调节器参数		
	$\delta/\%$	T_I/min	T_D/min
P	$2\delta_K$	—	—
PI	$2.2\delta_K$	$T_K/1.2$	—
PID	$1.6\delta_K$	$0.5T_K$	$0.25T_I$

(4)按"先 P 后 I 最后 D"的操作程序将调节器整定参数调到计算值上。然后观察其运行曲线,若还不够满意,可再作进一步调整。

应该指出的是,临界比例度法不是操作经验的简单总结,而是符合控制理论中的边界稳定条件的,是有理论根据的,这里不再详述。在使用临界比例度法整定控制器参数时,应注意以下几个问题:

(1)临界比例度法的关键是准确地测定临界比例度 δ_K 和临界振荡周期 T_K,因而控制器的刻度和记录仪应调校准确。

(2)对于有些过程控制系统,其临界比例度很小,常使控制阀处于全开或全关状态,使系统接近位式控制状态,对生产不利,因而不宜采用此法进行控制器的参数整定;某些生产工艺不允许被控量作较长时间的等幅振荡时,也不能采用此法。

(3)有的控制系统临界比例度很小,控制器的比例度已放到最小刻度而系统仍不产生等幅振荡时,就把最小刻度的比例度作为 δ_K 进行控制器的参数整定。

例 4-1 用临界比例度法整定某过程控制系统所得的临界比例度 $\delta_K = 20\%$,临界振荡周期 $T_K = 1\text{min}$,当调节器分别采用比例作用、比例积分作用、比例积分微分作用时,求其最佳整定参数值。

解:应用表 4-6 经验公式,可得

比例调节器

$$\delta = 2\delta_K = 2 \times 20\% = 40\%$$

比例积分调节器

$$\delta = 2.2\delta_K = 2.2 \times 20\% = 44\%$$

$$T_I = T_K / 1.2 = 1/1.2 = 0.83\text{min}$$

比例积分微分调节器

$$\delta = 1.6\delta_K = 1.6 \times 20\% = 32\%$$

$$T_I = 0.5T_K = 0.5 \times 1 = 0.5\text{min}$$

$$T_D = 0.25T_I = 0.25 \times 0.5 = 0.125\text{min}$$

3) 衰减曲线法

衰减曲线法是针对经验法和临界比例度法的不足,并在此基础上经过反复实验而得出的一种参数整定方法。如果要求过渡过程达到 4:1 衰减比,其整定步骤如下。

(1) 将 $T_I = \infty$、$T_D = 0$,在纯比例作用下,系统投入运行,按经验法整定比例度,直到出现 4:1 衰减过程为止。此时的比例度为 δ_s,操作周期为 T_s,如图 4-16 所示。

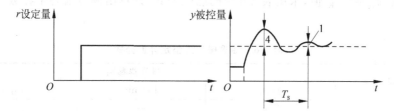

图 4-16 4:1 衰减过程曲线

(2) 根据 δ_s、T_s 值,按表 4-7 所列经验关系,计算出控制器的参数 δ、T_I 和 T_D。

表 4-7 4:1 衰减法整定计算公式

控制规律	调节器参数		
	$\delta / \%$	T_I / min	T_D / min
P	δ_s	—	—
PI	$1.2\delta_s$	$0.5T_s$	—
PID	$0.8\delta_s$	$0.3T_s$	$0.1T_s$

(3) 先将比例度放到比计算值大一些的数值上,然后把积分时间放到求得的数值上,再慢慢放上微分时间,最后把比例度减小到计算值上,观察过渡过程曲线,如不太理想,可作适当调整。

应用衰减曲线法整定控制器参数时,应注意以下问题:

(1) 对于反应较快的流量、管道压力及小容量的液位控制系统,要在记录曲线上认定 4:1 衰减曲线和读出 T_s 比较困难,此时,可用记录指针来回摆动两次就达到稳定作为

4：1 衰减过程。

（2）在生产过程中，负荷变化会影响过程特性，因而会影响 4：1 衰减法的整定参数值。当负荷变化较大时，必须重新整定调节器参数值。

（3）如上所述，对于多数过程控制系统，4：1 衰减过程认为是最佳过程。但是，有些系统如热电厂的锅炉燃烧控制系统却认为 4：1 衰减太慢，宜应用 10：1 衰减过程，10：1 衰减曲线与图 4-16 所示的 4：1 衰减过程曲线类似，只是过渡过程递减比为 10：1。

（4）衰减曲线法的关键是准确地测定 δ_s 和 T_s，因而控制器的刻度和记录仪应调校准确。

对于 10：1 衰减曲线法整定调节器参数的步骤与上述完全相同，仅仅采用的计算公式有些不同，如表 4-8 所示。表中 δ'_s 为衰减比例度，t_r 为达到第十个波峰时的响应时间。

表 4-8 10：1 衰减法整定计算公式

控 制 规 律	调节器参数		
	$\delta/\%$	T_I/min	T_D/min
P	δ'_s	—	—
PI	$1.2\delta'_s$	$2t_r$	—
PID	$0.8\delta'_s$	$1.2t_r$	$0.4t_r$

例 4-2 某温度控制系统，采用 4：1 衰减曲线法整定调节器参数，得 $\delta_s = 20\%$，临界振荡周期 $T_s = 10min$，当调节器分别为比例作用、比例积分作用、比例积分微分作用时，试求其整定参数值。

解：应用表 4-7 中的经验公式，可得

比例调节器

$$\delta = \delta_s = 20\%$$

比例积分调节器

$$\delta = 1.2\delta_s = 1.2 \times 20\% = 24\%$$

$$T_I = 0.5T_s = 0.5 \times 10 = 5min$$

比例积分微分调节器

$$\delta = 0.8\delta_s = 0.8 \times 20\% = 16\%$$

$$T_I = 0.3T_s = 0.3 \times 10 = 3min$$

$$T_D = 0.1T_s = 1min$$

2. 响应曲线法

上面介绍的 3 种控制器参数整定方法都不需预先知道对象的特性，但如果对象的特性已知，则根据系统开环广义过程阶跃响应曲线整定控制参数其精度将更高，响应曲线法就是依据此原理进行近似计算的方法，整定步骤如下：

（1）测定广义对象的响应曲线，并对已得的反应曲线作近似处理得表征对象动态特性的纯滞后时间 τ_0 和时间常数 T_0，如图 4-17 所示。

（2）按下式求取广义对象的放大系数 K_0。

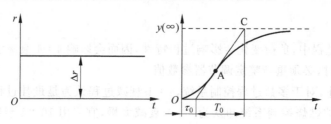

图 4-17 响应曲线及其近似处理

$$K_0 = \frac{\Delta y}{y_{\max} - y_{\min}} \bigg/ \frac{\Delta P}{P_{\max} - P_{\min}}$$

式中，$y_{\max} - y_{\min}$ 为测量仪表的刻度范围；$P_{\max} - P_{\min}$ 为控制器输出变化范围；Δy 为被控量测量值的变化量；ΔP 为控制器输出的变化量。

（3）根据对象的特性参数 τ_0、T_0 和 K_0，按表 4-9 公式确定 4∶1 递减过程控制器的参数 δ、T_I 和 T_D。

表 4-9　响应曲线法整定计算公式

控 制 规 律	调节器参数		
	$\delta/\%$	$T_I/\min$	$T_D/\min$
P	$\dfrac{K_0\tau_0}{T_0}\times100\%$	—	—
PI	$1.1\dfrac{K_0\tau_0}{T_0}\times100\%$	$3.3\tau_0$	
PID	$0.85\dfrac{K_0\tau_0}{T_0}\times100\%$	$2\tau_0$	$0.5\tau_0$

上述 4 种工程整定方法各有优缺点。经验凑试法简单可靠，能够应用于各种控制系统，特别是干扰频繁，记录曲线不大规则的控制系统；其缺点是需反复凑试较为费时，同时，由于靠经验来整定，是一种"看曲线，调参数"的整定方法，对于不同经验水平的人，对同一过渡过程曲线可能有不同的认识，从而得出不同结论，整定质量因人而异。所以，对于现场经验较丰富、技术水平较高的人使用此法较为合适。临界比例度法简便而易于掌握，过程曲线易于判断，整定质量较好，适用于一般的温度，压力、流量和液位控制系统；其缺点是对于临界比例度很小或者工艺生产约束条件严格，对过渡过程不允许出现等幅振荡的控制系统不适用。衰减曲线法的优点是较为准确可靠，而且安全，整定质量较高；但对于外界干扰作用强烈而频繁的系统或者由于仪表、控制阀工艺上的某种原因而使记录曲线不规则，而难于从曲线判别其递减比和衰减周期的控制系统不适用。响应曲线法是根据对象特性来确定控制器的整定参数的，因而整定质量高；其缺点是要测响应曲线，比较麻烦。因此，在实际应用中，一定要根据对象的情况与各种整定的特点，合理选择使用。

4.2　串级控制系统

4.2.1　概述

如第 3 章所述，单回路控制系统由于结构简单、运行有效等特点，得到广泛的应用，解决

了工业生产过程自动化中大量的参数定值控制问题。但是,随着现代工业生产的迅速发展,工艺操作条件的要求更加严格,对安全运行和经济性及控制质量的要求也更高。应用单回路控制系统往往满足不了生产工艺的要求,于是,串级控制系统就开发产生了。

在常规控制系统中,串级控制系统对改善控制品质有独到之处,因而在生产过程控制中应用广泛。本章将介绍有关串级控制系统的组成、特点、应用范围及设计等问题。

1. 串级控制系统的组成

简单地说,所谓串级控制系统就是由两台控制器串联在一起控制一个控制阀的控制系统。它是改善控制质量的有效方法之一,在过程控制中应用较为广泛。

下面以一实例来说明其工作原理:炼油厂的管式加热炉是常用的生产设备之一,其工艺上要求炉出口温度保持恒定。于是,我们会很自然地考虑采用改变燃料油流量大小以达到控制炉出口温度的单回路控制方案,如图 4-18(a)所示。但影响炉出口温度的因素很多,主要有被加热物料的流量和初温 $f_1(t)$;燃料热值的变化、压力的波动、流量的变化 $f_2(t)$;烟囱挡板位置的改变、抽力的变化 $f_3(t)$ 等。图 4-18(a)的单回路控制方案从表面看似乎很好,因为所有对温度的干扰因素都包括在控制回路之中,只要干扰导致了温度发生变化,控制器就可通过改变控制阀的开度来改变燃料油的流量,把变化了的温度重新调回到设定值。但是,实践证明,这种控制方案的控制质量很差,达不到生产要求,原因在于燃料油压力的变化将导致流量的变化,只有当它的影响使被控量发生变化之后,控制器才改变控制阀的开度,借以改变燃料油的流量以克服干扰,把被控量调回到设定值。可是,由于对象内部燃料油要经历管道传输、燃烧、传热等一系列环节,总滞后较大,这就导致控制作用不及时,系统克服扰动的能力较差,不能满足生产工艺需要。

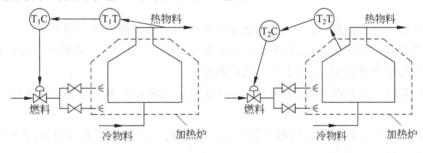

(a) 控制炉出口温度的单回路控制系统　　　　　　(b) 控制炉膛温度的单回路控制系统

图 4-18　加热炉温度控制系统

为解决这一问题可选择炉膛温度为被控参数,燃料量为控制参数,构成如图 4-18(b)所示的第二种控制方案。这种方案的优点是能够比较及时而有效地克服来自 $f_2(t)$、$f_3(t)$ 等的干扰,因为只要干扰 $f_2(t)$、$f_3(t)$ 出现,在其影响炉出口温度前,控制器就能较早发现并及时地进行控制,将干扰对炉出口温度的影响减弱到最低程度。但是,实践证明,这个方案也有一个很大的缺陷,因为扰动 $f_1(t)$ 未包括在系统内,系统无法克服扰动 $f_1(t)$ 对炉出口温度的影响,仍然不能达到生产工艺要求。综上所述,为了充分应用上述两种方案的优点,应选取炉出口温度为被控参数,选择燃料油流量为中间辅助变量,把炉出口温度调节器的输出作为燃料油流量调节器的设定值,构成了图 4-19 和图 4-20 所示的炉出口温度与炉膛温度的串级控制系统。这样扰动 $f_2(t)$、$f_3(t)$ 对炉出口温度的影响主要由炉膛温度调节器 T_2 构成的控制回路来克服，扰动 $f_1(t)$ 对炉出口温度的影响由炉出口温度调节器 T_1 构成的控制回路来消除。

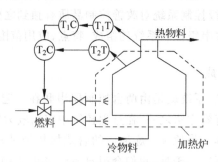

图 4-19　串级控制系统原理图

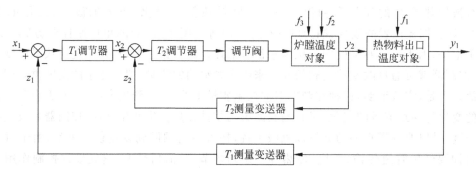

图 4-20　串级控制系统方框图

为了有利于分析问题，对串级控制系统中常见的一些名词术语介绍如下：

主被控参数　又称主变量，在串级控制系统中，起主导作用的、关系到产品产量和质量或操作安全的那个被控量，上例中为炉出口温度。

副被控参数　又称副变量，为了稳定主变量或因某种需要而引入的辅助变量，上例中为炉膛温度。

主控制器　按主被控参数的测量值与设定值的偏差进行工作的控制器，其输出作为副控制器的设定值。

副控制器　按副被控参数的测量值与主控制器来的设定值之间的偏差进行工作的控制器，其输出直接控制调节阀。

主被控过程　又称主对象，主被控参数所处的那一部分工艺设备，它的输入信号为副被控参数，输出信号为主被控参数。

副被控过程　又称副对象，副被控参数所处的那一部分工艺设备，它的输入信号为控制参数，输出信号为副被控参数。

主回路　由主控制器、副控制器、控制阀、副被控过程、主被控过程及主被控参数变送器等组成的闭合回路。

副回路　由副控制器、控制阀、副被控过程及副被控参数变送器等组成的闭合回路。

一次扰动　不包括在副回路内的扰动，如图 4-20 中被加热物料的变化 $f_1(t)$。

二次扰动 包括在副回路内的扰动。如图 4-20 中燃料方面的扰动 $f_2(t)$ 和烟囱抽力的变化 $f_3(t)$。

2. 串级控制系统的工作过程

下面仍以管式加热炉控制问题为例说明串级控制系统的工作过程。当生产过程处在稳定工况时,被加热物料的流量和温度不变,燃料的流量与热值不变,烟囱抽力也不变,炉出口温度和炉膛温度均处于相对平衡状态,调节阀保持一定的开度,此时炉出口温度稳定在给定值上。当扰动破坏了平衡工况时,串级控制系统便开始了其控制过程。根据不同扰动,分三种情况讨论。

(1) 二次扰动来自燃料流量、压力 $f_2(t)$ 和烟囱抽力 $f_3(t)$

当扰动 $f_2(t)$ 和 $f_3(t)$ 影响炉膛温度时,则由副控制器进行校正即控制调节阀改变燃料量,从而克服扰动的影响。在初始阶段,由于干扰不可能一下子影响到炉出口温度,因此,主控制器的输出暂时也不变,即副控制器的设定值也暂时不变,于是副控制器就按照变化了的测量值与没变的设定值之差进行控制,改变控制阀的原有开度,使炉膛温度向原来的设定值靠近。显然,对于小干扰,经过副控制器的调节,将不会引起炉出口温度的变化;对于大干扰,将会大大削弱它对炉出口温度的影响,随着时间的增长,扰动对炉出口温度的影响将慢慢地显示出来。出口温度发生变化,主控制器开始了工作,不断改变它的输出信号,即不断地改变副控制器的设定值,副控制器将根据测量值与变化了的设定值之差进行控制,直到炉出口温度重新回复到设定值为止。这时控制阀将处于一个新的开度上。

(2) 一次扰动来自被加热物料的流量和初温 $f_1(t)$

在此系统中,先假设主、副调节器为反作用且调节阀为气开式。来自原料油方面的干扰 $f_1(t)$ 使炉出口温度升高。随着温度的升高,主控制器开始动作,则输出减小,即副控制器的设定值在减小。然而,由于此时测量值暂时还没有变,因此,副控制器的输入信号将呈现正偏差,假定副控制器为反作用的,则其输出减小。由于控制阀为气开式,则在副控制器输出减小的情况下,控制阀是趋向关小的,炉出口温度逐渐下降。这一过程一直进行到炉出口温度回到原先设定值为止。可见,由于副回路的存在加快了校正作用,使扰动对炉出口温度的影响比单回路系统时要小。

(3) 一次扰动和二次扰动同时存在

在此系统中,先假设主、副调节器为反作用且调节阀为气开式。当一次干扰和二次干扰同时出现时,有两种可能:一种情形是干扰使主、副被控参数同向变化,例如炉出口温度升高(或降低),同时炉膛温度也因干扰作用而升高(或降低)。另一种情形是干扰使主、副被控参数反向变化,例如炉出口温度因干扰作用升高,而炉膛温度却降低。对于第一种情形,比如当出口温度升高时,主控制器感受的偏差为正,因此它的输出减小,也就是说,副控制器的设定值减小。与此同时,测量值增大,这样一来,副控制器感受的偏差是这两方面作用之和,是一个比较大的正偏差。于是它的输出要大幅度地减小,控制阀则根据这一输出信号,大幅度地关小阀门,炉出口温度很快地回复到设定值。对于第二种情形,再以温度升高为例,此时主控制器的输出减小,副控制器的设定值也减小。与此同时,副控制器的测量值减小。这两方面的作用结果,使副控制器感受的偏差就比较小,其输出的变化量也比较小,就是说调节阀只需作很小的调整就可以了。事实上,主、副被控参数反向变化,它们本身之间就有互补作用。

由上可见，副控制器具有"粗调"的作用，而主控制器具有"细调"的作用；两者互相配合，使控制质量必然优于单回路控制系统。

串级控制系统中的主、副被控参数可以是相同的物理参数，也可以是不同的物理参数。上例中是温度与温度串级，若将副被控参数选择为燃料油流量，则构成温度与流量信号的串级控制系统。

4.2.2 串级控制系统的特点

串级控制系统与单回路控制系统相比，由于在结构上具有两个控制器串联工作，并且多了一个副回路，因此具有以下主要特点。

1. 改善了被控过程的动态特性

如图 4-21 所示为串级控制系统的方框图。串级控制系统与单回路控制系统相比，它用一个闭合的副回路代替了原来的一部分 $W_{o2}(s)$。把副回路写成 $W'_{o2}(s)$，则串级控制系统可简化为图 4-22 所示的等效单回路系统，$W'_{o2}(s)W_{o1}(s)$ 为等效过程。

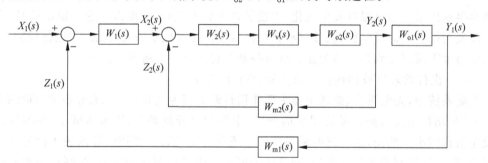

图 4-21　串级控制系统方框图

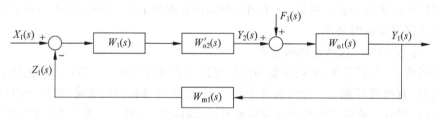

图 4-22　串级控制系统简化方框图

由图 4-21 可写出

$$W'_{o2}(s) = \frac{Y_2(s)}{X_2(s)} = \frac{W_2(s)W_v(s)W_{o2}(s)}{1 + W_2(s)W_v(s)W_{o2}(s)W_{m2}(s)} \tag{4-29}$$

假设

$$W_{o2}(s) = \frac{K_{o2}}{T_{o2}s + 1} \quad W_2(s) = K_2$$

$$W_v(s) = K_v \quad W_{m2}(s) = K_{m2}$$

经整理后可得

$$W'_{o2}(s) = \frac{K'_{o2}}{T'_{o2}s + 1} \tag{4-30}$$

式中，K'_{o2} 为等效过程的放大系数，$K'_{o2} = \dfrac{K_2 K_v K_{o2}}{1 + K_2 K_v K_{o2} K_{m2}}$；$T'_{o2}$ 为等效过程的时间常数，

$T'_{o2} = \dfrac{T_{o2}}{1 + K_2 K_v K_{o2} K_{m2}}$。将 $W_{o2}(s)$ 与 $W'_{o2}(s)$ 比较，知

$$\begin{cases} K'_{o2} < K_{o2} \\ T'_{o2} < T_{o2} \end{cases} \tag{4-31}$$

上述计算表明，在串级控制系统中由于副回路的存在，使等效副对象的时间常数 T'_{o2} 是副对象本身时间常数 T_{o2} 的 $1/(1 + K_{o2} K_2 K_v K_{m2})$。在 K_{o2}、K_v、K_{m2} 不变的情况下，随着副控制器放大系数 K_2 的增大，这种效果愈显著；$T'_{o2} < T_{o2}$ 意味着控制通道的缩短，从而使控制作用更加及时，响应速度更快，控制质量必然得到提高。另一方面，由于等效副对象放大系数 K'_{o2} 是原来对象放大系数的 $K_v K_2/(1 + K_{o2} K_2 K_v K_{m2})$，因此，串级控制系统中的主控制器的放大系数 K_{o1} 就可以整定得比单回路控制系统更大些，这对于提高控制系统的抗干扰能力也是有好处的。

2. 提高了系统的工作频率

由于副回路的存在，串级系统改善了过程特性，等效过程的时间常数减小了，从而提高了系统的工作频率，该工作频率可由系统的特征方程式求取。由图 4-22 可知，串级控制系统的特征方程为

$$1 + W_1(s) \frac{Y_2(s)}{X_2(s)} W_{o1}(s) W_{m1}(s) = 0 \tag{4-32}$$

设 $W_{o1}(s) = \dfrac{K_{o1}}{T_{o1}s + 1}$，$W_1(s) = K_1$，$W_{m1}(s) = K_{m1}$。副回路各环节的传递函数同上所述。将以上各传递函数代入式（4-32），可得

$$1 + K_1 \frac{K'_{o2} K_{o1}}{(T'_{o2}s + 1)(T_{o1}s + 1)} K_{m1} = 0$$

经整理得

$$s^2 + \frac{T_{o1} + T'_{o2}}{T_{o1} T'_{o2}} s + \frac{1 + K_1 K'_{o2} K_{o1} K_{m1}}{T_{o1} T'_{o2}} = 0 \tag{4-33}$$

令

$$\begin{cases} 2\zeta\omega_0 = \dfrac{T_{o1} + T'_{o2}}{T_{o1} T'_{o2}} \\ \omega_0^2 = \dfrac{1 + K_1 K'_{o2} K_{o1} K_{m1}}{T_{o2} T'_{o2}} \end{cases} \tag{4-34}$$

串级控制系统的特征方程式可写成如下标准形式：

$$s^2 + 2\zeta\omega_0 s + \omega_0^2 = 0 \tag{4-35}$$

式中，ζ 为串级控制系统的阻尼系数；ω_0 为串级控制系统的自然频率。

式(4-35)的特征根为

$$s_{1,2} = -\zeta\omega_0 \pm \omega_0\sqrt{\zeta^2 - 1} \tag{4-36}$$

从控制理论可知,串级控制系统特征方程式根的虚部,即为系统的工作频率,即

$$\omega_C = \omega_0\sqrt{1 - \zeta^2} = \frac{\sqrt{1 - \zeta^2}}{2\zeta} \frac{T_{o1} + T'_{o2}}{T_{o1}T'_{o2}} \tag{4-37}$$

同理,可求得单回路控制系统的工作频率为

$$\omega_D = \omega_0\sqrt{1 - \zeta'^2} = \frac{\sqrt{1 - \zeta'^2}}{2\zeta'} \frac{T_{o1} + T'_{o2}}{T_{o1}T'_{o2}} \tag{4-38}$$

如果通过调节器的参数整定,使串级控制系统与单回路控制系统具有相同的阻尼系数,即 $\zeta = \zeta'$,则

$$\frac{\omega_C}{\omega_D} = \frac{1 + \dfrac{T_{o1}}{T'_{o2}}}{1 + \dfrac{T_{o1}}{T_{o2}}} \tag{4-39}$$

由于 $T_{o1}/T'_{o2} > T_{o1}/T_{o2}$,所以 $\omega_C > \omega_D$。可见,当主、副过程都是一阶惯性环节,主、副控制器均采用比例作用时,串级控制系统由于副回路改善了对象的特性,从而使整个系统的工作频率比单回路系统的工作频率有所提高。由图 4-23 可知,当主、副过程的特性(T_{o1}/T_{o2})已定,副调节器的放大系数 K_2 越大,则串级系统工作频率越高;而当 K_2 已定,工作频率将随 T_{o1}/T_{o2} 的增大而增大。串级控制系统工作频率的提高,可使振荡周期缩短,从而改善了系统的控制质量。

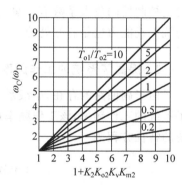

图 4-23 工作频率比较图

3. 具有较强的抗干扰能力

在一个自动控制系统中,由于控制器的放大系数值决定了这个系统对偏差信号的敏感程度,因此,也就在一定程度上反映了这个系统的抗干扰能力。如图 4-24 所示,当扰动 $F_2(s)$ 作用于副回路时,首先影响副参数,其扰动对副参数的传递函数为

$$W'_{o2}(s) = \frac{Y_2(s)}{F_2(s)} = \frac{W_v(s)W_{o2}(s)}{1 + W_2(s)W_v(s)W_{o2}(s)W_{m2}(s)} \tag{4-40}$$

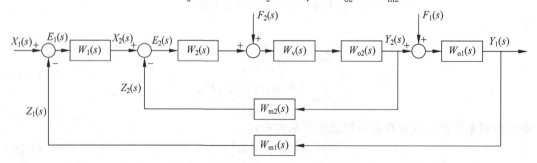

图 4-24 串级控制系统的结构框图

为便于分析,可将图 4-24 等效为图 4-25。在扰动 $F_2(s)$ 的作用下,副参数的变化又通过主过程影响主参数,其闭环传递函数为

$$\frac{Y_1(s)}{F_2(s)} = \frac{W'_{o2}(s)W_{o1}(s)}{1 + W_1(s)W_2(s)W'_{o2}(s)W_{o1}(s)W_{m1}(s)} \tag{4-41}$$

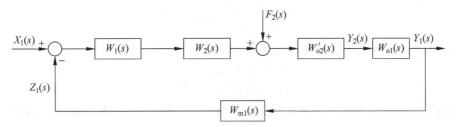

图 4-25 串级控制系统的等效图

当系统在设定值信号作用下,其闭环传递函数为

$$\frac{Y_1(s)}{X_1(s)} = \frac{W_1(s)W_2(s)W'_{o2}(s)W_{o1}(s)}{1 + W_1(s)W_2(s)W'_{o2}(s)W_{o1}(s)W_{m1}(s)} \tag{4-42}$$

对于一个过程控制系统来说,当其在设定信号作用下(随动系统),其输出量能复现输入量的变化,即 $Y_1(s)/X_1(s)$ 越接近于 1,则系统的控制质量越好;当系统在扰动作用下,控制作用能迅速抑制扰动的影响,使被控量稳定在给定值上,即 $Y_1(s)/F_2(s)$ 越接近于零,则系统的控制质量越好,抗扰动的能力就越强。对于图 4-24 所示系统,综合考虑上述两种情况。

其抗扰动能力可表示为

$$\frac{Y_1(s)/X_1(s)}{Y_1(s)/F_2(s)} = W_1(s)W_2(s) \tag{4-43}$$

在串级控制系统中,若主、副调节器均采用比例作用,其比例系数分别为 K_1、K_2,则式(4-43)可写成

$$\frac{Y_1(s)/X_1(s)}{Y_1(s)/F_2(s)} = K_1 K_2 \tag{4-44}$$

上式表明,在串级控制系统中,主、副调节器放大系数的乘积越大,则系统的抗扰动能力越强,控制质量越好。

为了进行比较,用同样方法来分析在相同条件下单回路控制系统的抗扰动能力。

如图 4-26 所示为单回路控制系统方框图,在扰动作用下,系统闭环传递函数为

$$\frac{Y_1(s)}{F_2(s)} = \frac{W_v(s)W_{o2}(s)W_{o1}(s)}{1 + W'(s)W_v(s)W_{o2}(s)W_{o1}W_{m1}(s)} \tag{4-45}$$

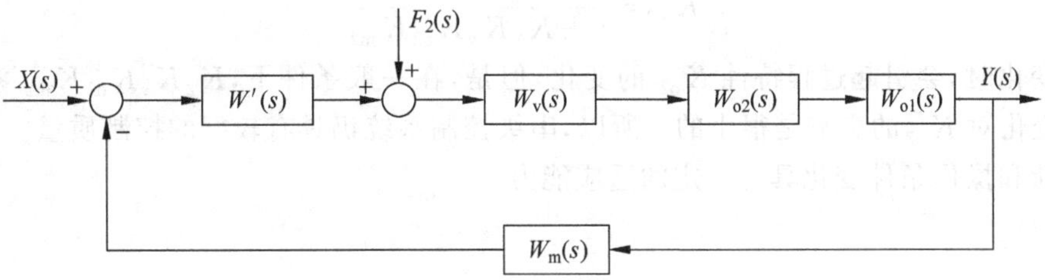

图 4-26 单回路控制系统方框图

在设定值信号作用下，系统闭环传递函为

$$\frac{Y_1(s)}{X_1(s)} = \frac{W'(s)W_v(s)W_{o2}W_{o1}(s)}{1 + W'(s)W_v(s)W_{o2}(s)W_{o1}(s)W_{m1}(s)} \qquad (4\text{-}46)$$

其抗扰动能力为

$$\frac{Y_1(s)/X_1(s)}{Y_1(s)/F_2(s)} = W'(s) \qquad (4\text{-}47)$$

若调节器 $W'(s)$ 采用比例作用，其放大系数为 K'，则上式可写成

$$\frac{Y_1(s)/X_1(s)}{Y_1(s)/F_2(s)} = K' \qquad (4\text{-}48)$$

同理，若单回路控制系统调节器的比例放大系数越大，则其抗扰动能力也越强，系统的控制质量也越好。

比较式（4-44）和式（4-48），在一般情况下有

$$K_1 K_2 > K' \qquad (4\text{-}49)$$

由上可知，串级控制系统由于存在副回路，控制作用的总放大系数增大了，因此，抗扰动能力比单回路控制系统强，提高了控制质量。这一点是较容易理解的，因为与单回路系统相比，串级控制系统多了一个副回路，只要扰动由副回路引入，不等它影响到主参数，副回路立刻进行调节，这样，该扰动对主参数的影响就会大大减小，从而提高了主参数的控制质量，所以说串级控制系统具有较强的抗扰动能力。

4. 具有一定的适应能力

在单回路控制系统中，控制器的参数是在一定的负荷即一定的工作点下，按一定的质量指标要求整定得到的，也就是说，一定的控制器参数只能适应于一定的负荷。如果对象具有非线性，随着负荷的变化，工作点就会移动，对象特性就会发生改变，原先基于一定负荷整定的那套控制器参数就不再适应了，控制质量随之下降。

但是，在串级控制系统中，主回路虽然是一个定值控制系统，而副回路却是一个随动系统，它的设定值是随主控制器的输出而变化的。这样，主控制器就可以按照操作条件和负荷变化相应地调整副控制器的设定值，具有一定的自适应能力，从而保证在负荷和操作条件发生变化的情况下，控制系统仍然具有较好的控制质量。

另外，过程控制系统的调节器参数，一般是根据过程特性和质量指标要求来整定的。若过程含有非线性，则随负荷变化，过程特性也将发生变化。此时，调节器参数应该重新整定。否则，控制质量将会下降。而串级控制系统依靠其副回路，使之具有一定的自适应能力。

再有，从串级控制系统等效过程放大系数 K'_{o2} 来看，即

$$K'_{o2} = \frac{K_2 K_v K_{o2}}{1 + K_2 K_v K_{o2} K_{m2}} \qquad (4\text{-}50)$$

当负荷变化时，会引起过程特性 K_{o2} 的变化，但是，在一般条件下，$K_2 K_v K_{o2} K_{m2} \gg 1$，因而 K_{o2} 的变化对 K'_{o2} 的影响是很小的。所以，串级控制系统仍具有较好的控制质量。可见，系统对负荷和操作条件变化具有一定的适应能力。

4.2.3　串级控制系统的设计

一般来说,一个结构合理的串级控制系统,当干扰从副回路进入时,其最大偏差将是单回路控制系统的 $1/10\sim1/100$,当干扰从主过程进入时,串级控制系统仍比单回路控制系统优越,最大偏差仍能缩小到 $1/3\sim1/5$。可见,只有合理地设计串级控制系统,才能使它的优越性得到充分发挥。串级控制系统设计包括主、副回路的设计,主、副调节器控制规律的选择及其正、反作用方式的确定。

1. 主回路的设计

主回路的选择就是确定主被控参数(又称主变量)。一般情况下,主变量的选择原则与单回路控制系统被控量的选择原则是一致的,即凡能够直接或间接地反映生产过程质量或者安全性能的参数都可被选用为主变量。由于串级控制系统副环的超前作用,使得工艺过程比较稳定,因此,在一定程度上允许主变量有一定的滞后,这就为直接以质量指标为主变量提供了一定的方便。具体的选择原则主要有:用质量指标作为被控量最直接也最有效,在条件许可时可选它做主变量,当不能选用质量指标做主变量时,应选择一个与产品质量有单值对应关系的参数作为主变量;所选的主变量必须具有足够的变化灵敏度;应考虑到工艺过程的合理性和实现的可能性。

2. 副回路的设计

副回路的选择即确定副变量。由于串级控制系统的种种特点主要来源于它的副环,因此副环的设计好坏决定串级控制系统设计的成败。在主变量确定之后,副变量的选择一般应遵循下面几个原则。

1) 副回路应包括尽可能多的主要干扰

前面分析已指出,串级控制系统的副回路具有动作速度快、抗干扰能力强的特点,要想使这些特点得以充分发挥,在设计串级控制系统时,应尽可能地把各种干扰纳入副回路,特别是把那些变化最剧烈、幅值最大、最频繁的主要干扰包括在副回路之内,由副回路把它们克服到最低程度,那么对主变量的影响就很小了,从而可提高控制质量,否则采用串级控制系统的意义就不大。如图 4-19 所示的以炉出口温度为主参数与炉膛温度为副参数的串级控制系统,其扰动有:被加热物料的流量和初温,燃料的流量和热值,炉膛抽力和环境温度等。在生产过程中如果燃料的流量和热值变化是主要扰动,上述控制方案是正确合理的。这样,在副回路中包括了主要扰动,而且还包括被加热物料和初温、炉膛抽力变化等更多个扰动。当然,并不是说在副回路中包括的扰动愈多愈好,因为包括的扰动愈多,其通道就愈长,时间常数就愈大,这样副回路就会失去快速克服扰动的作用。所以必须结合具体情况进行设计。

2) 应使主、副过程的时间常数适当匹配

由于时间常数的匹配是串级控制系统正常运行的主要条件,是保证安全生产、防止共振的根本措施。所以,在选择副参数、进行副回路设计时,必须注意主、副过程的时间常数适当匹配问题。

当副过程的时间常数比主过程小得多时,副回路反应灵敏,控制作用快,但此时副回路包含的扰动少,对于过程特性的改善也就少了;相反,当副过程的时间常数大于或接近于主过程的时间常数时,副回路对于改善过程特性的效果较显著。但是,副回路反应较迟钝,不能及时有效地克服扰动,并将明显地影响主参数。当主、副过程的时间常数较接近时,主、副回路间的动态联系十分密切,当一个参数发生振荡时,会使另一个参数也产生振荡,这就是所谓的"共振",它不利于生产的正常进行。串级控制系统主、副过程时间常数的匹配是一个比较复杂的问题。原则上,主副过程时间常数之比应在3~10范围内。在实际应用中,主副过程时间常数之比究竟取多大为好,应根据具体对象的情况和所希望达到的目的要求而定。如果设置串级控制系统的目的主要是利用副环快速和抗干扰能力强的特点去克服对象的主要干扰,那么副环时间常数就以小一点为好,只要能够准确地将主要干扰纳入副回路即可。如果设置串级控制系统的目的是由于对象时间常数过大和滞后严重,希望利用副环改善对象特性,那么副环时间常数可以取得适当大一些。如果想利用串级控制系统克服对象的非线性,那么主、副对象的时间常数之比应大些。

3) 副回路的设计应考虑工艺上的合理性

过程控制系统是为工业生产服务的,设计串级控制系统首先要考虑到生产工艺的要求,考虑所设置的系统会不会影响到工艺系统的正常运行,注意系统的控制参数必定是先影响副参数,再去影响主参数的串联对应关系,然后再考虑其他方面的要求,否则将无法达到控制目的,甚至影响正常生产。

4) 注意生产上的经济性

在副回路的设计中,应把经济原则和控制质量要求结合起来,在可选方案中采用最优的设计。图4-27和图4-28所示为两个同类型的冷却器,都以被冷却气体的出口温度为主变量,但两个串级控制系统副回路的设计方案却各不相同。从控制的角度看,图4-28以压力为副参数肯定比图4-27以液位为副参数的方案要灵敏得多。但是,如从经济原则来考虑,以丙烯液面为副变量比以气丙烯压力为副变量的方案经济性要好。因为一方面后者仍然需要一套液面控制系统,使方案实施的基本投资提高了;另一方面要做到后者比前者控制质量好,在冷冻机入口压力相同的情况下,必须保证它的蒸发压力比前者高一些才能有一定的控制范围,这就导致了冷却剂的作用不能充分发挥,使生产耗费增加。因此,只要以液位为副变量的串级控制方案能基本上满足工艺要求的话,就应尽可能地采用它。

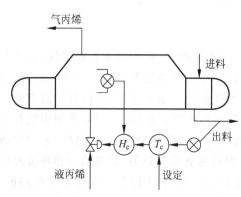

图4-27　冷却器出口温度与液位串级控制系统原理图

当然,上述一些问题,并不是在所有情况下都适用,更不是每个控制系统都必须全面符合这些原则。应针对不同的问题作具体分析,以解决主要矛盾为宜。

串级控制系统中,操纵量的选择原则与单回路控制系统基本相同,可参照单回路控制系统操纵量的选择方法进行。

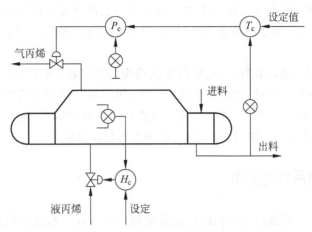

图 4-28　冷却器出口温度与蒸发压力串级控制系统原理图

3. 主、副调节器控制规律的选择

在串级控制系统中,由于主、副调节器所起的作用是不同的,所以,其控制规律的选择也不同。主调节器起定值控制作用,副调节器起随动控制作用,这是选择控制规律的基本出发点。

主参数是工艺操作的主要指标,通常对其控制质量要求很高,允许波动的范围很小,一般要求无余差,因此,主调节器应选 PI 或 PID 控制规律。副参数的设置是为了保证主参数的控制质量,可以允许在一定范围内变化,允许有余差,因此副调节器只要选 P 控制规律就可以了,一般不引入积分控制规律。因为副参数允许有余差,而且副调节器的放大系数较大,控制作用强,余差小,若采用积分规律,会延长控制过程,减弱副回路的快速作用。一般也不引入微分控制规律,因为副回路本身起着快速作用,再引入微分规律会使调节阀动作过大,对控制不利。

4. 主、副调节器正、反作用方式的确定

主、副调节器正、反作用方式能否正确选择是确保串级控制系统能否正常运行、能否满足生产工艺要求的重要问题。在具体选择时,首先根据工艺生产安全等原则选择调节阀的气开、气关形式;然后根据副对象特性和调节阀形式确定副调节器的正、反作用方式;最后再根据主对象特性,确定主调节器的正、反作用方式。

正如单回路控制系统设计中所述,要使一个过程控制系统能正常工作,系统必须为负反馈。对于串级控制系统来说,主、副调节器正、反作用方式的选择原则是使整个控制系统构成负反馈系统。即其主通道各环节放大系数极性乘积必须为正值。各环节放大系数极性的规定与单回路系统设计中相同。下面以图 4-19 所示炉出口温度与炉膛温度串级控制系统为例,说明主、副调节器正、反作用方式的确定。

从生产工艺安全出发,燃料油调节阀选用气开式,即一旦调节器损坏,调节阀处于全关状态,以切断燃料油进入加热炉,确保其设备安全,故调节阀 K_v 为正。当调节阀开度增大,燃料油增加,炉膛温度升高,故副过程 K_{o2} 为正。为了保证副回路为负反馈,则副调节器的

放大系数 K_2 应取正,即为反作用调节器。由于炉膛温度升高,则炉出口温度也升高,故主过程 K_{o1} 为正。为保证整个回路为负反馈,主调节器的放大系数 K_1 应为正,即为反作用调节器。

串级控制系统主、副调节器正、反作用方式确定是否正确,可作如下校验:以管式加热炉为例,当炉出口温度升高时,主调节器输出减小,即副调节器的给定值减小,因此,副调节器输出减小,使调节阀开度减小。这样,进入加热炉的燃料油减小,从而使炉膛温度和炉出口温度降低。由此可见,主、副调节器正、反作用方式是正确的。

4.2.4　串级控制系统的应用

由上所述,串级控制系统与单回路控制系统相比具有许多特点,其控制质量较高,但是所用仪表较多,投资较高,调节器参数整定较复杂。所以在工业应用中,凡用单回路控制系统能满足生产要求,就不要用串级控制系统。事物总是一分为二的,串级控制有时效果显著,有时效果并不一定理想,并不是任何场合都适用的。串级控制系统只有在下列情况下使用,才能充分发挥其优势。

1. 用于克服被控过程较大的容量滞后

在现代工业生产过程中,许多以温度或质量参数等作为被控参数的过程,其容量滞后往往较大,控制要求又较高,若采用单回路控制系统,其控制质量不能满足生产要求。因此,可以选用串级控制系统,以充分利用其改善过程的动态特性、提高其工作频率的特点。为此,可选择一个滞后较小的副参数,组成一个快速动作的副回路,以减小等效过程的时间常数,加快响应速度,从而取得较好的控制质量。但是,在设计和应用串级控制系统时要注意:副回路时间常数不宜过小,以防止包括的扰动太少;但也不宜过大,以防止产生共振。

例如,图 4-19 所示的加热炉,由于主过程时间常数为 15min,扰动因素多,为了提高控制质量,选择时间常数和滞后较小的炉膛温度为副参数,构成炉出口温度对炉膛温度的串级控制系统,运用使等效过程时间常数减小和副回路的快速作用,有效地提高控制质量,满足生产工艺要求。

2. 用于克服被控过程的纯滞后

一般工业过程都具有一定的纯滞后时间,当被控对象纯滞后时间较长时,用单回路系统往往满足不了对控制质量的要求,这时可采用串级控制系统。就是在离控制阀比较近、纯滞后时间较小的地方选择一个副变量,把干扰纳入副回路中。这样就可以在干扰作用影响主变量之前,及时地在副变量上得到反映,由副控制器及时采取措施来克服二次干扰的影响。由于副回路通道短,滞后小,控制作用及时,因而使超调量减小、过渡过程周期缩短、控制质量提高。这里需要指出,利用副回路的超前作用来克服对象的纯滞后仅仅是对二次干扰而言的。当干扰从主回路进入时,这一优越性就不存在了,这是因为一次干扰不直接影响副变量,只有当主变量改变以后,控制作用通过较大的纯滞后才能对主变量起控制作用。

某造纸厂网前箱的温度控制系统如图 4-29 所示,纸浆用泵从储槽送至混合器,在混合器内用蒸气加热至 72℃ 左右,经过立筛、圆筛除去杂质后送到网前箱,再去铜网脱水。为了保证纸张质量,工艺要求网前箱温度保持 61℃ 左右,允许偏差不得超过 1℃。若用单回路控制系统,由于从混合器到网前箱纯滞后达 90s,当纸浆流量波动 35kg/min 时,温度最大偏差达 8.5℃,过渡过程时间达 450s。控制质量差,不能满足工艺要求。为了克服这个 90s 的纯滞后,在调节阀较近处选择混合器温度为副参数,网前箱出口温度为主参数,构成串级控制系统,把纸浆流量波动 35kg/min 的主要扰动包括在副回路中。当其波动时,网前箱温度最大偏差未超过 1℃,过渡过程时间为 200s,完全满足工艺要求。

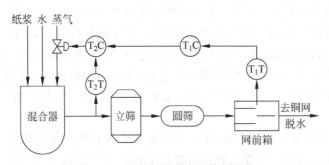

图 4-29　网前箱温度串级控制系统

3. 用于抑制变化剧烈而且幅度大的扰动

如上所述,系统对二次干扰具有很强的克服能力。基于这一特点只要在设计时把这种变化剧烈和幅值大的干扰包含在副回路中,并把副控制器的放大系数整定得比较大,就会使系统抗干扰能力大大提高,从而把干扰对主变量的影响减小到最低的程度。

精馏塔是化工生产过程中的常用工艺设备。对于多组分混合物,利用其各组分不同的挥发度进行精馏操作,可以将其分离成较纯组分的产品。温度是保证产品分离质量的重要工艺指标,需对其实现自动控制。生产工艺要求塔釜温度控制在 ±1.5℃ 范围里,在实际生产过程中,蒸气压力变化剧烈且幅度大,有时压力变化近 40%。如此大的扰动作用,若采用单回路控制系统,调节器的比例放大系数调到 1.3,塔釜温度最大偏差为 10℃,不能满足生产工艺要求。若采用图 4-30 所示的以蒸气流量为副参数、塔釜温度为主参数的串级控制系统,把蒸气压力变化这个主要扰动包括在副回路中,充分运用对于进入串级副回路的扰动具有较强抑制能力的特点,将副调节器的比例放大系数调到 5。实际运行表明,塔釜温度的最大偏差未超过 1.5℃,完全满足了生产工艺要求。

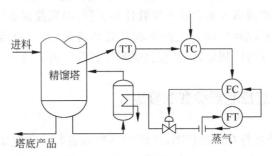

图 4-30　温度与流量串级控制

4. 用于克服被控过程的非线性

通常工业过程都有一定的非线性,负荷变化会引起工作点的移动,即对象特性发生变化。当负荷比较稳定时,这种变化不大,因此可以不考虑非线性的影响,可使用单回路控制系统。但当负荷变化较大且频繁时,就要考虑它所造成的影响了。因负荷变化频繁,显然用重新整定控制器参数来保证稳定性是行不通的。虽然可通过选择控制阀的特性来补偿,使整个广义对象具有线性特性,但常常受到控制阀品种等各种条件的限制,这种补偿也是很不完全的。有效的办法是利用串级控制系统对操作条件和负荷变化具有一定自适应性的特点,将具有较大非线性的部分对象包括在副回路之中,当负荷变化引起工作点移动时,由主控制器的输出自动地重新设置副控制器的设定值,继而由副控制器的控制作用来改变控制阀门的开度。虽然这样会使副回路的递减比有所改变,但它的变化对整个控制系统的稳定性影响较小。

图4-31为醋酸乙炔合成反应器,其中部温度是确保合成气质量的重要参数,在工艺上要求对其进行严格的控制。但在它的控制通道中包括了两个热交换器和一个合成反应器,当醋酸和乙炔混合气流量发生变化时,换热器的出口温度随着负荷的减小而显著地增高,并呈明显的非线性变化。如果选择换热器出口温度为副变量,反应器中部温度为主变量,构成温度与温度的串级控制系统,由于将具有非线性特性的换热器包括在副回路中,其控制质量就有极大的提高。

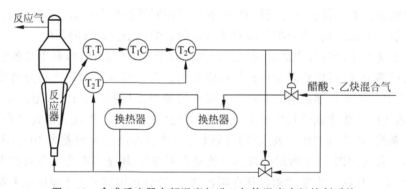

图4-31 合成反应器中部温度与进口气体温度串级控制系统

综上所述,串级控制系统的适用范围比较广泛,尤其是在对象滞后较大,负荷和干扰变化比较剧烈的情况下,单回路控制系统不能胜任的工作,串级控制系统则显示出了它的优越性。但是,在具体设计系统时应结合生产要求及具体情况,合理地运用串级控制系统的优势。否则,不仅达不到好的控制效果,甚至会引起控制系统的失败。

4.2.5 串级控制系统控制器参数的整定

为使串级控制系统运行在最佳状态,必须对其参数进行正确整定。串级控制系统有主环和副环两个回路,也就有主、副两个控制器,其中任一控制器的任一参数值发生变化,对整个串级系统都有影响。因此,串级控制系统控制器的参数整定比单回路控制系统要复杂一些。但整定的实质却是相同的,这就是通过改变控制器的参数,来改善控制系统的静、动态特性,以获得最佳的控制质量。

串级控制系统从主回路来看,是一个定值控制系统,因而其控制质量指标和单回路定值控制系统是一样的。从副回路来看,它是一个随动系统,一般讲,对它的控制质量要求不高,只要能准确、快速地跟随主控制器的输出而变化就行了。两个控制回路完成任务的侧重点不同,对控制质量要求也就往往不同,因此必须根据各自完成的任务和质量要求去确定主、副控制器的参数。串级控制系统控制器参数整定的方法,常用的有逐步逼近法、两步法和一步法三种,下面对这三种方法的步骤、特点及使用中应该注意的问题作一介绍。

1. 逐步逼近法

在串级控制系统中,当主、副过程的时间常数相差不大,主、副回路的动态联系较密切时,则系统整定可以反复进行,逐步逼近。所谓逐步逼近法,就是先在主环断开的情况下,求其副控制器的整定参数,然后将副控制器参数放在所求得的数值上,再使主回路闭合起来求取主控制器的整定参数。之后,将主控制器参数放在所求的参数值上,再行整定,求出第二次副控制器的整定参数。比较两次整定的参数及控制质量,如果满意了,整定工作就此结束。如不满意,再以此法求取第二次主控制器的整定参数值。如此循环下去,直至求得合适的整定参数值。显然,每循环一次,其整定参数就与最佳参数接近一步,故称为逐步逼近法。

具体整定步骤如下:

(1) 主回路断开,把副回路作为一个单回路控制系统,并按单回路控制系统的参数整定法(如衰减曲线法),求取副调节器的整定参数值 $[W_2(s)]^1$。

(2) 副调节器参数值置于 $[W_2(s)]^1$ 数值上,把主回路闭合,副回路作为一个等效环节,这样,主回路又成为一个单回路控制系统。再按单回路衰减曲线整定方法,求取主调节器的整定参数值 $[W_1(s)]^1$。

(3) 主调节器参数置于 $[W_1(s)]^1$ 上,主回路闭合,再按上述方法求取副调节器的整定参数值 $[W_2(s)]^2$。至此,完成了一次逼近循环。若控制质量已达到工艺要求,整定即告结束。主、副调节器的整定参数值分别为 $[W_1(s)]^1$ 和 $[W_2(s)]^2$。否则,将副调节器的参数置于 $[W_2(s)]^2$ 上,再按上述方法求取主调节器整定参数值 $[W_1(s)]^2$。如此循环下去,逐步逼近,直到满意的质量指标要求达到为止。

逐步逼近法对于不同的过程控制系统和不同的品质指标要求,其逼近的循环次数是不同的,特别是在副控制器采用 PI 作用时,往往费时较多。

2. 两步整定法

所谓两步整定法,就是根据串级控制系统分为主,副两个闭合回路的实际情况,分两步进行。第一步,整定副控制器参数;第二步,把已整定好的副控制器视为串级控制系统的一个环节,对主控制器参数进行整定。

两步整定法依据于下述两个实际情况。其一,一个设计正确的串级控制系统,主、副对象的时间常数应适当匹配,一般要求 $T_{o1}/T_{o2}=3\sim10$。这样,主、副回路的工作频率和操作周期就大不相同,主回路的工作周期远大于副回路的工作周期,从而使主、副回路间的动态联系很小,甚至可以忽略。因此,当副控制器参数整定好之后,可视它为主回路的一个环节,按单回路系统的方法整定主控制器参数,而不再考虑主控制器参数变化会反过来对副环的影响。其二,一般工业生产中,对主变量的控制要求很高、很严,而对副变量的控制要求较低。在多数情况下,副变量设置的目的是进一步提高主变量的控制质量。因此,当副控制器参数整定好之后,再整定主控制器参数时,虽然会影响副变量的控制质量,但是,只要主变量通过主控制器的参数整定保证了控制质量,副变量的质量牺牲一点也是允许的。

两步整定法的整定步骤:

(1) 在工况稳定、主回路闭合,主、副调节器都在纯比例作用的条件下,主调节器的比例度置于100%,用单回路控制系统的衰减(如4:1)曲线法整定,求取副调节器的比例度 δ_{2s} 和操作周期 T_{2s}。

(2) 将副调节器的比例度置于所求得的数值 δ_{2s} 上,把副回路作为主回路中的一个环节,用同样方法整定主回路,求取主调节器的比例度 δ_{1s} 和操作周期 T_{1s}。

(3) 根据求得的 δ_{1s}、T_{1s};δ_{2s}、T_{2s} 数值,按单回路系统衰减曲线法整定公式计算主、副调节器的比例度 δ、积分时间常数 T_I 和微分时间常数 T_D 的数值。

(4) 按先副后主、先比例后积分最后微分的整定程序,设置主、副调节器的参数,再观察过渡过程曲线,必要时进行适当调整,直到系统质量达到最佳为止。

下面举例说明两步整定法的应用。

在硝酸生产过程中,有一个氧化炉温度与氨气流量的串级控制系统。炉温为主参数,工艺要求较高,温度最大偏差不能超过 ±5℃,氨气流量为副参数,允许在一定范围内变化,要求不高。系统调节器参数采用两步整定法,其过程如下:

(1) 在系统设计时,主调节器选用 PI 控制规律,副调节器选用 P 控制规律。在系统稳定运行条件下,主、副调节器均置于纯比例作用,主调节器的比例度 δ 置于100%上,用 4:1 衰减曲线法整定副调节器参数,得 $\delta_{2s}=32\%$,$T_{2s}=15s$。

(2) 将副调节器的比例度置于32%上,用相同的整定方法,将主调节器的比例度由大到小逐渐调节,求得主调节器的 $\delta_{1s}=50\%$,$T_1=7min$。

(3) 根据上述求得的各参数,运用 4:1 衰减曲线法整定计算公式,计算主、副调节器的整定参数:主调节器(温度调节器)比例度 $\delta_1=1.2\times\delta_{1s}=60\%$;积分时间常数 $T_1=0.5\times T_{1s}=3.5min$;副调节器(流量调节器)比例度 $\delta_2=\delta_{2s}=32\%$。

(4) 把上述计算的参数,按先比例后积分的次序,分别设置在主、副调节器上,并使串级控制系统在该参数下运行。经实际运行表明,氧化炉温度稳定,完全满足生产工艺要求。

3. 一步整定法

两步法需要寻求两个 4:1 的衰减过程,较为费时。通过实践证明可以对两步法进行简化,于是就出现了更为简便的一步整定法。所谓一步整定法就是根据经验先将副控制器参数一次设定好,不再变动。然后按一般单回路系统的整定方法直接整定主控制器参数。

一步整定法的依据是:一般来说,在串级系统中主变量是工艺的主要操作指标,直接关系到产品的质量,因此,对它要求比较严格。而副变量的设立主要是为了提高主变量的控制质量,对副变量本身没有很高的要求,允许它在一定范围内变化。因此,在整定时不必将过多的精力放在副环上,只要主变量达到规定的质量指标要求即可。此外,对于一个具体的串级系统来说,在一定范围内,主、副控制器的放大倍数是可以互相匹配的,只要主、副控制器的放大倍数 K_1 与 K_2 的乘积等于 K_s(K_s 为主变量呈 4∶1 衰减振荡时的控制器比例放大倍数),系统就能产生 4∶1 衰减过程(下面的分析中可以进一步证明)。虽然按照经验一次放上的副控制器参数不一定合适,但可以通过调整主控制器放大倍数来进行补偿,结果仍然可使主变量呈 4∶1 衰减。

经验证明,这种整定方法适用于主变量精度要求较高,而对副变量没有什么要求或要求不严,允许它在一定范围内变化的串级控制系统。一步法的整定步骤如下:

(1) 由副对象的 K_{o2} 或根据副变量的类型,由表 4-10 选择一个合适的副控制器放大系数 K_2,按纯比例作用设置在副控制器上。

表 4-10　副控制器参数匹配范围

副变量	放大系数 K_2	比例度 δ_2	副变量	放大系数 K_2	比例度 δ_2
温度	5~1.7	20%~60%	流量	2.5~1.25	40%~80%
压力	3~1.4	30%~70%	液位	5~1.25	20%~80%

(2) 将串级控制系统投入运行,然后按单回路控制系统参数整定方法,整定主控制器的参数。观察控制过程,根据 K 值匹配原理,适当调整控制器参数,直到主变量控制质量最好。

(3) 如果在整定过程中出现"共振",只需加大主、副控制器任一比例度值就可以消除。如果共振太剧烈,可先切换到手动,待生产稳定后,重新投运,重新整定。

下面举例说明一步法的应用。

某化工厂在石油裂解气冷却系统中,通过液态丙烯的气化来吸收热量,以保持裂解气出口温度的稳定。为此,设置了一套裂解气出口温度与丙烯蒸发压力串级控制系统,如图 4-28 所示。对此系统采用一步整定法:

(1) 副变量是压力,反应快、滞后小,因此,可以在经验范围 $\delta_2=30\%\sim70\%$ 中,取 δ_2 为 40%。

(2) 将副控制器的比例度放在 40% 刻度上,$T_I=\infty$,$T_D=0$,在串级运行状态下,按照 4∶1 衰减过程整定主控制器参数得到 $\delta_{1s}=30\%$,$T_{1s}=3\text{min}$。

(3) 按 4∶1 衰减法的经验公式,计算主控制器的整定参数

$$\delta_1=0.8\times\delta_{1s}=24\%$$

$$T_{I1}=T_{1s}\times0.3=0.9\text{min}$$

$$T_{D1}=T_{1s}\times0.1=0.3\text{min}$$

(4) 按照先 P 次 I 后 D 的顺序,设置主控制器的参数值,使系统串级运行。在 3% 的设定值变化作用下,控制过程呈 4∶1 衰减,其超调量为 1.5℃,过渡过程时间为 2min,完全满足生产工艺的要求。

4.3　前馈控制系统

4.3.1　概述

前馈控制系统是自 20 世纪 60 年代迅速发展起来的一种独立的控制方法,在工程上越

来越受到人们的重视。随着计算机技术的蓬勃发展,前馈控制将更具有广阔的应用前景。

前面讨论的几种反馈控制系统方案都是按偏差大小进行控制的反馈控制系统。共同的特点是在被控对象受到干扰作用后,必须在被控量出现偏差时,控制器才产生控制作用以补偿干扰对被控量的影响。由于被控对象总存在一定的纯滞后和容量滞后,因而,从干扰产生到被控量发生变化需要一定的时间;从偏差产生到控制器产生控制作用以及操纵量改变到被控量发生变化又需要一定的时间。可见,这种反馈控制方案的本身决定了无法将干扰克服在被控量偏离设定值之前,从而限制了这种控制方案控制品质的进一步提高。

偏差产生的直接原因是干扰作用的结果,如果能直接按扰动而不是按偏差进行控制,即干扰一出现,控制器就直接根据测到的干扰大小和方向,按一定规律去进行控制。由于干扰发生后,在被控量还未显示出变化之前,控制器就产生了控制作用,这在理论上就可以把偏差彻底消除。按照这种理论而构成的控制系统就称为前馈控制系统。显然,前馈控制对于干扰的克服要比反馈控制系统及时得多。

例如,一个精馏塔在进料流量波动时,将影响塔顶产品成分的变化。如果在塔顶成分还未变化前,就根据进料流量变化的方向及人小对塔顶回流量或塔底再沸腾器的蒸气量进行控制,当这个控制量在数值上及时间上均配合得恰到好处时,则可以使塔顶产品的成分保持不变,起码可以大大减小塔顶成分的波动。这就是按扰动进行提前控制的前馈控制方案。

1. 前馈控制系统与反馈控制系统的区别

前馈控制系统与反馈控制系统的主要差别是:第一,在于产生控制作用的依据不同。前馈控制系统检测的信号是干扰,按干扰的大小和方向产生相应的控制作用。而反馈控制系统检测的信号是被控量,按照被控量与设定值的偏差大小和方向产生相应的控制作用。第二,控制的效果不同。前馈控制作用及时,不必等到被控量出现偏差就产生了控制作用,因而在理论上可以实现对干扰的完全补偿,使被控量保持在设定值上。而反馈控制必须在被控量出现偏差之后,控制器才对操纵量进行调节以克服干扰的影响,控制作用很不及时,理论上不可能使被控量始终保持在设定值,它总要以被控量的偏差作为代价来补偿干扰的影响,亦即在整个控制系统中要做到无偏差,必须首先要有偏差。第三,实现的经济性和可能性不同。前馈控制必须对每一个干扰单独构成一个控制系统,才能克服所有干扰对被控量的影响,而反馈控制只用一个控制回路就可克服多个干扰。为了使系统具有同时克服多个干扰影响的能力,前馈控制系统常与反馈控制结合起来,构成所谓的前馈-反馈控制系统。第四,前馈控制是开环控制系统,不存在稳定性问题;反馈控制系统是闭环控制,必须考虑它的稳定性问题,而稳定性与控制精度又是互相矛盾的,因而限制了反馈控制系统控制精度的进一步提高。第五,反馈控制系统的控制规律通常为 P、PI、PD、PID 等典型规律,而前馈控制器的控制规律取决于被控对象的特性,通常控制规律比较复杂。由此可见,两类控制方法各有优缺点,必须因地制宜合理应用。例如,在精馏塔塔顶(塔底)产品成分的反馈控制系统中,任何扰动使得产品成分发生改变,反馈控制器都可以产生相应的控制作用来抑制扰动对产品成分的影响。但是,如果进料流量变化剧烈,则会导致产品成分的较大偏差,使得产品质量无法满足要求。为了解决这个问题,可以增加对精馏塔的进料流量反馈控制,但这要求前一工序和精馏塔之间要增加缓冲槽,同时进料流量的自动控制也会限制精馏塔的处理量,降低塔的处理能力。若要不限制精馏塔的处理量,又要克服进料流量变化对产品成分的影响,可以采用进料流量前馈控制方法,但是当其他扰动使得产品成分发生变化时,该前馈控制系统无能为力。因此,在实际的生产过程中,通常将反馈控制和前馈控制结合起来,以提高控制系统的控制质量。

2. 前馈控制器

1)不变性的基本概念

"不变性"是指控制系统的被控量与扰动量完全无关,或在一定准确度下无关。它是实现前馈控制的理论基础。然而进入控制系统中的扰动必然通过被控对象的内部联系,使被控量发生偏离其给定值的变化。而不变性原理是通过前馈控制器的校正作用,消除扰动对被控量的这种影响。对于任何一个系统,总是希望被控量受扰动的影响越小越好。在图 4-32 所示的系统中,扰动量 $f(t)$ 是系统的输入参数,被控量 $y(t)$ 是系统的输出参数。

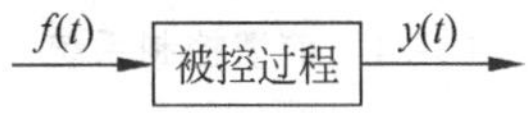

图 4-32 干扰输入下的系统

当 $f(t) \neq 0$ 时,该系统的不变性定义为

$$\Delta y(t) \equiv 0 \tag{4-51}$$

即被控量 $y(t)$ 与扰动量 $f(t)$ 无关。

按照控制系统输出参数与输入参数的不变性程度,存在着以下几种不变性类型。

(1)绝对不变性。所谓绝对不变性是指系统在扰动量 $f(t)$ 的作用下,被控参数 $y(t)$ 在整个过渡过程中始终保持不变。即控制过程的动态偏差和静态偏差均等于零。其过程原理如图 4-33 所示。图中,$y_1(t)$ 为扰动引起被控参数的变化;$y_2(t)$ 为前馈作用对被控参数的影响;$y(t)$ 为被控参数的实际变化。

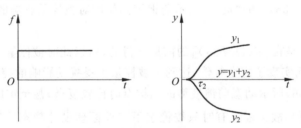

图 4-33 前馈控制的绝对不变性补偿作用示意图

(2)ε 不变性。ε 不变性实质上是准确度为 ε 的不变性,即近似的绝对不变性。ε 不变性系统是指系统在扰动量 $f(t)$ 的作用下,被控量 $y(t)$ 的偏差小于一个很小的 ε 值,即

$$|y(t)| < \varepsilon \quad (f(t) \neq 0) \tag{4-52}$$

ε 不变性在工程上具有现实意义。对于大量工程上应用的前馈或前馈-反馈控制系统,由于实际补偿器的模型与理想补偿器的模型间存在误差以及测量变送装置精度的限制,有时难以实现绝对不变性控制。因此,总是按照工艺上的要求提出一个允许的偏差 ε 值,依次进行 ε 不变性系统设计。这种 ε 不变性系统由于适合于工程领域的实际要求,故而获得迅速的发展和广泛的应用。

(3)稳态不变性。稳态不变性是指系统在稳态工况下被控量与扰动无关。即系统在扰动量 $f(t)$ 作用下,虽然被控量 $y(t)$ 的动态偏差不为零,但其静态偏差 $\Delta y(\infty)$ 恒为零,即

$$\lim_{t \to \infty} \Delta y(t) = 0 \quad (f(t) \neq 0) \tag{4-53}$$

静态前馈系统就属于这种稳态不变性系统。工程上常将 ε 不变性与稳态不变性结合起来应用,这样构成的系统既能消除静态偏差,又能满足工艺上对动态偏差的要求。

2) 前馈控制器

不变性原理是前馈控制器的设计依据。作为一个前馈控制系统,在扰动发生后,必将经

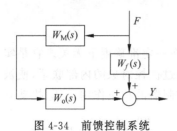

图 4-34 前馈控制系统

过过程的扰动通道引起被控量的变化,同时,前馈控制器根据扰动的性质及大小对过程的控制通道施加控制,使被控量发生与前者相反的变化,以抵消扰动对被控量的影响。前馈控制系统框图如图 4-34 所示,其余补偿过程见图 4-33。图中,$W_M(s)$ 为前馈控制器;$W_f(s)$ 为过程扰动通道传递函数;$W_o(s)$ 为过程控制通道传递函数;F 为系统可测不可控扰动;Y 为被控参数。由图 4-34 知

$$Y(s) = W_f(s)F(s) + W_M(s)W_o(s)F(s) \tag{4-54}$$

故

$$\frac{Y(s)}{X(s)} = W_f(s) + W_M(s)W_o(s) \tag{4-55}$$

根据绝对不变性原理,应有 $Y(s)/F(s)=0$,从而可知,前馈模型为

$$W_M(s) = -\frac{W_f(s)}{W_o(s)} \tag{4-56}$$

分析式(4-56)可得如下结论:

(1) 由绝对不变性原理决定的动态前馈控制器,是由被控过程扰动通道与控制通道特性之比决定的。式(4-56)中的"负号"表示前馈控制作用对被控量影响的方向与扰动对被控量影响的方向相反。

(2) 因式(4-56)是在 $[Y(s)/F(s)]$ 的前提下得的,所以此时被控量 $y(t)$ 与扰动量 $f(t)$ 是完全无关的。因而实现了完全补偿,达到了被控量不受扰动影响的控制效果。

(3) 由于式(4-56)所示动态前馈模型的结构有时比较复杂,甚至难以实现(如 $W_M(s)$ 中含有 $e^{\tau s}$ 超前因子时),故工程上有时只按稳态不变性原理设计静态前馈补偿模型。当然,在静态前馈下,只能满足稳态补偿,而动态过程却得不到补偿。

4.3.2 前馈控制系统的结构形式

前馈控制系统在实际过程控制中有多种结构形式,下面介绍几种典型方案。

1. 静态前馈控制系统

在一些生产过程控制中,只要求在稳态时实现对扰动的补偿,此时可根据稳态不变性原理设计静态前馈模型。忽略过程扰动通道及控制通道特性中的动态因子,得

$$W_M(s) = \frac{W_f(s)}{W_o(s)} = -k_M \tag{4-57}$$

可见,前馈模型中最简单的形式为一个比例环节。这种静态前馈实施起来十分方便,用一般的比例调节器或比值器即可作为前馈控制器。当可以得到过程静态方程时,也可按方

程式来实现静态前馈。

在图 4-35 所示换热器的前馈系统中,当被加热的物料流量 q 为主要扰动时,则可采用如图 4-36 所示的前馈控制方案。但当物料流量 q 及进入换热器的物料温度 θ_1 均为系统的主要扰动时,其静态前馈控制可以按照热量平衡关系,列出式(4-59)所示的静态前馈控制方程。此时即可按照方程来实现静态前馈控制。

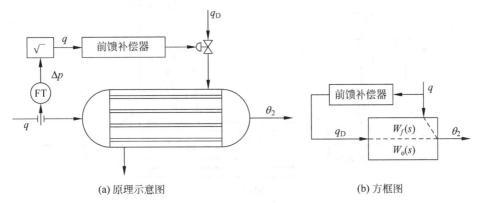

(a) 原理示意图　　　　　　　　　(b) 方框图

图 4-35　换热器前馈控制系统

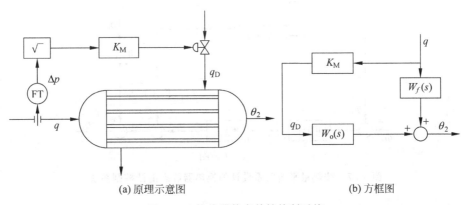

(a) 原理示意图　　　　　　　　　(b) 方框图

图 4-36　换热器静态前馈控制系统

在稳态条件及忽略热损失情况下换热器的热量平衡关系为:被加热物料在单位时间内所带走的热量,等于加热用蒸气单位时间内所放出的汽化潜热,即

$$q C_p(\theta_2 - \theta_1) = q_D H_s \tag{4-58}$$

式中,C_p 为被加热物料的比热(J/(kg·K));H_s 为蒸气的汽化潜热(kcal/kg);θ_2 为加热后物料温度(℃);θ_1 为加热前物料温度(℃);q_D 为加热器单位时间内所消耗的蒸气量(kg/s);q 为被加热物料的流量(kg/s)。

则换热器的静态前馈控制方程式为

$$q_D = \frac{C_p}{H_s} q(\theta_2 - \theta_1) \tag{4-59}$$

取 $q_{D0} = (C_p q / H_s)(\theta_{20} - \theta_1)$ 为加热用蒸气流量控制器的设定值,此时控制方案如图 4-37 所示。图 4-37 中没有专用的前馈控制器,仅用常规控制仪表(QDZ 或 DDZ 系列)即可实现。

将图 4-36 所示的静态前馈控制方案与图 4-37 所示的换热器温度单回路反馈控制方案作比较。当负荷 q 作 40% 阶跃扰动时,相应的过渡过程曲线如图 4-38 所示。比较图 4-38(a)、(b)可见,应用了静态前馈控制后,显著地减小了温度的偏差,有效地改善了系统的控制品质。

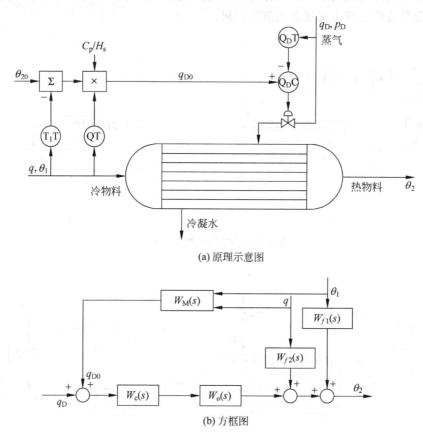

(a) 原理示意图

(b) 方框图

图 4-37　按热量平衡关系设计的换热器静态前馈控制系统

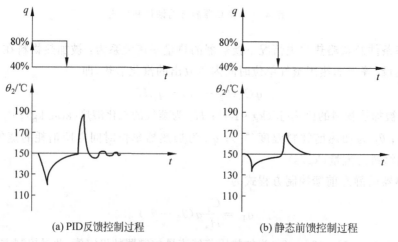

(a) PID反馈控制过程　　　　(b) 静态前馈控制过程

图 4-38　换热器的反馈控制与静态前馈控制过程

2. 动态前馈控制系统

对于静态前馈控制而言,它只能保证被控量的静态偏差等于零或接近于零,而无法保证在干扰作用下,控制过程中的动态偏差等于或接近于零。显然,这对于需要比较严格控制动态偏差的场合,用静态前馈控制方案就不能满足要求,因而应考虑采用动态前馈控制方案。动态前馈控制是通过选择合适的前馈控制作用,使干扰经过前馈控制器至被控量通道的动态特性完全复制对象干扰通道的动态特性,并使它们的符号相反,便可达到控制作用完全补偿干扰对被控量的影响,从而使系统不仅保证了静态偏差等于或接近于零,而且也保证了动态偏差等于或接近于零。采用动态前馈后,由于它几乎每时每刻都在校正扰动对被控量的影响,故能极大地提高控制过程的动态品质,是改善控制系统品质的有效手段。

动态前馈控制方案虽然能显著地提高系统的控制品质,但系统的结构要复杂一些,需要专用的控制装置,运行和参数整定过程也较复杂。因此,只有工艺对控制精度要求很高,而反馈或静态前馈控制难以满足要求时,才需要考虑采用动态前馈控制方案。

3. 前馈-反馈复合控制系统

前馈控制方案的局限性首先表现在前馈控制系统中不存在被控量的反馈,即对于补偿的效果没有检验的手段。因而,当前馈控制作用并没有完全消除偏差时,系统无法得知这一信息而作进一步的校正。其次,由于实际的工业对象存在多个干扰,为了补偿各个干扰对被控量的影响,势必要设计多个前馈通道,显然增加了投资费用和维护工作量。此外,前馈控制模型的精度也受到多种因素的限制,对象特性要受负荷和工况变化等因素的影响而产生漂移,因此,一个事先固定的前馈模型难以获得良好的控制质量。为了克服这一局限性,可以将前馈控制与反馈控制结合起来,构成前馈-反馈复合控制系统。在该系统中,将那些反馈控制不易克服的主要干扰进行前馈控制,而对其他的干扰进行反馈控制。这样,既发挥了前馈校正作用及时的优点,又保持了反馈控制能同时克服多个干扰并对被控量始终给予检验的长处。例如,炼油装置上加热炉的前馈-反馈控制系统如图 4-39 所示。加热炉出口温度 θ 为被控量,燃料油流量 q_B 为控制量。由于进料流量 q_F 经常发生变化,因而对此主要扰动进行前馈控制。前馈控制器(FFC)将在 q_F 变化时及时产生校正作用,以补偿其对出口温度 θ 的影响。此时的校正作用并不是为了稳定前馈控制器的输入量(因为进料流量 q_F 是一个完全不受控制作用的独立变量),而是通过改变燃料油来消除进料流量对加热炉出口温度的影响,当温度调节器(TC)获得温度 θ 变化的信息后,将按照一定的控制规律对燃料油 q_B 产生校正作用。两个通道校正作用叠加的结果将使 θ 尽快地回到设定值。在系统出现其他扰动,如进料的温度、燃料油压力等变化时,由于这些信息未被引入前馈补偿器,故对于这些扰动前馈补偿器不进行校正,只能依靠反馈调节器产生的校正作用克服它们对被控温度的影响。

典型的前馈-反馈控制系统框图,如图 4-40 所示。它是由一个反馈回路和一个开环补偿回路叠加而成的复合系统。

由图 4-40(a)可知,在扰动 $F(s)$ 作用下,系统输出为

$$Y(s) = W_f(s)F(s) + W_M(s)W_o(s)F(s) - W_c(s)W_o(s)Y(s) \tag{4-60}$$

式(4-60)中,等式右方第一项是扰动量 $f(t)$ 对被控量 $y(t)$ 的影响;第二项是前馈校正作用;第三项是反馈校正作用。图 4-40(a)所示单回路前馈-反馈恒值系统闭环传递函数为

$$\frac{Y(s)}{F(s)} = \frac{W_f(s) + W_M(s)W_o(s)}{1 + W_c(s)W_o(s)} \tag{4-61}$$

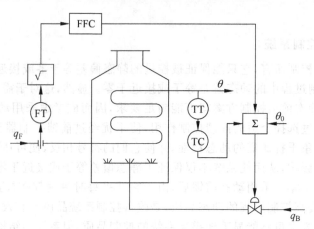

图 4-39　加热炉的前馈-反馈控制系统

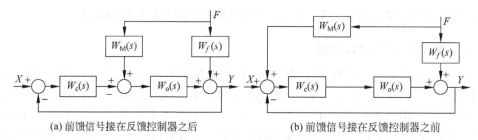

(a) 前馈信号接在反馈控制器之后　　　　　　(b) 前馈信号接在反馈控制器之前

图 4-40　单回路前馈-反馈复合控制系统

由此可见，前馈-反馈控制系统有如下主要特点：

（1）在单纯前馈控制下，扰动对被控量的影响如式(4-55)所示，即

$$\frac{Y(s)}{F(s)} = W_f(s) + W_M(s)W_o(s)$$

而在前馈-反馈控制下，扰动对被控量的影响如式(4-61)所示。对比式(4-55)及式(4-61)可见，采用了前馈-反馈控制后，扰动对被控量的影响为原来的 $1/[1+W_c(s)W_o(s)]$。这就证明了由于反馈回路的存在，不仅可以降低对前馈补偿器精度的要求，为前馈补偿器的工程实现提供有利的理论依据；同时，对于工况变动时所引起对象非线性特性参数的变化也具有一定的自适应能力。

（2）在前馈-反馈复合控制系统中，为实现前馈作用的完全补偿，根据不变性原理知前馈模型应由式(4-61)在 $[Y(s)/F(s)]=0$ 的条件下求得，即

$$W_M(s) = -\frac{W_f(s)}{W_o(s)} \tag{4-62}$$

这与在单纯前馈的开环控制下所得动态前馈模型 $W_M(s)$ 的形式完全相同。

对于图 4-40(b)所示系统结构的情况，系统输出为

$$Y(s) = W_f(s)F(s) + W_c(s)W_o(s)W_M(s)F(s) - W_c(s)W_o(s)Y(s) \tag{4-63}$$

故图 4-40(b)所示系统闭环传递函数为

$$\frac{Y(s)}{F(s)} = \frac{W_f(s) + W_c(s)W_o(s)W_M(s)}{1+W_c(s)W_o(s)} \tag{4-64}$$

在完全补偿条件下，前馈模型即为

$$W_{\mathrm{M}}(s) = \frac{-W_f(s)}{W_{\mathrm{c}}(s)W_{\mathrm{o}}(s)} \tag{4-65}$$

可见,此时前馈控制器的特性,不但取决于过程扰动通道及控制通道特性,还与反馈控制器 $W_{\mathrm{c}}(s)$ 的控制规律有关。

(3) 在反馈系统中,提高过渡过程的稳态精度与其动态稳定性方面往往存在着矛盾。为了保证系统的动态稳定性,常以牺牲稳态精度为代价。而前馈-反馈系统因它兼有前馈及反馈控制的优点,所以在一定程度上克服了控制精度与稳定性的矛盾,故能显著地改善控制系统的品质。

4. 前馈-串级复合控制系统

在过程控制中,有的生产过程常受到多个变化频繁而又剧烈的扰动量影响,而生产过程对被控参数的控制精度和稳定性要求又很高,这时可考虑采用前馈-串级控制系统。由串级系统分析可知,系统对进入副回路扰动的影响有较强的抑制能力。因此,前馈-串级复合系统能同时克服进入主回路的系统主要扰动以及进入副回路的扰动对被控参数的影响。

另外,由于前馈控制器的输出不直接加在调节阀门上,而是作为副调节器的给定值,因而可降低对调节阀门特性的要求。实践证明,这种复合控制系统的动、静态品质指标均较高。图 4-41 所示为加热炉出口温度的前馈-串级控制系统,系统中副调节器为流量调节器 FC,前馈控制器 FFC 采用动态前馈模型。由图 4-41(b)可清楚地看出,采用动态前馈-串级控制方案的控制效果最理想。前馈-串级复合控制系统的方框图如图 4-42 所示。由串级系统分析可知,副回路的等效传递函数为

$$W_2(s) = \frac{Y_2(s)}{R_2(s)} = \frac{W_{\mathrm{c2}}(s)W_{\mathrm{o2}}(s)}{1 + W_{\mathrm{c2}}(s)W_{\mathrm{o2}}(s)} \tag{4-66}$$

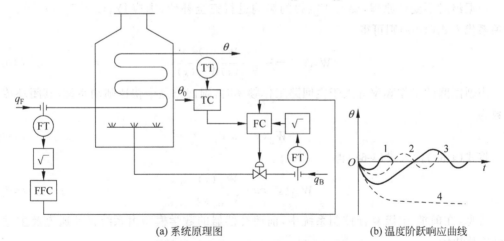

(a) 系统原理图　　　　　　　　(b) 温度阶跃响应曲线

1—动态前馈-串级系统响应曲线; 2—静态前馈系统响应曲线;
3—单回路反馈系统响应曲线; 4—加热炉动态特性曲线

图 4-41　加热炉出口温度前馈-串级复合控制系统

由此可知,图 4-42 可简化为如图 4-43 所示的形式。

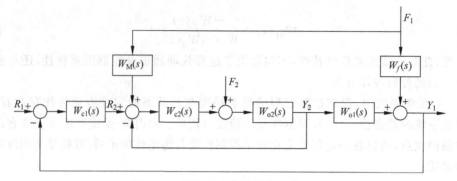

图 4-42　前馈-串级复合控制系统框图

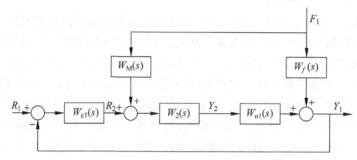

图 4-43　图 4-42 的等效简化框图

由图 4-43 可得

$$\frac{Y_1(s)}{F_1(s)}=\frac{W_f(s)+W_M(s)W_2(s)W_{o1}(s)}{1+W_{c1}(s)W_2(s)W_{o1}(s)} \tag{4-67}$$

根据绝对不变性原理，要对 $F_1(s)$ 的影响进行完全补偿，则应 $[Y_1(s)/F_1(s)]=0$。将此关系代入式（4-67）则可得

$$W_M(s)=-\frac{W_f(s)}{W_2(s)W_{o1}(s)} \tag{4-68}$$

当副回路的工作频率远大于主回路工作频率时，副回路是个快速随动系统，其闭环传递函数为

$$W_2(s)\approx1 \tag{4-69}$$

将式（4-69）代入式（4-68）得

$$W_M(s)\approx-\frac{W_f(s)}{W_{o1}(s)} \tag{4-70}$$

可见，在前馈-串级复合控制系统中，前馈补偿器的数学模型由系统扰动通道及主过程特性之比决定。

4.3.3　前馈控制系统的设计与参数整定

1. 前馈控制系统的选用原则

在工业生产中，随着生产过程的大型化、连续化以及工艺设备的不断更新，对控制精度的要求不断提高,以致对于一些过程应用常规 PID 控制规律的反馈控制系统往往难以满足工艺要求。于是,以不变性原理为基础的前馈控制系统在生产过程中获得了较为广泛的应用。下面讨论考虑应用前馈及其复合控制方案的一般原则。

1) 系统中存在下列情况的干扰

当系统中的干扰是可测不可控的或干扰的变化幅值大、频率高时,如果需要进行前馈控制的干扰是不可测的,就得不到干扰信号的数值大小,前馈控制也就无法实现。例如,不少物料的化学成分或物性至今尚是较难测的参数。假若干扰是可控的,则可以设置独立的控制系统克服干扰,也就无须设置比较复杂的系统进行前馈控制。另外,干扰变化幅值越大,对被控量的影响越大,偏差也越大,这时用抗干扰的前馈控制显然比反馈控制有利。由于高频干扰对被控量的影响十分显著,尤其是对于滞后较小的流量对象,会使系统产生持续的振荡现象。此时若采用前馈控制,则该干扰可得到同步的前馈补偿,因而可获得较满意的控制品质。此外,在系统中存在的干扰对被控量影响显著,工艺对控制质量要求又高,单纯的反馈控制系统难于满足要求时,可通过前馈控制改进反馈控制的品质。

2) 控制通道的滞后大或干扰通道的时间常数小

在精馏塔、化学反应器的产品质量控制及加热炉的温度控制中,它们的控制通道滞后往往比较大,此时可考虑采用前馈控制来克服某些主要干扰。另外,干扰通道的时间常数小也是应用前馈控制的原因。例如,高效能的锅炉产生的蒸气流量很大,但气包体积却不大,所以蒸气-水位通道的时间常数很小,而锅炉在蒸气负荷发生变动时还会出现假液位现象,单纯的水位反馈控制就可能会出现错误控制,这十分危险。若将蒸气流量作为前馈控制信号加到液位反馈控制系统中,则将获得满意的控制效果。此外,对于静态前馈与动态前馈的选择一般原则是:当被控过程的控制通道数学模型与其被前馈的扰动通道数学模型的时间常数较接近时(例如,其主要时间常数之比在 1.3~0.7 的范围内),选用静态前馈控制方案可得到满意的控制效果;当使用计算机控制时,选用动态前馈控制会带来更好的控制品质。

2. 前馈控制系统的参数整定

在实际生产过程中的前馈控制通常采用前馈-反馈或前馈-串级复合控制系统。复合控制系统中的参数整定要分别进行。先按第 4 章及第 5 章相关内容所述原则,整定好单回路反馈系统或串级系统,然后进行前馈控制器参数的整定。这里主要讨论前馈控制器参数的整定方法。

基于不变性原理的前馈补偿模型应由过程扰动通道及控制通道特性的比值决定,但由于过程特性的测试精度不高,不能准确地掌握扰动通道模型 $W_f(s)$ 及控制通道模型 $W_o(s)$,所以前馈模型的理论整定难以进行,目前广泛采用的是工程整定法。

实践证明,相当数量的冶金、化工等工业过程的特性都是非周期的。因此,为了便于进行前馈模型的工程整定,同时又能满足工程上一定的精度要求,常将被控过程的控制通道及扰动通道处理成含有一阶或二阶容量时滞,必要时再加一个纯滞后的形式,即

$$W_o(s) = \frac{K_1}{T_1 s + 1} e^{-\tau_1 s} \tag{4-71}$$

$$W_f(s) = \frac{K_2}{T_2 s + 1} e^{-\tau_2 s} \tag{4-72}$$

将式(4-71)、式(4-72)代入式(4-56)得

$$W_M(s) = \frac{\dfrac{K_2}{T_2 s + 1} e^{-\tau_2 s}}{\dfrac{K_1}{T_1 s + 1} e^{-\tau_1 s}} = -K_M \frac{T_1 s + 1}{T_2 s + 1} e^{-\tau s} \tag{4-73}$$

式中,K_M 为静态前馈系数,$K_M = K_2/K_1$;T_1、T_2 为分别为控制通道及扰动通道时间常数;τ 为扰动通道与控制通道纯滞后时间之差,$\tau = \tau_2 - \tau_1$。

工程整定法是在具体分析前馈模型参数对过渡过程影响的基础上,通过闭环实验来确定前馈控制器参数的。

1) 静态参数 K_M 值的确定

静态参数 K_M 是前馈模型中最基本的参数,它的整定对前馈控制系统的运行具有特别重要的意义。一个单变量线性前馈控制系统,K_M 是一个定常系数,其整定方法主要有两种,即开环整定和闭环整定。

(1) 开环整定法。开环整定是在系统作单纯的静态前馈运行下施加干扰,K_M 值由小逐步增大,直到被控量回到设定值,此时所对应的 K_M 值即为最佳整定值。在进行整定时,应保持工况稳定,以减小其他扰动量对被控量的影响,否则 K_M 的整定值将有较大的误差。其次,由于系统是处于单纯前馈运行状态,在整定过程中,被控量失去反馈控制,为了避免由于 K_M 过大而导致被控量产生太大的偏差,影响生产甚至发生事故,K_M 值应由小逐步增大。由于开环整定方法容易影响生产的正常进行,因而在实际过程中应用较少。

(2) 闭环整定法。为了克服开环整定法的不足,工程上大多采用闭环整定法。在如图 4-44 所示静态 FFC-FBC 系统中,在整定好闭环 PID 控制系统的基础上,闭合开关 S,得到闭环实验过程曲线,如图 4-45 所示。对比图 4-45(a)、(b) 可见,当 K_M 值过小时,不能显著地改善系统的品质,此时为欠补偿过程。反之,当 K_M 值过大时,虽然可以明显地降低控制过程的第一个峰值,但由于 K_M 值过大造成的静态前馈输出过大,相当于对反馈控制系统又施加了一个不小的扰动,这只有依靠 PID 调节器来加以克服,因而造成被控量下半周期的严重过调,致使过渡过程长时间不能恢复,故 K_M 过大也会降低过渡过程的品质,如图 4-45(c)、(d)所示,此时称为过补偿过程。只有当 K_M 值取得恰当时,过程品质才能得到明显的改善,如图 4-45(e)所示。即取此时的 K_M 值为整定值。这种整定法是在闭环下进行的,因此在整定过程中,对生产的正常运行影响较小,是工程上较普遍采用的一种静态参数 K_M 值的整定方法。

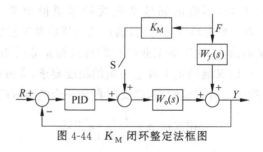

图 4-44　K_M 闭环整定法框图

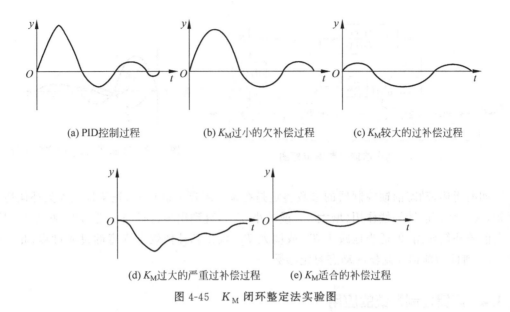

(a) PID控制过程　　(b) K_M过小的欠补偿过程　　(c) K_M较大的过补偿过程

(d) K_M过大的严重过补偿过程　　(e) K_M适合的补偿过程

图 4-45　K_M 闭环整定法实验图

2) 过程时滞 τ 的影响

τ 值是过程扰动通道及控制通道纯时间滞后的差值。它反映着前馈补偿作用提前于扰动对被控参数影响的程度。当控制通道纯滞后时间比扰动通道纯滞后时间大时，会出现欠补偿；当控制通道纯滞后时间比扰动通道纯滞后时间小时，又相当于提前了前馈作用，增强了前馈的补偿效果。但是，过于提前的前馈作用又易引起控制过程发生反向过调的现象，如图 4-46 所示。

3) 动态参数 T_1、T_2 的确定

在讨论前馈控制器动态参数整定时，前馈控制器的数学模型可取式(4-73)忽略 τ 后的形式，即

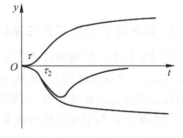

$$W_M(s) = -K_M \frac{T_1 s + 1}{T_2 s + 1} \qquad (4-74)$$

由式(4-74)可见，增大 T_1 或减小 T_2 均会增强前馈补偿的作用。

图 4-46　τ 值对前馈控制过程的影响

前馈动态参数的工程整定是在闭环下，根据过渡过程形状的变化决定 T_1、T_2 的值。首先，使系统处于静态 FFC-FBC 方案下运行，分别整定好反馈控制下的 PID 参数及静态前馈参数 K_M，然后闭合动态 FFC-FBC 复合系统，如图 4-47 所示。先使前馈控制器中的动态参数 $T_1=T_2$，在 $f(t)$ 的阶跃扰动下，由被控量 $y(t)$ 的变化形状判断 T_1、T_2 应调整的方向。如图 4-48 所示，给出了选取 T_1、T_2 的实验过程曲线。图 4-48 中的曲线，分别表示了 PBC 及动态 FFC-FBC 过程。曲线①为单回路反馈控制下被控参数的变化，曲线②及曲线③均为动态前馈-反馈控制过程。其中曲线②表示采用动态 FFC-FBC 时被控参数的超调与采用 FBC 时的方向相同，这说明此时为欠补偿过程。因此应继续加强前馈补偿作用，即前馈控制器参数 T_1 应继续加大(或减小 T_2)；当出现曲线③的情况时，说明已达到了过补偿的控制过程，此时应减小前馈控制器参数 T_1(或加大 T_2)，以免使过渡过程的反向超调进一步扩大。

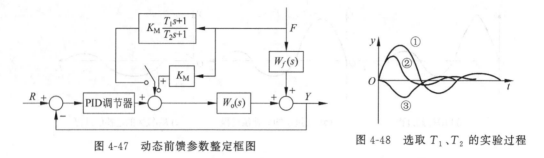

图 4-47 动态前馈参数整定框图　　　图 4-48 选取 T_1、T_2 的实验过程

如前所述,动态前馈控制器的参数整定是在系统闭环下进行的,先从过程为欠补偿情况开始,逐步强化前馈补偿作用(增大 T_1 或减小 T_2),直到出现过补偿的趋势时,再稍微削弱一点前馈补偿作用,即适当地减小 T_1 或增大 T_2,以得到补偿效果满意的过渡过程,此时的 T_1、T_2 值即为前馈控制器的动态整定参数。

4.3.4 前馈控制系统的应用

前馈控制的优点在于可以用来解决单回路反馈控制及串级控制所难以解决的一些控制问题,因而在石油、化工、冶金、电力等工业过程控制中得到广泛的应用。随着计算机技术的进一步发展,动态前馈控制也取得了较大进展。目前,前馈-反馈、前馈-串级等复合控制已成为改善控制品质的重要过程控制方案。下面介绍几个应用前馈控制的工业示例。

1. 锅炉给水前馈-反馈三冲量控制系统

汽鼓锅炉水位控制的任务主要为了保证锅炉的安全运行,为此必须维持汽鼓水位基本恒定(稳定在允许范围内)。显然,在锅炉给水自动控制中,应以汽鼓水位 h 作为被控参数。而引起水位变化的扰动量很多,如锅炉的蒸发量 q_D、给水流量 q_W、炉膛热负荷(燃料量)及汽鼓压力等。但其中燃料量的改变不但会影响到水位变化,更主要的是可以起到稳定气压的作用,故常把它作为锅炉燃烧控制系统中的一个控制量;蒸发量 q_D 是锅炉的负荷,显然这是一个可测而不可控的扰动,因此常常对蒸气负荷考虑采用前馈补偿,以改善在蒸气负荷扰动下的控制品质;最后,从物质平衡关系可知,为适应蒸气负荷的变化,应以给水流量 q_W 为控制变量。锅炉水位的动态特性,对自动控制是很不利的。由图 4-49 知,其控制通道的动态特性是具有纯滞后的无自平衡特性,且其飞升速度很高,如气压为 9.8MPa、负荷为 230t/h 的高压锅炉,当水位变化 200mm 时,飞升速度 $\varepsilon \approx 0.0361/s$。这说明,对高温高压、大容量的锅炉提出了较高的控制要求。图 4-50 是其扰动通道动态特性,由于存在着通常所说的“虚假水位”现象,而且这种“虚假水位”的大小还与锅炉的工作压力以及其蒸发量有关,对于高压锅炉来说,一般当负荷突然变化 10% 时,“虚假水位”可达 30～40mm,由于“虚假水位”具有如此快的变化速度,简单的反馈控制作用几乎不能减小其所造成的水位最大偏差。为了确保运行的安全,目前均采用三冲量给水控制方案。

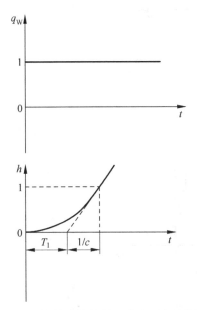

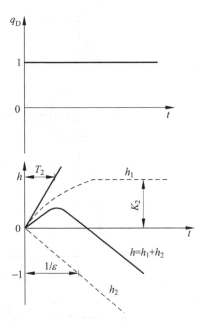

图 4-49　锅炉水位控制通道阶跃响应曲线

图 4-50　锅炉水位扰动通道阶跃响应曲线

（其中，h_1 为水面下气泡容积变化引起的水位变化；h_2 为给水量与蒸发量不平衡引起的水位变化）

在三冲量给水控制系统中，调节器接受汽鼓水位 h、蒸气流量 q_D 及给水流量 q_W 三个信号（冲量），如图 4-51(a) 所示。图中 K_Z 为执行器，K_V 为调节阀门，γ_D、γ_W、γ_H 分别为蒸气流量、给水流量、水位测量变送器的转换系数，n_D、n_W 分别为蒸气流量、给水流量分流器的分流系数。

进入调节器各信号的极性是这样决定的：当信号增大时，调节器应开大调节阀门者，标以"＋"，反之标以"－"。而由水位测量原理知，当汽鼓水位下降时，差压信号增加，这时应开大给水阀门，因此水位信号 h 的极性为"＋"；蒸气负荷增加时，为维持物质平衡关系应开大给水阀门，故蒸气负荷信号 q_D 的极性为"＋"；给水流量若由于给水母管压力波动等原因发生变化时，因这时 q_W 的变化不是控制作用的结果，而只是一种内部扰动，故应予以迅速消除，显然，给水流量信号 q_W 的极性应为"－"；水位设定值信号应与被控参数水位信号相平衡，故水位定值信号 h_0 的极性为"－"。

在这种三冲量给水控制系统中，汽鼓水位信号 h 是主信号，也是反馈信号，在任何扰动引起汽鼓水位变化时，都会使调节器动作，以改变给水阀门开度，使汽鼓水位恢复到允许的波动范围内。因此，以水位 h 为被控量形成的外回路能消除各种扰动对水位的影响，保证汽鼓水位维持在工艺要求所允许的变动范围内。蒸气流量信号是系统的主要干扰，对其进行前馈控制能克服因"虚假水位"而引起调节器的误动作，因为在负荷变化时产生的"虚假水位"现象，是汽鼓锅炉扰动通道自身的固有特性，单纯采用水位的反馈控制时，这种"虚假水位"现象必然引起调节器的误动作，而应用了前馈补偿后，就可以在蒸气负荷变化的同时，按正确方向及时地改变给水流量，以保证汽鼓中物料平衡关系，从而可保持水位的平稳。另外，蒸气流量信号与给水流量的恰当配合，又可消除系统的静态偏差。给水流量信号是内回

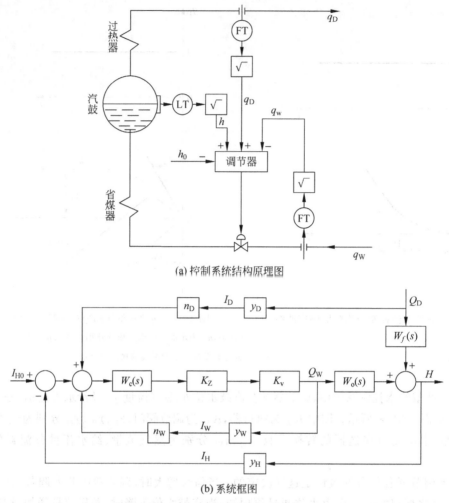

(a) 控制系统结构原理图

(b) 系统框图

图 4-51 三冲量给水控制系统

路反馈信号,它能及时反映给水流量的变化,当给水调节阀门的开度没有变化,而由于其他原因使给水母管压力发生波动引起给水流量变化时,由于测量给水流量的孔板前后差压信号反应很快、时滞很小(为 1～3s),故可在被控量水位还未来得及变化的情况下,调节器即可消除给水侧的扰动而使过程很快地稳定下来,因此,由给水流量信号局部反馈形成的内回路能迅速消除系统的内部扰动,稳定给水流量。

这种控制系统对三个信号的静态配合有严格的要求,否则会由于变送器特性差异及锅炉排污等原因而引起水位的静态偏差。这三个信号中,除水位信号外,蒸气流量及给水流量信号在进入调节器前均应加分流器,因为系统被控参数 h 的变化范围最小,当以水位信号为基准时,必须对变化范围较大的蒸气流量和给水流量信号进行分流,使其与水位信号在进入调节器时相匹配。图 4-51(b) 中,n_D、n_W 即分别代表蒸气负荷 q_D 及给水流量 q_W 的分流系数。

2. 控制精馏塔塔顶产品成分的前馈-反馈复合控制系统

精馏是化工生产中广泛应用的传质过程,其目的是将混合液中的各组分进行分离以达到规定的纯度要求,精馏过程如图 4-52 所示(其中 1 为精馏塔、2 为蒸气加热釜、3 为冷凝器、4 为回流罐、q_F 为进料流量、q_S 为蒸气量、q_L 为回流量、q_D 为塔顶产品流量、q_B 为塔底产品流量、y_1 为塔顶产品组分、y_2 为塔底产品组分)。通常是利用被分离物各组分的挥发点不同,把混合物分离成组分较纯的产品。但在精密精馏过程中,由于被分离的物料具有相同的分子量和十分狭窄的沸点范围,因而不可能通过温度来反映馏出物的组分,此时,常用成分反馈调节器实现直接质量控制。在多数情况下,精馏塔的进料变化是其主要扰动,为此对进料流量进行前馈补偿以实现精馏塔的物料平衡控制。对于任何一个精馏塔,在一定的进料条件下,只要保持恒定的回流比,也就保持了一定的分离条件,因此选取回流罐的回流量为控制变量,如图 4-53 所示,为实现上述控制思想的精馏塔塔顶产品成分前馈-反馈控制系统。运行结果表明,该精馏塔采用了如上的前馈控制之后,大大提高了精馏塔的分离效果,满足了工艺对产品纯度的要求。

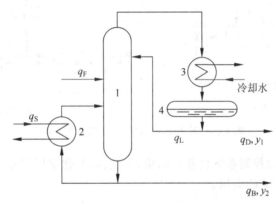

图 4-52　精馏过程示意图

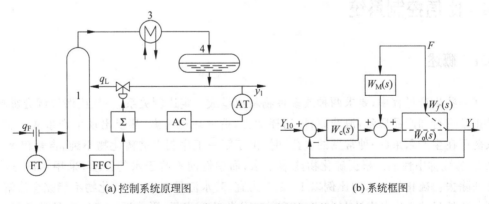

(a) 控制系统原理图　　　　　　　　　　(b) 系统框图

图 4-53　精馏塔塔顶产品组分的复合控制系统

3. 冷凝器温度前馈-反馈复合控制系统

冷凝器是常见的工业设备,它的作用就是通过热交换把中间产品冷凝成液体,再送往下一工段继续加工。这类冷凝设备的主要被控量是冷凝液的温度,控制量则为冷却水的流量。图 4-54 所示的发电厂冷凝器控制方案的工作原埋是:从低压汽轮机出来的乏蒸气经冷凝器变成温水,再由循环泵送至除氧器,经除氧处理后的温水可继续作为发电锅炉的给水。此系统应用前馈-反馈复合控制方案:利用乏蒸气被冷凝后的温水温度信号控制冷却水的阀门开度,即由温度变送器(TT)、PI 调节器(TC)、冷却水阀门及过程控制通道构成反馈控制系统。乏蒸气流量是个可测不可控且经常变化的扰动因素,故对乏蒸气流量进行前馈控制,使冷却水流量跟随乏蒸气流量的变化而提前变化,以维持温水温度达到指定的范围。

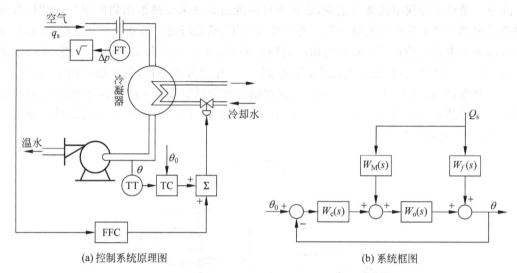

(a) 控制系统原理图　　　　　　　(b) 系统框图

图 4-54　冷凝器温度前馈-反馈控制系统

目前,前馈及其复合控制系统已在精馏塔、工业锅炉、化学反应器、换热设备等工业过程的自动控制中得到了广泛的应用。

4.4　比值控制系统

4.4.1　概述

在一些生产过程中,要求两种或多种物料流量成一定比例关系,一旦比例失调会影响生产的正常进行和产品质量,浪费原料,消耗动力,造成环境污染,甚至出现生产事故。例如,某农药厂在生产乐果(一种常见的农药)时,由于第一工序制得的硫化物不纯,含量仅 80%,其余 20% 统称中性油。根据硫化物能溶于水,而中性油不溶于水的性质,采用水洗方法将中性油除去。硫化物与水的比例以 1∶2.5 为宜,若水流量太小,则硫化物不能完全溶解,达不到分离的目的;若水流量太大,则得到的硫化物浓度太低,影响后一工序产品的质量。显然,这个流量比例问题对于以低消耗获得高产率具有重要意义。又如硝酸生产中的氧化炉,其进料是氨气和空气,为了使氧化反应能顺利进行,二者流量应保持一个合适的比例。但同时还应从安全角度考虑,因为当氨气在空气中的含量为 15%~28%(低温时)和 3.0%~

14%(高温时)都会有产生爆炸的危险。因此,保证氨气和空气进料量的比例,不让它进入爆炸范围对安全生产来说是很重要的。再如,在锅炉燃烧过程中,需要自动保持燃料量和空气量按一定比例混合进入炉膛,才能保证燃烧的经济性。可见,类似的问题在各种工业生产过程中是大量存在的,严格控制其比例对于安全生产是极为重要的。凡是把两种或两种以上的物料量自动地保持一定比例的控制系统,就称为比值控制系统。

在需要保持比值关系的两种物料中,必有一种物料处于主导地位,这种物料称为主物料,表征这种物料的参数称为主动量。由于在生产过程控制中主要是流量比值控制系统,所以主动量也称为主流量,用 Q_1 表示;而另一种物料按主物料进行配比,在控制过程中随主物料而变化,因此称为从物料,表征其特性的参数称为从动量或副流量,用 Q_2 表示。一般情况下,总是把生产过程中的主要物料定为主物料。在一些场合中,以不可控物料为主物料,通过改变可控物料(即从物料)来实现它们之间的比值关系。

比值控制系统就是要实现副流量 Q_2 与主流量 Q_1 成一定比值关系,即满足如下关系式

$$K = \frac{Q_2}{Q_1}$$

式中,K 为副流量与主流量的流量比值。

在实际的生产过程控制中,比值控制系统除了能实现一定比例的混合外,还能起到在扰动量影响到被控过程质量指标之前及时控制的作用。同时,由于比值控制具有前馈控制的实质,当最终质量指标难于测量、变送时,可以采用比值控制系统,使生产过程在最终质量达到预期指标下安全正常地进行。

4.4.2 比值控制方案

比值控制系统主要有开环比值控制系统、单闭环比值控制系统、双闭环比值控制系统、变比值控制系统等几种。其中,开环比值控制系统只有在副流量没有扰动的情况下才适用,而副流量的扰动通常是不可避免的,因此开环比值控制系统实际上很少应用。下面主要介绍其他几种比值控制方案。

1. 单闭环比值控制系统

单闭环比值控制系统是为了克服开环比值控制方案的不足,在开环比值控制系统的基础上开发产生的。

图 4-55 所示为单闭环比值控制系统方框图。由图可知,从动量 Q_2(Q 是 q 的频域量,下标不变)是一个闭环随动控制系统,主动量 Q_1 却是开环的。Q_1 经比值器 $W_1(s)$ 作为 Q_2 的设定值,所以 Q_2 能按一定的比值 K 跟随 Q_1 变化。当 Q_1 不变而 Q_2 受到扰动时,则可通过 Q_2 的闭合回路进行定值控制,使 Q_2 调回到 Q_1 的设定值上,两者的流量在原数值上保持不变。当 Q_1 受到扰动时,即改变了 Q_2 的设定值,使 Q_2 跟随 Q_1 而变化,从而保证原设定的比值不变。当 Q_1、Q_2 同时受到扰动时,Q_2 回路在克服扰动的同时,又根据新的设定值,使主、从动量(Q_1、Q_2)在新的流量数值的基础上保持其原设定值的比值关系。可见,单闭环比值控制方案的优点是它不但能实现副流量跟随主流量的变化而变化,而且能克服副流量本身干扰对比值的影响,从而实现主、副流量的精确比值。另外,其结构形式简单,实施

起来比较方便。但是,这种方案的主流量会因干扰作用或负荷的升降而任意变化,即它是不受控的,因此当它出现大幅度波动时,副流量在控制过程中相对于控制器的设定值会出现较大的偏差,主、副流量的比值就会较大地偏离工艺要求的流量比,即不能保证动态比值。因此,这种比值控制方案对于严格要求动态比值的场合是不合适的。同时,对于负荷变化幅度大,物料又直接去化学反应器的场合,也是不适合的。因为负荷变化幅度大,使参加化学反应的物料总量变化大,有可能造成反应不完全或反应放出的热量不能及时被带走等,从而给反应带来一定影响,甚至造成事故。所以,单闭环比值控制方案一般在负荷变化不太大时选用为宜。

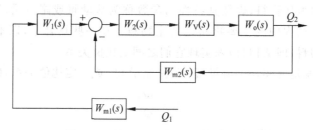

图 4-55　单闭环比值控制系统方框图

2. 双闭环比值控制系统

双闭环比值控制系统是为了克服单闭环比值控制方案主流量不受控所造成的不足而设计的。它是在单闭环比值控制的基础上,增设了主流量控制回路而构成的,如图 4-56 所示。

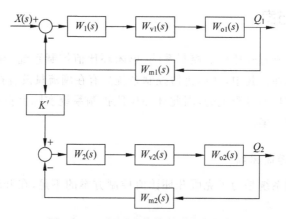

图 4-56　双闭环比值控制系统方框图

双闭环比值控制系统实际上是由一个定值控制的主流量控制回路和一个由主流量通过比值器而设定的属于随动控制的副流量控制回路组成的。主流量控制回路能克服主流量扰动,实现对主流量的定值控制,使主流量变得比较平稳。同时,通过比值控制,副流量也将比较平稳。这样,系统总负荷将是稳定的,从而克服了单闭环比值控制系统的缺点。双闭环比值控制系统另一个优点是能比较方便地升降负荷,即只要缓慢地改变主流量控制器的设定值就可升降主流量。同时,副流量也自动跟踪升降并保持两者比值不变。因此,对于这种比值控制方案,常用于主流量干扰频繁或工艺上不允许负荷有较大的波动或工艺上经常需要升降负荷的场合。应该提到的是,双闭环比值控制系统的两个控制回路除去比值器后是独立的。若用两个单回路控制系统分别稳定主、副流量,也能保证它们间的比值,这样在投资上可以节省一台比值器,并且在操作上要更方便。

在双闭环比值控制系统中,主、副流量不仅要保持恒定的比值,而且主流量要维持在设定值上,副流量控制器的设定值也是恒定的。因此,两个控制器均应选择 PI 控制作用。由于主、副流量控制回路通过比值器相互联系,当主流量进行定值控制后,其变化幅值肯定大大减小,但变化的频率往往会加快,使副流量控制器的设定值经常处于变化之中,所以,双闭环比值控制系统在使用中应注意防止产生"共振"。当主流量的频率与副流量回路的工作频率接近时,有可能引起共振,以致系统出现问题。因此,对主流量控制器进行参数整定时,应尽量保证其输出为非周期变化,从而防止产生共振。

3. 变比值控制系统

前面介绍的比值控制系统都是实现两种物料量间的定比值控制,在运行中它们的比值系数都是不变的。但是,生产上维持两流量比恒定不是最终目的,它仅仅是保证产品产量和质量或安全生产的一种手段。而另一方面,定比值控制系统只能克服流量干扰对比值的影响。当系统中存在着除流量干扰外的其他干扰,如温度、成分、反应器中触媒活性的变化等干扰时,为了保证产品的质量,必须适当修正进料流量的比值,即重新设置比值系数。由于这些干扰往往是随机的,干扰幅值又各不相同,显然定比值控制系统无能为力。为了满足生产工艺上要求,出现了按照一定工艺指标自行修正比值系数的变比值控制系统。

图 4-57 所示为用除法器构成的变比值控制系统方框图。变比值控制系统是一个以第三参数或称主参数(质量指标)、以两个流量比为副参数的串级控制系统。系统在稳态时,主、从流量恒定,分别经测量变送器后送至除法器,其输出即比值作为 $W_2(s)$ 的测量信号,此时 $Y_1(s)$ 也恒定。$W_1(s)$ 输出信号 $X_2(s)$ 稳定,且 $X_2(s)=Z_2(s)$,$W_2(s)$ 输出稳定,所以 $Y_1(s)$ 符合工艺要求。当 Q_1、Q_2 出现扰动时,通过比值控制回路,保证比值一定,从而不影响(扰动幅值不大时)或大大减小扰动对 $Y_1(s)$ 的影响。对于某些物料流量(如气体等),当出现扰动如温度、压力、成分等变化时,虽然它们的流量比值不变,由于真实流量与原来流量值不同,所以使 $Y_1(s)$ 偏离了设定值,$W_1(s)$ 的输出 $X_2(s)$ 产生变化,从而修正了 $W_2(s)$ 的设定值,即修正了比值,使系统在新的比值上重新稳定。

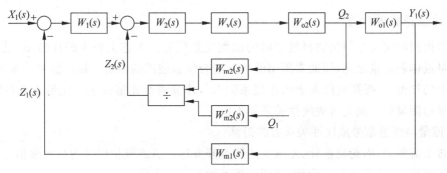

图 4-57　变比值控制系统方框图

4.4.3　比值控制系统的设计

1. 主、从动量的确定

一般情况下，总是把生产中的主要物料定为主动量，其他物料则为从动量，以从动量的变化跟随主动量变化。如果两种物料中，一种是可控的，另一种是不可控的，即应选不可控物料为主动量 Q_1，而可控物料为从动量 Q_2。如果两种物料中一种物料供应不成问题，而另一种物料却可能供应不足，此时以可能供应不足的物料定为主动量较为适宜，这样一旦主动量 Q_1 因供应不足而失控时，流量比值始终能保持。有时主、从动量的选择还关系到安全生产，此时需从安全的角度出发选择主、从动量。如以石脑油为原料生产合成氨的工艺中，石脑油流量与蒸气量之间设有比值控制系统。若以石脑油流量作为主动量，而作为从动量的蒸气流量一旦因某种条件的制约失控而减量时，常规设计的比值控制系统不能控制主动量减量，最终使水碳比下降，导致触媒上析碳而失去活性，造成安全事故。所以，正确的选择是把失控后减量易产生安全事故的物料定为主动量，即把蒸气流量作为主动量 Q_1，于是，当蒸气流量失控减量时，比值系统能自动使石脑油流量也随之下降，不会出现水碳比低于工艺允许的下限值，而石脑油流量失控减量仅仅会造成蒸气流量的相对过量，不会引起安全事故。

2. 控制方案的选择

比值控制的控制方案较多，在实际应用时，应根据被控过程不同的工艺情况、负荷变化、扰动性质、控制要求等进行合理选择。

3. 调节器控制规律的确定

比值控制调节器控制规律的选择依控制方案和控制要求的不同而不同。由于单闭环控制的从动回路调节器将起比值控制和稳定从动量的作用，所以该调节器一般选用 PI 控制规律。因为双闭环控制的主、从动回路调节器不仅要起比值控制作用，而且要起稳定各自的物料流量的作用，所以此时调节器均选用 PI 控制规律。变比值控制则可仿效串级系统调节器控制规律的选用原则进行选择。

4. 比值系数的计算

比值控制的实质是解决物料量之间的比例关系问题。工艺上要求的比值 K 是指两流体的重量或体积流量之比，而通常所用的单元组合仪表使用的是统一标准信号。显然，必须把工艺上的比值 K 折算成仪表上的比值系数 K'，才能进行比值设定。比值系数的折算方法随流量与测量信号间是否成线性关系而不同。

1) 流量与测量信号成线性关系时的折算

用转子流量计、涡轮流量计、差压变送器经开方运算后的流量信号均与测量信号成线性关系。下面以 DDZ-Ⅲ 型仪表为例，说明比值系数的折算方法。

当流量由零变至最大值 Q_{max} 时，变送器对应的输出为 DC 4～20mA，则流量的任一中间值 Q 所对应的输出电流为

$$I = \frac{Q}{Q_{\max}} \times 16\text{mA} + 4\text{mA} \tag{4-75}$$

则有

$$Q = (I - 4\text{mA})Q_{\max}/16\text{mA} \tag{4-76}$$

由式(4-76)可得工艺要求的流量比值为

$$K = \frac{Q_2}{Q_1} = \frac{(I_1 - 4\text{mA})}{(I_2 - 4\text{mA})} \times \frac{Q_{2\max}}{Q_{1\max}} \tag{4-77}$$

由此可折算成仪表的比值设定系数 K' 为

$$K' = \frac{I_2 - 4\text{mA}}{I_1 - 4\text{mA}} = K \frac{Q_{1\max}}{Q_{2\max}} \tag{4-78}$$

式中的 $Q_{1\max}$、$Q_{2\max}$ 分别为主、副流量变送器的最大量程。

2) 流量与测量信号成非线性关系时的折算

使用节流装置测量流量时,流量与压差的关系近似为

$$Q = C\sqrt{\Delta P} \tag{4-79}$$

式中,C 为节流装置的比例系数。

压差由零变到最大值 $\Delta P_{\max}$ 时,变送器输出是 $0 \sim 10\text{mA}$ 或 $4 \sim 20\text{mA}$ 或 $0.02 \sim 0.1\text{MPa}$,任一中间流量 Q 对应的输出信号分别如下:

DDZ-Ⅱ 型仪表

$$I = \frac{\Delta P}{\Delta P_{\max}} \times 10\text{mA} = \frac{Q^2}{Q_{\max}^2} \times 10\text{mA} \tag{4-80}$$

DDZ-Ⅲ 型仪表

$$I = \frac{Q^2}{Q_{\max}^2} \times 16\text{mA} + 4\text{mA} \tag{4-81}$$

QDZ 型仪表

$$P = \frac{Q^2}{Q_{\max}^2} \times 0.08\text{MPa} + 0.02\text{MPa} \tag{4-82}$$

根据式(4-80)~式(4-82),可求出各种仪表的折算比值系数为

$$K' = K^2 \frac{Q_{1\max}^2}{Q_{2\max}^2} \tag{4-83}$$

将计算出的比值系数设置在比值器上,比值控制系统就能按工艺要求正常工作了。

例 4-3　在生产硝酸的过程中,要求氨气量和空气量保持一定的比例关系,在正常生产情况下,工艺指标规定氨气流量为 $2100\text{m}^3/\text{h}$,空气流量为 $22000\text{m}^3/\text{h}$。氨气流量表的量程为 $0 \sim 3200\text{m}^3/\text{h}$,空气流量表的量程为 $0 \sim 25000\text{m}^3/\text{h}$,求仪表的比值系数。

解:已知 $Q_1 = 22000\text{m}^3/\text{h}$;$Q_2 = 2100\text{m}^3/\text{h}$;$Q_{1\max} = 25000\text{m}^3/\text{h}$;$Q_{2\max} = 3200\text{m}^3/\text{h}$。

根据工艺指标,氨气和空气的体积流量比值为

$$K = \frac{Q_2}{Q_1} = \frac{2100}{22000} = 0.09545$$

若实际流量与其测量信号成线性关系,则

$$K'_{\text{线}} = K \frac{Q_{1\max}}{Q_{2\max}} = \frac{2100}{22000} \times \frac{25000}{3200} = 0.7457$$

若实际流量与其测量信号成非线性时,则

$$K'_{\text{非}} = K^2 \frac{Q_{1\max}^2}{Q_{2\max}^2} = \left(\frac{2100}{22000}\right)^2 \times \left(\frac{25000}{3200}\right)^2 = 0.556$$

4.4.4 比值控制系统的方案及参数整定

1. 流量测量中的压力、温度的校正

流量测量是比值控制的基础。对于气体流量采用差压法测量时,若实际工况的温度、压力参数与设计条件的数值不一致,将会影响测量精度。变比值控制是克服这种干扰的一种途径,但如果能对这种干扰的影响进行直接补偿,在它还没有影响到质量指标前已得到克服,就可大大提高系统的控制质量。因此,对于温度、压力变化较大,控制要求又较高时,应增加温度压力补偿装置。下面介绍温度、压力的校正公式。

气体体积流量和节流装置压差之间的关系式可表示为

$$Q = k \sqrt{\frac{\Delta p}{\rho}} \tag{4-84}$$

式中,k 为节流装置的比例系数;Δp 为节流装置的压差;ρ 为气体介质的密度。

设计条件下表达式为

$$Q_n = k \sqrt{\frac{\Delta p_n}{\rho_n}} \tag{4-85}$$

式中,Q_n、Δp_n、ρ_n 分别为设计条件下的流量、压差和密度。

实际工作条件下表达式为

$$Q_1 = k \sqrt{\frac{\Delta p_1}{\rho_1}} \tag{4-86}$$

式中,Q_1、Δp_1、ρ_1 分别为实际工作条件下的流量、压差和密度。

对于定质量气体,只考虑温度、压力的影响,则有

$$Q_n = Q_1 \sqrt{\frac{T_n p_1}{T_1 p_n}} \tag{4-87}$$

式中,T_n 为设计条件下被测介质的温度,K;p_n 为设计条件下被测介质的压力(绝压),Pa;T_1 为工作条件下被测介质的温度,K;p_1 为工作条件下被测介质的压力(绝压),Pa。

将式(4-85)和式(4-86)代入式(4-87)得

$$\sqrt{\Delta p_n} = \sqrt{\Delta p_1} \cdot \sqrt{\frac{\rho_n}{\rho_1}} \cdot \sqrt{\frac{T_n p_1}{T_1 p_n}} \tag{4-88}$$

把式(4-88)两边平方得

$$\Delta p_n = \Delta p_1 \frac{T_n p_1 \rho_n}{T_1 p_n \rho_1} \tag{4-89}$$

式(4-89)为温度压力校正公式。只要在实际工作条件下测出节流装置上游的温度和压力,并测得当时的压差 Δp_1,然后按式(4-89)换算成设计条件下的 Δp_n,再求得此时的流量值即为校正后的真正流量值。在现场进行温度压力校正时,可根据校正公式,采用一些计算单元

进行自动运算,这样即使工况变化,也能够自动计算校正,获得正确的流量测量信号。

利用上述温度、压力校正方法可以得到较为精确的流量值,但应注意在大量实际生产过程中导致比值关系失效,不能满足工艺要求的主要原因还是物料组分的变化。此时除了通过检测物料组分的变化,随时调整比值关系外,还可以采用变比值方案来克服成分变化的扰动。

2. 比值控制的实施方案

实施比值控制方案基本上有相乘方案和相除方案两大类。在工程上可采用比值器、乘法器和除法器等仪表来完成两个流量的配比问题。

1) 相乘方案

要实现两流量之间的比值关系,即 $Q_2 = KQ_1$,可以 Q_1 的测量值乘上某一系数,作为 Q_2 流量控制器的设定值,称为相乘方案,如图 4-58 所示。图中"×"为乘法符号,表示比值运算装置。如果使用气动仪表实施,可采用比值器、配比器及乘法器等,电动仪表实施则有分流器及乘法器等。至于使用可编程调节器或其他计算机控制来实现,采用乘法运算即可。如果比值 K 为常数,上述仪表均可应用;若 K 为变数(变比值控制)时,则必须采用乘法器,此时只需将比值设定信号换接成第三参数就可以了。

2) 相除方案

如果要实现两流量之比值为 $K = Q_2/Q_1$,也可以将 Q_2 与 Q_1 的测量值相除,作为比值控制器的测量值,称为相除方案,如图 4-59 所示。相除方案无论是气动仪表或电动仪表,均采用除法器来实现。而对于使用可编程调节器或其他计算机控制来实现,只要对两个流量测量信号进行除法运算即可。由于除法器(或除法运算结果)输出直接代表了两流量信号的比值,所以可直接对它进行比值指示和报警。这种方案比值很直观,且比值可直接由控制器进行设定,操作方便。若将比值设定信号改作第三参数,便可实现变比值控制。

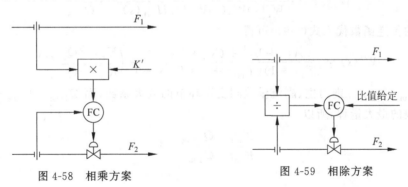

图 4-58 相乘方案   图 4-59 相除方案

3. 主副流量的动态比值问题

随着工业生产的不断发展,对于比值控制系统不仅要求静态比值恒定,还要求动态比值一定,即要求它们在外界干扰作用下,从一个稳态过渡到另一个稳态的整个变化过程中,主、副流量接近同步变化。例如,硝酸生产中的氨氧化过程,氨和空气之比具有一定的比例要求,当超过极限时就有发生爆炸的危险。因此,不仅要求稳态时物料量保持一定比值,而且还要求动态时比值也要保持一定。但是,本章介绍的几种比值控制方案都不能满足这一动态比值要求。以单闭环比值控制系统为例,当主流量发生变化时,需经检测、变送、比值计算后,控制器才有输出变化,并改变控制阀的开度以实现副流量的跟踪,保证其比值不变,显然这种控制是不及时的。由于这种时间上的差异,要保证主、副流量在控制过程中的每一瞬时比值都一定是不可能的。为了使主、副流量变化在时间和相位上同步,必须引入"动态补偿环节"$W_z(s)$,使得 $Q_2(s)/Q_1(s) = K$,便可实现动态比值恒定。

在单闭环比值控制方案中,设 $W_z(s)$ 串接在比值器之后,副流量控制器之前,如图 4-60 所示。

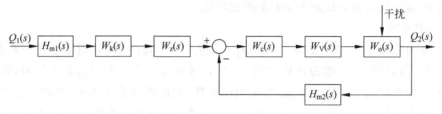

图 4-60　单闭环比值控制

假定控制器采用 PI 控制,控制阀、检测元件、变送器及被控对象均为一阶环节。由图 4-60 可得系统的传递函数为

$$\frac{Q_2(s)}{Q_1(s)} = \frac{H_{m1}(s)W_k(s)W_z(s)W_c(s)W_v(s)W_o(s)}{1 + W_c(s)W_v(s)W_o(s)H_{m2}(s)} = K \tag{4-90}$$

因为

$$W_k(s) = K' = KQ_{1max}/Q_{2max}$$

所以

$$W_z(s) = \frac{1 + H_{m2}(s)W_c(s)W_v(s)W_o(s)}{W_c(s)W_v(s)W_o(s)H_{m1}(s)} \cdot \frac{Q_{2max}}{Q_{1max}} \tag{4-91}$$

把各环节的传递函数代入式(4-91)可得

$$W_z(s) = \frac{As^4 + Bs^3 + Cs^2 + Ds + 1}{(T_I s + 1)(T_{m1} s + 1)(T_{m2} s + 1)} \left(\frac{K_{m2}}{K_{m1}} \cdot \frac{Q_{2max}}{Q_{1max}} \right) \tag{4-92}$$

式中,因 K_{m1}、K_{m2} 分别为主、副流量检测变送环节的放大系数,而 Q_{1max}、Q_{2max} 分别是主、副流量仪表的最大量程,所以

$$\frac{K_{m2}}{K_{m1}} \cdot \frac{Q_{2max}}{Q_{1max}} = 1 \tag{4-93}$$

又因为

$$As^4 + Bs^3 + Cs^2 + Ds + C = (A_1 s^2 + B_1 s + C_1)(A_2 s^2 + B_2 s + C_2) \tag{4-94}$$

而工艺上一般希望副流量尽快地跟踪主流量,副流量控制器在参数整定时,使过程曲线处于振荡与不振荡的边界。这样,式(4-94)又可表示成

$$As^4 + Bs^3 + Cs^2 + Ds + 1 = (T_1 s + 1)(T_2 s + 1)(T_3 s + 1)(T_4 s + 1) \tag{4-95}$$

将式(4-93)和式(4-95)代入式(4-92)可得

$$W_z(s) = \frac{(T_1 s + 1)(T_2 s + 1)(T_3 s + 1)(T_4 s + 1)}{(T_I s + 1)(T_{m2} s + 1)(T_{m1} s + 1)} \tag{4-96}$$

这就是说,补偿环节的模型可被看成由 4 个正微分单元和 3 个反微分单元串联组成。

由于流量对象的时间常数较小,反应较快,因此可以把除控制器外的副流量广义对象近似为一阶环节,同时又将主、副流量的检测、变送单元的特性视为相同。这样,式(4-91)可简化为

$$W_z(s) = \frac{1 + W_c(s)W'_o(s)}{W_c(s)W'_o(s)} \tag{4-97}$$

若副流量控制器选择 PI 作用,则有

$$W_z(s) = \frac{(T_1 s + 1)(T_2 s + 1)}{(T_1 s + 1)} \tag{4-98}$$

这就是说,作近似处理后补偿环节的模型只需两个正微分单元和一个反微分单元串联便可实现。如果在控制器参数整定时,把积分时间常数 T_I 凑得和式(4-98)分子中的其中一个时间常数(如 T_2)差不多,则补偿环节的模型可进一步简化成动态补偿环节只需一个正微分单元即可,即

$$W_z(s) = T_1 s + 1 \tag{4-99}$$

以上讨论的是单闭环方案的情况,对于其他比值控制方案,同样可求得相应的动态补偿环节的模型表达式。其实,保证动态比值一定的方法有很多,采用动态补偿环节仅是其中之一。对于有些系统可以从方案设计上作一些修改,便可实现主、副流量在动态关系上比较一致。例如有些反应器,既要求参加反应的几种物料量成一定比值,同时又要求其液面稳定,以保证流出量稳定(因它往往作为后一反应的进料)。在这种情况下,一般的设计方案是以反应器液面为主参数,流量比值为副参数的串级-比值控制系统。当液面由于某种原因而上升时,通过液面控制器输出变化来减小主流量的设定值,使主流量减小,然后通过比值控制系统使副流量也减小,保证其流量比值不变。同时总的负荷减小了,液面也随着下降,恢复到原设定值。但从动态角度看,因液面变化首先反映到主流量设定值变化,使主流量随之变化,再经过主流量检测、变送、比值计算使副流量控制器设定值变化,副流量也就跟着变化。显然,副流量的变化要滞后于主流量,也就是说不能保证动态比值一定。如果在方案设计上稍作修改,除了将液面控制器的输出作为主流量控制器的设定值外,同时送入比值器作为副流量控制器的设定值。因为比值器的时间常数很小,可以看作一个放大环节,这样,主、副流量控制回路对液面控制器的响应在动态关系上就比较一致,以保持动态比值。

4. 比值控制系统的参数整定

同其他控制系统一样,选择适当的控制器参数是保证和提高控制品质的一个重要途径。在比值控制系统中,变比值控制系统因结构上是串级控制系统,因此主流量控制器可按串级控制系统进行整定。双闭环比值控制系统的主流量回路是一个定值控制系统,因此可按单回路控制系统进行整定。这样,比值控制系统的整定问题就是讨论单闭环比值控制系统,双闭环比值控制系统的副流量回路和变比值控制系统的变比值回路的整定方法。

由于在比值控制系统中,副流量回路(或变比值回路)是一个随动控制系统,对它们的基本要求是副流量能准确地、快速地跟随主流量而变化,并且不宜有过调。因此,不能按一般定值控制系统 4∶1 递减过程的要求进行整定,而应以达到振荡与不振荡的临界过程为"最佳"过程。整定步骤如下:

(1)根据工艺要求的两流量比值 K,进行比值系数 K' 的计算。在现场整定时,根据计算的比值系数 K' 投运,并在投运过程中适当调整。

(2) 将积分时间常数置于最大值,由大到小逐步改变比例度,直到系统处于振荡与不振荡的临界过程为止。

(3) 如果有积分作用,则在适当放宽比例度(通常为 20%)的情况下,然后缓慢地把积分时间常数减小,直到出现振荡与不振荡的临界过程或微振荡过程为止。

4.5 工程应用实例

4.5.1 单回路控制系统应用实例

在生产过程自动化中,单回路控制系统的应用十分广泛,下面以储槽液位控制系统设计为例加以说明。

1. 工艺概况

在石油、化工、食品等生产过程中有许多储液罐,用于存储原材料、半成品、成品等或作为缓冲器,为了保证生产正常进行,进出储液罐的物料需平衡,以维持液位在某一高度,因此液位自动控制系统的应用是十分广泛的。

2. 系统控制方案的设计

(1) 被控参数的选择。如前所述,生产工艺要求储液罐的液位维持在某一高度,或在很小范围内波动,以保证生产过程的正常进行。可见液位的高低是反映生产过程质量指标的直接参数,而且工艺上也是允许的,所以可选择液位作为被控参数。

(2) 控制参数的选择。从储液罐生产过程的液位控制来看,有两种液位控制方案:一种是测量储液罐的液位 H,控制进液阀的流量 Q,见图 4-61(a);另一种是测量储液罐液位 H,控制出液阀的流量 Q_1,见图 4-61(b)。两种方案被控过程的特性基本相同,均为一阶惯性环节。但是,从保证液体不溢出和如果 Q_1 是生产过程的负荷量来看,图 4-61(a)方案更为合理。

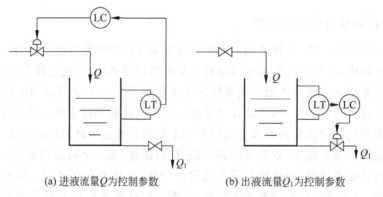

(a) 进液流量Q为控制参数   (b) 出液流量Q_1为控制参数

图 4-61   液位控制系统

(3) 过程控制仪表的选择。①选择 DDZ-Ⅲ型差压变送器作为液位测量变送器。②由于储液罐为一阶惯性环节,可选择对数流量特性调节阀。对图 4-61(a)控制方案,为保证液体不溢出和根据生产工艺安全原则,应选择气开式调节阀。③若工艺要求系统无余差或余差较小,可选用 PI 控制规律调节器;否则可选择 P 控制规律调节器。

由于变送器 K_m 为正,气开阀的 K_v 为正,当输入量增加时,液位增加,被控对象为正特性,故 K_0 为正。为保证负反馈 $K_m K_c K_v K_0 < 0$,则 K_c 为负,即选择反作用方式调节器。

3. 调节器参数整定

由于该对象是单容过程,液位变化迅速,不宜采用临界比例度法和衰减曲线法,故可采用反应曲线法整定调节器的参数。

4.5.2 串级控制系统实例分析

以精馏塔提馏段的温度控制为例说明串级控制系统。

图 4-62 是精馏塔底部示意图。在再沸器中,用蒸气加热塔釜液产生蒸气,然后在塔釜中与下降物料流进行传热传质。为了保证生产过程顺利进行,需要使提馏段温度 θ 保持恒定。为此,在蒸气管路上装一个调节阀,用它来调节加热蒸气流量,从而保证 θ 维持在设定值上。从调节阀动作到温度 θ 发生变化,需要相继通过很多热容积。实践证明,加热蒸气压力的波动对温度 θ 的影响很大。此外,还有来自液相加料方面的各种扰动,包括它的流量、温度和组分等,它们通过提馏段的传热传质过程以及再沸器中的传热条件(塔釜温度、再沸器液面等),最后也会影响到温度 θ。当加热蒸气压力波动较大时,如果采用图 4-62 所示的简单控制系统,控制品质一般都不能满足生产要求。如果采用一个附加的蒸气压力控制系统(图 4-63),把蒸气压力的干扰克服在入塔前,这样也就提高了温度控制的品质,但这样就需要增加一只调节阀并且增加了蒸气管路的压力损失,在经济上很不合理,而且这两个回路之间又是相互影响的。

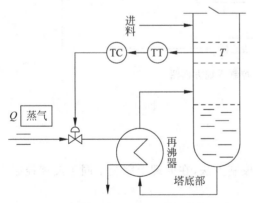

图 4-62 精馏塔提馏段温度简单控制方案

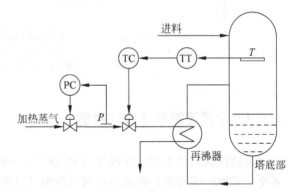

图 4-63 附加蒸气压力控制方案

比较好的方法是采用串级控制,如图 4-64 所示。副控制器 QC 根据加热蒸气流量信号控制阀调节,这样就可以在加热蒸气压力波动的情况下,仍能保持蒸气流量稳定。但副控制器 QC 的给定值则受主控制器 TC 的控制,后者根据温度 θ 改变蒸气流量给定值 Q_r,从而保证在发生进料方面扰动的情况下,仍能保持温度 θ 满足要求。用这个方法可以非常有效地克服蒸气压力波动对于温度 θ 的影响,因为流量自稳定系统的动作很快,蒸气压力变化所引起的流量波动在 $2\sim3$ s 内就消除了,而这样短暂时间的蒸气流量波动对于温度 θ 的影响是很微小的。对于来自进料方面的扰动来说,这种串级方案则并不一定能带来很显著的好处(下面将进一步分析这一点)。

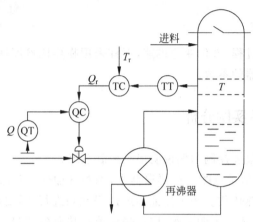

图 4-64　提馏段温度串级控制方案

提馏段温度串级控制系统方框图如图 4-65 所示,它有两个闭环系统:副环是流量自稳定系统,主环是温度控制系统。

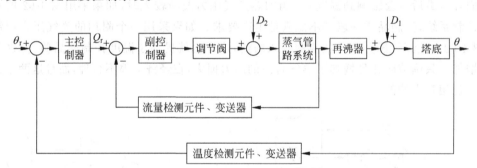

图 4-65　提馏段温度串级控制系统方框图

4.5.3　前馈控制系统应用举例

前馈控制是以不变性原理为理论基础的一种控制方法,在原理上完全不同于反馈控制系统。下面以锅筒锅炉的水位控制为例加以说明。

图 4-66 是一个供汽锅筒锅炉的示意图,给水 G 经过蒸气锅筒受热产生蒸气 D 供给用户。为了维持锅筒水位 H 一定,采用了液位-给水流量串级系统。对于供水侧的扰动如给水压力扰动等,串级系统能达到较好的控制效果。如有其他因素影响了水位,也能通过串级控制收到一定的效果。由于工业供气锅炉主要是负荷干扰,即外界用户的需要随时改变负荷的大小。当负荷 D 发生扰动时,锅筒水位就会偏离设定值。液位控制器接收偏差信号,运算后经加法器改变流量控制器的设定值,流量控制器响应设定值的变化,改变调节阀的阀

位,从而改变给水流量来适应负荷 D 的要求。如果 D 的变化幅度大而且十分频繁,那么这个系统是难于满足要求的,水位 H 将会有较大的波动。另外,由于负荷对水位的影响还存在着"假水位"现象,控制过程会产生更大的动态偏差,控制过程也会加长。此时,如果由一个熟练工人来调整,他可以根据外界负荷的变化先行调节给水量,使得给水量紧紧地跟随负荷量,而不需要像反馈系统那样,一直等到水位变化后再进行调节。如果操作得当,使得锅筒锅炉中,给水和负荷之间一直保持着物质平衡,水位可以控制到几乎不偏离设定值,这是反馈控制器无法达到的控制效果。可以用一种装置(如图 4-66 中虚线框内的部分)来模拟操作员的控制,图 4-66 中加法器 $\Sigma 1$ 实现了下述方程

$$I_G^* = I_D + I_L - 5.0 \tag{4-100}$$

其中,I_G^* 是给水流量的设定值;I_D 是蒸气的质量流量;I_L 为液位控制器的输出,一般等于5.0。由式(4-100)可以看到,加法器的作用就是使给水的设定值一直跟随负荷 I_D 而保持锅炉水位系统的物质平衡。这样就从根本上消除了由于物质不平衡所引起的水位偏差,这就是前馈控制。

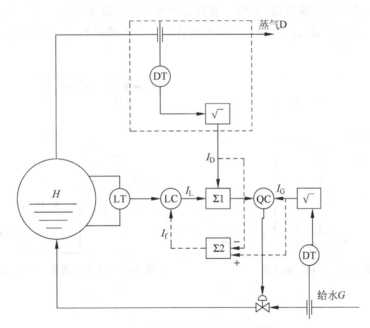

图 4-66 锅筒锅炉的水位控制系统

图 4-66 中,除了前馈运算之外,还用虚线表示了送给液位控制器的外部反馈信号 I_f。它是将蒸气流量和给水流量信号经加法器 $\Sigma 2$ 运算后得到的,可以表述为 $I_f = 5.0 + I_G - I_D$,当给水流量控制回路无偏差时,即 $I_G^* = I_G$,那么就有 $I_f = I_L$,液位控制器进行正常积分作用。如果由于某种原因给水流量出现偏差时,液位控制器只保持纯比例作用。显然,反馈信号 I_f 引入的目的是防止液位控制器的积分饱和。

由水位控制的例子可以看到,反馈控制对于变化幅度较大而且十分频繁的负荷干扰往往是不能满足要求的。而前馈控制却能把影响过程的主要扰动因素预先测量出来,再根据对象的物质(或能量)平衡条件,计算出适应该扰动的控制量然后进行控制。所以,无论何时,只要扰动出现,就立即进行校正,使得在它影响被控量之前就被抵消掉。因此,即使对难

控过程，在理论上，前馈控制也可以做到尽善尽美。当然，事实上前馈控制受到测量和计算准确性的影响，一般情况下不可能达到理想控制效果。

图 4-67 是前馈控制系统的方框图。它的特点是信号向前流动，系统中的被控量没有像反馈控制那样用来进行控制，只是将负荷干扰测出送入前馈控制器。显然，前馈控制与反馈控制之间存在着一个根本的差别，即前馈控制是开环控制而不是闭环控制，它的控制效果将不通过反馈来检验；而反馈控制是闭环控制，它的控制效果却要通过反馈来检验。

4.5.4 比值控制系统应用举例

如图 4-68 所示为自来水消毒的比值控制。来自江河湖泊的水，虽然经过净化，但往往还有大量的微生物，这些微生物对人体健康是有害的，因此，自来水厂将自来水供给用户之前，还必须应用氯气对其进行消毒处理。氯气具有很强的杀菌能力，但如果用量太少，达不到灭菌的作用；而用量太多，则会对人们饮用带来副作用，同时过多的氯气注入水中，不仅造成浪费，而且使水的气味难闻，另外对餐具会产生强烈的腐蚀作用。为了使氯气注入自来水中的量合适，必须使氯气注入量与自来水量成一定的比值关系，所以对此过程应用比值控制系统。

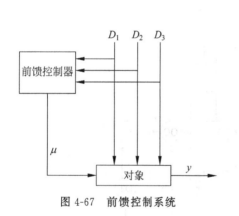

图 4-67 前馈控制系统

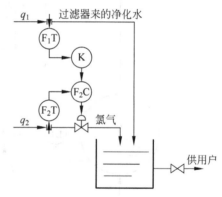

图 4-68 自来水消毒的比值控制系统

本章小结

本章主要讲述了单回路控制系统、串级控制系统、前馈控制系统和比值控制系统的基本原理、组成及应用方面的问题。其中，单回路控制系统是所有常规反馈控制系统的基础，它由检测元件及变送器、控制器、执行器和被控对象构成，由于其结构简单、工作可靠，能满足大多数工业过程对控制品质的要求，因而获得了广泛的应用。串级控制系统由于副回路的存在改善了对象的特性，使系统的时间常数减小、工作频率提高，对二次干扰有很强的克服能力，对负荷变化具有一定的自适应性。前馈控制系统是一种按干扰信号的大小和方向产生相应控制作用的开环控制系统，其控制的及时性和稳定性优于反馈控制系统，不过，前馈控制系统需要专用的控制装置，运行和参数整定较复杂。

思考题与习题

1. 单回路控制系统是如何构成的？有何特点？适用于哪些场合？

2. 过程控制系统方案设计应包含哪些主要内容？

3. 单回路系统方框图如图 4-69 所示。问：当系统中某组成环节的参数发生变化时，系统质量会有何变化？为什么？

(1) 若 T_0 增大；(2) 若 τ_0 增大；(3) 若 T_f 增大；(4) 若 τ_f 增大。

4. 如图 4-70 所示储槽，其流入量为 q_1，流出量为 q_2，用户要求其液位 h 保持在某一给定值上，试设计各种可能的过程控制系统。

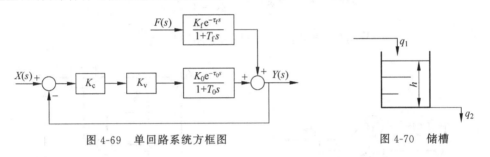

图 4-69 单回路系统方框图   图 4-70 储槽

5. 如图 4-71 所示储槽加热器，其流入量为 q_1，温度为 T_1，槽用蒸气加热，其流出量为 q_2，温度为 T_2，假设槽内搅拌均匀，认为流出量的温度即为槽内介质温度，生产要求 T_2 保持在某给定值上。当 q_1 或 T_1 变化时，试设计一过程控制系统。

6. 在生产过程中，要求控制水箱液位，故设计了如图 4-72 所示的液位定值控制系统。如果水箱受到一个单位阶跃扰动 f 作用，试求：

(1) 当调节器为比例作用时，系统的稳态误差；

(2) 当调节器为比例积分作用时，系统的稳态误差。

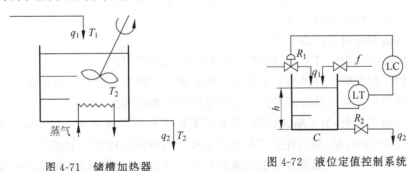

图 4-71 储槽加热器   图 4-72 液位定值控制系统

7. 与单回路控制系统相比，串级控制系统有哪些优越性？为什么？

8. 某生产过程中，冷物料通过加热炉进行加热，根据工艺需要，需对热物料的炉出口温度进行严格控制，在运行中发现燃料压力波动大，而且是一个主要扰动，请设计如图 4-73 所示系统的流程图，要求：

(1) 由系统控制流程图画出方框图;

(2) 确定调节阀的气开、气关形式;

(3) 决定调节器的正、反作用方式。

9. 前馈控制有哪几种主要结构形式?

10. 前馈控制与反馈控制有哪些区别?

11. 前馈控制系统适应于什么场合?

12. 前馈-反馈控制具有哪些优点?

13. 有如图 4-74 所示的一前馈-串级控制系统,已知

$$W_{c1}(s) = W_{c2}(s) = 9, \quad W_{o1}(s) = \frac{3}{2s+1}$$

$$W_v(s) = 2, \quad W_{o2}(s) = \frac{2}{2s+1}$$

$$W_{m1}(s) = W_{m2}(s) = 1, \quad W_{PD}(s) = \frac{0.5}{2s+1}$$

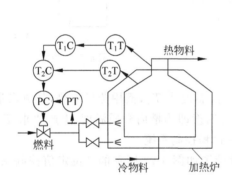

图 4-73　加热炉温度控制

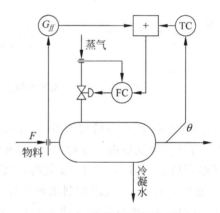

图 4-74　前馈串级控制系统

要求:

(1) 绘出该系统方框图。

(2) 计算前馈控制器的数学模型。

(3) 假定控制阀为气开式,试确定各控制器的正、反作用。

14. 比值控制有哪几种类型? 画出它们的结构原理图并比较它们的优缺点。

15. 比值与比值系数有何区别? 怎么将比值转换为比值系数?

16. 在制药工业中,为了增强药效,需要对某种成分的药物注入一定量的镇静剂、缓冲剂或加入一定量的酸、碱,使药性呈现酸性或碱性。这种注入过程一般都在一个混合槽中进行。生产要求药物与注入剂混合后的含量必须符合规定的比例。同时在混合过程中不允许药物流量突然发生变化,以免引起混合过程产生局部的副化学反应。为了防止药物流量 q 产生急剧变化,通常在混合槽前面增加一个停留槽,如图 4-75 所示,使药物流量先进入停留槽,然后再进入混合槽,同时停留槽设有液位控制,从而使 q 经停留槽后的流量 q_1 平缓地变化。为了保证药物与注入剂按严格规定的比例数值混合,设计了图示比值控制系统流程图。试由控制流程图画出方框图,确定调节阀的气开、气关形式和调节器的正、反作用方式。

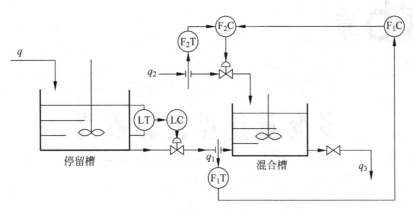

图 4-75　药物配置过程比值控制系统

第 **5** 章

多 变 量 过 程 控 制 系 统

学习目标
(1) 掌握多变量系统的基本特点;
(2) 掌握耦合、解耦等基本概念;
(3) 掌握耦合控制系统中的常用解耦方法。

5.1 概述

前面讲述的控制方法都是针对单输入单输出(SISO)系统。而且过程控制中大多采用常规控制器。这种控制方法原理简单、设计容易、调试方便,在工业过程控制中应用很广泛,并获得了很大的成功。

然而,随着工业的发展,生产规模不断扩大,系统复杂程度不断增加,并且它们多数是多输入多输出(MIMO)系统,输入输出之间彼此关联。由于系统的结构复杂,难以得到精确的数学模型,而且被控过程往往表现出一定程度的非线性特性。因此,将系统分割为若干个SISO系统进行控制时,往往会忽略系统内部的关联、模型的不确定性及部分非线性。虽然可以利用反馈控制克服这一缺点,但对于某些系统,这些多变量系统特性表现得很强烈,只采用SISO系统控制方法不易获得较好的效果。所以,研究MIMO系统的控制方法并把它们应用于工业过程控制,对提高生产效益和安全可靠运行十分重要。

5.1.1 系统的耦合与解耦

在MIMO系统中,当被控量只受本系统控制变量的影响,而与其他系统控制变量无关,并且控制变量只是影响本系统的被控量,而对其他系统的被控量无影响,那么该系统即为无耦合系统。反之,当系统间存在相互影响时,则称这些系统间存在耦合,这些系统被称为耦合系统。

大多数研究和设计系统的方法都需要一个能够较好地描述系统特性的数学表达式,即系统的数学模型。即便在完全凭借经验设计和调整控制系统的场合,一个适用的数学模型也会有助于系统设计和现场调试。因此,分析、设计系统的第一步往往是先求取系统的数学模型。多变量系统虽有多个输入和多个输出,但就某一对特定的输入输出而言,仍然相当一个单输入单输出系统。所以 MIMO 系统的模型必然有和 SISO 系统的相似之处,但由于变量的增多,也为了应用方便和表示简便,必须用一些比较特殊的方法。几十年来,单变量控制理论的成功运用,表明采用传递函数来表达和分析控制系统是极为方便和有效的,因而在多变量系统中采用传递函数矩阵作为对其描述与分析的工具。用来描述多变量系统的传递函数矩阵主要有 4 类: $W_o(s)$ 为被控对象传递函数矩阵; $W_c(s)$ 为控制器传递函数矩阵; $D(s)$ 为解耦网络传递函数矩阵; $F(s)$ 为反馈环节传递函数矩阵。

对于一个具有强耦合的多变量系统,通过一定的解耦方法,可以把系统间的耦合关系大大削弱,甚至完全消除,使其成为一些无耦合关系的单变量系统。按照多变量系统中耦合关系消除的程度,可以将解耦控制方法分为全解耦、部分解耦和一定程度解耦 3 种。其中,全解耦是指完全消除控制系统各个通道间的耦合关系;部分解耦是指完全消除某几个特定通道间的耦合关系;一定程度解耦是指把通道间的耦合关系削弱到某一允许的程度。

目前,工业上普遍采用的解耦方法有:

(1) 选择变量配对法:通过适当选择操纵量和被控量之间的配对关系,可以削弱各通道间的耦合关系,甚至不需再进行解耦。

(2) 对角矩阵法:通过解耦,实现被控量和操纵量间一对一的控制关系。

(3) 单位矩阵法:对角矩阵法的特例,它可使等效被控对象的特性得到改善,但解耦网络模型可能难于实现。

(4) 前馈补偿法:是基于不变性原理的一种解耦方法,解耦网络模型简单,易于计算,是工业过程中普遍使用的解耦方法。

(5) 逆奈奎斯特阵列法:这是一种现代频域法,计算及绘图比较复杂。

解耦控制实质就是设计一个解耦网络,利用解耦网络来部分或全部地消除系统间的耦合关系。在过程控制系统中,解耦网络接入控制系统中的方式大致有以下 4 种:

(1) 解耦网络接在调节器之前(见图 5-1)。此时,模型 $D(s)$ 与控制器 $W_c(s)$ 和被控对象 $W_o(s)$ 均有关,模型结构比较复杂。

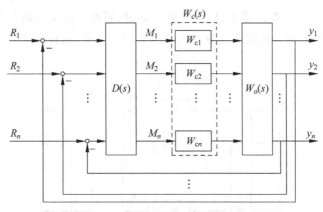

图 5-1　解耦网络接在调节器之前

(2) 解耦网络与调节器结合在一起(见图 5-2)。此时,可以减小主通道调节器的负担,因此这是一种比较常见的解耦结构。

(3) 解耦网络接在调节器和被控对象之间(见图 5-3)。此时,解耦网络模型 $D(s)$ 只与

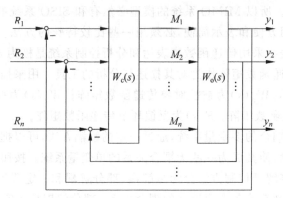

图 5-2　解耦网络与调节器结合在一起

被控对象的特性 $W_o(s)$ 有关，而不受调节器特性的影响，因此当调节器特性在工程整定时，不需要对解耦特性进行调整。所以，这是工程上比较常用的解耦网络结构。

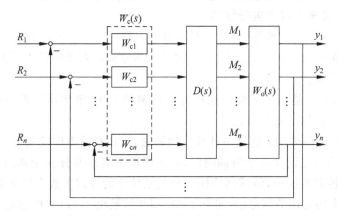

图 5-3　解耦网络接在调节器和被控对象之间

（4）解耦网络接在反馈通道上（见图 5-4）。此时，不但可以实现耦合系统输出变量对输入变量的解耦，而且还能实现输出变量对扰动的解耦。另外，这种接入方式还可以提高系统的抗干扰性能。

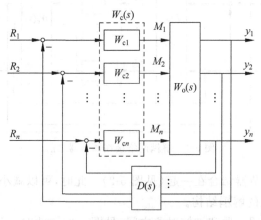

图 5-4　解耦网络接在反馈回路中

5.1.2　多变量系统中普遍存在的耦合现象

在多变量过程控制系统中,耦合是普遍存在的现象。当系统间的耦合程度不高,可以忽略各变量间的相互影响时,就可以把这样的多变量系统看成多个单变量系统进行设计和分析。但在许多生产过程中,这种耦合关系往往比较紧密,一个操纵量的变化往往引起多个被控量的改变。在这种情况下,就不能简单地将其看成多个单变量系统的组合了,否则不但得不到满意的控制效果,甚至得不到稳定的控制过程。下面,通过两个工业过程实例来说明多变量过程中的耦合现象。

1. 脱氧器液位压力控制系统

脱氧器是火力发电厂火力发电过程中一个比较重要的工艺设备。在凝结水和补充水组成的锅炉给水中,往往由于溶解了部分气体,而腐蚀或损伤有关的热力设备,影响其可靠性和寿命。因此,为确保热力发电厂运行的安全性、可靠性和经济性,必须除去锅炉给水中溶解的有害气体。脱氧器就是利用物理或化学方法除去锅炉给水中有害气体的工艺设备。为了保证脱氧器的脱氧效果以及设备的安全运行,必须对脱氧头压力以及脱氧器水位进行控制。脱氧器工艺流程示意图如图 5-5 所示。

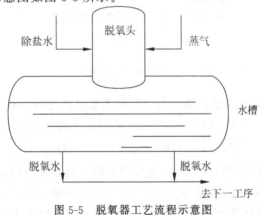

图 5-5　脱氧器工艺流程示意图

在脱氧过程中,为了保证脱氧器的脱氧效果,应通过调节蒸气流量使得除盐水处于饱和状态,同时为了防止水槽内水被抽干或液体溢出水槽,又应通过调节除盐水的进水流量使得储槽内的水位在工艺允许的工作范围内。显然这是一个具有两个被控量和两个操纵量的多变量系统。通过实验证明,在调节蒸气流量时,不但脱氧头压力发生变化,而且脱氧器水位也发生变化;在调节除盐水进水流量时,在引起脱氧器水位发生变化的同时,脱氧头压力也受到了影响。可见,这是一个具有耦合关系的多变量系统。该系统被控过程的数学模型可以描述为

$$\begin{bmatrix} Y_1(s) \\ Y_2(s) \end{bmatrix} = \begin{bmatrix} W_{11}(s) & W_{12}(s) \\ W_{21}(s) & W_{22}(s) \end{bmatrix} \begin{bmatrix} Q_1(s) \\ Q_2(s) \end{bmatrix} \tag{5-1}$$

其中,$Y_1(s)$、$Y_2(s)$ 分别为脱氧头压力和脱氧器水位,$Q_1(s)$、$Q_2(s)$ 分别为蒸气流量和除盐水流量。在式(5-1)中,由于 $W_{12}(s)$ 和 $W_{21}(s)$ 的存在,使得脱氧头压力控制通道和脱氧器

水位控制通道间存在着耦合关系。

2. 精馏塔产品成分控制系统

精馏塔是利用混合物内各种成分的挥发度不同而对塔内的成品或半成品进行分离和精制的工艺设备。为了保证精馏塔塔顶和塔底的产品浓度，通常要对塔顶和塔底的温度进行自动控制。通常，塔顶的温度控制是通过调节回流量来实现的，塔底的温度控制由调节蒸气流量来实现，如图 5-6 所示。可见，在精馏塔温度控制系统中，有两个被控量和两个操纵量。实践证明，在调节塔顶回流量时，不仅会使塔顶温度发生改变，而且塔底温度也会发生变化；同样，在调节塔底蒸气流量时，塔顶的温度也会受到影响。可见，精馏塔的精馏过程是一个具有耦合关系的系统。

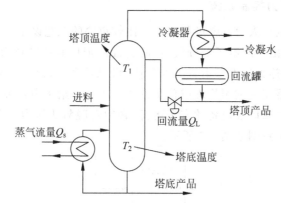

图 5-6　精馏塔工艺流程示意图

如图 5-6 所示的精馏塔塔顶和塔底温度控制系统被控过程的数学模型可以表示为

$$\begin{bmatrix} T_1(s) \\ T_2(s) \end{bmatrix} = \begin{bmatrix} W_{11}(s) & W_{12}(s) \\ W_{21}(s) & W_{22}(s) \end{bmatrix} \begin{bmatrix} Q_L(s) \\ Q_s(s) \end{bmatrix} \tag{5-2}$$

从上述两个工业过程实例可以看出，变量间的耦合关系是控制系统中普遍存在的现象。当控制系统中的耦合关系比较强时，就必须利用一定的解耦方法来消除或大大削弱这种关系，然后再利用单变量控制系统的设计方法进行相应控制系统的实现。

5.2　相对增益

当多变量控制系统中的耦合关系较弱时，可以忽略这种耦合关系，而把多变量系统看成多个单变量系统对其进行控制系统的分析与设计。然而，当被控系统中的耦合关系较强时，就必须采用解耦方法来消除或削弱这种关系，然后再对其进行自动控制。

通常，用相对增益作为衡量一个多变量系统中被控量与其相对应的操纵量间相互影响大小的尺度。假设一个多变量控制系统含有 n 个控制通道，第 i 个（$1 \leqslant i \leqslant n$）控制通道的被控量及第 j 个操纵量分别为 y_i、m_j，则第 i 个控制通道的被控量和第 j 个操纵量间的相对增益定义为

$$\lambda_{ij} = \cfrac{\left.\cfrac{\partial y_i}{\partial m_j}\right|_{m_k=c(1 \leqslant k \leqslant n, k \neq j)}}{\left.\cfrac{\partial y_i}{\partial m_j}\right|_{y_k=c(1 \leqslant k \leqslant n, k \neq j)}} \tag{5-3}$$

其中,分子表示在其他所有回路均开环的情况下,即所有其他通道的操纵量 m_j ($1 \leqslant j \leqslant n, j \neq i$)均不影响第 i 个控制通道的被控量 y_i 时,该通道的开环增益;分母表示其他回路闭环,即其他回路的操纵量在调整,而其对应的被控量保持稳定时,第 i 个控制通道的被控量在所有操纵量的影响下和第 j 个操纵量间的相对增益。

当相对增益 $\lambda_{ij} = 1$ 时,表示由被控量 y_i 和操纵量 m_j 相对应所组成的控制回路与其他回路之间没有耦合关系,这个回路就可以认为是独立的单变量系统;如果被控量 y_i 不受操纵量 m_j 的任何影响,那么 $\lambda_{ij} = 0$。

根据相对增益的定义,可以求出每一控制量和每一操纵量间的相对增益。整个多变量系统各个控制通道间的耦合强度可用相对增益阵来表示为

$$\boldsymbol{\Lambda} = \begin{array}{c} \\ y_1 \\ y_2 \\ \vdots \\ y_n \end{array} \overset{\begin{array}{cccc} m_1 & m_2 & \cdots & m_n \end{array}}{\begin{bmatrix} \lambda_{11} & \lambda_{12} & \cdots & \lambda_{1n} \\ \lambda_{21} & \lambda_{22} & \cdots & \lambda_{2n} \\ \vdots & \vdots & \ddots & \vdots \\ \lambda_{n1} & \lambda_{n2} & \cdots & \lambda_{nn} \end{bmatrix}} \tag{5-4}$$

相对增益阵 $\boldsymbol{\Lambda}$ 中的 λ_{ij} 值越接近于 1,表示第 i 个被控量和第 j 个操纵量间的耦合强度越大。可以证明,多变量系统的相对增益阵中,每行及每列上相对增益的和均为 1。利用这个结论,可以大大减少相对增益的计算个数。

对于一个 3×3 的耦合系统,只需计算或测试 4 个不相关(其中任意 3 个值不在相对增益阵中的同一行或同一列上)的相对增益值,其他的相对增益即可由这 4 个相对增益计算得到。例如,已经计算得到相对增益 λ_{11}、λ_{12}、λ_{22} 和 λ_{33},那么利用这 4 个相对增益值即可得到如下的相对增益阵

$$\boldsymbol{\Lambda} = \begin{bmatrix} \lambda_{11} & \lambda_{12} & 1-\lambda_{11}-\lambda_{12} \\ 1-\lambda_{11}-\lambda_{12}-\lambda_{22}+\lambda_{33} & \lambda_{22} & \lambda_{11}+\lambda_{12}-\lambda_{33} \\ \lambda_{12}+\lambda_{22}-\lambda_{33} & 1-\lambda_{12}-\lambda_{22} & \lambda_{33} \end{bmatrix} \tag{5-5}$$

可见,对于一个 $n \times n$ 的耦合系统,只需计算得到 $(n-1)^2$ 个不相关的(任意 n 个相对增益值不在相对增益阵中的同一行或同一列)相对增益值,即可通过这 $(n-1)^2$ 个相对增益值获得该耦合系统的相对增益阵。

在相对增益阵中,如果某一对变量的相对增益值接近于 1,那么表明其他控制通道对本通道的影响很小,这样可以将这两个变量配对组成独立的单回路控制系统,而不需要进行特别的解耦控制;当某对变量间的相对增益值接近于 0 时,则表明该控制通道中的操纵量对被控变量的控制作用很弱,这样这两个变量不能够组成变量配对;当相对增益阵中的某个值小于 0 时,则表明这两个变量所组成的控制系统是不稳定的,此时系统将不可控;当相对增益阵中的所有数值相接近时,则表明系统间的耦合最为严重,此时必须采用解耦控制。

　　图 5-7 为一个混合搅拌系统，两种物质 A、B 输送到搅拌罐中进行搅拌后输出，并送到下一工序。该系统要求对输出物流量 q 及物质 A 在输出物中的百分比含量 x 进行控制。可以看出，这是一个两输入两输出系统，在这个系统中，操纵量为输入到搅拌罐中的物质 A 和 B 的流量 q_A、q_B，被控量为输出物流量 q 及物质 A 在输出物中的百分比含量 x。很明显，这个多变量系统是一个耦合系统，因为无论 q_A、q_B 哪个发生变化，输出物流量 q 及成分 x 都要发生变化，该耦合系统的方框图如图 5-8 所示，即利用 q_A 来控制输出物的总流量 q，用 q_B 来控制成分 x。下面将利用这个多变量过程分析如何利用相对增益阵来确定变量配对关系，又怎样去求取相对增益阵。

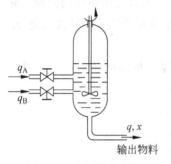

图 5-7　混合搅拌系统

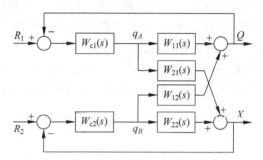

图 5-8　混合搅拌控制系统方框图

　　通常，可以利用实验法及数理法来求取相对增益阵。其中，实验法适用于被控过程的数学机理比较复杂且难于求解的情况；相反，当被控过程的机理比较简单又易于求解时，就可以利用数理法来求取相对增益阵。当然，在求取相对增益阵时，利用前面提到的结论"多变量系统的相对增益阵中，每行及每列上相对增益的和均为 1"会大大减少实验步骤或计算量。

1. 实验法

　　当被控过程的数学机理比较复杂而且又难于求解时，可以利用实验法来求取多变量过程的相对增益阵。

　　以图 5-7 所示的 2×2 耦合系统为例，利用前面提到的关于相对增益阵的结论可知，只需求取一个相对增益值，就可获得该系统的相对增益阵 $\mathbf{\Lambda}$。若求取相对增益值 λ_{11}，首先在两个控制回路均开环的情况下，用手动方式使操纵量 q_A 改变 Δq_A，然后记录被控量输出物流量 q 的变化 Δq，由此得到相对增益值 λ_{11} 的分子 α_{11}

$$\alpha_{11}=\frac{\partial q}{\partial q_A}\bigg|_{q_B=c}=\frac{\Delta q}{\Delta q_A} \tag{5-6}$$

然后将操纵量 q_B 和成分 x 组成的控制回路闭合，使得被控量 x 在操纵量 q_B 的作用下保持不变。此时再用手动方式使操纵量 q_A 改变 Δq_A，同时记录被控量 q 的变化 $\Delta q'$，由此得到相对增益值 λ_{11} 的分母 α'_{11}

$$\alpha'_{11}=\frac{\partial q}{\partial q_A}\bigg|_{x=c}=\frac{\Delta q'}{\Delta q_A} \tag{5-7}$$

利用式(5-6)和式(5-7)可得相对增益值 λ_{11} 为

$$\lambda_{11}=\frac{\dfrac{\partial q}{\partial q_A}\bigg|_{q_B=c}}{\dfrac{\partial q}{\partial q_A}\bigg|_{x=c}}=\frac{\Delta q}{\Delta q'} \tag{5-8}$$

相对增益阵中的其他值可由 λ_{11} 得到。

2. 数理法

上述实验法求取相对增益阵,对正在运行的系统存在一定的影响。当对被控过程的机理比较清楚时,为避免对系统造成影响可利用数理法来求取相对增益阵。

仍以图 5-7 所示的系统为例。通过对该过程的了解可以得到

$$\begin{cases} q=q_A+q_B & \text{(a)} \\ x=\dfrac{q_A}{q} & \text{(b)} \end{cases} \tag{5-9}$$

利用式(5-9)中的(a)式可以得到相对增益值 λ_{11} 的分子 α_{11}

$$\alpha_{11}=\frac{\partial q}{\partial q_A}\bigg|_{q_B=c}=1 \tag{5-10}$$

由式(5-9)中的(b)式可以得到

$$q=\frac{q_A}{x} \tag{5-11}$$

利用上式可以得到相对增益值 λ_{11} 的分母 α'_{11}

$$\alpha'_{11}=\frac{\partial q}{\partial q_A}\bigg|_{x=c}=\frac{1}{x} \tag{5-12}$$

进而可以得到相对增益值 λ_{11}

$$\lambda_{11}=\frac{\alpha_{11}}{\alpha'_{11}}=x \tag{5-13}$$

因此,该耦合系统的相对增益阵为

$$\Lambda=\begin{array}{c}q\\x\end{array}\begin{array}{cc}q_A & q_B\\ \left[\begin{array}{cc} x & 1-x \\ 1-x & x \end{array}\right]\end{array} \tag{5-14}$$

前面通过图 5-7 所示的耦合系统分别解释了如何利用实验法和机理法来求取耦合系统的相对增益阵,下面再通过式(5-14)分析如何利用相对增益阵来确定变量配对关系。在式(5-14)中,若 $x>50\%$,即物质 A 在输出物中的百分含量超过 50%,那么分别将操纵量 q_A 和被控量 q 及将操纵量 q_B 和被控量 x 组成变量配对是合适的。然而,当被控系统要求物质 A 在输出物中的百分含量小于 50% 时,则应该分别将操纵量 q_A 和被控量 x 及操纵量 q_B 和被控量 q 组成变量配对。

例如,当被控系统要求物质 A 在输出物中的百分含量为 30%,即 $x=0.3$ 时,那么相对增益阵为

$$\Lambda=\begin{array}{c}q\\x\end{array}\begin{array}{cc}q_A & q_B\\ \left[\begin{array}{cc} 0.3 & 0.7 \\ 0.7 & 0.3 \end{array}\right]\end{array}$$

可见操纵量 q_B 对被控量 q 的控制作用较强,因此应将 q_B 和 q 组成变量配对。同理,将 q_A 和 x 进行变量配对。

　　从上面的叙述可以看出,利用相对增益阵,可以衡量多变量系统中耦合程度的大小,同时还可以根据相对增益值的大小来正确组成变量配对关系。

5.3　解耦设计方法

　　在多变量系统中,经过合理的变量配对后,如果系统间的耦合关系仍比较严重时,就必须采用解耦控制方法来消除或削弱系统中的相互影响,使之成为无耦合或耦合强度可以忽略的被控过程。

5.3.1　对角矩阵解耦法

　　对角矩阵解耦法,实质是通过解耦使得控制器所控制的等效被控对象模型 $\boldsymbol{W}_o'(s)$,变成对角矩阵 $\boldsymbol{W}_\Lambda(s)$。

　　图 5-9 是 2×2 解耦控制系统方框图。

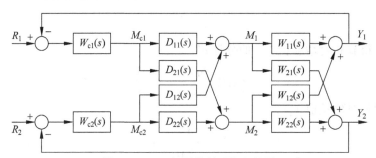

图 5-9　2×2 解耦控制系统方框图

　　从图 5-9 可以看出

$$\begin{bmatrix} Y_1(s) \\ Y_2(s) \end{bmatrix} = \begin{bmatrix} W_{11}(s) & W_{12}(s) \\ W_{21}(s) & W_{22}(s) \end{bmatrix} \begin{bmatrix} M_1 \\ M_2 \end{bmatrix} \quad \begin{bmatrix} M_1 \\ M_2 \end{bmatrix} = \begin{bmatrix} D_{11}(s) & D_{12}(s) \\ D_{21}(s) & D_{22}(s) \end{bmatrix} \begin{bmatrix} M_{c1} \\ M_{c2} \end{bmatrix} \quad (5\text{-}15)$$

可见,控制器所控制的等效对象传递函数矩阵 $\boldsymbol{W}_o'(s)$ 为

$$\boldsymbol{W}_o'(s) = \begin{bmatrix} W_{11}(s) & W_{12}(s) \\ W_{21}(s) & W_{22}(s) \end{bmatrix} \begin{bmatrix} D_{11}(s) & D_{12}(s) \\ D_{21}(s) & D_{22}(s) \end{bmatrix} \quad (5\text{-}16)$$

设对角矩阵为

$$\boldsymbol{W}_\Lambda(s) = \begin{bmatrix} W_{11}(s) & 0 \\ 0 & W_{22}(s) \end{bmatrix} \quad (5\text{-}17)$$

对角矩阵解耦就是使下式成立,即

$$\begin{bmatrix} W_{11}(s) & W_{12}(s) \\ W_{21}(s) & W_{22}(s) \end{bmatrix} \begin{bmatrix} D_{11}(s) & D_{12}(s) \\ D_{21}(s) & D_{22}(s) \end{bmatrix} = \begin{bmatrix} W_{11}(s) & 0 \\ 0 & W_{22}(s) \end{bmatrix} \quad (5\text{-}18)$$

即

$$\boldsymbol{W}_{o}(s)\boldsymbol{D}(s) = \boldsymbol{W}_{\Lambda}(s) \tag{5-19}$$

由式(5-19)有

$$\boldsymbol{D}(s) = \boldsymbol{W}_{o}^{-1}(s)\boldsymbol{W}_{\Lambda}(s) \tag{5-20}$$

$$\begin{bmatrix} D_{11}(s) & D_{12}(s) \\ D_{21}(s) & D_{22}(s) \end{bmatrix} = \begin{bmatrix} W_{11}(s) & W_{12}(s) \\ W_{21}(s) & W_{22}(s) \end{bmatrix}^{-1} \begin{bmatrix} W_{11}(s) & 0 \\ 0 & W_{22}(s) \end{bmatrix}$$

$$= \frac{1}{W_{11}(s)W_{22}(s) - W_{12}(s)W_{21}(s)} \begin{bmatrix} W_{22}(s) & -W_{12}(s) \\ -W_{21}(s) & W_{11}(s) \end{bmatrix} \begin{bmatrix} W_{11}(s) & 0 \\ 0 & W_{22}(s) \end{bmatrix}$$

$$= \frac{1}{W_{11}(s)W_{22}(s) - W_{12}(s)W_{21}(s)} \begin{bmatrix} W_{22}(s)W_{11}(s) & -W_{12}(s)W_{22}(s) \\ -W_{21}(s)W_{11}(s) & W_{11}(s)W_{22}(s) \end{bmatrix}$$

$$\tag{5-21}$$

由式(5-15)和式(5-18)有

$$\begin{bmatrix} Y_1(s) \\ Y_2(s) \end{bmatrix} = \begin{bmatrix} W_{11}(s) & W_{12}(s) \\ W_{21}(s) & W_{22}(s) \end{bmatrix} \begin{bmatrix} D_{11}(s) & D_{12}(s) \\ D_{21}(s) & D_{22}(s) \end{bmatrix} \begin{bmatrix} M_{c1} \\ M_{c2} \end{bmatrix} = \begin{bmatrix} W_{11}(s) & 0 \\ 0 & W_{22}(s) \end{bmatrix} \begin{bmatrix} M_{c1} \\ M_{c2} \end{bmatrix}$$

$$\tag{5-22}$$

可见

$$\begin{cases} Y_1(s) = W_{11}(s)M_{c1} \\ Y_2(s) = W_{22}(s)M_{c2} \end{cases} \tag{5-23}$$

从式(5-23)可以看出,经对角矩阵解耦后,控制作用 M_{c1} 对被控量 $Y_2(s)$ 的影响以及控制作用 M_{c2} 对被控量 $Y_1(s)$ 的影响已经被完全消除,图 5-9 所示的耦合控制系统就等效为如图 5-10 所示。

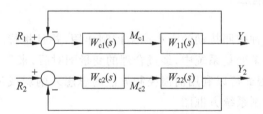

图 5-10   2×2 耦合系统对角矩阵解耦后的等效系统方框图

5.3.2 单位矩阵解耦法

单位矩阵解耦法是对角矩阵解耦法的一个特例,即取

$$\boldsymbol{W}_{\Lambda}(s) = \begin{bmatrix} 1 & 0 \\ 0 & 1 \end{bmatrix} \tag{5-24}$$

在对角矩阵解耦法中,目标矩阵 $\boldsymbol{W}_{\Lambda}(s)$ 中主对角线上保留了原耦合对象传递函数矩阵中主对角线上的元素。从图 5-10 也可以看出,经对角矩阵解耦后,相对独立的控制通道中,等效对象特性保留了原耦合系统中主控制通道的特性。而单位矩阵法解耦,不但消除了原系统

中的耦合关系,同时还改善了等效对象的特性。但由此带来的缺点是:解耦网络模型会难于实现。

仍以 2×2 耦合系统为例,单位矩阵解耦法就是使下式成立,即

$$\begin{bmatrix} W_{11}(s) & W_{12}(s) \\ W_{21}(s) & W_{22}(s) \end{bmatrix} \begin{bmatrix} D_{11}(s) & D_{12}(s) \\ D_{21}(s) & D_{22}(s) \end{bmatrix} = \begin{bmatrix} 1 & 0 \\ 0 & 1 \end{bmatrix} \tag{5-25}$$

由式(5-25)可得解耦网络模型为

$$\begin{bmatrix} D_{11}(s) & D_{12}(s) \\ D_{21}(s) & D_{22}(s) \end{bmatrix} = \begin{bmatrix} W_{11}(s) & W_{12}(s) \\ W_{21}(s) & W_{22}(s) \end{bmatrix}^{-1} \begin{bmatrix} 1 & 0 \\ 0 & 1 \end{bmatrix}$$

$$= \frac{1}{W_{11}(s)W_{22}(s) - W_{12}(s)W_{21}(s)} \begin{bmatrix} W_{22}(s) & -W_{12}(s) \\ -W_{21}(s) & W_{11}(s) \end{bmatrix} \tag{5-26}$$

同对角矩阵解耦法一样可以证明,在经过单位矩阵解耦后,控制作用 M_{c1} 对被控量 $Y_2(s)$ 的影响以及控制作用 M_{c2} 对被控量 $Y_1(s)$ 的影响已经被完全消除。解耦后的等效系统如图 5-11 所示。

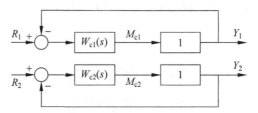

图 5-11　2×2 耦合系统经单位矩阵解耦后的等效系统方框图

5.3.3　前馈补偿解耦法

前馈控制方法是一种按照扰动的大小产生控制作用,并且将扰动克服在被控量变化之前的有效控制方法。在多变量系统中,经过合理的变量配对后,来自其他通道的影响对本通道来说都相当于扰动,因此可以利用前馈控制方法的思想来削弱或消除耦合作用。图 5-12 是前馈补偿解耦法的控制系统方框图。

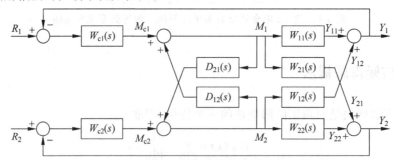

图 5-12　2×2 耦合系统前馈补偿解耦控制系统方框图

图 5-12 中,解耦网络模型 $D_{21}(s)$ 和 $D_{12}(s)$ 就相当于前馈控制方法中的前馈控制器,它的作用就是直接根据扰动的大小,产生前馈补偿作用,从而消除系统间的耦合关系,即

$$Y_{11} + Y_{12} = 0(M_2 \neq 0), \quad Y_{21} + Y_{22} = 0(M_1 \neq 0) \tag{5-27}$$

因此有下式成立

$$\begin{cases} M_2 D_{12} W_{11} + M_2 W_{12} = 0 \\ M_1 D_{21} W_{22} + M_2 W_{21} = 0 \end{cases} \tag{5-28}$$

从而得到解耦网络模型为

$$\begin{cases} D_{12}(s) = -W_{12}(s)/W_{11}(s) \\ D_{21}(s) = -W_{21}(s)/W_{22}(s) \end{cases} \tag{5-29}$$

显然,经前馈补偿解耦后所得到的等效系统如图 5-10 所示。很明显,前馈补偿解耦法和对角矩阵解耦法的解耦效果相同,但前者的解耦网络结构比较简单,对于 2×2 耦合控制系统,对角矩阵解耦网络中包含 4 个解耦支路模型,而前馈补偿解耦法只需 2 个,并且解耦模型的阶次低,因而易于实现。前馈补偿解耦法是目前工业上应用最普遍的一种解耦方法。

5.3.4 具有纯滞后耦合对象的解耦方法

在过程控制系统中,对象具有纯滞后是普遍存在的现象。对于图 5-13 所示的具有纯滞后的前馈解耦系统,利用式(5-29)可得解耦网络模型为

$$\begin{cases} D_{12}(s) = -\dfrac{W_{12}(s)e^{-\tau_{12}s}}{W_{11}(s)e^{-\tau_{11}s}} = -\dfrac{W_{12}(s)}{W_{11}(s)}e^{-(\tau_{12}-\tau_{11})s} \\ D_{21}(s) = -\dfrac{W_{21}(s)e^{-\tau_{21}s}}{W_{22}(s)e^{-\tau_{22}s}} = -\dfrac{W_{21}(s)}{W_{22}(s)}e^{-(\tau_{21}-\tau_{22})s} \end{cases} \tag{5-30}$$

从式(5-30)可以看出,当 $\tau_{12} < \tau_{11}$ 或 $\tau_{21} < \tau_{22}$ 时,解耦网络模型 $D_{12}(s)$ 或 $D_{21}(s)$ 是无法实现的。那么,如何对具有纯滞后的耦合对象进行解耦呢?

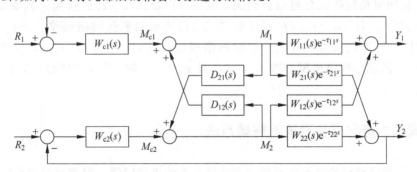

图 5-13 具有纯滞后的 2×2 耦合系统前馈补偿解耦控制系统图

如图 5-14 所示为 2×2 耦合系统的对角矩阵解耦网络控制系统图。根据图 5-14 可知,只要满足

$$D_{11}(s)W_{21}(s)e^{-\tau_{21}s} + D_{21}(s)W_{22}(s)e^{-\tau_{22}s} = 0 \quad (M_{c1} \neq 0) \tag{5-31}$$

$$D_{22}(s)W_{12}(s)e^{-\tau_{12}s} + D_{12}(s)W_{11}(s)e^{-\tau_{11}s} = 0 \quad (M_{c2} \neq 0) \tag{5-32}$$

并且所得的解耦网络模型可以物理实现,那么就能实现图中所示的 2×2 具有纯滞后耦合系

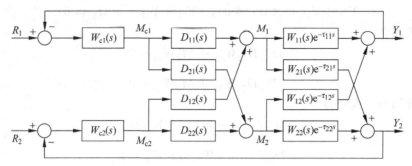

图 5-14　具有纯滞后的 2×2 耦合系统对角矩阵解耦控制系统图

统的解耦。很明显，由以上两个方程所确定的解耦网络模型的解是非唯一的。在此，给出满足上述方程的四组解如式（5-33）～式（5-36）所示。

$$D_{11}(s) = D_{22}(s) = 1, \quad D_{21}(s) = -\frac{W_{21}(s)}{W_{22}(s)} e^{-(\tau_{21}-\tau_{22})s}, \quad D_{12}(s) = -\frac{W_{12}(s)}{W_{11}(s)} e^{-(\tau_{12}-\tau_{11})s}$$

$$(5\text{-}33)$$

$$D_{11}(s) = D_{12}(s) = 1, \quad D_{21}(s) = -\frac{W_{21}(s)}{W_{22}(s)} e^{-(\tau_{21}-\tau_{22})s}, \quad D_{22}(s) = -\frac{W_{11}(s)}{W_{12}(s)} e^{-(\tau_{11}-\tau_{12})s}$$

$$(5\text{-}34)$$

$$D_{21}(s) = D_{12}(s) = 1, \quad D_{11}(s) = -\frac{W_{22}(s)}{W_{21}(s)} e^{-(\tau_{22}-\tau_{21})s}, \quad D_{22}(s) = -\frac{W_{11}(s)}{W_{12}(s)} e^{-(\tau_{11}-\tau_{12})s}$$

$$(5\text{-}35)$$

$$D_{21}(s) = D_{22}(s) = 1, \quad D_{11}(s) = -\frac{W_{22}(s)}{W_{21}(s)} e^{-(\tau_{22}-\tau_{21})s}, \quad D_{12}(s) = -\frac{W_{12}(s)}{W_{11}(s)} e^{-(\tau_{12}-\tau_{11})s}$$

$$(5\text{-}36)$$

可见，利用对角矩阵法总可以找到满足式（5-31）及式（5-32）的解而达到解耦的目的。例如，当 $\tau_{11} > \tau_{12}$，且 $\tau_{21} > \tau_{22}$ 时，可以取式（5-34）所示的解耦网络模型；当 $\tau_{11} < \tau_{12}$，且 $\tau_{21} > \tau_{22}$ 时，可以取式（5-33）所示的解耦网络模型；当 $\tau_{11} > \tau_{12}$，且 $\tau_{21} < \tau_{22}$ 时，可以取式（5-35）所示的解耦网络模型；当 $\tau_{11} < \tau_{12}$，且 $\tau_{21} < \tau_{22}$ 时，可以取式（5-36）所示的解耦网络模型。

5.3.5　具有大滞后耦合对象的解耦方法

在上一节中已经讨论过如何对时间滞后耦合系统进行解耦。但解耦后的系统中往往含有纯滞后环节。当过程的纯滞后时间 τ 与其对应的动态时间常数 T 的比值大于等于 0.3 时，就认为是具有较大滞后的工艺过程了。在这种情况下，若仍采用单回路 PID 控制，很难获得良好的控制效果。

本节通过一个实例，来讲述如何利用 Smith 预估器来消除大滞后耦合对象中的纯滞后环节，使得多变量大滞后对象变成不含纯滞后的多变量对象。

例 5-1 一个具有大时滞的双变量耦合对象为

$$\boldsymbol{W}_o(s) = \begin{bmatrix} \dfrac{0.65e^{-150s}}{100s+1} & \dfrac{-0.15e^{-50s}}{120s+1} \\ \dfrac{-0.12e^{-150s}}{100s+1} & \dfrac{-0.46e^{-50s}}{120s+1} \end{bmatrix}$$

针对该对象具有耦合及大滞后的特点设计合理的控制方案。

首先,利用 5.3.4 节中的时间滞后解耦方法对上述对象进行解耦。解耦系统方框图如图 5-15 所示,其中耦合对象及其解耦网络模型分别为

$$W_{11}(s) = \frac{0.65e^{-150s}}{100s+1}, \quad W_{12}(s) = \frac{-0.15e^{-50s}}{120s+1}$$

$$W_{21}(s) = \frac{-0.12e^{-150s}}{100s+1}, \quad W_{22}(s) = \frac{-0.46e^{-50s}}{120s+1}$$

$$D_{11}(s) = D_{12}(s) = 1$$

$$D_{21}(s) = -\frac{W_{21}(s)}{W_{22}(s)} = -\frac{0.06(120s+1)e^{-100s}}{0.23(100s+1)}$$

$$D_{22}(s) = -\frac{W_{11}(s)}{W_{12}(s)} = \frac{0.13(120s+1)e^{-100s}}{0.03(100s+1)}$$

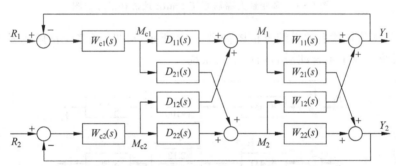

图 5-15 具有纯滞后的 2×2 耦合系统解耦控制方框图

将上述耦合对象模型及解耦网络模型代入式(5-16),可以求得控制器所控制的等效对象 $\boldsymbol{W}_o'(s)$ 为

$$\boldsymbol{W}_o'(s) = \begin{bmatrix} W_{11}(s) & W_{12}(s) \\ W_{21}(s) & W_{22}(s) \end{bmatrix} \begin{bmatrix} D_{11}(s) & D_{12}(s) \\ D_{21}(s) & D_{22}(s) \end{bmatrix} = \begin{bmatrix} \dfrac{0.69}{100s+1}e^{-150s} & 0 \\ 0 & -\dfrac{2.12}{100s+1}e^{-150s} \end{bmatrix}$$

经解耦后的系统如图 5-16 所示。

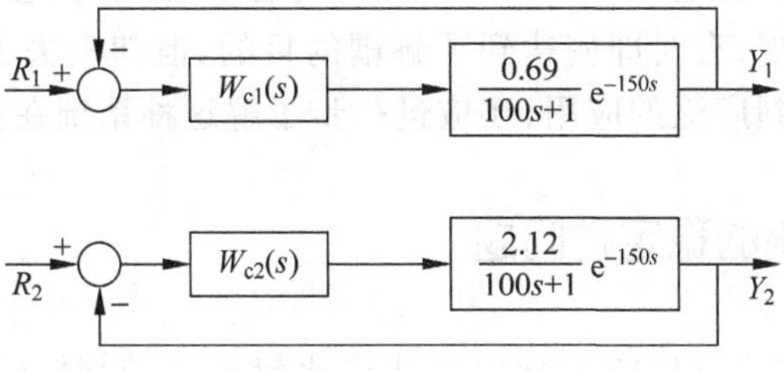

图 5-16 解耦后的 2×2 大滞后系统图

从图 5-16 可以看出,经解耦后,原系统变成了具有大时滞的单变量系统。因此,再对每个通道采用 Smith 预估补偿消除闭环系统中的纯滞后环节。控制系统的方框图如图 5-17 所示,图中的 Smith 预估补偿模型 $W_{s1}(s)$、$W_{s2}(s)$ 分别为

$$W_{s1}(s) = \frac{0.69}{100s+1}(1-e^{-150s})$$

$$W_{s2}(s) = -\frac{2.12}{100s+1}(1-e^{-150s})$$

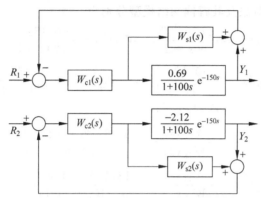

图 5-17　多变量大滞后系统 Smith 预估补偿方框图

经 Smith 预估补偿后的系统方框图如图 5-18 所示,可见,经多变量解耦及 Smith 预估补偿后,原系统变成了不含纯滞后的单变量系统。

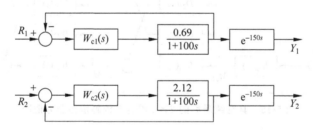

图 5-18　经解耦及 Smith 预估补偿后的多变量大滞后系统方框图

5.4　解耦控制系统在实现过程中存在的问题

通过对 5.3 节的学习可以发现,当解耦网络接在调节器和被控对象之间时,解耦网络的模型是由被控对象的特性决定的。当被控对象的特性较复杂时,会导致求出的解耦网络模型在实际应用中难以实现,有时即使达到了解耦的目的,但却失去了系统的稳定性。因此,为了使解耦控制系统得到广泛的应用,还应进一步了解这种系统在实际应用中存在的问题。

5.4.1　解耦控制系统的稳定性问题

在多变量系统中,被控对象的数学模型往往比较复杂,同时又可能表现出一定的非线

性。因此,在绝大多数情况下,解耦网络模型的增益不应该是常数。也就是说,理论求出的解耦网络模型和实际应用间存在一定的差异。这个差异的存在会导致系统不稳定,所以在设计了解耦控制系统后,还需要分析解耦系统的稳定性。

根据图 5-12 所示的 2×2 耦合系统的前馈补偿解耦控制系统,有

$$M_1 = M_{c1} + M_2 D_{12} \tag{5-37}$$

$$M_2 = M_{c2} + M_1 D_{21} \tag{5-38}$$

被控对象的静态模型为

$$\boldsymbol{W}'_{\text{o}}(s) = \begin{bmatrix} K_{11} & K_{12} \\ K_{21} & K_{22} \end{bmatrix}$$

即

$$Y_1 = K_{11} M_1 + K_{12} M_2 \tag{5-39}$$

$$Y_2 = K_{21} M_1 + K_{22} M_2 \tag{5-40}$$

联立式(5-37)～式(5-39)有

$$Y_1 = \frac{(K_{11} + K_{12} D_{21}) M_{c1} + (K_{12} + K_{11} D_{12}) M_{c2}}{1 - D_{12} D_{21}} \tag{5-41}$$

那么,当 M_{c2} 为常数时,求被控量 Y_1 对控制作用 M_{c1} 的偏导数有

$$\frac{\partial Y_1}{\partial M_{c1}}\bigg|_{M_{c2}=c} = \frac{K_{11} + K_{12} D_{21}}{1 - D_{12} D_{21}} \tag{5-42}$$

联立式(5-39)、式(5-41)及式(5-42)有

$$Y_1 = \frac{(K_{11} K_{22} - K_{12} K_{21}) K_{11} M_{c1} + (K_{12} D_{12} + K_{12}) K_{11} Y_2}{K_{11} K_{22} - K_{12} K_{21} + K_{21}} \tag{5-43}$$

那么,当 Y_2 为常数时,求被控量 Y_1 对控制作用 M_{c1} 的偏导数有

$$\frac{\partial Y_1}{\partial M_{c1}}\bigg|_{Y_2=c} = \frac{(K_{11} K_{22} - K_{12} K_{21}) K_{11}}{K_{11} K_{22} - K_{12} K_{21} + K_{21}} \tag{5-44}$$

由式(5-42)和式(5-44)可以求出被控量 Y_1 相对于控制作用 M_{c1} 的静态相对增益值 λ_{11s}

$$\lambda_{11s} = \frac{\dfrac{\partial Y_1}{\partial M_{c1}}\bigg|_{M_{c2}=c}}{\dfrac{\partial Y_1}{\partial M_{c1}}\bigg|_{Y_2=c}} = \frac{(K_{11} + K_{12} D_{21})(K_{11} K_{22} - K_{12} K_{21} + K_{21})}{(1 - D_{12} D_{21})(K_{11} K_{22} - K_{12} K_{21}) K_{11}} \tag{5-45}$$

由式(5-29)可得 2×2 耦合系统的静态前馈解耦网络模型为

$$\begin{cases} D_{12}(s) = -K_{12}/K_{11} \\ D_{21}(s) = -K_{21}/K_{22} \end{cases} \tag{5-46}$$

将式(5-46)代入式(5-45)有 $\lambda_{11s}=1$,可见实现了有效解耦。然而,当解耦模型存在误差 δ 时,即

$$\begin{cases} D_{12}(s) = -K_{12}(1+\delta)/K_{11} \\ D_{21}(s) = -K_{21}(1+\delta)/K_{22} \end{cases} \tag{5-47}$$

会使得 $\lambda_{11s}>1$,因此,系统中其他解耦回路的相对增益值会出现负值,这时系统将失控。可见,当解耦网络模型存在误差将引起系统的不稳定。因此,在实现解耦网络模型时,要力求

准确,同时原耦合系统的变量配对应尽可能使其各相对增益落在 $0\sim\delta$。

5.4.2　解耦网络模型的简化

当解耦网络接在调节器和被控对象之间时,解耦网络模型是由被控对象的特性所决定的。因此,获得准确解耦网络模型的前提条件是已知准确的被控对象模型。然而,在工业过程中,很难获得准确的被控对象模型,特别是被控过程较复杂时,被控对象的数学模型也会随之复杂,这时甚至会导致解耦网络模型无法实现。为此,首先对耦合对象的模型进行简化处理,然后得到简化的解耦网络模型,再在实际应用中反复调整,直至获得满意的控制效果。

在耦合对象传递函数矩阵中,若最大的时间常数与最小时间常数间相差 10 倍以上时,则可以忽略最小的那个时间常数;若有几个时间常数比较接近,则可假设它们相等。

对于解耦网络模型来说,能实现整个动态过程的完全解耦固然很好,但此时解耦网络模型往往比较复杂,即使用计算机来实现,也会因为模型阶次较高而降低解耦的实时性。因此,解耦网络模型的简化对解耦的实现具有实际意义。

当解耦网络模型只是在静态条件下实现解耦时,称之为静态解耦。静态解耦是一种基本而有效的补偿方法,它可以使耦合系统稳定的运行,并且在一定程度上减小扰动对被控参数的影响。

静态解耦网络模型的求取比较简单,如一个 2×2 耦合系统的解耦网络模型为

$$\boldsymbol{D}(s) = \begin{bmatrix} 0.37(3s+1) & \dfrac{0.3}{s+1} \\ \dfrac{-0.52}{3s+1} & 0.49(s+1) \end{bmatrix}$$

那么,静态解耦网络模型为

$$\boldsymbol{D}(s) = \begin{bmatrix} 0.37 & 0.3 \\ -0.52 & 0.49 \end{bmatrix}$$

实际应用表明,这样简化后,仍能达到工程满意的解耦效果。

本章小结

随着工业的发展,生产规模的不断扩大,在一个过程控制系统中,需要进行自动控制的变量往往多于一个,并且这些变量间又或多或少地存在一定的关联。这种现象在多变量系统中被称为耦合。耦合是多变量系统中普遍存在的现象。当系统间的耦合强度较弱时,可以忽略这种耦合关系,而把多变量系统视为多个单变量系统进行控制方案的设计与分析。反之,就必须首先消除或削弱系统间的耦合关联,然后再进行控制系统的设计,否则控制系统难以达到满意的指标。

本章着重介绍了耦合与解耦的基本概念,耦合系统的表示方法、系统间耦合强度的衡量指标、几种常用的解耦网络结构以及解耦控制方法。

通过对本章的学习,了解和掌握耦合与解耦的概念,了解在过程控制中常用的解耦网络

结构,学会利用相对增益来选择适当的变量配对关系,以减小系统间的耦合强度,掌握常用的解耦控制方法。

思考题与习题

1. 什么是多变量系统的耦合与解耦?按解耦强度大小可以将解耦方法分为哪几种类型?

2. 什么是相对增益?说明如何利用实验法求取多变量系统的相对增益。

3. 如何利用相对增益来选择合适的变量配对关系?

4. 画图并说明如何实现 2×2 耦合系统的对角矩阵解耦以及如何求取解耦网络模型。

5. 画图并说明如何实现 2×2 耦合系统的前馈补偿解耦以及如何求取解耦网络模型。

6. 一具有纯滞后的多变量系统的被控对象为

$$\boldsymbol{W}_{\mathrm{o}}(s) = \begin{bmatrix} \dfrac{0.65}{100s+1}\mathrm{e}^{-20s} & \dfrac{0.13}{120s+1}\mathrm{e}^{-150s} \\ 0 & \dfrac{0.32}{150s+1}\mathrm{e}^{-100s} \end{bmatrix},$$

试说明实现这一多变量系统的解耦控制方法,并求出解耦网络模型。

第 6 章

推 理 控 制

学习目标
(1) 掌握推理控制系统的基本结构及原理;
(2) 掌握推理控制器的基本设计方法;
(3) 了解模型误差对推理控制系统的影响;
(4) 了解多变量推理控制系统的基本结构及控制原理。

6.1 概述

随着现代工业过程对控制、计量、节能增效和运行可靠性等要求的不断提高,各种测量要求日益增多,因此现代过程检测与以往相比具有了更深的内涵以及更广的扩展。一方面,仅获得压力、液位、温度等常规过程参数的测量信息已不能满足工艺操作和控制的要求,需要获取如成分等与过程操作和控制密切相关的参数测量信息。另一方面,仪表测量的精度要求越来越高,测量从静态或稳态向动态检测发展。然而对于许多工业过程,一些与产品质量密切相关,需要加以严格控制的重要过程参数由于技术或经济的原因还很难(或根本无法)通过传感器在线得到,如精馏塔的产品组分浓度、化学反应器的反应物浓度和产品质量分布、生物发酵罐中的生物量参数等。若采取定时离线分析的方法,需要较长时间才能得到一组数据,无法实现关键变量的直接闭环控制。我们知道,当系统中的主要扰动可测、不可控时,可以采用前馈控制方法有效地克服其对过程关键变量的影响。但是,在工业生产过程中,当系统主要扰动不可测或难于测量时,就无法直接利用前馈控制方法来补偿主要扰动对系统关键变量的影响。

在过程关键变量和主要扰动不可直接测量的情况下,推理控制(inferential control)能够有效地解决不可直接测量的关键变量的控制问题。推理控制是美国 Coleman Brosilow 和 Matin Tong 于 1978 年提出的,基本思想是利用生产过程中可以在线测量的变量,如以温度、压力和流量等信息作为辅助变量(secondary variable),估计出不可测扰动对系统不可测关键变量(primary variable)的影响,再在建立的过程数学模型的基础上,根据对过程输出性能的要求,通过数学推理推导出控制系统所应具有的结构形式,以消除不可直接测量的主要扰动对过程关键变量的影响,进而改善控制系统的控制品质。

6.2　推理控制系统

6.2.1　问题的提出

在工业过程中,当过程输出变量无法直接获得时,通常采取间接控制方法。所谓间接控制方法是指对一个与过程输出直接相关的可测变量(辅助变量)进行自动控制,从而达到间接控制过程关键变量(也称为主变量)的目的,间接控制原理方框图如图 6-1 所示。

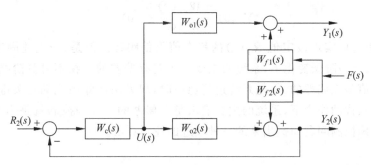

图 6-1　间接控制原理方框图

图 6-1 中,$Y_1(s)$ 为不可测的过程关键变量,$Y_2(s)$ 为用于实现间接控制所选的辅助变量;$W_{o1}(s)$、$W_{o2}(s)$ 为控制通道的传递函数;$W_{f1}(s)$、$W_{f2}(s)$ 为扰动通道的传递函数;$W_c(s)$ 为控制器;$R_2(s)$ 为辅助变量 $Y_2(s)$ 的设定值;$F(s)$ 为不可测扰动。

在常规控制器的控制作用下,系统的关键变量和辅助输出分别为

$$Y_1(s) = \frac{W_c(s)W_{o1}(s)}{1+W_c(s)W_{o2}(s)}R_2(s) + \left[W_{f1}(s) - \frac{W_{f2}(s)W_c(s)W_{o1}(s)}{1+W_c(s)W_{o2}(s)}\right]F(s) \quad (6\text{-}1)$$

$$Y_2(s) = \frac{W_c(s)W_{o2}(s)}{1+W_c(s)W_{o2}(s)}R_2(s) + \frac{W_{f2}(s)}{1+W_c(s)W_{o2}(s)}F(s) \quad (6\text{-}2)$$

图 6-1 中,若控制器采用比例积分控制作用,即

$$W_c(s) = K_p\left[1 + \frac{1}{T_i s}\right]$$

则由式(6-1)可知,在设定值 $R_2(s)$ 的阶跃变化作用下,系统输出的稳态误差分别为

$$e_1(\infty) = R_1(0) - Y_1(0) = R_1(0) - \lim_{s\to 0} s Y_1(s)$$

$$= R_1(0) - \lim_{s\to 0} s \cdot \frac{K_p\left[1+\dfrac{1}{T_i s}\right]W_{o1}(s)}{1+K_p\left[1+\dfrac{1}{T_i s}\right]W_{o2}(s)} \cdot \frac{R_2(0)}{s}$$

$$= R_1(0) - \frac{W_{o1}(0)}{W_{o2}(0)}R_2(0) \quad (6\text{-}3)$$

$$e_2(\infty) = R_2(0) - Y_2(0) = 0 \quad (6\text{-}4)$$

在不可测阶跃扰动 $F(s)$ 作用下，系统输出的稳态误差分别为

$$e_1(\infty) = Y_1(0) = \left[W_{f1}(0) - \frac{W_{f2}(0)W_{o1}(0)}{W_{o2}(0)} \right] F(0) \tag{6-5}$$

$$Y_2(0) = 0 \tag{6-6}$$

式(6-3)～式(6-6)中，$R_1(0)$、$R_2(0)$、$Y_1(0)$、$Y_2(0)$ 及 $F(0)$ 分别表示相应传递函数的稳态值；$W_{o1}(0)$、$W_{o2}(0)$、$W_{f1}(0)$ 和 $W_{f2}(0)$ 分别表示控制通道和扰动通道的静态增益。

从式(6-3)～式(6-6)可以看出，当控制器采用比例积分控制时，在设定值 $R_2(s)$ 阶跃变化下，辅助输出 $Y_2(s)$ 可以实现设定值 $R_2(s)$ 的稳态无偏跟踪。当辅助变量与关键变量之间具有固定的单值函数关系

$$Y_1(0) = \frac{W_{o1}(0)}{W_{o2}(0)} Y_2(0)$$

时，主要输出也可以实现设定值 $R_1(s)$ 的稳态值无偏跟踪。但是，当上述固定关系不满足时，在设定值 $R_2(s)$ 阶跃变化下，系统的主要输出是有偏差的。在不可测阶跃扰动作用下，辅助输出稳态值是无偏差的，但是系统达到稳态时，却无法消除该扰动对关键变量的影响，即在不可测阶跃扰动作用下，系统的主要输出是有偏差的。推理控制就是为了解决不可测关键变量的无偏控制问题而提出来的一种改进的控制算法。

6.2.2 推理控制系统的组成

图 6-2 所示为推理控制系统方框图。图中，$W'_c(s)$ 为推理控制器，其输入为辅助变量，输出为控制作用 $U'(s)$。在此，推理控制就是指为了实现对不可测关键变量 Y_1 的无偏差控制，通过数学推理，导出推理控制器 $W'_c(s)$ 所应具有的结构形式。

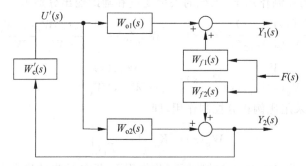

图 6-2 推理控制系统方框图

由图 6-2 可得

$$Y_1(s) = W_{f1}(s)F(s) + W'_c(s)W_{o1}(s)Y_2(s) \tag{6-7}$$

$$Y_2(s) = W_{f2}(s)F(s) + W'_c(s)W_{o2}(s)Y_2(s)$$

即

$$Y_2(s) = \frac{W_{f2}(s)F(s)}{1 - W'_c(s)W_{o2}(s)} \tag{6-8}$$

将式(6-8)代入式(6-7)，有

$$Y_1(s) = \left[W_{f1}(s) + \frac{W'_c(s)W_{o1}(s)W_{f2}(s)}{1 - W'_c(s)W_{o2}(s)} \right] F(s)$$

定义

$$K(s) = -\frac{W'_c(s)W_{o1}(s)}{1 - W'_c(s)W_{o2}(s)} \tag{6-9}$$

则有

$$Y_1(s) = [W_{f1}(s) - K(s)W_{f2}(s)]F(s) \tag{6-10}$$

若取

$$K(s) = W_{f1}(s)/W_{f2}(s)$$

则可完全消除不可测扰动 $F(s)$ 对系统关键变量 $Y_1(s)$ 的影响。由此可得推理控制器的传递函数为

$$W'_c(s) = \frac{K(s)}{W_{o2}(s)K(s) - W_{o1}(s)} \tag{6-11}$$

可见，推理控制器的传递函数 $W'_c(s)$ 取决于过程扰动通道和控制通道的动态特性，$W'_c(s)$ 的求取需要获得过程各通道的数学模型。分别用 $\hat{W}_{f1}(s)$、$\hat{W}_{f2}(s)$、$\hat{W}_{o1}(s)$ 和 $\hat{W}_{o2}(s)$ 表示实际过程通道特性 $W_{f1}(s)$、$W_{f2}(s)$、$W_{o1}(s)$ 和 $W_{o2}(s)$ 的数学模型，以区别于过程本身。那么，式(6-11)改写为

$$W'_c(s) = \frac{\hat{K}(s)}{\hat{W}_{o2}(s)\hat{K}(s) - \hat{W}_{o1}(s)} \tag{6-12}$$

式中，

$$\hat{K}(s) = \hat{W}_{f1}(s)/\hat{W}_{f2}(s)$$

由图 6-2 及式(6-12)可知，推理控制器的输出为

$$U'(s) = W'_c(s)Y_2(s) = \frac{\hat{K}(s)}{\hat{W}_{o2}(s)\hat{K}(s) - \hat{W}_{o1}(s)}Y_2(s) \tag{6-13}$$

为了便于分析 $W'_c(s)$ 的结构形式，将式(6-13)改写为

$$U'(s) = -\frac{1}{\hat{W}_{o1}(s)}[Y_2(s) - \hat{W}_{o2}(s)U'(s)]\hat{K}(s)$$

$$= -W_{\mathrm{I}}(s)[Y_2(s) - \hat{W}_{o2}(s)U'(s)]\hat{K}(s) \tag{6-14}$$

其中，

$$W_{\mathrm{I}}(s) = \frac{1}{\hat{W}_{o1}(s)}$$

由式(6-14)可得如图 6-3 所示的推理控制系统框图。图 6-3 中，$W_{\mathrm{I}}(s)$ 为推理控制器；$\hat{K}(s)$ 称为估计器。

由图 6-3 中推理控制部分可以看出，推理控制由以下 3 部分构成。

1) 不可测扰动信号的分离

由图 6-3，有

$$Y_2(s) = W_{f2}(s)F(s) + W_{o2}(s)U'(s)$$

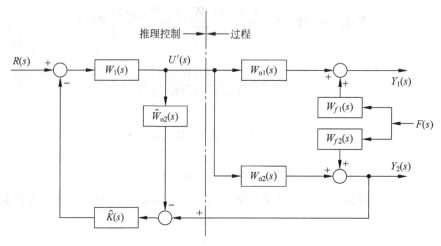

图 6-3 推理控制系统的组成

那么,当辅助变量对应的被控过程数学模型 $\hat{W}_{o2}(s)$ 与实际过程相同时,即 $\hat{W}_{o2}(s) = W_{o2}(s)$ 时,有

$$Y_2(s) - \hat{W}_{o2}(s)U'(s) = W_{f2}(s)F(s) \tag{6-15}$$

因此,$\hat{W}_{o2}(s)$ 的引入实现了将不可测扰动 $F(s)$ 对 $Y_2(s)$ 的影响从 $Y_2(s)$ 中分离出来的目的。

2) 估计器 $\hat{K}(s)$

由图 6-3,可以看出估计器 $\hat{K}(s)$ 的输出为 $[Y_2(s) - \hat{W}_{o2}(s)U'(s)]\hat{K}(s)$。当 $\hat{W}_{o2}(s) = W_{o2}(s)$,$\hat{W}_{f1}(s) = W_{f1}(s)$,$\hat{W}_{f2}(s) = W_{f2}(s)$ 时,结合式(6-15),可得其输出变为 $W_{f1}(s)F(s)$。而 $W_{f1}(s)F(s)$ 恰好是不可测扰动对过程关键变量 $Y_1(s)$ 的影响。可见,估计器的作用是估计不可测扰动对主变量 $Y_1(s)$ 的影响。

3) 推理控制器 $W_I(s)$

为了完全消除不可测扰动对过程关键变量的影响,可设计推理控制器为

$$W_I(s) = \frac{1}{\hat{W}_{o1}(s)}$$

若所有模型都准确,则在设定值变化作用下的过程输出为

$$Y_1(s) = R(s)$$

在不可测扰动作用下,过程的关键变量为

$$Y_1(s) = 0$$

可见,在模型准确的条件下,推理控制系统对设定值变化具有良好的跟踪性能,并可完全补偿所选定的不可测扰动对系统关键变量的影响。

由图 6-3 可以看出,推理控制系统中的估计器的作用是根据系统模型将不可测扰动 $F(s)$ 对过程关键变量 $Y_1(s)$ 的影响推理出来,推理控制器将根据推理得到的扰动影响大小产生相应的控制作用,以达到消除不可测扰动对过程关键变量影响的目的。

6.2.3　推理控制器的设计

如前所述,为了完全补偿所选定的不可测扰动对系统关键变量的影响,推理控制器应为

$$W_I(s) = \frac{1}{\hat{W}_{o1}(s)}$$

但是这样的推理控制器通常由于分子阶次高于分母阶次而无法实现。为此,在推理控制器上串联一个滤波器 $W_h(s)$,使得推理控制器变为

$$W_I(s) = \frac{W_h(s)}{\hat{W}_{o1}(s)} \tag{6-16}$$

设 $\hat{W}_{o1}(s)$ 具有如下的结构形式

$$\hat{W}_{o1}(s) = \hat{W}_{o1+}(s)\hat{W}_{o1-}(s)e^{-\hat{\tau}s}$$

式中,

$$\hat{W}_{o1+}(s) = \prod_{i=1}^{m}(\hat{T}_i s - 1)$$

包含了 $\hat{W}_{o1}(s)$ 全部右半平面的零点。为了使推理控制器可实现,且在模型准确时,系统输出的稳态偏差为 0,滤波器可设计为

$$W_h(s) = \frac{\hat{W}_{o1+}(s)e^{-\hat{\tau}s}}{\hat{W}_{o1+}(0)(T_h s + 1)^n}$$

式中,$\hat{W}_{o1+}(0)$ 为 $\hat{W}_{o1+}(s)$ 的稳态增益,引入其的目的是使滤波器的稳态增益 $W_h(0)$ 为 1;n 为 $\hat{W}_{o1-}(s)$ 的分母与分子的阶次之差;T_h 为滤波时间常数。滤波时间常数 T_h 的大小将直接影响系统输出响应的快慢。很明显,T_h 越大,滤波器的滤波作用越强,系统输出响应越慢;T_h 越小,滤波器的滤波作用越弱,系统输出响应越快。通常,T_h 应选得适当小一些,以获得较高的系统响应速度,但 T_h 太小,系统易出现振荡。另外,模型本身的误差也会不同程度地影响系统的性能,甚至使系统变得不稳定。因此,当模型准确度较低时,应适当增大滤波时间常数,以确保系统的稳定性。

串接滤波器以后的实际推理控制器就成为

$$W_I(s) = \frac{\hat{W}_{o1+}(s)e^{-\hat{\tau}s}}{\hat{W}_{o1+}(0)(T_h s + 1)^n \hat{W}_{o1+}(s)\hat{W}_{o1-}(s)e^{-\hat{\tau}s}}$$
$$= \frac{1}{\hat{W}_{o1+}(0)\hat{W}_{o1-}(s)(T_h s + 1)^n} \tag{6-17}$$

由图 6-3 可以看出,在式(6-16)所示的推理控制器作用下,系统输出为

$$Y_1(s) = W_{f1}(s)F(s) +$$

$$W_{o1}(s)W_I(s)\left\{R(s) - \{U'(s)[W_{o2}(s) - \hat{W}_{o2}(s)] + W_{f2}(s)F(s)\}\frac{\hat{W}_{f1}(s)}{\hat{W}_{f2}(s)}\right\}$$

在所有模型都准确的情况下,有

$$Y_1(s) = W_{f1}(s)F(s) + W_{o1}(s)W_I(s)\{R(s) - W_{f1}(s)F(s)\}$$
$$= W_h(s)R(s) + [1 - W_h(s)]W_{f1}(s)F(s) \tag{6-18}$$

由式(6-18)可见,在实际的推理控制中,即使所有模型都准确,系统关键变量也不能实现设定值阶跃变化作用下的完全动态跟踪,以及不可测扰动作用下的完全动态补偿。由于滤波器的稳态增益为 1,因而,在设定值阶跃变化作用下,系统输出的稳态偏差为

$$e_1(\infty) = R(0) - Y_1(0) = 0$$

在不可测阶跃扰动作用下,系统输出的稳态偏差为

$$e_1(\infty) = Y_1(0) = 0$$

可见,系统仍具有很好的稳态性能。

在实际工业过程中,当过程的关键变量和扰动不能在线测量时,很难甚至不能通过实验或机理方法获得较为准确的对象模型 $\hat{W}_{o1}(s)$、$\hat{W}_{f1}(s)$ 和 $\hat{W}_{f2}(s)$,这为推理控制的实现带来了一定的困难。在这种情况下,通常采用静态推理控制。

静态推理控制系统就是把推理控制系统中的估计器及关键被控对象模型用其对应的稳态模型代替,即

$$\hat{K}(s) = \hat{W}_{f1}(0)/\hat{W}_{f2}(0)$$
$$W_I(s) = \frac{W_h(s)}{\hat{W}_{o1}(0)}$$

由式(6-18)及滤波器 $W_h(s)$ 的稳态增益为 1 可知,当控制通道和扰动通道模型都准确时,即

$$\begin{cases} \hat{W}_{o1}(0) = W_{o1}(0) \\ \hat{W}_{o2}(0) = W_{o2}(0) \\ \hat{W}_{f1}(0) = W_{f1}(0) \\ \hat{W}_{f2}(0) = W_{f2}(0) \end{cases}$$

有

$$Y_1(0) = W_h(0)R(0) + [1 - W_h(0)]W_{f1}(0)F(0)$$

$W_{o1}(0)$、$W_{o2}(0)$、$W_{f1}(0)$ 和 $W_{f2}(0)$ 为控制通道和扰动通道的稳态增益,它们可由机理分析或实验得到。在稳态下,系统输出能跟踪设定值的变化,并消除不可测扰动的影响。

6.2.4 推理-反馈控制系统

在图 6-3 所示的推理控制系统中,当由于模型存在误差,无法完全补偿扰动对被控量的影响时,推理控制器并不能根据系统误差产生进一步的补偿控制作用,即推理控制系统无法根据被控量的偏差大小实现偏差纠正;另外,当系统存在其他扰动时,特定的推理控制器也无法产生相应的补偿作用。因此,推理控制系统是一个由特定的不可测扰动驱动的开环控制系统,通常不能单独使用。为了消除系统误差,可以将推理控制和反馈控制结合起来,构

成推理-反馈控制系统,如图 6-4 所示,$W_m(s)$ 可以是获得关键变量的具有较大测量滞后的测量环节,也可以是通过各种建模方法获得关键变量估计值的软测量模型。$W_c(s)$ 为反馈控制器,一般采用比例积分控制作用;当 $W_L(s)=1$ 时,由于反馈回路的存在,可以消除系统关键变量 $Y_1(s)$ 的稳态误差。但 $W_L(s)$ 一般不取为 1,而要适当选取。$W_L(s)$ 的选取原则是:在模型准确时,反馈回路的引入不应改变原来推理控制系统的响应。这就是说,在模型准确时,由式(6-18)可知,推理-反馈控制系统的关键变量仍具有下面的形式

$$Y_1(s) = W_h(s)R(s)$$

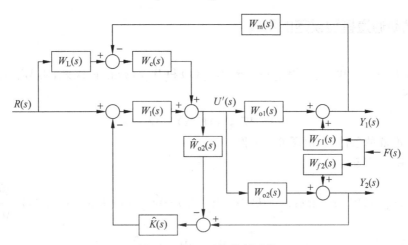

图 6-4   推理-反馈控制系统

这时,为了使反馈控制器 $W_c(s)$ 不起作用,要求反馈控制器的输入为 0,即

$$W_L(s)R(s) - W_m(s)Y_1(s) = 0$$

即

$$W_L(s) = W_m(s)W_h(s)$$

图 6-4 中,当推理控制系统中所有模型都准确时,在设定值变化作用下有

$$U'(s) = W_I(s)R(s) + W_c(s)[W_L(s)R(s) - W_m(s)Y_1(s)]$$

$$Y_1(s) = W_{o1}(s)U'(s) = W_{o1}(s)W_I(s)R(s) + W_{o1}(s)W_c(s)[W_L(s)R(s) - W_m(s)Y_1(s)]$$

即

$$Y_1(s) = \frac{W_{o1}(s)[W_I(s) + W_c(s)W_L(s)]}{1 + W_{o1}(s)W_c(s)W_m(s)}R(s)$$

$$= \frac{W_{o1}(s)[W_h(s)/\hat{W}_{o1}(s) + W_c(s)W_L(s)]}{1 + W_{o1}(s)W_c(s)W_m(s)}R(s)$$

当设定值 $R(s)$ 发生阶跃变化时,如果所有模型都准确,则被控量的稳态偏差为

$$e_1(\infty) = R(0) - Y_1(0) = 0$$

同样可以证明,当所有模型都准确时,在不可测阶跃扰动作用下,系统的稳态偏差也为 0。

由于反馈控制器采用了积分作用,因此,推理-反馈控制系统可以实现系统模型存在误差或存在其他扰动时,系统关键变量是稳态无偏的。

6.3 模型误差对系统性能的影响

理想情况下的推理控制,是以系统控制通道和扰动通道模型能够准确获得为基础的。但是,在实际生产过程中,由于系统复杂等原因,往往无法获得精确的过程模型。那么,当模型不准确时,模型误差对系统性能有什么影响呢?

6.3.1 扰动通道模型误差的影响

估计器 $\hat{K}(s) = \hat{W}_{f1}(s)/\hat{W}_{f2}(s)$,若 $\hat{W}_{f1}(s)$ 和 $\hat{W}_{f2}(s)$ 存在误差,则 $W_{f2}(s)\hat{K}(s) \neq W_{f1}(s)$。令

$$\Delta(s) = W_{f2}(s)\hat{K}(s) - W_{f1}(s)$$

在其他模型准确的条件下,由图 6-3 可得

$$Y_1(s) = W_{f1}(s)F(s) +$$

$$W_{o1}(s)W_I(s)\left\{R(s) - \{U'(s)[W_{o2}(s) - \hat{W}_{o2}(s)] + W_{f2}(s)F(s)\}\frac{\hat{W}_{f1}(s)}{\hat{W}_{f2}(s)}\right\}$$

$$= W_{f1}(s)F(s) + W_h(s)R(s) - W_h(s)W_{f2}(s)\hat{K}(s)F(s)$$

$$= W_h(s)R(s) + W_{f1}(s)F(s) - W_h(s)[\Delta(s) + W_{f1}(s)]F(s)$$

$$= W_h(s)R(s) + [1 - W_h(s)]W_{f1}(s)F(s) - W_h(s)\Delta(s)F(s)$$

显然,扰动通道模型的误差不影响系统的设定值跟踪性能。在稳态下,依然可以实现系统的设定值跟踪。

在不可测阶跃扰动作用下,系统输出的稳态偏差为

$$e_1(\infty) = Y_1(0) = [1 - W_h(0)]W_{f1}(0)F(0) - W_h(0)\Delta(0)F(0) = -\Delta(0)F(0)$$

式中,$\Delta(0) = W_{f2}(0)\hat{K}(0) - W_{f1}(0)$ 为扰动通道模型误差的静态增益。

显然,当扰动通道具有模型误差时,在不可测阶跃扰动作用下,系统关键变量将产生稳态偏差,其大小与扰动通道模型误差的静态增益及扰动信号的幅值有关。扰动通道模型误差的静态增益越大、扰动信号幅值越大,系统关键变量的稳态偏差越大。

6.3.2 控制通道模型误差的影响

1. 主控制通道模型误差的影响

假定 $\hat{W}_{o1}(s)$ 存在误差,而其他模型准确,则系统关键变量为

$$Y_1(s) = W_{f1}(s)F(s) +$$

$$W_{o1}(s)W_I(s)\left\{R(s) - \{U'(s)[W_{o2}(s) - \hat{W}_{o2}(s)] + W_{f2}(s)F(s)\}\frac{\hat{W}_{f1}(s)}{\hat{W}_{f2}(s)}\right\}$$

$$= \frac{W_{o1}(s)W_h(s)}{\hat{W}_{o1}(s)}R(s) + \left[1 - \frac{W_{o1}(s)W_h(s)}{\hat{W}_{o1}(s)}\right]W_{f1}(s)F(s)$$

在设定值阶跃变化作用下,系统关键变量的稳态偏差为

$$e_1(\infty) = R(0) - Y_1(0) = \left[1 - \frac{W_{o1}(0)}{\hat{W}_{o1}(0)}\right]R(0)$$

即,稳态偏差与主控制通道模型的静态增益误差及设定值信号变化的幅值有关。

在不可测阶跃扰动作用下,系统关键变量的稳态偏差为

$$e_1(\infty) = Y_1(0) = \left[1 - \frac{W_{o1}(0)}{\hat{W}_{o1}(0)}\right]W_{f1}(0)F(0)$$

即,稳态偏差与主控制通道模型的静态增益误差、扰动通道静态增益 $W_{f1}(0)$ 以及扰动信号幅值有关。

2. 辅助控制通道模型误差的影响

假定 $\hat{W}_{o2}(s)$ 存在误差,令其误差传递函数为

$$\Delta\hat{W}_{o2}(s) = W_{o2}(s) - \hat{W}_{o2}(s)$$

而其他模型准确,则系统关键变量为

$$Y_1(s) = W_{f1}(s)F(s) +$$

$$W_{o1}(s)W_I(s)\left\{R(s) - \{U'(s)[W_{o2}(s) - \hat{W}_{o2}(s)] + W_{f2}(s)F(s)\}\frac{\hat{W}_{f1}(s)}{\hat{W}_{f2}(s)}\right\}$$

$$= W_h(s)\{R(s) - U'(s)\Delta\hat{W}_{o2}(s)\hat{K}(s)\} + [1 - W_h(s)]W_{f1}(s)F(s) \qquad (6\text{-}19)$$

由图 6-3 有

$$U'(s) = W_I(s)\left\{R(s) - \{U'(s)[W_{o2}(s) - \hat{W}_{o2}(s)] + W_{f2}(s)F(s)\}\frac{\hat{W}_{f1}(s)}{\hat{W}_{f2}(s)}\right\}$$

$$= W_I(s)R(s) - W_I(s)\hat{W}_{f1}(s)F(s) - W_I(s)U'(s)\Delta\hat{W}_{o2}(s)\hat{K}(s)$$

由上式得

$$U'(s) = \frac{W_I(s)}{1 + W_I(s)\Delta\hat{W}_{o2}(s)\hat{K}(s)}R(s) - \frac{W_I(s)\hat{W}_{f1}(s)}{1 + W_I(s)\Delta\hat{W}_{o2}(s)\hat{K}(s)}F(s)$$

将上式代入式(6-19),可知在其他模型都准确的情况下,有

$$Y_1(s) = \frac{W_h(s) + W_h(s)W_I(s)\Delta\hat{W}_{o2}(s)\hat{K}(s) - W_h(s)W_I(s)\Delta\hat{W}_{o2}(s)\hat{K}(s)}{1 + W_I(s)\Delta\hat{W}_{o2}(s)\hat{K}(s)}R(s) +$$

$$[1 - W_h(s)]W_{f1}(s)F(s) - \frac{W_h(s)W_I(s)\Delta\hat{W}_{o2}(s)\hat{K}(s)}{1 + W_I(s)\Delta\hat{W}_{o2}(s)\hat{K}(s)}\hat{W}_{f1}(s)F(s)$$

$$= \frac{W_h(s)}{1 + W_I(s)\Delta\hat{W}_{o2}(s)\hat{K}(s)}R(s) + \left[1 - \frac{W_h(s)}{1 + W_I(s)\Delta\hat{W}_{o2}(s)\hat{K}(s)}\right]W_{f1}(s)F(s)$$

在设定值阶跃变化作用下，系统关键变量的稳态偏差为

$$e_1(\infty) = R(0) - Y_1(0) = \left[1 - \frac{W_h(0)}{1 + W_I(0)\Delta\hat{W}_{o2}(0)\hat{K}(0)}\right]R(0) = \left[1 - \frac{1}{1 + \tilde{K}\ \Delta\tilde{K}_2}\right]R(0)$$

式中，

$$\tilde{K} = W_I(0)\hat{K}(0) = \frac{W_h(0)}{\hat{W}_{o1}(0)} \cdot \frac{\hat{W}_{f1}(0)}{\hat{W}_{f2}(0)} = \frac{\hat{W}_{f1}(0)}{\hat{W}_{o1}(0)\hat{W}_{f2}(0)} = \frac{W_{f1}(0)}{W_{o1}(0)W_{f2}(0)}$$

$$\Delta\tilde{K}_2 = \Delta\hat{W}_{o2}(0) = W_{o2}(0) - \hat{W}_{o2}(0)$$

在不可测阶跃扰动作用下，系统关键变量的稳态偏差为

$$Y_1(0) = \left[1 - \frac{1}{1 + \tilde{K}\ \Delta\tilde{K}_2}\right]W_{f1}(0)F(0)$$

从图 6-5 可以看出 $\tilde{K}\Delta\tilde{K}_2$ 对稳态偏差的影响如下：

（1）当辅助对象模型的静态增益误差 $\Delta\tilde{K}_2 = 0$ 时，系统关键变量的稳态偏差为 0；当 $\tilde{K} > 0$ 时，辅助对象模型的静态增益误差越大，系统关键变量的稳态偏差也越大。

（2）当 $\tilde{K} > 0$ 时，辅助对象模型的静态增益误差 $\Delta\tilde{K}_2 < 0$ 比 $\Delta\tilde{K}_2 > 0$ 对关键变量稳态性能的影响要大。

（3）当 $\tilde{K}\Delta\tilde{K}_2$ 接近 -1 时，系统变得不稳定。

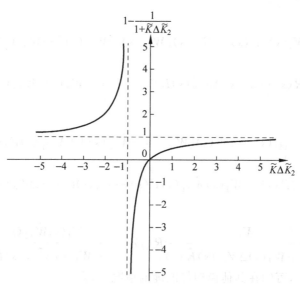

图 6-5 $\tilde{K}\Delta\tilde{K}_2$ 对稳态偏差的影响

6.4 输出可测条件下的推理控制

推理控制最初是为了解决系统关键变量和扰动不可测的问题而提出来的，其基本思想又被广泛应用于输出可测而扰动不可测的情况，构成输出可测条件下的推理控制。

6.4.1　系统构成

在输出可测,而扰动不可测时,推理控制系统结构如图 6-6 所示。在这种情况下,只需要被控对象的估计模型 $\hat{W}_{\mathrm{o1}}(s)$。

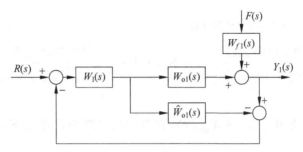

图 6-6　输出可测,扰动不可测的推理控制系统

图 6-6 所示的推理控制系统可以简化为如图 6-7 所示的系统。

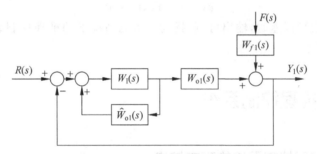

图 6-7　输出可测,扰动不可测的推理控制系统简化图

由图 6-7 可以得出系统的输出为

$$Y_1(s) = \frac{W_{\mathrm{o1}}(s)W_{\mathrm{I}}(s)}{1 + W_{\mathrm{I}}(s)[W_{\mathrm{o1}}(s) - \hat{W}_{\mathrm{o1}}(s)]}R(s) + \frac{[1 - W_{\mathrm{I}}(s)\hat{W}_{\mathrm{o1}}(s)]W_{f1}(s)}{1 + W_{\mathrm{I}}(s)[W_{\mathrm{o1}}(s) - \hat{W}_{\mathrm{o1}}(s)]}F(s)$$

$$(6\text{-}20)$$

式中,推理控制器为

$$W_{\mathrm{I}}(s) = \frac{W_{\mathrm{h}}(s)}{\hat{W}_{\mathrm{o1}}(s)}$$

其中,$W_{\mathrm{h}}(s)$ 为滤波器,其设计原则同 6.2.3 节所述。

当被控对象模型准确时,即 $W_{\mathrm{o1}}(s) = \hat{W}_{\mathrm{o1}}(s)$,式(6-20)变为

$$Y_1(s) = W_{\mathrm{h}}(s)R(s) + [1 - W_{\mathrm{h}}(s)]W_{f1}(s)F(s)$$

由于 $W_{\mathrm{h}}(0) = 1$,因此在模型准确的情况下,经过推理控制可以实现设定值阶跃变化的稳态跟踪以及不可测阶跃扰动作用下的稳态补偿。

从克服扰动影响的角度看,输出可测,扰动不可测的推理控制系统可以看成前馈-反馈控制系统的一种扩展。和前馈-反馈控制系统相比,这类推理控制系统不要求扰动是可测

的,而且不像前馈-反馈控制系统那样,只对特定扰动起补偿作用。另外,该控制系统只需建立控制通道的数学模型,而前馈-反馈控制系统既要建立控制通道的数学模型,也要建立扰动通道的数学模型。

6.4.2　模型误差对系统性能的影响

将推理控制器模型代入式(6-20)有

$$Y_1(s) = \frac{W_{o1}(s)W_h(s)}{\hat{W}_{o1}(s) + W_h(s)[W_{o1}(s) - \hat{W}_{o1}(s)]}R(s) + \frac{[1 - W_h(s)]\hat{W}_{o1}(s)W_{f1}(s)}{\hat{W}_{o1}(s) + W_h(s)[W_{o1}(s) - \hat{W}_{o1}(s)]}F(s)$$

$$(6\text{-}21)$$

当存在模型误差时,即 $W_{o1}(s) \neq \hat{W}_{o1}(s)$,在设定值阶跃变化作用下,系统输出的稳态偏差为

$$e(\infty) = R(0) - Y_1(0) = 0$$

在不可测阶跃扰动作用下,系统的稳态偏差为

$$e(\infty) = Y_1(0) = 0$$

可见,当存在模型误差时,输出可测,扰动不可测情况下的推理控制系统依然可以保证系统输出稳态无偏差。

6.5　多变量推理控制系统

6.5.1　多变量推理控制系统的基本结构

本节以图 6-8 所示的 2×2 系统为例,对输出可测,扰动不可测的多变量推理控制系统进行简单的介绍。图中,Y_1、Y_2 为该系统中的 2 个关键变量;U_1、U_2 分别为与被控量 Y_1、Y_2 相对应的控制变量。假设,该 2×2 系统被控对象的模型可以表示为

$$W_o(s) = \begin{bmatrix} W_{o11}(s) & W_{o12}(s) \\ W_{o21}(s) & W_{o22}(s) \end{bmatrix}$$

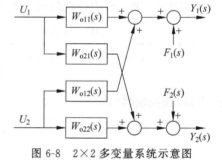

图 6-8　2×2 多变量系统示意图

当系统输出 Y_1、Y_2 可测,扰动 F_1、F_2 不可测时,可设计如图 6-9 所示的多变量推理控制系统。

图 6-9 中,$W_I(s)$ 为推理控制器,$\hat{W}_o(s)$ 为被控对象的模型,其数学表达式分别如下

$$W_I(s) = \begin{bmatrix} W_{I11}(s) & W_{I12}(s) \\ W_{I21}(s) & W_{I22}(s) \end{bmatrix}, \quad \hat{W}_o(s) = \begin{bmatrix} \hat{W}_{o11}(s) & \hat{W}_{o12}(s) \\ \hat{W}_{o21}(s) & \hat{W}_{o22}(s) \end{bmatrix}$$

同时,由图 6-9 有

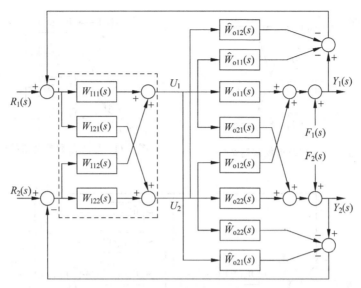

图 6-9　2×2 多变量推理控制系统

$$\begin{bmatrix} U_1(s) \\ U_2(s) \end{bmatrix} = \begin{bmatrix} W_{I11}(s) & W_{I12}(s) \\ W_{I21}(s) & W_{I22}(s) \end{bmatrix} \begin{bmatrix} R_1(s) \\ R_2(s) \end{bmatrix} - \begin{bmatrix} W_{I11}(s) & W_{I12}(s) \\ W_{I21}(s) & W_{I22}(s) \end{bmatrix} \begin{bmatrix} Y_1(s) \\ Y_2(s) \end{bmatrix} +$$

$$\begin{bmatrix} W_{I11}(s) & W_{I12}(s) \\ W_{I21}(s) & W_{I22}(s) \end{bmatrix} \begin{bmatrix} \hat{W}_{o11}(s) & \hat{W}_{o12}(s) \\ \hat{W}_{o21}(s) & \hat{W}_{o22}(s) \end{bmatrix} \begin{bmatrix} U_1(s) \\ U_2(s) \end{bmatrix} \tag{6-22}$$

式(6-22)可以简记为

$$\boldsymbol{U}(s) = \boldsymbol{W}_I(s)\boldsymbol{R}(s) - \boldsymbol{W}_I(s)\boldsymbol{Y}(s) + \boldsymbol{W}_I(s)\hat{\boldsymbol{W}}_o(s)\boldsymbol{U}(s)$$

即

$$\boldsymbol{W}_I(s)\boldsymbol{Y}(s) = \boldsymbol{W}_I(s)\boldsymbol{R}(s) + [\boldsymbol{W}_I(s)\hat{\boldsymbol{W}}_o(s) - \boldsymbol{I}]\boldsymbol{U}(s) \tag{6-23}$$

由式(6-23)可以看出,当 $\boldsymbol{W}_I(s) = \hat{\boldsymbol{W}}_o^{-1}(s)$ 时,有 $\boldsymbol{Y}(s) = \boldsymbol{R}(s)$。此时,图 6-9 所示的控制系统不但实现了变量之间的解耦,而且可以实现设定值变化的完全跟踪和不可测扰动的完全补偿。同时,也可以发现,在多变量推理控制系统中,为了表达简便,被控对象、对象模型、推理控制器等的表示方式不再是简单的传递函数形式,而变成了传递函数矩阵形式。

6.5.2　多变量推理控制器的 V 规范型结构

图 6-10 所示的推理控制器结构,称为推理控制器的 P 规范型控制器结构。从 6.5.1 节可以看出,P 规范型控制器的求取,需要对对象模型矩阵 $\hat{\boldsymbol{W}}_o(s)$ 进行求逆运算。为了避免传递函数矩阵求逆运算所带来的麻烦,可以引入多变量推理控制器的 V 规范型控制器结构,如图 6-11 所示。带有 V 规范型控制器结构的多变量推理控制系统如图 6-12 所示。

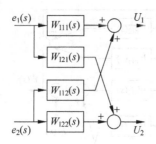

图 6-10 P 规范型控制器结构

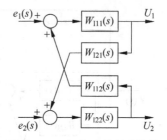

图 6-11 V 规范型控制器结构

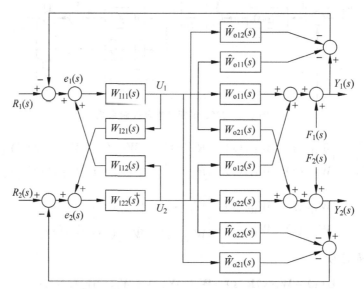

图 6-12 2×2 多变量 V 规范型控制器推理控制系统结构

在 P 规范型控制器结构中,有

$$\begin{bmatrix} U_1(s) \\ U_2(s) \end{bmatrix} = \begin{bmatrix} W_{I11}(s) & W_{I12}(s) \\ W_{I21}(s) & W_{I22}(s) \end{bmatrix} \begin{bmatrix} e_1(s) \\ e_2(s) \end{bmatrix}$$

即

$$U(s) = W_I(s)e(s)$$

在 V 规范型控制器结构中,有

$$U_1(s) = [e_1(s) + W_{I12}(s)U_2(s)]W_{I11}(s)$$

$$U_2(s) = [e_2(s) + W_{I21}(s)U_1(s)]W_{I22}(s)$$

整理后,有

$$U(s) = \begin{bmatrix} U_1(s) \\ U_2(s) \end{bmatrix} = \begin{bmatrix} W_{I11}^{-1}(s) & -W_{I12}(s) \\ -W_{I21}(s) & W_{I22}^{-1}(s) \end{bmatrix}^{-1} \begin{bmatrix} e_1(s) \\ e_2(s) \end{bmatrix} = \bar{W}_I^{-1}(s)e(s) \quad (6\text{-}24)$$

其中,

$$\bar{W}_I(s) = \begin{bmatrix} W_{I11}^{-1}(s) & -W_{I12}(s) \\ -W_{I21}(s) & W_{I22}^{-1}(s) \end{bmatrix} \quad (6\text{-}25)$$

由图 6-12 可以得出

$$e(s)=\begin{bmatrix}R_1(s)\\R_2(s)\end{bmatrix}-\begin{bmatrix}Y_1(s)\\Y_2(s)\end{bmatrix}+\begin{bmatrix}\hat{W}_{o11}(s)&\hat{W}_{o12}(s)\\\hat{W}_{o21}(s)&\hat{W}_{o22}(s)\end{bmatrix}\begin{bmatrix}U_1(s)\\U_2(s)\end{bmatrix}=\boldsymbol{R}(s)-\boldsymbol{Y}(s)+\hat{\boldsymbol{W}}_o(s)\boldsymbol{U}(s)$$

$$(6\text{-}26)$$

结合式(6-24)和式(6-26),有

$$\boldsymbol{Y}(s)=\boldsymbol{R}(s)+[\hat{\boldsymbol{W}}_o(s)\overline{\boldsymbol{W}}_I^{-1}(s)-\boldsymbol{I}]e(s) \tag{6-27}$$

可见,当 $\overline{\boldsymbol{W}}_I(s)=\hat{\boldsymbol{W}}_o(s)$ 时,即

$$\begin{bmatrix}W_{I11}^{-1}(s)&-W_{I12}(s)\\-W_{I21}(s)&W_{I22}^{-1}(s)\end{bmatrix}=\begin{bmatrix}\hat{W}_{o11}(s)&\hat{W}_{o12}(s)\\\hat{W}_{o21}(s)&\hat{W}_{o22}(s)\end{bmatrix}$$

或

$$\begin{cases}W_{I11}(s)=\hat{W}_{o11}^{-1}(s)\\W_{I12}(s)=-\hat{W}_{o12}(s)\\W_{I21}(s)=-\hat{W}_{o21}(s)\\W_{I22}(s)=\hat{W}_{o22}^{-1}(s)\end{cases} \tag{6-28}$$

由式(6-27)有 $\boldsymbol{Y}(s)=\boldsymbol{R}(s)$。可见,此时实现了变量之间的解耦、设定值变化的完全跟踪和不可测扰动的完全补偿。同时可以发现,推理控制器的求解避免了传递函数矩阵的求逆运算。

6.5.3 带时间滞后多变量系统的 V 规范型推理控制器设计

当被控对象中含有纯滞后环节时,即下式成立时

$$\begin{bmatrix}W_{o11}(s)&W_{o12}(s)\\W_{o21}(s)&W_{o22}(s)\end{bmatrix}=\begin{bmatrix}W'_{o11}(s)e^{-\tau_{11}s}&W'_{o12}(s)e^{-\tau_{12}s}\\W'_{o21}(s)e^{-\tau_{21}s}&W'_{o22}(s)e^{-\tau_{22}s}\end{bmatrix}$$

式中,$W'_{ij}(s)$,$i,j=1,2$ 为不含纯滞后环节的对象模型,若 τ_{11},$\tau_{22}\neq0$,则由式(6-28)可知,推理控制器 $W_{I11}(s)$ 和 $W_{I22}(s)$ 中含有超前环节 $e^{\tau_{11}}$ 和 $e^{\tau_{22}}$,这在物理上是无法实现的。因此,在这种情况下,推理控制器的结构需要重新设计。

1. 主通道的时间滞后小于或等于耦合通道的时间滞后情况

在 2×2 多变量系统中,若 $\tau_{11}\leqslant\tau_{12}$,$\tau_{22}\leqslant\tau_{21}$,则引入对角矩阵 $\boldsymbol{\Theta}(s)$

$$\boldsymbol{\Theta}(s)=\begin{bmatrix}e^{\theta_1 s}&0\\0&e^{\theta_2 s}\end{bmatrix},\quad\theta_i=\min_j(\tau_{ij}) \tag{6-29}$$

则

$$\boldsymbol{\Theta}(s)=\begin{bmatrix}e^{\tau_{11}s}&0\\0&e^{\tau_{22}s}\end{bmatrix}$$

令

$$\overline{W}_{\mathrm{I}}(s) = \boldsymbol{\Theta}(s)\hat{\boldsymbol{W}}_{\mathrm{o}}(s) = \begin{bmatrix} \hat{W}'_{\mathrm{o}11}(s) & \hat{W}'_{\mathrm{o}12}(s)\mathrm{e}^{-(\tau_{12}-\tau_{11})s} \\ \hat{W}'_{\mathrm{o}21}(s)\mathrm{e}^{-(\tau_{21}-\tau_{22})s} & \hat{W}'_{\mathrm{o}22}(s) \end{bmatrix} \tag{6-30}$$

结合式(6-25)和式(6-30),有

$$\begin{cases} W_{\mathrm{I}11}(s) = \hat{W}'^{-1}_{\mathrm{o}11}(s) \\ W_{\mathrm{I}12}(s) = -\hat{W}'_{\mathrm{o}12}(s)\mathrm{e}^{-(\tau_{12}-\tau_{11})s} \\ W_{\mathrm{I}21}(s) = -\hat{W}'_{\mathrm{o}21}(s)\mathrm{e}^{-(\tau_{21}-\tau_{22})s} \\ W_{\mathrm{I}22}(s) = \hat{W}'^{-1}_{\mathrm{o}22}(s) \end{cases}$$

可见,推理控制器是可以实现的。

由图 6-12 可知,当模型准确,即 $\hat{\boldsymbol{W}}_{\mathrm{o}}(s) = \boldsymbol{W}_{\mathrm{o}}(s)$ 时,有

$$e(s) = R(s) - F(s)$$

结合式(6-27)和式(6-30),可得推理控制系统输出为

$$\begin{aligned} \boldsymbol{Y}(s) &= \boldsymbol{R}(s) + [\hat{\boldsymbol{W}}_{\mathrm{o}}(s)\overline{\boldsymbol{W}}_{\mathrm{I}}^{-1}(s) - \boldsymbol{I}]e(s) \\ &= \boldsymbol{\Theta}^{-1}(s)\boldsymbol{R}(s) + [\boldsymbol{I} - \boldsymbol{\Theta}^{-1}(s)]\boldsymbol{F}(s) \end{aligned}$$

式中,

$$\boldsymbol{\Theta}^{-1}(s) = \begin{bmatrix} \mathrm{e}^{-\tau_{11}s} & 0 \\ 0 & \mathrm{e}^{-\tau_{22}s} \end{bmatrix}$$

系统实现了动态解耦,输出对设定值变化的响应时间为主通道的滞后时间。

2. 部分主通道的时间滞后大于耦合通道的时间滞后情况

1) 假设 $\tau_{11} > \tau_{12}$, $\tau_{22} \leqslant \tau_{21}$

按式(6-29),引入对角矩阵 $\boldsymbol{\Theta}(s)$

$$\boldsymbol{\Theta}(s) = \begin{bmatrix} \mathrm{e}^{\tau_{12}s} & 0 \\ 0 & \mathrm{e}^{\tau_{22}s} \end{bmatrix}$$

则

$$\overline{W}_{\mathrm{I}}(s) = \boldsymbol{\Theta}(s)\hat{\boldsymbol{W}}_{\mathrm{o}}(s) = \begin{bmatrix} \hat{W}'_{\mathrm{o}11}(s)\mathrm{e}^{-(\tau_{11}-\tau_{12})s} & \hat{W}'_{\mathrm{o}12}(s) \\ \hat{W}'_{\mathrm{o}21}(s)\mathrm{e}^{-(\tau_{21}-\tau_{22})s} & \hat{W}'_{\mathrm{o}22}(s) \end{bmatrix} \tag{6-31}$$

则结合式(6-25)和式(6-31),可以得到推理控制器为

$$\begin{cases} W_{\mathrm{I}11}(s) = \hat{W}'^{-1}_{\mathrm{o}11}(s)\mathrm{e}^{(\tau_{11}-\tau_{12})s} \\ W_{\mathrm{I}12}(s) = -\hat{W}'_{\mathrm{o}12}(s) \\ W_{\mathrm{I}21}(s) = -\hat{W}'_{\mathrm{o}21}(s)\mathrm{e}^{-(\tau_{21}-\tau_{22})s} \\ W_{\mathrm{I}22}(s) = \hat{W}'^{-1}_{\mathrm{o}22}(s) \end{cases}$$

可见,控制器 $W_{\mathrm{I}11}$ 中含有不可实现的超前项。为此,将被控对象加以改造,选择对角阵

$$D(s) = \begin{bmatrix} 1 & 0 \\ 0 & \mathrm{e}^{-ds} \end{bmatrix}$$

使得改造后的被控对象变为$\widehat{\boldsymbol{W}}_{\mathrm{o}}(s) = \boldsymbol{W}_{\mathrm{o}}(s)\boldsymbol{D}(s)$，即

$$\widehat{\boldsymbol{W}}_{\mathrm{o}}(s) = \boldsymbol{W}_{\mathrm{o}}(s)\boldsymbol{D}(s) = \begin{bmatrix} W'_{\mathrm{o}11}(s)\mathrm{e}^{-\tau_{11}s} & W'_{\mathrm{o}12}(s)\mathrm{e}^{-(\tau_{12}+d)s} \\ W'_{\mathrm{o}21}(s)\mathrm{e}^{-\tau_{21}s} & W'_{\mathrm{o}22}(s)\mathrm{e}^{-(\tau_{22}+d)s} \end{bmatrix}$$

则改造后的推理控制系统如图 6-13 所示。需要注意的是，图中各个环节不再是传递函数形式的数学模型，而是传递函数矩阵形式，因此，在求取闭环传递函数或化简方框图时，要根据信号的传递关系确定矩阵的相乘顺序，不能任意改变。

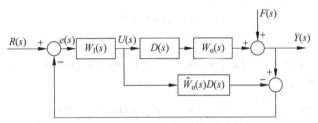

图 6-13　改造后的推理控制系统

为了使改造后的被控对象主通道的时间滞后最小，d 的选择如下：

(1) 若 $\tau_{11}-\tau_{12} \leqslant \tau_{21}-\tau_{22}$，则 d 应满足条件

$$\tau_{11} - \tau_{12} \leqslant d \leqslant \tau_{21} - \tau_{22}$$

取 $d = \min\{\tau_{11}-\tau_{12}, \tau_{21}-\tau_{22}\} = \tau_{11}-\tau_{12}$，则改造后的被控对象 $\widehat{\boldsymbol{W}}_{\mathrm{o}}(s)$ 为

$$\widehat{\boldsymbol{W}}_{\mathrm{o}}(s) = \boldsymbol{W}_{\mathrm{o}}(s)\boldsymbol{D}(s) = \begin{bmatrix} W'_{\mathrm{o}11}(s)\mathrm{e}^{-\tau_{11}s} & W'_{\mathrm{o}12}(s)\mathrm{e}^{-\tau_{11}s} \\ W'_{\mathrm{o}21}(s)\mathrm{e}^{-\tau_{21}s} & W'_{\mathrm{o}22}(s)\mathrm{e}^{-(\tau_{22}+\tau_{11}-\tau_{12})s} \end{bmatrix}$$

按式(6-29)，引入对角阵 $\boldsymbol{\Theta}(s)$

$$\boldsymbol{\Theta}(s) = \begin{bmatrix} \mathrm{e}^{\tau_{11}s} & 0 \\ 0 & \mathrm{e}^{(\tau_{22}+\tau_{11}-\tau_{12})s} \end{bmatrix}$$

$$\overline{\boldsymbol{W}}_{\mathrm{I}}(s) = \boldsymbol{\Theta}(s)\widehat{\widehat{\boldsymbol{W}}}_{\mathrm{o}}(s) = \boldsymbol{\Theta}(s)\widehat{\boldsymbol{W}}_{\mathrm{o}}(s)\boldsymbol{D}(s) = \begin{bmatrix} \hat{W}'_{\mathrm{o}11}(s) & \hat{W}'_{\mathrm{o}12}(s) \\ \hat{W}'_{\mathrm{o}21}(s)\mathrm{e}^{-(\tau_{21}-\tau_{22}-\tau_{11}+\tau_{12})s} & \hat{W}'_{\mathrm{o}22}(s) \end{bmatrix}$$

$$(6\text{-}32)$$

结合式(6-25)，推理控制器为

$$\begin{cases} W_{\mathrm{I}11}(s) = \hat{W}'^{-1}_{\mathrm{o}11}(s) \\ W_{\mathrm{I}12}(s) = -\hat{W}'_{\mathrm{o}12}(s) \\ W_{\mathrm{I}21}(s) = -\hat{W}'_{\mathrm{o}21}(s)\mathrm{e}^{-(\tau_{21}-\tau_{22}-\tau_{11}+\tau_{12})s} \\ W_{\mathrm{I}22}(s) = \hat{W}'^{-1}_{\mathrm{o}22}(s) \end{cases} \qquad (6\text{-}33)$$

由假设条件 $\tau_{11} > \tau_{12}$，$\tau_{22} \leqslant \tau_{21}$ 和 $\tau_{11}-\tau_{12} < \tau_{21}-\tau_{22}$ 可知

$$(\tau_{21} - \tau_{22}) - (\tau_{11} - \tau_{12}) > 0$$

因此，式(6-33)所示的推理控制器是可以实现的。

由图 6-13 可得推理控制系统输出为

$$\boldsymbol{e}(s) = \boldsymbol{R}(s) - \boldsymbol{Y}(s) + \hat{\boldsymbol{W}}_{\mathrm{o}}(s)\boldsymbol{D}(s)\boldsymbol{U}(s) \tag{6-34}$$

结合式(6-34)和式(6-24)，有

$$\boldsymbol{e}(s) = \boldsymbol{R}(s) - \boldsymbol{Y}(s) + \hat{\boldsymbol{W}}_{\mathrm{o}}(s)\boldsymbol{D}(s)\overline{\boldsymbol{W}}_{\mathrm{I}}^{-1}(s)\boldsymbol{e}(s)$$

即

$$\boldsymbol{Y}(s) = \boldsymbol{R}(s) + [\hat{\boldsymbol{W}}_{\mathrm{o}}(s)\boldsymbol{D}(s)\overline{\boldsymbol{W}}_{\mathrm{I}}^{-1}(s) - \boldsymbol{I}]\boldsymbol{e}(s) \tag{6-35}$$

当模型准确，$\hat{\boldsymbol{W}}_{\mathrm{o}}(s) = \boldsymbol{W}_{\mathrm{o}}(s)$ 时，有

$$\boldsymbol{e}(s) = \boldsymbol{R}(s) - \boldsymbol{F}(s)$$

代入式(6-35)，有

$$\boldsymbol{Y}(s) = \hat{\boldsymbol{W}}_{\mathrm{o}}(s)\boldsymbol{D}(s)\overline{\boldsymbol{W}}_{\mathrm{I}}^{-1}(s)\boldsymbol{R}(s) + [\boldsymbol{I} - \hat{\boldsymbol{W}}_{\mathrm{o}}(s)\boldsymbol{D}(s)\overline{\boldsymbol{W}}_{\mathrm{I}}^{-1}(s)]\boldsymbol{F}(s)$$

将式(6-32)代入上式，有

$$\begin{aligned}
\boldsymbol{Y}(s) &= \hat{\boldsymbol{W}}_{\mathrm{o}}(s)\boldsymbol{D}(s)[\boldsymbol{\Theta}(s)\hat{\boldsymbol{W}}_{\mathrm{o}}(s)\boldsymbol{D}(s)]^{-1}\boldsymbol{R}(s) + \\
&\quad \{\boldsymbol{I} - \hat{\boldsymbol{W}}_{\mathrm{o}}(s)\boldsymbol{D}(s)[\boldsymbol{\Theta}(s)\hat{\boldsymbol{W}}_{\mathrm{o}}(s)\boldsymbol{D}(s)]^{-1}\}\boldsymbol{F}(s) \\
&= \boldsymbol{\Theta}^{-1}(s)\boldsymbol{R}(s) + [\boldsymbol{I} - \boldsymbol{\Theta}^{-1}(s)]\boldsymbol{F}(s)
\end{aligned}$$

式中，

$$\boldsymbol{\Theta}^{-1}(s) = \begin{bmatrix} \mathrm{e}^{-\tau_{11}s} & 0 \\ 0 & \mathrm{e}^{-(\tau_{22} + \tau_{11} - \tau_{12})s} \end{bmatrix}$$

综上，通过将被控对象 $\boldsymbol{W}_{\mathrm{o}}(s)$ 改造为 $\boldsymbol{W}_{\mathrm{o}}(s)\boldsymbol{D}(s)$，实现了扰动不可测情况下的多变量过程推理控制。

(2) 若 $\tau_{11} - \tau_{12} > \tau_{21} - \tau_{22}$，取 $d = \min\{\tau_{11} - \tau_{12}, \tau_{21} - \tau_{22}\} = \tau_{21} - \tau_{22}$，则

$$\boldsymbol{D}(s) = \begin{bmatrix} 1 & 0 \\ 0 & \mathrm{e}^{-(\tau_{21} - \tau_{22})s} \end{bmatrix}$$

则改造后的被控对象为

$$\boldsymbol{W}_{\mathrm{o}}(s)\boldsymbol{D}(s) = \begin{bmatrix} W'_{\mathrm{o}11}(s)\mathrm{e}^{-\tau_{11}s} & W'_{\mathrm{o}12}(s)\mathrm{e}^{-(\tau_{12} + \tau_{21} - \tau_{22})s} \\ W'_{\mathrm{o}21}(s)\mathrm{e}^{-\tau_{21}s} & W'_{\mathrm{o}22}(s)\mathrm{e}^{-\tau_{21}s} \end{bmatrix}$$

由假设条件 $\tau_{11} - \tau_{12} > \tau_{21} - \tau_{22}$，可得 $\tau_{12} + \tau_{21} - \tau_{22} < \tau_{12} + \tau_{11} - \tau_{12} = \tau_{11}$，因此改造后的被控对象并未实现控制通道的时间滞后小于等于耦合通道的时间滞后。将被控对象的行与行（或列与列）进行交换得到

$$\overline{\boldsymbol{W}}_{\mathrm{o}}(s) = \begin{bmatrix} W'_{\mathrm{o}21}(s)\mathrm{e}^{-\tau_{21}s} & W'_{\mathrm{o}22}(s)\mathrm{e}^{-\tau_{22}s} \\ W'_{\mathrm{o}11}(s)\mathrm{e}^{-\tau_{11}s} & W'_{\mathrm{o}12}(s)\mathrm{e}^{-\tau_{12}s} \end{bmatrix}$$

仍取 $d = \min\{\tau_{11} - \tau_{12}, \tau_{21} - \tau_{22}\} = \tau_{21} - \tau_{22}$，即

$$\boldsymbol{D}(s) = \begin{bmatrix} 1 & 0 \\ 0 & \mathrm{e}^{-(\tau_{21} - \tau_{22})s} \end{bmatrix}$$

则改造后的被控对象为

$$\hat{\boldsymbol{W}}_{o}(s) = \overline{\boldsymbol{W}}_{o}(s)\boldsymbol{D}(s) = \begin{bmatrix} W'_{o21}(s)e^{-\tau_{21}s} & W'_{o22}(s)e^{-\tau_{21}s} \\ W'_{o11}(s)e^{-\tau_{11}s} & W'_{o12}(s)e^{-(\tau_{12}+\tau_{21}-\tau_{22})s} \end{bmatrix}$$

此时,改造后的被控对象控制通道的时间滞后小于或等于耦合通道的时间滞后。

按式(6-29),引入对角阵$\boldsymbol{\Theta}(s)$

$$\boldsymbol{\Theta}(s) = \begin{bmatrix} e^{\tau_{21}s} & 0 \\ 0 & e^{(\tau_{12}+\tau_{21}-\tau_{22})s} \end{bmatrix}$$

$$\overline{\boldsymbol{W}}_{I}(s) = \boldsymbol{\Theta}(s)\hat{\boldsymbol{W}}_{o}(s) = \boldsymbol{\Theta}(s)\hat{\boldsymbol{W}}_{o}(s)\boldsymbol{D}(s) = \begin{bmatrix} \hat{W}'_{o21}(s) & \hat{W}'_{o22}(s) \\ \hat{W}'_{o11}(s)e^{-(\tau_{11}-\tau_{12}+\tau_{22}-\tau_{21})s} & \hat{W}'_{o22}(s) \end{bmatrix}$$

$$\tag{6-36}$$

结合式(6-25),有推理控制器为

$$\begin{cases} W_{I11}(s) = \hat{W}'^{-1}_{o21}(s) \\ W_{I12}(s) = -\hat{W}'_{o22}(s) \\ W_{I21}(s) = -\hat{W}'_{o11}(s)e^{-(\tau_{11}-\tau_{12}+\tau_{22}-\tau_{21})s} \\ W_{I22}(s) = \hat{W}'^{-1}_{o12}(s) \end{cases} \tag{6-37}$$

由假设条件$\tau_{11} > \tau_{12}$,$\tau_{22} \leqslant \tau_{21}$ 和 $\tau_{11} - \tau_{12} > \tau_{21} - \tau_{22}$ 可知

$$(\tau_{11} - \tau_{12}) - (\tau_{21} - \tau_{22}) > 0$$

因此,式(6-37)所示的推理控制器是可以实现的。

需要指出,当把被控对象的行与行(或列与列)交换后,系统的输入输出关系就发生了变化,因此必须提出相应的解决方法。

由图 6-13 可得推理控制系统输出为

$$\begin{bmatrix} Y_1(s) \\ Y_2(s) \end{bmatrix} = \boldsymbol{W}_{o}(s)\boldsymbol{D}(s)\begin{bmatrix} U_1(s) \\ U_2(s) \end{bmatrix} + \begin{bmatrix} F_1(s) \\ F_2(s) \end{bmatrix}$$

当把被控对象$\boldsymbol{W}_{o}(s)$的行与行交换,改造成$\overline{\boldsymbol{W}}_{o}(s)$后,为了保持系统中被控量$\boldsymbol{Y}(s)$与控制量$\boldsymbol{U}(s)$的对应关系,则有

$$\begin{bmatrix} Y_2(s) \\ Y_1(s) \end{bmatrix} = \overline{\boldsymbol{W}}_{o}(s)\boldsymbol{D}(s)\begin{bmatrix} U_1(s) \\ U_2(s) \end{bmatrix} + \begin{bmatrix} F_2(s) \\ F_1(s) \end{bmatrix} \tag{6-38}$$

由图 6-12,有

$$\begin{cases} [e_1(s) + U_2(s)W_{I12}(s)]W_{I11}(s) = U_1 \\ [e_2(s) + U_1(s)W_{I21}(s)]W_{I22}(s) = U_2 \end{cases}$$

重新整理后,有

$$\begin{cases} e_1(s) = U_1 W^{-1}_{I11}(s) - U_2(s)W_{I12}(s) \\ e_2(s) = -U_1(s)W_{I21}(s) + U_2 W^{-1}_{I22}(s) \end{cases}$$

即

$$\begin{bmatrix} e_1(s) \\ e_2(s) \end{bmatrix} = \begin{bmatrix} W_{I11}^{-1}(s) & -W_{I12}(s) \\ -W_{I21}(s) & W_{I22}^{-1}(s) \end{bmatrix} \begin{bmatrix} U_1 \\ U_2 \end{bmatrix} = \overline{W}_{I}(s) \begin{bmatrix} U_1 \\ U_2 \end{bmatrix}$$

则

$$\begin{bmatrix} U_1 \\ U_2 \end{bmatrix} = \overline{W}_{I}^{-1}(s) \begin{bmatrix} e_1(s) \\ e_2(s) \end{bmatrix}$$

将上式代入式(6-38),并结合式(6-36)有

$$\begin{bmatrix} Y_2(s) \\ Y_1(s) \end{bmatrix} = \overline{W}_o(s) D(s) \overline{W}_{I}^{-1}(s) \begin{bmatrix} e_1(s) \\ e_2(s) \end{bmatrix} + \begin{bmatrix} F_2(s) \\ F_1(s) \end{bmatrix}$$

$$= \overline{W}_o(s) D(s) [\boldsymbol{\Theta}(s) \hat{W}_o(s) D(s)]^{-1} \begin{bmatrix} e_1(s) \\ e_2(s) \end{bmatrix} + \begin{bmatrix} F_2(s) \\ F_1(s) \end{bmatrix}$$

当模型准确,$\overline{W}_o(s) = \hat{W}_o(s)$,则有

$$\begin{bmatrix} Y_2(s) \\ Y_1(s) \end{bmatrix} = \boldsymbol{\Theta}^{-1}(s) \begin{bmatrix} e_1(s) \\ e_2(s) \end{bmatrix} + \begin{bmatrix} F_2(s) \\ F_1(s) \end{bmatrix}$$

当扰动 $\boldsymbol{F}(s) = 0$ 时

$$\begin{bmatrix} Y_2(s) \\ Y_1(s) \end{bmatrix} = \boldsymbol{\Theta}^{-1}(s) \begin{bmatrix} R_1(s) \\ R_2(s) \end{bmatrix}$$

出现系统输出和设定值的交叉跟踪现象。为克服这种现象,可使偏差信号经传递函数为 $\boldsymbol{K}(s)$ 的校正环节再送到控制器,其推理控制系统如图 6-14 所示。

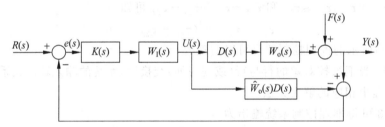

图 6-14 克服交叉跟踪的推理控制系统

通常,取 $\boldsymbol{K}(s) = \boldsymbol{I}$,而当需要进行被控对象的行与行(或列与列)交换时,则取

$$\boldsymbol{K}(s) = \begin{bmatrix} 0 & 1 \\ 1 & 0 \end{bmatrix}$$

此时,系统输出为

$$\begin{bmatrix} Y_2(s) \\ Y_1(s) \end{bmatrix} = \boldsymbol{\Theta}^{-1}(s) \boldsymbol{K}(s) \begin{bmatrix} e_1(s) \\ e_2(s) \end{bmatrix} + \begin{bmatrix} F_2(s) \\ F_1(s) \end{bmatrix}$$

$$= \boldsymbol{\Theta}^{-1}(s) \begin{bmatrix} e_2(s) \\ e_1(s) \end{bmatrix} + \begin{bmatrix} F_2(s) \\ F_1(s) \end{bmatrix}$$

当模型准确,即 $\overline{W}_o(s) = \hat{W}_o(s)$,则有

$$\begin{bmatrix} Y_2(s) \\ Y_1(s) \end{bmatrix} = \boldsymbol{\Theta}^{-1}(s) \begin{bmatrix} R_2(s) \\ R_1(s) \end{bmatrix} + (\boldsymbol{I} - \boldsymbol{\Theta}^{-1}(s)) \begin{bmatrix} F_2(s) \\ F_1(s) \end{bmatrix}$$

$$\boldsymbol{\Theta}^{-1}(s) = \begin{bmatrix} e^{-\tau_{21}s} & 0 \\ 0 & e^{-(\tau_{12}+\tau_{21}-\tau_{22})s} \end{bmatrix}$$

可以看出,系统不再出现交叉跟踪现象,并实现了多变量控制系统的推理控制。

2) 假设 $\tau_{11} \leqslant \tau_{12}$, $\tau_{22} > \tau_{21}$

与假设 1)类似,我们分两种情况加以讨论

(1) $\tau_{12} - \tau_{11} \geqslant \tau_{22} - \tau_{21}$

选择对角阵

$$\boldsymbol{D}(s) = \begin{bmatrix} e^{-ds} & 0 \\ 0 & 1 \end{bmatrix}$$

取 $d = \min\{\tau_{12} - \tau_{11}, \tau_{22} - \tau_{21}\} = \tau_{22} - \tau_{21}$,即

$$\boldsymbol{D}(s) = \begin{bmatrix} e^{-(\tau_{22}-\tau_{21})s} & 0 \\ 0 & 1 \end{bmatrix}$$

则改造后的被控对象为

$$\hat{\boldsymbol{W}}_{\mathrm{o}}(s) = \boldsymbol{W}_{\mathrm{o}}(s)\boldsymbol{D}(s) = \begin{bmatrix} W'_{\mathrm{o}11}(s)e^{-(\tau_{22}-\tau_{21}+\tau_{11})s} & W'_{\mathrm{o}12}(s)e^{-\tau_{12}s} \\ W'_{\mathrm{o}21}(s)e^{-\tau_{22}s} & W'_{\mathrm{o}22}(s)e^{-\tau_{22}s} \end{bmatrix} \tag{6-39}$$

由假设条件 $\tau_{11} \leqslant \tau_{12}$, $\tau_{22} > \tau_{21}$ 和 $\tau_{12} - \tau_{11} \geqslant \tau_{22} - \tau_{21}$,可知

$$\tau_{22} - \tau_{21} + \tau_{11} \leqslant \tau_{12} - \tau_{11} + \tau_{11} = \tau_{12}$$

可见式(6-39)所示的改造后的被控对象中,控制通道的时间滞后小于等于扰动通道的时间滞后。

按式(6-29),选取对角阵 $\boldsymbol{\Theta}(s)$

$$\boldsymbol{\Theta}(s) = \begin{bmatrix} e^{(\tau_{22}-\tau_{21}+\tau_{11})s} & 0 \\ 0 & e^{\tau_{22}s} \end{bmatrix}$$

$$\overline{\boldsymbol{W}}_{\mathrm{I}}(s) = \boldsymbol{\Theta}(s)\hat{\boldsymbol{W}}_{\mathrm{o}}(s) = \boldsymbol{\Theta}(s)\hat{\boldsymbol{W}}_{\mathrm{o}}(s)\boldsymbol{D}(s) = \begin{bmatrix} \hat{W}'_{\mathrm{o}11}(s) & \hat{W}'_{\mathrm{o}12}(s)e^{-(\tau_{12}-\tau_{11}+\tau_{21}-\tau_{22})s} \\ \hat{W}'_{\mathrm{o}21}(s) & \hat{W}'_{\mathrm{o}22}(s) \end{bmatrix}$$

$$\tag{6-40}$$

结合式(6-25),有推理控制器为

$$\begin{cases} W_{\mathrm{I}11}(s) = \hat{W}'^{-1}_{\mathrm{o}11}(s) \\ W_{\mathrm{I}12}(s) = -\hat{W}'_{\mathrm{o}12}(s)e^{-(\tau_{12}-\tau_{11}+\tau_{21}-\tau_{22})s} \\ W_{\mathrm{I}21}(s) = -\hat{W}'_{\mathrm{o}21}(s) \\ W_{\mathrm{I}22}(s) = \hat{W}'^{-1}_{\mathrm{o}22}(s) \end{cases}$$

由假设条件 $\tau_{12} - \tau_{11} \geqslant \tau_{22} - \tau_{21}$,可知 $\tau_{12} - \tau_{11} + \tau_{21} - \tau_{22} \geqslant 0$,可见上式的推理控制器是可以实现的。

此时,与情况 1)中(1)同理,可以得出系统输出为

$$\boldsymbol{Y}(s) = \boldsymbol{\Theta}^{-1}(s)\boldsymbol{R}(s) + (\boldsymbol{I} - \boldsymbol{\Theta}^{-1}(s))\boldsymbol{F}(s)$$

式中,

$$\boldsymbol{\Theta}^{-1}(s) = \begin{bmatrix} e^{-(\tau_{22}-\tau_{21}+\tau_{11})s} & 0 \\ 0 & e^{-\tau_{22}s} \end{bmatrix}$$

(2) $\tau_{12} - \tau_{11} < \tau_{22} - \tau_{21}$

与情况1)中(2)类似,先将被控对象的行与行交换,得到

$$\overline{\boldsymbol{W}}_{o}(s) = \begin{bmatrix} W'_{o21}(s)e^{-\tau_{21}s} & W'_{o22}(s)e^{-\tau_{22}s} \\ W'_{o11}(s)e^{-\tau_{11}s} & W'_{o12}(s)e^{-\tau_{12}s} \end{bmatrix}$$

取 $d = \min\{\tau_{12}-\tau_{11}, \tau_{22}-\tau_{21}\} = \tau_{12}-\tau_{11}$,即

$$\boldsymbol{D}(s) = \begin{bmatrix} e^{-(\tau_{12}-\tau_{11})s} & 0 \\ 0 & 1 \end{bmatrix}$$

则改造后的被控对象为

$$\hat{\boldsymbol{W}}_{o}(s) = \overline{\boldsymbol{W}}_{o}(s)\boldsymbol{D}(s) = \begin{bmatrix} W'_{o21}(s)e^{-(\tau_{12}-\tau_{11}+\tau_{21})s} & W'_{o22}(s)e^{-\tau_{22}s} \\ W'_{o11}(s)e^{-\tau_{12}s} & W'_{o12}(s)e^{-\tau_{12}s} \end{bmatrix}$$

由假设条件 $\tau_{12}-\tau_{11} < \tau_{22}-\tau_{21}$,可知 $\tau_{12}-\tau_{11}+\tau_{21} < \tau_{22}-\tau_{21}+\tau_{21} = \tau_{22}$。可见,改造后的被控对象 $\hat{\boldsymbol{W}}_{o}(s)$ 控制通道的时间滞后小于等于耦合通道的时间滞后。

按式(6-29),引入对角阵 $\boldsymbol{\Theta}(s)$

$$\boldsymbol{\Theta}(s) = \begin{bmatrix} e^{(\tau_{12}-\tau_{11}+\tau_{21})s} & 0 \\ 0 & e^{\tau_{12}s} \end{bmatrix}$$

$$\overline{\boldsymbol{W}}_{I}(s) = \boldsymbol{\Theta}(s)\hat{\boldsymbol{W}}_{o}(s) = \boldsymbol{\Theta}(s)\hat{\boldsymbol{W}}_{o}(s)\boldsymbol{D}(s) = \begin{bmatrix} \hat{W}'_{o21}(s) & \hat{W}'_{o22}(s)e^{-(\tau_{22}-\tau_{21}+\tau_{11}-\tau_{12})s} \\ \hat{W}'_{o11}(s) & \hat{W}'_{o22}(s) \end{bmatrix}$$

$$(6-41)$$

结合式(6-25),有推理控制器为

$$\begin{cases} W_{I11}(s) = \hat{W}'^{-1}_{o21}(s) \\ W_{I12}(s) = -\hat{W}'_{o22}(s)e^{-(\tau_{22}-\tau_{21}+\tau_{11}-\tau_{12})s} \\ W_{I21}(s) = -\hat{W}'_{o11}(s) \\ W_{I22}(s) = \hat{W}'^{-1}_{o22}(s) \end{cases} \qquad (6-42)$$

由假设条件 $\tau_{12}-\tau_{11} < \tau_{22}-\tau_{21}$,可知 $\tau_{22}-\tau_{21}+\tau_{11}-\tau_{12} > 0$,因此,式(6-42)所示的推理控制器是可以实现的。

为克服交叉跟踪现象,可使偏差信号经传递函数为 $\boldsymbol{K}(s)$ 的校正环节后再送到控制器,取

$$\boldsymbol{K}(s) = \begin{bmatrix} 0 & 1 \\ 1 & 0 \end{bmatrix}$$

此时,与情况1)中(2)类似,系统输出为

$$\begin{bmatrix} Y_2(s) \\ Y_1(s) \end{bmatrix} = \boldsymbol{\Theta}^{-1}(s)\boldsymbol{K}(s)\begin{bmatrix} e_1(s) \\ e_2(s) \end{bmatrix} + \begin{bmatrix} F_2(s) \\ F_1(s) \end{bmatrix}$$

$$= \boldsymbol{\Theta}^{-1}(s)\begin{bmatrix} e_2(s) \\ e_1(s) \end{bmatrix} + \begin{bmatrix} F_2(s) \\ F_1(s) \end{bmatrix}$$

当模型准确 $\overline{\boldsymbol{W}}_{\mathrm{o}}(s) = \hat{\overline{\boldsymbol{W}}}_{\mathrm{o}}(s)$ 时，则有

$$\begin{bmatrix} Y_2(s) \\ Y_1(s) \end{bmatrix} = \boldsymbol{\Theta}^{-1}(s)\begin{bmatrix} R_2(s) \\ R_1(s) \end{bmatrix} + (\boldsymbol{I} - \boldsymbol{\Theta}^{-1}(s))\begin{bmatrix} F_2(s) \\ F_1(s) \end{bmatrix}$$

$$\boldsymbol{\Theta}^{-1}(s) = \begin{bmatrix} \mathrm{e}^{-(\tau_{12}-\tau_{11}+\tau_{21})s} & 0 \\ 0 & \mathrm{e}^{-\tau_{12}s} \end{bmatrix}$$

3. 主通道的时间滞后大于耦合通道的时间滞后情况

若主通道的时间滞后全部大于耦合通道的时间滞后，即 $\tau_{11} > \tau_{12}$，$\tau_{22} > \tau_{21}$，可将被控对象的行与行（或列与列）进行交换，得到

$$\overline{\boldsymbol{W}}_{\mathrm{o}}(s) = \begin{bmatrix} W'_{\mathrm{o}21}(s)\mathrm{e}^{-\tau_{21}s} & W'_{\mathrm{o}22}(s)\mathrm{e}^{-\tau_{22}s} \\ W'_{\mathrm{o}11}(s)\mathrm{e}^{-\tau_{11}s} & W'_{\mathrm{o}12}(s)\mathrm{e}^{-\tau_{12}s} \end{bmatrix}$$

按式(6-29)，选择对角阵 $\boldsymbol{\Theta}(s)$

$$\boldsymbol{\Theta}(s) = \begin{bmatrix} \mathrm{e}^{\tau_{21}s} & 0 \\ 0 & \mathrm{e}^{\tau_{12}s} \end{bmatrix}$$

$$\overline{\boldsymbol{W}}_{\mathrm{I}}(s) = \boldsymbol{\Theta}(s)\hat{\overline{\boldsymbol{W}}}_{\mathrm{o}}(s) = \begin{bmatrix} \hat{W}'_{\mathrm{o}21}(s) & \hat{W}'_{\mathrm{o}22}(s)\mathrm{e}^{-(\tau_{22}-\tau_{21})s} \\ \hat{W}'_{\mathrm{o}11}(s)\mathrm{e}^{-(\tau_{11}-\tau_{12})s} & \hat{W}'_{\mathrm{o}22}(s) \end{bmatrix} \quad (6\text{-}43)$$

结合式(6-25)，有推理控制器为

$$\begin{cases} W_{\mathrm{I}11}(s) = \hat{W}'^{-1}_{\mathrm{o}21}(s) \\ W_{\mathrm{I}12}(s) = -\hat{W}'_{\mathrm{o}22}(s)\mathrm{e}^{-(\tau_{22}-\tau_{21})s} \\ W_{\mathrm{I}21}(s) = -\hat{W}'_{\mathrm{o}11}(s)\mathrm{e}^{-(\tau_{11}-\tau_{12})s} \\ W_{\mathrm{I}22}(s) = \hat{W}'^{-1}_{\mathrm{o}22}(s) \end{cases} \quad (6\text{-}44)$$

由条件 $\tau_{11} > \tau_{12}$，$\tau_{22} > \tau_{21}$，可知式(6-44)所示的推理控制器是可以实现的。

为克服交叉跟踪现象，可使偏差信号经传递函数为 $\boldsymbol{K}(s)$ 的校正环节后再送到控制器，取

$$\boldsymbol{K}(s) = \begin{bmatrix} 0 & 1 \\ 1 & 0 \end{bmatrix}$$

此时，当模型准确，即 $\overline{\boldsymbol{W}}_{\mathrm{o}}(s) = \hat{\overline{\boldsymbol{W}}}_{\mathrm{o}}(s)$ 时，则有

$$\begin{bmatrix} Y_2(s) \\ Y_1(s) \end{bmatrix} = \boldsymbol{\Theta}^{-1}(s)\begin{bmatrix} R_2(s) \\ R_1(s) \end{bmatrix} + (\boldsymbol{I} - \boldsymbol{\Theta}^{-1}(s))\begin{bmatrix} F_2(s) \\ F_1(s) \end{bmatrix}$$

$$\boldsymbol{\Theta}^{-1}(s) = \begin{bmatrix} e^{-\tau_{21}s} & 0 \\ 0 & e^{-\tau_{12}s} \end{bmatrix}$$

6.5.4　滤波矩阵的选择

同单变量的推理控制系统相同,具有 $\hat{W}_{oij}^{-1}(s)$($\hat{W}_{oij}(s)$ 为对象模型)形式的推理控制器通常是无法实现的。因此,对于多变量推理控制器,需要引入滤波矩阵 $W_h(s)$。通常,可以取如下式所示形式的滤波矩阵 $\boldsymbol{W}_h(s)$

$$\boldsymbol{W}_h(s) = \begin{bmatrix} W_{h1}^{-1}(s) & 0 \\ 0 & W_{h2}^{-1}(s) \end{bmatrix} \tag{6-45}$$

现以主通道的时间滞后小于或等于耦合通道的时间滞后情况为例,说明滤波矩阵 $\boldsymbol{W}_h(s)$ 的选取及对系统性能的影响。由式(6-30)有

$$\overline{\boldsymbol{W}}_I(s) = \boldsymbol{W}_h(s)\,\boldsymbol{\Theta}(s)\hat{\boldsymbol{W}}_o(s) = \begin{bmatrix} W_{h1}^{-1}(s)\hat{W}_{o11}'(s) & W_{h1}^{-1}(s)\hat{W}_{o12}'(s)e^{-(\tau_{12}-\tau_{11})s} \\ W_{h2}^{-1}(s)\hat{W}_{o21}'(s)e^{-(\tau_{21}-\tau_{22})s} & W_{h2}^{-1}(s)\hat{W}_{o22}'(s) \end{bmatrix}$$

结合式(6-25),可得推理控制器为

$$\begin{cases} W_{I11}(s) = \dfrac{W_{h1}(s)}{\hat{W}_{o11}'(s)} \\[4mm] W_{I12}(s) = -\dfrac{\hat{W}_{o12}'(s)e^{-(\tau_{12}-\tau_{11})s}}{W_{h1}(s)} \\[4mm] W_{I21}(s) = -\dfrac{\hat{W}_{o21}'(s)e^{-(\tau_{21}-\tau_{22})s}}{W_{h2}(s)} \\[4mm] W_{I22}(s) = \dfrac{W_{h2}(s)}{\hat{W}_{o22}'(s)} \end{cases}$$

若 $\hat{W}_{o11}'(s)$ 与 $\hat{W}_{o12}'(s)$ 的阶次相同,均为 m,而 $\hat{W}_{o22}'(s)$ 与 $\hat{W}_{o21}'(s)$ 的阶次相同,均为 n,则取

$$W_{h1}(s) = \frac{1}{(T_{h1}s+1)^m}, \quad W_{h2}(s) = \frac{1}{(T_{h2}s+1)^n}$$

此时,当模型准确,即 $\boldsymbol{W}_o(s) = \hat{\boldsymbol{W}}_o(s)$,系统输出为

$$\boldsymbol{Y}(s) = \boldsymbol{\Theta}^{-1}(s)\boldsymbol{W}_h^{-1}(s)\boldsymbol{R}(s) + [\boldsymbol{I} - \boldsymbol{\Theta}^{-1}(s)\boldsymbol{W}_h^{-1}(s)]\boldsymbol{F}(s)$$

式中,

$$\boldsymbol{W}_h^{-1}(s) = \begin{bmatrix} W_{h1}(s) & 0 \\ 0 & W_{h2}(s) \end{bmatrix}$$

$$\boldsymbol{\Theta}^{-1}(s)\boldsymbol{W}_h^{-1}(s) = \begin{bmatrix} W_{h1}(s)e^{-\tau_{11}s} & 0 \\ 0 & W_{h2}(s)e^{-\tau_{22}s} \end{bmatrix}$$

可以看出,加入滤波矩阵后,仍能实现系统的动态解耦。由于滤波矩阵的稳态增益阵为单位阵,因而可以实现设定值变化下的稳态无偏差跟踪。

当控制通道与耦合通道的阶次不相同时,滤波器的选择稍微复杂一些,总的原则是尽可能让推理控制器中不出现微分项。

6.6 推理控制系统应用实例

6.6.1 精馏塔塔顶丁烷浓度的推理控制

精馏是化工、石油化工、炼油生产中应用极为广泛的传质传热过程,其目的是将混合物中各组分分离,达到规定的纯度。例如,石油化工生产中的中间产品裂解气,需要通过精馏操作进一步分离成纯度要求很高的乙烯、丙烯、丁二烯及芳烃等化工原料。精馏过程的实质,就是利用混合物中各组分具有不同的挥发度,即在同一温度下各组分的蒸气压不同这一性质,使液相中的轻组分转移到气相中,而气相中的重组分转移到液相中,从而实现分离。

精馏塔产品质量控制,常用方法是采用间接质量指标——温度作为被控变量,或采用在线工业色谱分析仪。前者是间接质量指标控制,当操作条件等变化时,难于保证产品质量。后者在线工业色谱分析仪价格昂贵,维护保养复杂且引入较大的纯滞后,给控制带来了困难。从 20 世纪 70 年代提出推理控制策略以来,以软测量为基础的推理控制在工业精馏塔控制中逐渐得到广泛应用。

丁烷精馏塔共有 16 块塔板,进料共有 5 个组分(乙烷、丙烷、丁烷、戊烷、己烷)。进料板是自上而下计数第 8 块塔板,且为饱和液体进料。塔顶控制指标是丁烷浓度,而塔底是丙烷浓度。用在线分析仪表不仅价格昂贵,而且测量滞后较大,很难满足实时控制要求,因而丁烷浓度和丙烷浓度是难以测量的输出量。精馏塔的进料是混合物,主要扰动来自进料各组分的变化。因此,精馏塔实际是输出和扰动均不可测的过程,为此采用推理控制方法进行实验研究。

通过机理模型与测试相结合得到了如下线性化模型

$$Y(s) = C(s)U(s) + B(s)F(s)$$
$$\theta(s) = P(s)U(s) + A(s)F(s) \tag{6-46}$$

式中,

$$Y(s) = [y_1(s)\ y_2(s)]^T$$
$$U(s) = [u_1(s)\ u_2(s)]^T$$
$$F(s) = [f_1(s)\ f_2(s)\ f_3(s)\ f_4(s)\ f_5(s)]^T$$
$$C(s) = \begin{bmatrix} \dfrac{-0.173}{70s+1} & \dfrac{0.0305}{75s+1} \\ \dfrac{0.015}{18s+1} & \dfrac{-0.0768}{7s+1} \end{bmatrix}$$

$$\bm{B}(s) = \begin{bmatrix} \dfrac{-0.188}{72s+1} & \dfrac{-0.163}{72s+1} & \dfrac{0.0199}{70s+1} & \dfrac{0.0043}{80s+1} & \dfrac{0.002}{85s+1} \\[3mm] \dfrac{0.0174}{15s+1} & \dfrac{0.0259}{13s+1} & \dfrac{0.0045}{4s+1} & \dfrac{-0.00029}{3s+1} & \dfrac{-0.0099}{3s+1} \end{bmatrix}$$

$$\bm{\theta}(s) = [\theta_1(s)\ \theta_2(s)\ \theta_3(s)\ \theta_4(s)\ \theta_5(s)]^{\mathrm{T}}$$

$$\bm{A}(s) = \begin{bmatrix} \dfrac{-7.99}{9s+1} & \dfrac{-9.78}{9s+1} & \dfrac{-5.28}{5s+1} & \dfrac{3.59}{8s+1} & \dfrac{6.09}{5s+1} \\[3mm] \dfrac{-11.29}{12s+1} & \dfrac{-15.91}{12s+1} & \dfrac{-4.23}{5s+1} & \dfrac{3.63}{8s+1} & \dfrac{4.75}{5s+1} \\[3mm] \dfrac{-18.28}{5s+1} & \dfrac{-16.43}{10s+1} & \dfrac{-0.47}{5s+1} & \dfrac{3.96}{3s+1} & \dfrac{4.60}{1.5s+1} \\[3mm] \dfrac{-42.02}{50s+1} & \dfrac{-35.92}{70s+1} & \dfrac{4.45}{65s+1} & \dfrac{1.10}{70s+1} & \dfrac{0.46}{75s+1} \\[3mm] \dfrac{-50.47}{25s+1} & \dfrac{-25.26}{75s+1} & \dfrac{3.15}{70s+1} & \dfrac{0.68}{78s+1} & \dfrac{0.32}{80s+1} \end{bmatrix}$$

$$\bm{P}(s) = \begin{bmatrix} \dfrac{7.47}{8s+1} & \dfrac{9.80}{15s+1} & \dfrac{8.20}{30s+1} & \dfrac{36.0}{65s+1} & \dfrac{30.0}{67s+1} \\[3mm] \dfrac{2.70}{4s+1} & \dfrac{3.79}{5s+1} & \dfrac{2.30}{18s+1} & \dfrac{6.82}{70s+1} & \dfrac{3.46}{70s+1} \end{bmatrix}^{\mathrm{T}}$$

其中,y_1 是塔顶丁烷浓度,y_2 是塔底丙烷浓度,二者均认为是不可测输出;θ_1、θ_2、θ_3、θ_4、θ_5 分别是第 1、3、8、14、16 块塔板温度,被认为是辅助变量;u_1 是回流量,u_2 是再沸器汽化率,二者是操纵变量;f_1、f_2、f_3、f_4、f_5 是进料中的 5 个组分,被认为是不可测扰动。

在此讨论塔顶丁烷浓度控制。对多元精馏塔进行分析,可知第 14 块塔板温度 θ_4 最能反映塔顶丁烷成分变化,故在推理控制中选择 θ_4 作为辅助输出,这样也只需用一个回流量 u_1 来控制。

$$y_1(s) = c_{11}(s)u_1(s) + \bm{b}_1(s)\bm{F}(s)$$
$$\theta_4(s) = p_{41}(s)u_1(s) + \bm{a}_4(s)\bm{F}(s) \tag{6-47}$$

式中,

$$c_{11}(s) = \frac{-0.173}{70s+1}$$

$$\bm{b}_1(s) = \begin{bmatrix} \dfrac{-0.188}{72s+1} & \dfrac{-0.163}{72s+1} & \dfrac{0.0199}{70s+1} & \dfrac{0.0043}{80s+1} & \dfrac{0.002}{85s+1} \end{bmatrix}$$

$$\bm{a}_4(s) = \begin{bmatrix} \dfrac{-42.02}{50s+1} & \dfrac{-35.92}{70s+1} & \dfrac{4.45}{65s+1} & \dfrac{1.10}{70s+1} & \dfrac{0.46}{75s+1} \end{bmatrix}$$

$$p_{41}(s) = \frac{36.0}{65s+1}$$

由式(6-47)不难看出这是一个多输入单输出系统,可以根据具体情况将其简化为单输入单输出系统。因为 $\bm{a}_4(s)$ 中的 5 个传递函数中时间常数相差不大,$\bm{b}_1(s)$ 中的 5 个传递函数中时间常数相差也不大,所以可以用增益和时间常数的平均值构成新的传递函数 $\bar{\bm{a}}_4(s)$ 和 $\bar{\bm{b}}_1(s)$ 估计扰动对输出的影响。

$$\bar{a}_4(s) = \frac{-14.386}{66s+1}, \quad \bar{b}_1(s) = \frac{-0.06496}{76s+1}$$

用进料中 5 个组分之和来描述单输入单输出系统的扰动 $f(s) = f_1(s) + f_2(s) + f_3(s) + f_4(s) + f_5(s)$，则简化后的单输入单输出系统为

$$y_1(s) = c_{11}(s)u_1(s) + \bar{b}_1(s)f(s)$$
$$\theta_4(s) = p_{41}(s)u_1(s) + \bar{a}_4(s)f(s) \tag{6-48}$$

针对上面的系统设计推理控制系统的估计器为

$$\hat{K}(s) = \frac{\bar{b}_1(s)}{\bar{a}_4(s)} = 0.0045\frac{66s+1}{76s+1}$$

根据控制通道的传递函数 $c_{11}(s) = \dfrac{-0.173}{70s+1}$，设计滤波器为

$$W_h(s) = \frac{1}{10s+1}$$

可得推理控制器为

$$W_I(s) = \frac{W_h(s)}{c_{11}(s)} = -5.78\frac{10s+1}{70s+1}$$

这样所设计的塔顶丁烷浓度推理控制系统如图 6-15 所示。

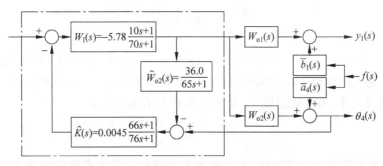

图 6-15　塔顶丁烷浓度推理控制系统

在进料丁烷含量阶跃变化 10% 时,塔顶丁烷浓度的响应如图 6-16 中曲线 1 所示。在同样的扰动下,以第 14 块板温度为被控量所构成的常规控制系统,塔顶丁烷浓度的响应如图 6-16 中曲线 2 所示。以塔顶丁烷浓度为反馈量,塔顶丁烷浓度的响应如图 6-16 中曲线 3 所示。对比可见,采用推理控制的最大偏差最小,并且具有较好的动态响应。

6.6.2　脱木素反应的推理控制

蒸煮过程的脱木素反应是一个复杂的化学和化工过程,也是整个制浆生产过程实施清洁生产的最重要部分。蒸煮过程是木材和蒸煮碱溶液进行化学和化工反应,生成纸浆和黑液的脱木素反应过程,脱木

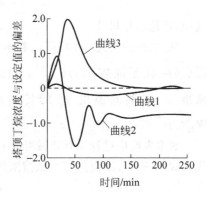

图 6-16　塔顶丁烷浓度响应曲线

素反应控制的结果直接影响蒸煮过程生产纸浆的质量和生产成本。因此,蒸煮过程控制研究一直是制浆造纸工程中的重要内容。

由于脱木素反应是在高温和高压的条件下进行,在线直接测量反应过程中的有效碱浓度非常困难。相对而言,在线测量反应过程中表示纸浆中木素含量的卡伯值较容易,长期以来,对蒸煮过程脱木素反应控制都是用卡伯值作为控制变量,以保证正常脱木素反应和纸浆质量。在这种情况下,由于没有对反应过程中的有效碱用量进行有效控制,为了保证反应完全进行,往往是加入过量的碱,从而造成反应生成的黑液中剩余大量的碱,对环境造成污染。此外,蒸煮反应过程中存在许多不可测扰动,诸如木材的品种、加碱量和液比等,这些不可测扰动对脱木素反应过程有很大影响。

采用常规的控制算法虽然能较好控制脱木素反应中的卡伯值,但无法抑制不可测扰动对反应的影响。因此在在线测量出有效碱浓度的基础上,可以采用多变量推理控制算法对反应过程的有效碱用量和卡伯值进行控制。一方面,推理控制系统可以使脱木素反应更加彻底,将黑液中的残碱减少到工艺规定的最小值,降低生产成本;另一方面,推理控制系统可以很好地抑制不可测扰动对反应的影响,可以高精度地控制脱木素反应。

将脱木素反应看成一个蒸煮温度 γ_1 和初始碱浓度 γ_2 为输入变量,卡伯值 y_1 和有效碱浓度 y_2 作为被控变量的双输入双输出线性系统。

在大量脱木素反应阶段,脱木素的二级反应动力学方程为

$$\frac{\mathrm{d}L}{\mathrm{d}t} = -K(\gamma_1)y_2L \tag{6-49}$$

式中,反应速率 $K(\gamma_1) = A\mathrm{e}^{-\frac{E}{R\gamma_1}}$,由 Arrhenius 公式表示。$A$ 为频率因子常数;E 为反应活化能常数;R 为气体常数;γ_1 是蒸煮温度;L 为木素含量;y_2 为有效碱浓度。

在脱木素反应中,有效碱浓度 y_2 和木素含量 L 有如下关系

$$\frac{\mathrm{d}y_2}{\mathrm{d}t} = -\lambda_i \frac{\mathrm{d}L}{\mathrm{d}t} \tag{6-50}$$

式中,λ_i 为脱木素反应在初试阶段、大量脱木素阶段和残余木素阶段的系数。在大量脱木素阶段,λ_i 为常数。

通常纸浆的质量用卡伯值 y_1 表示,y_1 和 L 的关系是

$$y_1 = 6.5 - \frac{L}{Y} \tag{6-51}$$

式中,Y 是木片尺寸。

从式(6-49)、式(6-51)可以看出卡伯值 y_1 和蒸煮温度 γ_1 的传递函数可以近似看作有滞后的一阶系统 $W_{11}(s)\mathrm{e}^{-\tau_{11}s}$。由式(6-50)可知,卡伯值 y_1 和初始碱浓度 γ_2 以及有效碱浓度 y_2 和蒸煮温度 γ_1 的传递函数可以看作有滞后的一阶系统 $W_{12}(s)\mathrm{e}^{-\tau_{12}s}$ 和 $W_{21}(s)\mathrm{e}^{-\tau_{21}s}$。

脱木素反应过程是有效碱溶液不断溶解和消耗的过程,对于脱木素反应过程,将式(6-49)代入式(6-50)可以得到有效碱溶液溶解和消耗过程的表达式

$$\frac{\mathrm{d}y_2}{\mathrm{d}t} = \lambda_i K(\gamma_1)y_2L \tag{6-52}$$

从式 (6-52) 可以看出,有效碱浓度 y_2 和初始碱浓度 γ_2 也同样可以看作有滞后的一阶系统 $W_{o22}(s)e^{-\tau_{22}s}$。结合实际工艺参数和对脱木素反应过程辨识,最终可以得到脱木素反应双输入双输出模型传递函数矩阵中各个传递函数为

$$\hat{W}_o(s) = \begin{bmatrix} W_{o11}(s)e^{-\tau_{11}s} & W_{o12}(s)e^{-\tau_{12}s} \\ W_{o21}(s)e^{-\tau_{21}s} & W_{o22}(s)e^{-\tau_{22}s} \end{bmatrix} \tag{6-53}$$

其中,$W_{o11}(s)e^{-\tau_{11}s} = \dfrac{21e^{-4s}}{10.3s+1}$,$W_{o12}(s)e^{-\tau_{12}s} = \dfrac{7.8e^{-3s}}{7.6s+1}$,$W_{o21}(s)e^{-\tau_{21}s} = \dfrac{1.7e^{-4s}}{10.3s+1}$,$W_{o22}(s)e^{-\tau_{22}s} = \dfrac{24e^{-3s}}{7.6s+1}$。

干扰通道的传递函数矩阵为

$$W_f(s) = \begin{bmatrix} \dfrac{1}{5s+1} & 0 \\ 0 & \dfrac{1}{9s+1} \end{bmatrix}$$

在设计蒸煮过程推理控制系统时,滤波时间常数 T_h 的大小将直接影响系统输出响应的快慢。T_h 越大,系统输出响应越慢;T_h 越小,系统输出响应越快。对蒸煮过程来说,由于现场扰动信号不是高频信号,可以选择 T_h 小一些。经过大量实验和测试,最终确定的滤波器为

$$W_h(s) = \begin{bmatrix} \dfrac{e^{-4s}}{0.24s+1} & 0 \\ 0 & \dfrac{e^{-3s}}{0.24s+1} \end{bmatrix}$$

由于理想的推理控制器 $W_I(s) = 1/\hat{W}_o(s)$ 中包含超前环节,在实际工程中不可实现,实际设计推理控制器时需串联一个滤波器 $W_h(s)$,使推理控制器为

$$W_I(s) = \frac{W_h(s)}{\hat{W}_o(s)} = \begin{bmatrix} \dfrac{10.3s+1}{4.98s+20.45} & -\dfrac{10.3s+1}{15.09s+62.92} \\ -\dfrac{7.6s+1}{69.28s+288.67} & \dfrac{7.6s+1}{5.6s+23.37} \end{bmatrix}$$

进行测试时,在 10 组不同尺寸和形状木片中随机取样作为反应进料木片,用木片尺寸和形状随机变化作为控制系统的不可测扰动信号。

采用常规 PID 控制系统分别对脱木素反应的卡伯值和有效碱浓度进行控制,响应曲线如图 6-17 中和图 6-18 中曲线 2 所示。因为常规 PID 控制系统中没有采取有效的抑制不可测扰动信号的措施,当反应中进料木片尺寸和形状以及液比等反应条件随机发生变化时,不可测扰动信号对系统的输出和控制精度有很大影响,得到的控制效果并不十分理想。采用常规 PID 控制系统脱木素反应终点卡伯值为 44±7,残碱浓度为 21±5。

采用多变量推理控制系统对脱木素反应的卡伯值和有效碱浓度进行控制,响应曲线如图 6-17 中和图 6-18 中曲线 1 所示。首先,采用推理控制系统后,即使在反应中进料木片尺寸和形状随机发生变化的情况下,推理系统能够非常有效地抑制不可测扰动信号,同时具有

较高的控制精度和较好的控制性能。从图中可以看出,多变量推理控制系统下蒸煮过程终点卡伯值为44±5,有效碱浓度为19±3。在采用多变量推理控制系统后,在保证纸浆的质量的同时,黑液中的残碱浓度有所降低。

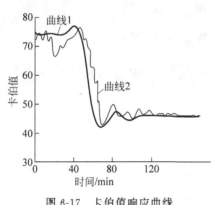

图 6-17   卡伯值响应曲线

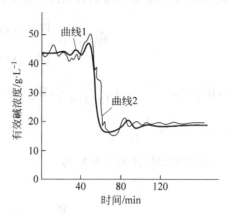

图 6-18   有效碱浓度响应曲线

所设计的以卡伯值和有效碱浓度作为控制变量的多变量推理控制系统,抑制了反应过程中的不可测扰动,减少了蒸煮过程的用碱量,同时使脱木素反应进行得更加完全和彻底。

本章小结

推理控制能够有效地解决过程关键变量和主要扰动不可直接测量的控制问题。本章阐述了推理控制系统的基本组成、推理控制器设计方法,并分别分析了扰动通道和控制通道误差对系统性能的影响。在此基础上,将推理控制推广到输出可测扰动不可测系统,以及多变量耦合系统中,为工程实践中相关问题的解决提供了理论指导。最后通过两个工业实例,说明如何能够正确分析不同工业过程的特性以及设计合理的推理控制系统。

思考题与习题

1. 说明推理控制系统的工作原理。
2. 何时使用推理控制?
3. 推理控制系统有哪些基本特征,其设计的关键问题是什么?
4. 已知某单输入单输出过程,主要的质量输出可以测量获得,主通路的估计模型为 $\hat{W}_o(s)=\dfrac{1.5}{8s+1}$。当过程存在不可估计干扰时,如何设计推理控制器?

第7章

预 测 控 制

学习目标
(1) 掌握预测控制系统相关的基本术语;
(2) 掌握预测控制的核心组成;
(3) 掌握模型算法控制的基本原理及使用方法;
(4) 掌握动态矩阵控制的基本原理及使用方法;
(5) 掌握广义预测控制的基本原理及使用方法。

7.1 概述

当生产过程比较复杂,常规 PID 控制方法满足不了生产工艺的要求时,工业部门不断寻找和实施各种各样的基于数学模型的先进控制方法。但是,由于实际工业系统本身的各种复杂特性,常常难以得到其精确的数学模型。为此,学术界一直在努力寻找一种对数学模型依赖性不是很强的控制方法。预测控制(predictive control)就是这样一种控制方法。

1978 年,Richalet J 在 *Automatica* 期刊上首次详细阐述了建立在脉冲响应模型基础上的模型算法控制(MAC)产生的背景、机理及工业应用效果。从此,预测控制作为一种新的控制方法出现在了控制领域中。在此基础上,Culter 于 1980 年提出了建立在阶跃响应模型基础上的动态矩阵控制(DMC),克服了 MAC 在系统存在时滞时将导致算法失效和输出有静差的弱点。1984 年,D. W. Clarke 在吸取 DMC 和 MAC 中滚动优化策略的基础上,针对被控过程采用自回归滑动积分平均模型(CARIMA),提出了著名的广义预测控制(GPC)算法。1987 年,Lelic 和 Zarrop 在 GPC 算法的基础上,结合经典的系统极点配置方法,提出了基于极点配置的预测控制方法(GPP)。GPP 除具有传统广义预测控制的优点外,还能够把闭环系统的极点配置到选定的位置,从而使系统具有更加优良的性能。1991 年,Demircioglu 和 Gawthrop 将离散时域的广义预测控制算法推广到连续时域,提出了连续时域的广义预测控制(CGPC)。之后,国内外有不少学者对预测控制进行了进一步的研究。

经过三十多年的发展与应用,预测控制从线性、时不变、单变量系统的预测控制发展为非线性、时变、多变量系统的预测控制。预测控制的产生,并不是理论发展的需要,而是工业实践向控制提出的挑战。20 世纪 60 年代初形成的现代控制理论,在航天、航空等领域取得了辉煌的成果。利用状态空间法分析和设计系统,提高了人们对被控对象的洞察能力,提供了在更高层次上设计控制系统的手段。特别是,随着最优控制的发展,对于追求更高控制质量和经济效益的控制工程师来说,更具有吸引力。然而,在完美的控制理论与控制实践之间还存在着巨大的鸿沟。

(1) 复杂工业过程模型无法精确表达,限制了现代控制理论的实际应用。

(2) 工业对象的结构、参数等具有很大的不确定性,这使得按照理想模型得到的最优控制在实际使用过程中无法达到最优,甚至会导致控制品质严重下降。

(3) 现代控制理论的许多算法往往过于复杂,利用工业计算机难以实现。

上述原因阻碍了现代控制理论在复杂工业过程中的有效应用,也向控制理论提出了新的挑战。

为了克服理论与应用之间的不协调,人们试图面对工业过程的特点,寻找各种对模型要求低、控制综合质量好、在线计算方便的优化控制新算法。预测控制就是在这种背景下发展起来的一类新型计算机优化控制算法。

7.2 预测控制的基本原理

预测控制的基本思想可以用图 7-1 说明。图 7-1 中,r 为设定值,$y_r(k)$ 代表输出的期望值曲线。$k=0$ 时刻为当前时刻,0 时刻左边的曲线代表过去的输出与控制。根据已知的对象模型可以预测出对象在未来 P 个时刻的输出 $y_M(k)(k=1,2,\cdots,P)$。预测控制算法就是要按照预测输出与期望输出的偏差 $e(k)$,计算当前及未来共计 L 个时刻的控制量 $u(k)(k=0,1,2,\cdots,L-1)$,使偏差 $e(k)$ 最小。在此,P 称为预测步程,L 称为控制步程。

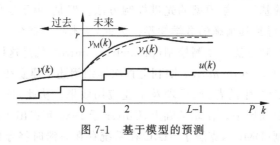

图 7-1 基于模型的预测

预测控制是以计算机为实现手段的,因此其算法一般应为采样控制算法而不是连续控制算法。另外,预测控制算法应建立在预测模型、滚动优化和反馈校正 3 项基本原理基础之上。

预测控制是一种基于模型的控制算法,这一模型称为预测模型。预测模型的功能就是根据对象的历史信息和未来输入预测其未来输出。无论模型具有什么结构形式,只要具有上述功能,就可以在预测控制系统中作为预测模型使用。预测模型具有展示系统未来动态行为的功能,这样,就可以像系统仿真那样,任意给出未来的控制策略,观察对象在不同控制策略下的输出变化,如图 7-2 所示,进而对这些控制策略的优劣进行对比。图 7-2 中,u_1 为控制策略 1,u_2 为控制策略 2,y_1 为对应于控制策略 1 的系统输出,y_2 为对应于控制策略 2 的系统输出。

预测控制是一种优化控制算法,它通过达到某一性能指标最优来确定未来的控制作用。

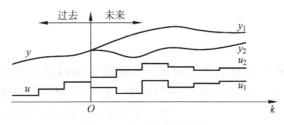

图 7-2　基于模型的预测

但是,预测控制中的优化与传统意义下的最优控制有着明显的区别。传统意义的最优控制一般是指全局优化,而预测控制中的优化是一种有限时间段的滚动优化。也就是说,在预测控制中,优化不是一次离线进行,而是不同时间段内反复在线进行的。

在预测控制中,通过优化方法确定了一系列未来的控制作用后,为了防止模型误差或环境干扰引起控制效果偏离理想输出,并不是把所有控制作用逐一全部实施,而对于下一时刻的控制作用,要通过此时刻的实际输出与模型预测输出之间的偏差对预测模型进行修正后,如图 7-3 所示,再通过新的优化产生新的控制作用。图 7-3 中,u_{k-1} 为 $k-1$ 时刻的控制作用,u_k 为 k 时刻的控制作用,y_1^k 为 k 时刻模型预测的 $k+1$ 时刻输出,y_2^k 为 $k+1$ 时刻的实际输出,y_1 为 k 时刻模型预测输出,y_2 为 $k+1$ 时刻模型预测输出。可见,预测控制是一种基于反馈校正的闭环控制方法。

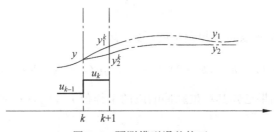

图 7-3　预测模型误差校正

由于预测控制所需要的模型只需要具有预测功能即可,对其结构形式没有要求,因而为系统建模带来了方便。预测控制吸取了优化控制的思想,利用系统反馈信息实现滚动优化来替代全局优化,避免了模型误差或环境干扰引起的控制效果不理想的缺陷。可见,预测控制是针对传统最优控制在工业过程中的不适用性而进行修正的一种新型优化控制方法。

7.3　模型算法控制

模型算法控制(MAC)又称为模型预测启发控制(MPHC)。模型算法控制是一种基于对象脉冲响应模型的预测控制算法,它适用于渐近稳定的线性对象。对于弱非线性对象,可在工作点处首先线性化;对于不稳定对象,可先用常规 PID 控制使其稳定,然后再用 MAC 算法。

模型算法控制主要由预测模型、模型校正、参考轨迹及滚动优化 4 部分组成。

7.3.1 预测模型

预测模型用来获得被控对象未来输出的预测值。预测模型的结构形式多种多样,在 DMC 算法中采用对象的阶跃响应作为预测模型。在工艺允许的条件下,可以直接在控制输入处施加阶跃或脉冲信号,获得对象的阶跃响应曲线或脉冲响应曲线,也可施加其他特定的测试信号,再利用辨识方法求取这些曲线。

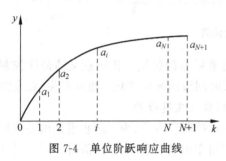

图 7-4   单位阶跃响应曲线

通过如图 7-4 所示的对象单位阶跃响应曲线,就可以获取对象在采样时刻 $k=1,2,\cdots$ 的采样值 a_k。虽然阶跃响应是一种非参数模型,但由于线性系统具有比例和叠加性质,因此可认为它在 k 时刻的输出是由 k 时刻以前所有的输入增量造成的,即

$$y(k)-u_1\Delta u(k-1)+a_2\Delta u(k-2)+\cdots+a_N\Delta u(k-N)+\cdots \tag{7-1}$$

式中,$\Delta u(k-i)=u(k-i)-u(k-i-1)$,表示 $k-i$ 时刻的控制增量。

若对对象输入施加宽度为 1 的单位脉冲,根据叠加原理可知,脉冲响应曲线在采样时刻的幅值记为 $h_1=a_1,h_2=a_2-a_1,\cdots,h_i=a_i-a_{i-1},\cdots$,可见

$$a_i=\sum_{j=1}^{i}h_j \tag{7-2}$$

将式(7-1)中控制增量表示成控制量的形式,有

$$y(k)=h_1u(k-1)+h_2u(k-2)+\cdots+h_Nu(k-N)+\cdots=\sum_{i=1}^{\infty}h_iu(k-i) \tag{7-3}$$

可见,对于线性对象,如果已知其单位脉冲响应的采样值 $h_1,h_2,\cdots$,那么该线性对象的输入输出关系可以表示为

$$y(k)=\sum_{i=1}^{\infty}h_iu(k-i)$$

对于渐近稳定对象,阶跃响应在某一时刻 $k=N$ 后趋于平稳,因此有

$$h_{N+1}=a_{N+1}-a_N=0,\quad h_{N+2}=h_{N+3}=\cdots=0$$

所以,对象的动态信息就可以近似用有限集合 $\{h_1,h_2,\cdots,h_N\}$ 加以描述。则根据式(7-3),预测模型可以表示为

$$y_M(k)=\sum_{i=1}^{N}\hat{h}_iu(k-i) \tag{7-4}$$

式中,y_M 表示模型输出,N 为模型长度,$\hat{h}_i$ 为预测模型的系数。

由式(7-4)可得

$$y_M(k-1)=\sum_{i=1}^{N}\hat{h}_iu(k-i-1) \tag{7-5}$$

$$y_M(k)=y_M(k-1)+\sum_{i=1}^{N}\hat{h}_i\Delta u(k-i) \tag{7-6}$$

按照式(7-6),模型在下一时刻到 P 个时刻的输出可以表示为

$$y_M(k+1) = \hat{h}_1 u(k) + \hat{h}_2 u(k-1) + \cdots + \hat{h}_N u(k-N+1)$$

$$y_M(k+2) = \hat{h}_1 u(k+1) + \hat{h}_2 u(k) + \cdots + \hat{h}_N u(k-N+2)$$

$$\vdots$$

$$y_M(k+P) = \hat{h}_1 u(k+P-1) + \hat{h}_2 u(k+P-2) + \cdots + \hat{h}_N u(k-N+P) \quad (7\text{-}7)$$

7.3.2　模型校正

式(7-7)所示的预测模型没有考虑模型误差和干扰的作用,因而尽管采用适当的控制可以使模型在 $k+j$ 时刻的预测输出接近期望输出,但却不能保证系统在 $k+j$ 时刻以后的实际输出与期望输出相接近。由于模型的误差和未来时刻的干扰、噪声不容易测量,所以通常都是采用前一时刻预测值与实际值的偏差来对预测模型进行近似校正,即

$$y_c(k+1) = y_M(k+1) + [y(k) - y_M(k)]$$

$$y_c(k+2) = y_M(k+2) + [y(k+1) - y_M(k+1)]$$

$$\vdots$$

$$y_c(k+j) = y_M(k+j) + [y(k+j-1) - y_M(k+j-1)]$$

$$\vdots \quad (7\text{-}8)$$

式(7-8)中, $y(k+1), y(k+2), \cdots$ 是未知量。为使计算能够进行,采用校正后的预测值代替测量值,即

$$y_c(k+1) = y_M(k+1) + [y(k) - y_M(k)]$$

$$y_c(k+2) = y_M(k+2) + [y_c(k+1) - y_M(k+1)]$$

$$\vdots$$

$$y_c(k+j) = y_M(k+j) + [y_c(k+j-1) - y_M(k+j-1)]$$

$$\vdots \quad (7\text{-}9)$$

从式(7-9)可以看出,在 $k+1, k+2, \cdots, k+j, \cdots$ 时刻的预测模型误差校正项为

$$e_c(k+1) = y_c(k+1) - y_M(k+1) = y(k) - y_M(k)$$

$$e_c(k+2) = y_c(k+1) - y_M(k+1) = y(k) - y_M(k)$$

$$\vdots$$

$$e_c(k+j) = y_c(k+j-1) - y_M(k+j-1) = y(k) - y_M(k)$$

$$\vdots$$

可见,对 P 个时刻的输出,均是利用当前时刻的模型预测误差进行预测模型的校正,将校正后的预测模型表示为向量形式,有

$$\boldsymbol{y}_c = \boldsymbol{H}\boldsymbol{u} + \boldsymbol{H}_1\boldsymbol{u}_1 + \boldsymbol{y} - \boldsymbol{y}_M$$

其中,

$$\boldsymbol{y}_c = [y_c(k+1), y_c(k+2), \cdots, y_c(k+P)]_{P \times 1}^T$$

$$\boldsymbol{u} = [u(k), u(k+1), \cdots, u(k+P-1)]_{P \times 1}^T$$

$$\boldsymbol{y} = [y(k), y(k), \cdots, y(k)]_{P \times 1}^T$$

$$\boldsymbol{y}_\mathrm{M} = [y_\mathrm{M}(k), y_\mathrm{M}(k), \cdots, y_\mathrm{M}(k)]^\mathrm{T}_{P \times 1}$$

$$\boldsymbol{u}_1 = [u(k-1), u(k-2), \cdots, u(k-N+1)]^\mathrm{T}_{(N-1) \times 1}$$

$$\boldsymbol{H} = \begin{bmatrix} \hat{h}_1 & 0 & 0 & \cdots & 0 \\ \hat{h}_2 & \hat{h}_1 & 0 & \cdots & 0 \\ \vdots & \vdots & \vdots & \ddots & \vdots \\ \hat{h}_P & \hat{h}_{P-1} & \hat{h}_{P-2} & \cdots & \hat{h}_1 \end{bmatrix}_{P \times P}$$

$$\boldsymbol{H}_1 = \begin{bmatrix} \hat{h}_2 & \hat{h}_3 & \cdots & \hat{h}_{N-P+1} & \hat{h}_{N-P+2} & \cdots & \hat{h}_{N-1} & \hat{h}_N \\ \hat{h}_3 & \hat{h}_4 & \cdots & \hat{h}_{N-P+2} & \hat{h}_{N-P+3} & \cdots & \hat{h}_N & 0 \\ \vdots & \vdots & \ddots & \vdots & \vdots & \ddots & \vdots & \vdots \\ \hat{h}_{P+1} & \hat{h}_{P+2} & \cdots & \hat{h}_N & 0 & \cdots & 0 & 0 \end{bmatrix}_{P \times (N-1)}$$

7.3.3 参考轨迹

在 MAC 中，控制系统的期望输出是从现时刻实际输出 $y(k)$ 到设定值光滑过渡的一条参考轨迹。在 k 时刻的参考轨迹可由其在未来采样时刻的值 $y_\mathrm{r}(k+i), i = 1,2,\cdots$ 来描述，通常取作一阶指数变化的形式，即

$$y_\mathrm{r}(k+i) = y(k) + [r - y(k)](1 - \mathrm{e}^{-\frac{iT}{\tau}}) \tag{7-10}$$

式中，τ 为参考轨迹的时间常数，T 为采样周期。若令

$$\alpha = \mathrm{e}^{-\frac{T}{\tau}}$$

则式(7-10)可以表示为

$$y_\mathrm{r}(k+i) = (1 - \alpha^i)r + \alpha^i y(k), \quad i = 1,2,\cdots$$

显然，τ 值越小，则 $\alpha(0 \leqslant \alpha \leqslant 1)$ 值越小，参考轨迹就能越快地到达设定值 r。

令

$$\boldsymbol{y}_\mathrm{r} = [y_\mathrm{r}(k+1) \quad y_\mathrm{r}(k+2) \quad \cdots \quad y_\mathrm{r}(k+P)]^\mathrm{T}$$

$$\boldsymbol{\alpha}_1 = [\alpha, \alpha^2, \cdots, \alpha^P]^\mathrm{T}, \quad \boldsymbol{\alpha}_2 = [1-\alpha, 1-\alpha^2, \cdots, 1-\alpha^P]^\mathrm{T}$$

则参考轨迹可以简记为如下所示的矩阵向量形式

$$\boldsymbol{y}_\mathrm{r} = \boldsymbol{\alpha}_1 y(k) + \boldsymbol{\alpha}_2 r$$

期望输出与预测输出之间的偏差为

$$e(k+j) = y_\mathrm{r}(k+j) - y_\mathrm{c}(k+j), \quad j = 1,2,\cdots,P \tag{7-11}$$

7.3.4 滚动优化

MAC 中，系统误差可以表示为

$$\boldsymbol{e} = \boldsymbol{y}_\mathrm{r} - \boldsymbol{y}_\mathrm{c} = \boldsymbol{\alpha}_1 y(k) + \boldsymbol{\alpha}_2 r - (\boldsymbol{H}\boldsymbol{u} + \boldsymbol{H}_1 \boldsymbol{u}_1 + \boldsymbol{y} - \boldsymbol{y}_\mathrm{M})$$

在 MAC 中，k 时刻的优化准则是要选择未来 P 个控制量，使未来 P 个时刻的预测输

出尽可能地接近参考轨迹,其优化性能可以表示为

$$J = e^{\mathrm{T}} Q_1 e + u^{\mathrm{T}} Q_2 u$$

由 $\partial J / \partial u = 0$,有

$$u = (H^{\mathrm{T}} Q_1 H + Q_2)^{-1} H^{\mathrm{T}} Q_1 \{ \alpha_2 [r - y(k)] - H_1 u_1 + y_{\mathrm{M}} \} \tag{7-12}$$

模型算法控制的结构如图 7-5 所示。

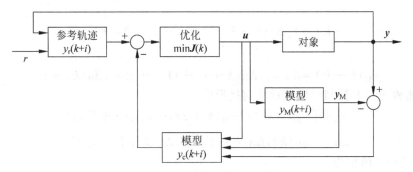

图 7-5　模型算法控制示意图

7.4　动态矩阵控制的基本原理

　　动态矩阵控制(DMC)和 MAC 一样,也适用于渐近稳定的线性对象,但与 MAC 不同的是,DMC 是基于被控对象阶跃响应特性的预测控制算法,而不是对象的脉冲响应特性。DMC 的基本结构原理如图 7-6 所示。

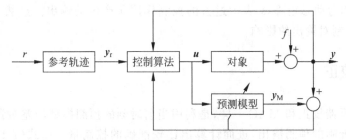

图 7-6　DMC 的基本结构原理图

7.4.1　预测模型

　　DMC 中的预测模型就是采用式(7-1)所示的阶跃响应表达式。为了将预测模型和真正的对象模型相区别,预测模型通常记为

$$y_{\mathrm{M}}(k) = \sum_{i=1}^{\infty} \hat{a}_i \Delta u(k-i) \tag{7-13}$$

式中,$\hat{a}_i$ 为预测模型的阶跃响应系数;$y_{\mathrm{M}}(k)$ 为对象输出预测值。

　　设当前时刻为 k,控制步程为 L。当前及未来时刻的控制增量序列为 $\Delta u(k)$,

$\Delta u(k+1),\cdots,\Delta u(k+L-1)$，对于 L 时刻以后设

$$\Delta u(k+L)=\Delta u(k+L+1)=\cdots=0$$

那么未来时刻的输出预测值为

$$y_{\mathrm{M}}(k+1)=\hat{a}_1\Delta u(k)+\hat{a}_2\Delta u(k-1)+\cdots$$

$$y_{\mathrm{M}}(k+2)=\hat{a}_1\Delta u(k+1)+\hat{a}_2\Delta u(k)+\hat{a}_3\Delta u(k-1)+\cdots$$

$$\vdots$$

$$y_{\mathrm{M}}(k+L)=\hat{a}_1\Delta u(k+L-1)+\cdots+\hat{a}_L\Delta u(k)+\cdots$$

$$\vdots$$

$$y_{\mathrm{M}}(k+P)=\hat{a}_{P-L+1}\Delta u(k+L-1)+\cdots+\hat{a}_P\Delta u(k)+\cdots \tag{7-14}$$

将预测输出值及控制增量表示成向量形式

$$\boldsymbol{y}_{\mathrm{M}}=[y_{\mathrm{M}}(k+1),y_{\mathrm{M}}(k+2),\cdots,y_{\mathrm{M}}(k+P)]^{\mathrm{T}} \tag{7-15}$$

$$\Delta \boldsymbol{u}=[\Delta u(k),\Delta u(k+1),\cdots,\Delta u(k+L-1)]^{\mathrm{T}} \tag{7-16}$$

那么，式(7-14)可简记为

$$\boldsymbol{y}_{\mathrm{M}}=\boldsymbol{A}\Delta\boldsymbol{u}+\boldsymbol{s} \tag{7-17}$$

其中，

$$\boldsymbol{A}=\begin{bmatrix} \hat{a}_1 & 0 & \cdots & & 0 \\ \hat{a}_2 & \hat{a}_1 & 0 & \cdots & 0 \\ \vdots & & \ddots & & \vdots \\ \hat{a}_L & & \cdots & & \hat{a}_1 \\ \vdots & & \ddots & & \vdots \\ \hat{a}_P & & \cdots & & \hat{a}_{P-L+1} \end{bmatrix} \tag{7-18}$$

式(7-17)中，$\boldsymbol{A}$ 称为动态矩阵，$\boldsymbol{s}$ 表示过去的控制作用所产生的输出。显然，$\boldsymbol{A}\Delta\boldsymbol{u}$ 代表当前及未来时刻的控制对输出的影响。

7.4.2 反馈校正

DMC 中的反馈校正和 MAC 一样，是利用当前时刻的预测模型误差对预测模型进行校正，以获得更加准确的预测输出，进而计算出比较准确的控制量。由式(7-17)，可以将校正后的预测模型表示为

$$\boldsymbol{y}_{\mathrm{c}}=\boldsymbol{A}\Delta\boldsymbol{u}+\boldsymbol{s}+\boldsymbol{y}-\boldsymbol{y}_{\mathrm{M}} \tag{7-19}$$

其中，

$$\boldsymbol{y}_{\mathrm{c}}=[y_{\mathrm{c}}(k+1),y_{\mathrm{c}}(k+2),\cdots,y_{\mathrm{c}}(k+P)]^{\mathrm{T}}_{P\times 1}$$

$$\boldsymbol{y}=[y(k),y(k),\cdots,y(k)]^{\mathrm{T}}_{P\times 1}$$

$$\boldsymbol{y}_{\mathrm{M}}=[y_{\mathrm{M}}(k),y_{\mathrm{M}}(k),\cdots,y_{\mathrm{M}}(k)]^{\mathrm{T}}_{P\times 1}$$

7.4.3 滚动优化

预测控制算法是根据输出期望值 $y_{\mathrm{r}}(k+j)$ 和输出预测值 $y_{\mathrm{c}}(k+j)$ 的偏差，并在给定

的性能指标下计算出可以施加的控制量,使对象的输出尽可能地接近期望值。常用的控制性能指标形式为

$$J = \sum_{i=1}^{P} q_{1i}^2 e^2(k+j) + \sum_{j=0}^{l-1} q_{2j}^2 \Delta u^2(k+j) \tag{7-20}$$

式中,第一项为对偏差大小的约束项,第二项为对控制的约束项。

7.4.4　动态矩阵控制的基本算法

在预测控制的实际应用中,既可以只预测未来的某一个输出值,也可以预测 P 个输出值;既可以只算出当前的一个控制量,也可以计算当前及未来的 L 个控制量。不同的选择方法就会产生不同的控制效果。

1. 单值预测算法

单值预测就是只利用未来某一时刻的输出预测值来计算当前控制量。单值预测中最简单的就是单步预测。单步预测就是只预测下一时刻的输出,使下一时刻的输出预测值接近期望值。

由式(7-6)有

$$y_M(k+1) = y_M(k) + \sum_{i=1}^{N} \hat{h}_i \Delta u(k+1-i) = y_M(k) + \hat{a}_1 \Delta u(k) + s(k+1) \tag{7-21}$$

式中, $\hat{a}_1 = \hat{h}_1$, $s(k+1)$ 表示过去的控制增量对 $k+1$ 时刻系统输出的影响。

$$s(k+1) = \sum_{i=2}^{N} \hat{h}_i \Delta u(k+1-i) \tag{7-22}$$

校正后的 $k+1$ 时刻系统输出预测值为

$$y_c(k+1) = y_M(k+1) + y(k) - y_M(k) = \hat{a}_1 \Delta u(k) + s(k+1) + y(k) \tag{7-23}$$

在设定值发生阶跃变化时,若要求输出迅速跟踪这一变化,往往需要施加大幅值的控制量,而这往往导致系统不稳定,因此,在预测控制中,都是让输出按照一定的参考轨迹,逐步过渡到设定值。令设定值为 r ,通常采用的参考轨迹按式(7-24)所示的一阶惯性环节形式选取,其中 α 为柔化系数。

$$y_r(k) = y(k)$$
$$y_r(k+j) = (1-\alpha)r + \alpha y(k+j-1)$$
$$= (1-\alpha^j)r + \alpha^j y(k) \quad j=1,2,\cdots,P \tag{7-24}$$

在单值预测中,参考轨迹为

$$y_r(k+1) = \alpha y(k) + (1-\alpha)r \tag{7-25}$$

由式(7-23)和式(7-25),得期望输出与预测输出间的偏差为

$$e(k+1) = y_r(k+1) - y_c(k+1)$$
$$= (1-\alpha)[r - y(k)] - \hat{a}_1 \Delta u(k) - s(k+1) \tag{7-26}$$

取性能指标为

$$J = e^2(k+1) + q_2^2 \Delta u^2(k) \tag{7-27}$$

则由

$$\frac{\partial J}{\partial \Delta u} = -2\hat{a}_1 e(k+1) + 2q_2^2 \Delta u(k) = 0$$

有

$$\hat{a}_1 \big[(1-\alpha)[r - y(k)] - \hat{a}_1 \Delta u(k) - s(k+1) \big] - q_2^2 \Delta u(k) = 0$$

$$\Delta u(k) = \frac{\hat{a}_1}{\hat{a}_1^2 + q_2^2} \big[(1-\alpha)[r - y(k)] - s(k+1) \big] \tag{7-28}$$

当 $\hat{a}_1 \to 0$ 时,即对象为纯滞后或大惯性环节时,由式(7-28)有 $\Delta u \to 0$。因此,在这种情况下,每次所产生的控制作用都趋于0。可见,上述单步预测控制对于具有纯滞后或大惯性时是无法实现的。

单值预测更一般的形式是预测未来第 P 个时刻的输出,即让时刻 $k+P$ 的输出预测值与期望值尽量接近,且让当前时刻的控制作用 $u(k)$ 持续到时刻 $k+P-1$,即

$$u(k) = u(k+1) = u(k+2) = \cdots = u(k+P-1)$$

$$\Delta u(k+1) = \Delta u(k+2) = \cdots = \Delta u(k+P-1) = 0$$

这时,$k+P$ 时刻的输出预测值及校正后的输出预测值分别为

$$y_M(k+P) = \sum_{i=1}^{N} \hat{h}_i u(k+P-i)$$

$$= \hat{a}_P u(k) + \sum_{i=1}^{N-P} \hat{h}_{P+i} u(k-i) \tag{7-29}$$

由7.3.2节,可知 $k+i$ 时刻系统输出预测值的校正量为

$$y_c(k+i-1) - y_M(k+i-1)$$

$$= y_M(k+i-1) + [y_c(k+i-2) - y_M(k+i-2)] - y_M(k+i-1)$$

$$= y_c(k+i-2) - y_M(k+i-2)$$

$$\vdots$$

$$= y_c(k+1) - y_M(k+1)$$

$$= y(k) - y_M(k)$$

可见,$k+P$ 时刻校正后系统输出预测值为

$$y_c(k+P) = y_M(k+P) + y(k) - y_M(k)$$

$$= y(k) + \hat{a}_P \Delta u(k) + \sum_{i=1}^{N-1} (\hat{a}_{P+i} - \hat{a}_i) \Delta u(k-i)$$

$$= y(k) + \hat{a}_P \Delta u(k) + t(k+P) \tag{7-30}$$

式中,$t(k+P)$ 表示过去时刻($(k-1)$时刻及以前)的控制量对 $k+P$ 时刻输出预测校正值的影响。由式(7-24),有

$$y_r(k+P) = \alpha^P y(k) + (1-\alpha^P) r \tag{7-31}$$

由式(7-30)和式(7-31),可得期望输出与预测输出间的误差为

$$e(k+P) = y_r(k+P) - y_c(k+P) = \alpha^P y(k) + (1-\alpha^P) r - \hat{a}_P \Delta u(k) - y(k) - t(k+P)$$

$$= (1-\alpha^P)[r - y(k)] - \hat{a}_P \Delta u(k) - t(k+P) \tag{7-32}$$

取性能指标为

$$J = e^2(k+P) + q_2^2 \Delta u^2(k)$$

则由

$$\frac{\partial J}{\partial \Delta u} = -2\hat{a}_P e(k+P) + 2q_2^2 \Delta u(k) = 0$$

有

$$\Delta u(k) = \frac{\hat{a}_P}{\hat{a}_P^2 + q_2^2}\{(1-\alpha^P)[r-y(k)] - t(k+P)\} \tag{7-33}$$

当 $P=1$ 时

$$t(k+1) = \sum_{i=1}^{N-1}(\hat{a}_{1+i} - \hat{a}_i)\Delta u(k-i)$$

$$= \sum_{i=1}^{N-1}\hat{h}_{i+1}\Delta u(k-i)$$

$$= \sum_{i=2}^{N}\hat{h}_i \Delta u(k-i+1)$$

$$= s(k+1)$$

式(7-33)与式(7-28)完全一致。可见,单步预测只是单值预测的一种特殊形式。

2. 多值预测算法

多值预测是指预测未来 P 个时刻的输出值。设控制步长为 L,则各步输出预测的校正值为

$$y_c(k+1) = y_M(k+1) + y(k) - y_M(k)$$

$$= \sum_{i=1}^{N}\hat{h}_i \Delta u(k+1-i) + y(k)$$

$$= \hat{a}_1 \Delta u(k) + \sum_{i=2}^{N}\hat{h}_i \Delta u(k+1-i) + y(k)$$

$$= \hat{a}_1 \Delta u(k) + p(k+1) + y(k) \tag{7-34}$$

其中,

$$p(k+1) = \sum_{i=2}^{N}\hat{h}_i \Delta u(k+1-i) = s(k+1)$$

$$y_c(k+2) = y_M(k+2) + y(k) - y_M(k)$$

$$= y_M(k+1) + \sum_{i=1}^{N}\hat{h}_i \Delta u(k+2-i) + y(k) - y_M(k)$$

$$= y_c(k+1) + \sum_{i=1}^{N}\hat{h}_i \Delta u(k+2-i)$$

$$= \hat{a}_2 \Delta u(k) + \hat{a}_1 \Delta u(k+1) + p(k+2) + y(k) \tag{7-35}$$

其中,

$$p(k+2) = \sum_{i=2}^{N}\hat{h}_i \Delta u(k+1-i) + \sum_{i=3}^{N}\hat{h}_i \Delta u(k+2-i) = p(k+1) + s(k+2)$$

$$s(k+2) = \sum_{i=3}^{N} \hat{h}_i \Delta u(k+2-i)$$

$$y_c(k+L) = y_M(k+L) + y(k) - y_M(k)$$

$$= \hat{a}_L \Delta u(k) + \hat{a}_{L-1} \Delta u(k+1) + \cdots + \hat{a}_1 \Delta u(k+L-1) + p(k+L) + y(k)$$

$$(7\text{-}36)$$

其中,

$$p(k+L) = p(k+L-1) + s(k+L)$$

$$s(k+L) = \sum_{i=L+1}^{N} \hat{h}_i \Delta u(k+L-i)$$

因为控制步程为 L,所以 L 步以后的控制将不再变化,即

$$\Delta u(k+L) = \Delta u(k+L+1) = \cdots = \Delta u(k+P-1) = 0$$

$$y_c(k+L+1) = y_c(k+L) + \sum_{i=1}^{N} \hat{h}_i \Delta u(k+L+1-i)$$

$$= y_c(k+L) + \sum_{i=2}^{N} \hat{h}_i \Delta u(k+L+1-i)$$

$$= \hat{a}_{L+1} \Delta u(k) + \hat{a}_L \Delta u(k+1) + \cdots + \hat{a}_2 \Delta u(k+L-1) + p(k+L+1) + y(k)$$

$$(7\text{-}37)$$

$$\vdots$$

$$y_c(k+P) = \hat{a}_P \Delta u(k) + \hat{a}_{P-1} \Delta u(k+1) + \cdots + \hat{a}_{P-L+1} \Delta u(k+L-1) + p(k+P) + y(k)$$

$$(7\text{-}38)$$

其中,

$$p(k+L+1) = p(k+L) + s(k+L+1)$$

$$s(k+L+1) = \sum_{i=L+2}^{N} \hat{h}_i \Delta u(k+L+1-i)$$

$$\vdots$$

$$p(k+P) = p(k+P-1) + s(k+P)$$

$$s(k+P) = \sum_{i=P+1}^{N} \hat{h}_i \Delta u(k+P-i)$$

将式(7-34)~式(7-38)写成向量形式

$$\begin{bmatrix} y_c(k+1) \\ y_c(k+2) \\ \vdots \\ y_c(k+L-1) \\ y_c(k+L) \\ \vdots \\ y_c(k+P) \end{bmatrix} = \begin{bmatrix} \hat{a}_1 & 0 & 0 & \cdots & 0 \\ \hat{a}_2 & \hat{a}_1 & 0 & \cdots & 0 \\ \vdots & \vdots & \vdots & \ddots & 0 \\ \hat{a}_L & \hat{a}_{L-1} & \hat{a}_{L-2} & \cdots & \hat{a}_1 \\ \hat{a}_{L+1} & \hat{a}_L & \hat{a}_{L-1} & \cdots & \hat{a}_2 \\ \vdots & \vdots & \vdots & \ddots & \vdots \\ \hat{a}_P & \hat{a}_{P-1} & \hat{a}_{P-2} & \cdots & \hat{a}_{P-L+1} \end{bmatrix} \begin{bmatrix} \Delta u(k) \\ \Delta u(k+1) \\ \Delta u(k+2) \\ \vdots \\ \Delta u(k+L-1) \end{bmatrix} +$$

$$\begin{bmatrix} p(k+1) \\ p(k+2) \\ \vdots \\ p(k+L) \\ p(k+L+1) \\ \vdots \\ p(k+P) \end{bmatrix} + \begin{bmatrix} y(k) \\ y(k) \\ \vdots \\ y(k) \\ y(k) \\ \vdots \\ y(k) \end{bmatrix}$$

定义

$$\boldsymbol{y}_{\mathrm{c}} = [y_{\mathrm{c}}(k+1), y_{\mathrm{c}}(k+2), \cdots, y_{\mathrm{c}}(k+P)]^{\mathrm{T}}$$

$$\Delta \boldsymbol{u} = [\Delta u(k), \Delta u(k+1), \cdots, \Delta u(k+L-1)]^{\mathrm{T}}$$

$$\boldsymbol{y} = [y(k), y(k), \cdots, y(k)]^{\mathrm{T}}$$

$$\boldsymbol{p} = [p(k+1), p(k+2), \cdots, p(k+P)]^{\mathrm{T}}$$

则有

$$\boldsymbol{y}_{\mathrm{c}} = \boldsymbol{A} \Delta \boldsymbol{u} + \boldsymbol{y} + \boldsymbol{p}$$

动态矩阵为

$$\boldsymbol{A} = \begin{bmatrix} \hat{a}_1 & 0 & \cdots & 0 \\ \hat{a}_2 & \hat{a}_1 0 & \cdots & 0 \\ \vdots & \vdots & \ddots & \vdots \\ \hat{a}_L & \hat{a}_{L-1} & \cdots & \hat{a}_1 \\ \vdots & \vdots & \ddots & \vdots \\ \hat{a}_P & \hat{a}_{P-1} & \cdots & \hat{a}_{P-L+1} \end{bmatrix} \qquad (7\text{-}39)$$

参考轨迹表示成向量形式

$$\boldsymbol{y}_{\mathrm{r}} = [y_{\mathrm{r}}(k+1), y_{\mathrm{r}}(k+2), \cdots, y_{\mathrm{r}}(k+P)]^{\mathrm{T}}$$

$$\boldsymbol{y}_{\mathrm{r}} = \boldsymbol{\alpha}_1 y(k) + \boldsymbol{\alpha}_2 r$$

其中,向量 $\boldsymbol{\alpha}_1 = [\alpha, \alpha^2, \cdots, \alpha^P]^{\mathrm{T}}$, $\boldsymbol{\alpha}_2 = [1-\alpha, 1-\alpha^2, \cdots, 1-\alpha^P]^{\mathrm{T}}$。

期望输出与预测输出间的误差向量为

$$\boldsymbol{e} = \boldsymbol{y}_{\mathrm{r}} - \boldsymbol{y}_{\mathrm{c}} = \boldsymbol{\alpha}_2 [r - y(k)] - \boldsymbol{A} \Delta \boldsymbol{u} - \boldsymbol{p}$$

令

$$\boldsymbol{J} = \boldsymbol{e}^{\mathrm{T}} \boldsymbol{Q}_1 \boldsymbol{e} + \Delta \boldsymbol{u}^{\mathrm{T}} \boldsymbol{Q}_2 \Delta \boldsymbol{u}$$

其中,对角矩阵 $\boldsymbol{Q}_1 = \mathrm{diag}\{q_{11}^2, q_{12}^2, \cdots, q_{1P}^2\}$, $\boldsymbol{Q}_2 = \mathrm{diag}\{q_{21}^2, q_{22}^2, \cdots, q_{2L}^2\}$。

$$\frac{\partial \boldsymbol{J}}{\partial \Delta \boldsymbol{u}} = 2 \frac{\partial \boldsymbol{e}}{\partial \Delta \boldsymbol{u}} \boldsymbol{Q}_1 \boldsymbol{e} + 2 \boldsymbol{Q}_2 \Delta \boldsymbol{u}$$

$$= -2 \boldsymbol{A}^{\mathrm{T}} \boldsymbol{Q}_1 \{\boldsymbol{\alpha}_2 [r - y(k)] - \boldsymbol{A} \Delta \boldsymbol{u} - \boldsymbol{p} + 2 \boldsymbol{Q}_2 \Delta \boldsymbol{u}\}$$

$$= 2(\boldsymbol{A}^{\mathrm{T}} \boldsymbol{Q}_1 \boldsymbol{A} + \boldsymbol{Q}_2) \Delta \boldsymbol{u} - 2 \boldsymbol{A}^{\mathrm{T}} \boldsymbol{Q}_1 \{\boldsymbol{\alpha}_2 [r - y(k)] - \boldsymbol{p}\}$$

由 $\partial \boldsymbol{J} / \partial \Delta \boldsymbol{u} = 0$ 有

$$\Delta \boldsymbol{u} = (\boldsymbol{A}^{\mathrm{T}} \boldsymbol{Q}_1 \boldsymbol{A} + \boldsymbol{Q}_2)^{-1} \boldsymbol{A}^{\mathrm{T}} \boldsymbol{Q}_1 \{\boldsymbol{\alpha}_2 [r - y(k)] - \boldsymbol{p}\}$$

设 $\boldsymbol{d}^{\mathrm{T}}$ 为矩阵 $(\boldsymbol{A}^{\mathrm{T}} \boldsymbol{Q}_1 \mathrm{A} + \boldsymbol{Q}_2)^{-1} \boldsymbol{A}^{\mathrm{T}} \boldsymbol{Q}_1$ 的第一行,则有

$$\Delta u(k) = \boldsymbol{d}^{\mathrm{T}} \{ \boldsymbol{\alpha}_2 [r - y(k)] - \boldsymbol{p} \}$$

3. 多输入多输出系统的预测算法

对于多变量系统,如果各个变量之间是相互独立的,那么可以按照单输入单输出系统对其进行预测控制。但是在多变量系统中,各个变量之间或多或少地存在着相互影响,当这种影响较强时,应该采取特殊的控制方法。

对于一个 m 输入 l 输出的对象,它的模型可以看成由 $l \times m$ 个子模型构成,每个子模型是一个单输入单输出对象模型。与第 i 个输出相对应的子脉冲响应模型可以表示为

$$y_{Mi} = \sum_{j=1}^{m} \sum_{s=1}^{N} \hat{h}_{ijs} u_j(k-s) \tag{7-40}$$

如果要预测第 i 个输出在 P_i 时刻的输出值,那么 $k + P_i$ 时刻校正后的模型输出值为

$$y_{ci}(k+P_i) = y_{Mi}(k+P_i) + y_i(k) - y_{Mi}(k)$$

$$= y_i(k) + \sum_{j=1}^{m} \hat{a}_{ijP_i} \Delta u_j(k) + t_i(k+P_i) \tag{7-41}$$

$$t_i(k+P_i) = \sum_{j=1}^{m} \sum_{s=1}^{N-1} (\hat{a}_{ij(P_i+s)} - \hat{a}_{ijs}) \Delta u_j(k-s) \tag{7-42}$$

将式(7-41)表示成矩阵向量形式,有

$$\begin{bmatrix} y_{c1}(k+P_1) \\ y_{c2}(k+P_2) \\ \vdots \\ y_{cl}(k+P_l) \end{bmatrix} = \begin{bmatrix} \hat{a}_{11P_1} & \hat{a}_{12P_1} & \cdots & \hat{a}_{1mP_1} \\ \hat{a}_{21P_2} & \hat{a}_{22P_2} & \cdots & \hat{a}_{2mP_2} \\ \vdots & \vdots & \ddots & \vdots \\ \hat{a}_{l1P_l} & \hat{a}_{l2P_l} & \cdots & \hat{a}_{lmP_l} \end{bmatrix} \begin{bmatrix} \Delta u_1(k) \\ \Delta u_2(k) \\ \vdots \\ \Delta u_m(k) \end{bmatrix} + \begin{bmatrix} y_1(k) \\ y_2(k) \\ \vdots \\ y_l(k) \end{bmatrix} + \begin{bmatrix} t_1(k+P_1) \\ t_2(k+P_2) \\ \vdots \\ t_l(k+P_l) \end{bmatrix}$$

令

$$\boldsymbol{y}_c = [y_{c1}(k+P_1), y_{c2}(k+P_2), \cdots, y_{cl}(k+P_l)]^{\mathrm{T}}$$

$$\Delta \boldsymbol{u} = [\Delta u_1(k), \Delta u_2(k), \cdots, \Delta u_m(k)]^{\mathrm{T}}$$

$$\boldsymbol{y} = [y_1(k), y_2(k), \cdots, y_l(k)]^{\mathrm{T}}$$

$$\boldsymbol{t} = [t_1(k+P_1), t_2(k+P_2), \cdots, t_l(k+P_l)]^{\mathrm{T}}$$

则矩阵向量形式的阶跃响应模型可以简记为

$$\boldsymbol{y}_c = \boldsymbol{A} \Delta \boldsymbol{u} + \boldsymbol{y} + \boldsymbol{t} \tag{7-43}$$

式中,

$$\boldsymbol{A} = \begin{bmatrix} \hat{a}_{11P_1} & \hat{a}_{12P_1} & \cdots & \hat{a}_{1mP_1} \\ \hat{a}_{21P_2} & \hat{a}_{22P_2} & \cdots & \hat{a}_{2mP_2} \\ \vdots & \vdots & \ddots & \vdots \\ \hat{a}_{l1P_l} & \hat{a}_{l2P_l} & \cdots & \hat{a}_{lmP_l} \end{bmatrix}_{l \times m}$$

设各输出的参考轨迹具有不同的柔化系数 $\alpha_1, \alpha_2, \cdots, \alpha_l$,则参考轨迹向量可以表示为

$$\boldsymbol{y}_r = \begin{bmatrix} y_{r1}(k+P_1) \\ y_{r2}(k+P_2) \\ \vdots \\ y_{rl}(k+P_l) \end{bmatrix} = \begin{bmatrix} \alpha_1^{P_1} y_1(k) \\ \alpha_2^{P_2} y_2(k) \\ \vdots \\ \alpha_l^{P_l} y_l(k) \end{bmatrix} + \begin{bmatrix} (1-\alpha_1^{P_1})r_1 \\ (1-\alpha_2^{P_2})r_2 \\ \vdots \\ (1-\alpha_l^{P_l})r_l \end{bmatrix}$$

$$= \begin{bmatrix} \alpha_1^{P_1} & 0 & \cdots & 0 \\ 0 & \alpha_2^{P_2} & \cdots & 0 \\ \vdots & \vdots & \ddots & 0 \\ 0 & 0 & \cdots & \alpha_l^{P_l} \end{bmatrix} \begin{bmatrix} y_1(k) \\ y_2(k) \\ \vdots \\ y_l(k) \end{bmatrix} + \begin{bmatrix} 1-\alpha_1^{P_1} & 0 & \cdots & 0 \\ 0 & 1-\alpha_2^{P_2} & \cdots & 0 \\ \vdots & \vdots & \ddots & 0 \\ 0 & 0 & \cdots & 1-\alpha_l^{P_l} \end{bmatrix} \begin{bmatrix} r_1 \\ r_2 \\ \vdots \\ r_l \end{bmatrix}$$

$$= \boldsymbol{\Lambda}_1 \boldsymbol{y} + \boldsymbol{\Lambda}_2 \boldsymbol{r}$$

其中,

$$\boldsymbol{y}_r = [y_{r1}(k+P_1), y_{r2}(k+P_2), \cdots, y_{rl}(k+P_l)]^T$$

$$\boldsymbol{\Lambda}_1 = \mathrm{diag}\{\alpha_i^{P_i}\}, \quad \boldsymbol{\Lambda}_2 = \boldsymbol{I} - \boldsymbol{\Lambda}_1$$

$$\boldsymbol{r} = [r_1, r_2, \cdots, r_l]^T$$

期望输出与预测输出间的偏差向量为

$$\boldsymbol{e} = \boldsymbol{y}_r - \boldsymbol{y}_c = \boldsymbol{\Lambda}_2 \boldsymbol{r} + \boldsymbol{\Lambda}_1 \boldsymbol{y} - (\boldsymbol{A}\Delta\boldsymbol{u} + \boldsymbol{y} + \boldsymbol{t})$$

$$= \boldsymbol{\Lambda}_2(\boldsymbol{r} - \boldsymbol{y}) - (\boldsymbol{A}\Delta\boldsymbol{u} + \boldsymbol{t})$$

令

$$\boldsymbol{J} = \boldsymbol{e}^T \boldsymbol{Q}_1 \boldsymbol{e} + \Delta\boldsymbol{u}^T \boldsymbol{Q}_2 \Delta\boldsymbol{u}$$

其中,对角矩阵 $\boldsymbol{Q}_1 = \mathrm{diag}\{q_{11}^2, q_{12}^2, \cdots, q_{1l}^2\}$,$\boldsymbol{Q}_2 = \mathrm{diag}\{q_{21}^2, q_{22}^2, \cdots, q_{2m}^2\}$,则由

$$\frac{\partial \boldsymbol{J}}{\partial \Delta\boldsymbol{u}} = 2\frac{\partial \boldsymbol{e}}{\partial \Delta\boldsymbol{u}} \boldsymbol{Q}_1 \boldsymbol{e} + 2\boldsymbol{Q}_2 \Delta\boldsymbol{u}$$

$$= -2\boldsymbol{A}^T \boldsymbol{Q}_1 \{\boldsymbol{\Lambda}_2(\boldsymbol{r} - \boldsymbol{y}) - (\boldsymbol{A}\Delta\boldsymbol{u} + \boldsymbol{t})\} + 2\boldsymbol{Q}_2 \Delta\boldsymbol{u}$$

$$= 2(\boldsymbol{A}^T \boldsymbol{Q}_1 \boldsymbol{A} + \boldsymbol{Q}_2)\Delta\boldsymbol{u} - 2\boldsymbol{A}^T \boldsymbol{Q}_1 \{\boldsymbol{\Lambda}_2(\boldsymbol{r} - \boldsymbol{y}) - \boldsymbol{t}\}$$

$$= 0$$

有

$$\Delta\boldsymbol{u} = (\boldsymbol{A}^T \boldsymbol{Q}_1 \boldsymbol{A} + \boldsymbol{Q}_2)^{-1} \boldsymbol{A}^T \boldsymbol{Q}_1 \{\boldsymbol{\Lambda}_2(\boldsymbol{r} - \boldsymbol{y}) - \boldsymbol{t}\} \tag{7-44}$$

7.4.5　动态矩阵控制的性能分析

1. 单步预测控制的性能分析

对于单步预测控制 DMC 控制算法,设控制加权系数 $r=0$,则优化指标

$$J = e^2(k+1) + q_2^2 \Delta u^2(k)$$

最小就可以简化为 $e(k+1)=0$,即

$$y_c(k+1) = y_r(k+1)$$

即

$$y_M(k+1) + [y(k) - y_M(k)] = (1-\alpha)r + \alpha y(k)$$

整理后有

$$(1-\alpha)r = (1-\alpha)y(k) + y_M(k+1) - y_M(k) \tag{7-45}$$

对式(7-45)进行 z 变换，可以得到

$$(1-\alpha)r(z) = (1-\alpha)y(z) + (z-1)y_M(z) \tag{7-46}$$

由

$$y_M(k) = \sum_{i=1}^{N} \hat{h}_i u(k-i)$$

有

$$y_M(z) = \sum_{i=1}^{N} z^{-i} \hat{h}_i u(z) \tag{7-47}$$

令

$$\hat{h}(z) = \hat{h}_1 z^{-1} + \hat{h}_2 z^{-2} + \cdots + \hat{h}_N z^{-N}$$

$$y(z) = h(z)u(z)$$

$$h(z) = h_1 z^{-1} + h_2 z^{-2} + \cdots + h_N z^{-N} \tag{7-48}$$

将式(7-47)和式(7-48)代入式(7-46)，整理后有

$$\frac{u(z)}{r(z)} = \frac{1-\alpha}{(1-\alpha)h(z) + (z-1)\hat{h}(z)} \tag{7-49}$$

$$\frac{y(z)}{r(z)} = \frac{(1-\alpha)h(z)}{(1-\alpha)h(z) + (z-1)\hat{h}(z)} \tag{7-50}$$

为保证被控系统的稳定性就要保证特征方程

$$\varphi(z) = (1-\alpha)h(z) + (z-1)\hat{h}(z) = 0 \tag{7-51}$$

的根在单位圆内。

如果模型准确，即 $\hat{h}(z) = h(z)$，则式(7-51)成为

$$(z-\alpha)h(z) = 0$$

所以只要对象稳定，参考轨迹的柔化系数 $\alpha < 1$，被控系统一定稳定。此时

$$\frac{y(z)}{r(z)} = \frac{1-\alpha}{z-\alpha}$$

其特性相当于一阶惯性环节。α 越大，输出变化越平缓；α 为 0 时，成为最小拍控制，一步达到设定值。

当模型失配时，$\hat{h}(z) \neq h(z)$，研究式(7-51)的根的分布比较困难，但如果只是增益失配，即

$$h(z) = g\hat{h}(z)$$

则有

$$\frac{y(z)}{r(z)} = \frac{(1-\alpha)g}{z - [1-(1-\alpha)g]}$$

闭环系统引入了新极点 $1-(1-\alpha)g$。显然，只要

$$0 < g < \frac{2}{1-\alpha}$$

即可保证闭环系统稳定。可见,在模型纯增益失配情况下,采用单步预测控制可以通过逐步加大柔化系数使被控系统稳定。

如果模型准确,当系统参考轨迹发生阶跃变化时,控制变量和系统输出的稳态值分别为

$$u(\infty) = \frac{r}{a_N} \tag{7-52}$$

$$y(\infty) = r$$

当控制加权 $q_2 \ne 0$ 时,令

$$e(k+1) = y_r(k+1) - y_c(k+1)$$

$$J = e^2(k+1) + q_2^2 \Delta u^2(k)$$

由 $\partial J / \partial \Delta u(k) = 0$ 有

$$\left\{ (1-\alpha)r + \alpha y(k) - [y_M(k+1) + y_M(k) - y(k)] \right\} \frac{\partial e(k+1)}{\partial \Delta u(k)} + q_2^2 \Delta u = 0 \tag{7-53}$$

$$
\begin{aligned}
e(k+1) &= y_r(k+1) - y_c(k+1) \\
&= (1-\alpha)r + \alpha y(k) - [y_M(k+1) + y(k) - y_M(k)] \\
&= (1-\alpha)r - (1-\alpha)y(k) - \left[\sum_{i=1}^{N} h_i u(k+1-i) - \sum_{i=1}^{N} h_i u(k-i) \right] \\
&= (1-\alpha)[r - y(k)] - \left[\sum_{i=1}^{N} \hat{h}_i u(k+1-i) - \sum_{i=1}^{N} \hat{h}_i u(k-i) \right] \tag{7-54}
\end{aligned}
$$

$$\frac{\partial e(k+1)}{\partial \Delta u(k)} = -\hat{h}_1 \tag{7-55}$$

将式(7-54)和式(7-55)代入式(7-53),整理后有

$$\left\{ -(1-\alpha)\hat{h}_1[r - y(k)] + \hat{h}_1 \left[\sum_{i=1}^{N} \hat{h}_i u(k+1-i) - \sum_{i=1}^{N} \hat{h}_i u(k-i) \right] \right\} + q_2^2 \Delta u(k) = 0$$

对上式进行 z 变换,整理后有

$$\frac{u(z)}{r(z)} = \frac{(1-\alpha)\hat{h}_1}{q_2^2(1-z^{-1}) + (1-\alpha)\hat{h}_1 h(z) + (z-1)\hat{h}_1 \hat{h}(z)} \tag{7-56}$$

$$\frac{y(z)}{r(z)} = \frac{(1-\alpha)\hat{h}_1 h(z)}{q_2^2(1-z^{-1}) + (1-\alpha)\hat{h}_1 h(z) + (z-1)\hat{h}_1 \hat{h}(z)} \tag{7-57}$$

将式(7-56)、式(7-57)和式(7-49)、式(7-50)比较,可以看出,特征多项式的首项系数比较容易增大,这有助于闭环系统稳定性的提高。

2. P 步单值预测控制的性能分析

令加权系数 $r = 0$,则优化指标简化为

$$y_c(k+P) = y_r(k+P)$$

则

$$(1-\alpha^P)r + \alpha^P y(k) = y_M(k+P) + y(k) - y_M(k)$$

即

$$(1-\alpha^P)r = (1-\alpha^P)y(k) + y_M(k+P) - y_M(k)$$

对上式进行 z 变换，有

$$(1-\alpha^P)r(z) = (1-\alpha^P)h(z)u(z) + \hat{c}(z)u(z) - \hat{h}(z)u(z) \tag{7-58}$$

其中，$\hat{c}(z) = \hat{a}_P + \sum\limits_{i=1}^{N-P} \hat{h}_{P+i}z^{-i}$。

由式(7-58)有

$$\frac{y(z)}{r(z)} = \frac{(1-\alpha^P)h(z)}{(1-\alpha^P)h(z) + \hat{c}(z) - \hat{h}(z)}$$

闭环系统特征方程为

$$\varphi(z) = (1-\alpha^P)h(z) + \hat{c}(z) - \hat{h}(z)$$
$$= \hat{a}_P + \sum_{i=1}^{N-P}\hat{h}_{P+i}z^{-i} - \sum_{i=1}^{N}\hat{h}_i z^{-i} + (1-\alpha^P)\sum_{i=1}^{N}h_i z^{-i} = 0$$

即

$$\hat{a}_P z^N + \sum_{i=1}^{N-P}\hat{h}_{P+i}z^{N-i} - \sum_{i=1}^{N}\hat{h}_i z^{N-i} + (1-\alpha^P)\sum_{i=1}^{N}h_i z^{N-i} = 0 \tag{7-59}$$

由式(7-59)可以看出，在模型失配的情况下，可以加大 P，使得式中的后两项近似抵消，同时使 $\hat{a}_P$ 大于其他各项系数绝对值的和，从而保证闭环系统的稳定性。

7.5 广义预测控制的基本原理

广义预测控制(GPC)是在自适应控制的研究中发展起来的一类预测控制算法，它对数学模型的精度要求不高，并保持了预测控制算法中的滚动优化策略。和 DMC、MAC 算法相比，GPC 是针对随机离散系统提出的。虽然它们具有相似形式的滚动优化性能指标，但预测模型和反馈校正却有着很大的差别。

7.5.1 预测模型

在广义预测控制中，采用最小方差控制中所用的受控自回归积分滑动平均模型(controlled auto-regressive integrated moving average，CARIMA)来描述受到随机干扰的对象

$$A(q^{-1})y(k) = B(q^{-1})u(k-1) + \frac{C(q^{-1})\xi(k)}{\Delta} \tag{7-60}$$

其中，

$$\begin{cases} A(q^{-1}) = 1 + a_1 q^{-1} + \cdots + a_n q^{-n} \\ B(q^{-1}) = b_0 + b_1 q^{-1} + \cdots + b_m q^{-m} \\ C(q^{-1}) = c_0 + c_1 q^{-1} + \cdots + c_l q^{-l} \end{cases}$$

式中，q^{-1} 是后移算子，表示后退一个采样周期的相应的量；$\Delta=1-q^{-1}$ 为差分算子；$\xi(k)$ 是一个不相关的随机噪声序列。为了研究方便，假设 $C(q^{-1})=1$，那么式(7-60)可以表示为

$$A(q^{-1})y(k)=B(q^{-1})u(k-1)+\frac{\xi(k)}{\Delta}$$

该系统在 $k+j$ 时刻的输出预测模型为

$$A(q^{-1})y(k+j)=B(q^{-1})u(k+j-1)+\frac{\xi(k+j)}{\Delta} \tag{7-61}$$

为了获得 $k+j$ 时刻的系统输出预测值 $y_M(k+j)$，需要采用如下的 Diophantine 方程

$$1=A(q^{-1})\Delta E_j(q^{-1})+q^{-j}F_j(q^{-1}) \tag{7-62}$$

其中，E_j、F_j 是由 $A(q^{-1})$ 和预测长度 j 唯一确定的多项式，可表示为

$$E_j(q^{-1})=e_{j,0}+e_{j,1}q^{-1}+\cdots+e_{j,j-1}q^{-(j-1)}$$

$$F_j(q^{-1})=f_{j,0}+f_{j,1}q^{-1}+\cdots+f_{j,n}q^{-n}$$

将式(7-61)两端同乘 $E_j(q^{-1})\Delta$，并为书写方便省略 q^{-1} 后，有

$$AE_j\Delta y(k+j)=BE_j\Delta u(k+j-1)+E_j\xi(k+j) \tag{7-63}$$

由 Diophantine 方程，可知 $AE_j\Delta=1-q^{-j}F_j$，将其代入式(7-63)，有

$$y(k+j)=BE_j\Delta u(k+j-1)+F_jy(k)+E_j\xi(k+j)$$

式中，$E_j\xi(k+j)$ 为噪声产生的未来响应，一般无法预测。因而系统 $k+j$ 时刻的输出预测值可以表示为

$$y_M(k+j)=\bar{G}_j\Delta u(k+j-1)+F_jy(k) \tag{7-64}$$

式中，$F_jy(k)$ 为此时刻及历史时刻的过程输出值，且

$$\bar{G}_j=BE_j=\frac{B[1-q^{-j}F_j]}{A\Delta}$$

$$=\bar{G}_{j,0}+\bar{G}_{j,1}q^{-1}+\bar{G}_{j,2}q^{-2}+\cdots+\bar{G}_{j,m+j-1}q^{-(m+j-1)} \tag{7-65}$$

式(7-65)就是 GPC 的预测模型。

7.5.2　预测模型参数的求取

由式(7-60)可得输入 u 到输出 y 之间的脉冲传递函数为

$$G(z^{-1})=\frac{y(z^{-1})}{u(z^{-1})}=\frac{z^{-1}B(z^{-1})}{A(z^{-1})}$$

因此，对象的单位阶跃响应 $y_s(k)$ 的 z 变换为

$$y_s(z)=\frac{z^{-1}B(z^{-1})}{A(z^{-1})}\cdot\frac{z}{z-1}=\frac{z^{-1}B(z^{-1})}{A(z^{-1})\Delta}$$

$$=k_1z^{-1}+k_2z^{-2}+\cdots+k_jz^{-j}+k_{j+1}z^{-(j+1)}+\cdots \tag{7-66}$$

则

$$zy_s(z)=k_1+k_2z^{-1}+\cdots+k_jz^{-(j-1)}+k_{j+1}z^{-j}+\cdots$$

由式(7-65)和式(7-66)有

$$\mathcal{Z}[\bar{G}_j]=\mathcal{Z}\left[\frac{B(1-q^{-j}F_j)}{A\Delta}\right]=y_s(z)z[1-z^{-j}F_j(z^{-1})] \tag{7-67}$$

而

$$[1 - z^{-j}F_j(z^{-1})] = 1 - (f_{j,0}z^{-j} + f_{j,1}z^{-j-1} + \cdots + f_{j,n}z^{-j-n}) \tag{7-68}$$

结合式(7-67)、式(7-68)，可知 $\bar{G}_j$ 的前 j 项的系数不会受到 $F_j(z^{-1})$ 的影响，即有

$$z(k_1 z^{-1} + k_2 z^{-2} + \cdots + k_j z^{-j}) = g_0 + g_1 z^{-1} + \cdots + g_{j-1}z^{-(j-1)}$$

可见，$\bar{G}_j$ 的前 j 项系数可以通过对象的单位阶跃响应系数求取，即

$$g_0 = k_1$$
$$g_1 = k_2$$
$$\vdots$$
$$g_{j-1} = k_j \tag{7-69}$$

且 $\bar{G}_{j+1}(q^{-1})$ 的前 $j+1$ 项为

$$G_{j+1}(q^{-1}) = G_j(q^{-1}) + g_j q^{-j}$$

由式(7-62)所示的 Diophantine 方程，有

$$1 = AE_j\Delta + q^{-j}F_j$$
$$1 = AE_{j+1}\Delta + q^{-(j+1)}F_{j+1}$$

上两式相减，有

$$A\Delta(E_{j+1} - E_j) + q^{-j}(q^{-1}F_{j+1} - F_j) = 0 \tag{7-70}$$

记

$$\tilde{A} = A\Delta = 1 + (a_1 - 1)q^{-1} + (a_2 - a_1)q^{-2} + \cdots + (a_n - a_{n-1})q^{-n} - a_n q^{-(n+1)}$$
$$= 1 + \tilde{a}_1 q^{-1} + \tilde{a}_2 q^{-2} + \cdots + \tilde{a}_n q^{-n} + \tilde{a}_{n+1}q^{-(n+1)} \tag{7-71}$$

$$E_{j+1} - E_j = \tilde{E}_{j+1} + e_{j+1,j}q^{-j} \tag{7-72}$$

$$\tilde{E}_{j+1} = (e_{j+1,0} - e_{j,0}) + (e_{j+1,1} - e_{j,1})q^{-1} + \cdots + (e_{j+1,j-1} - e_{j,j-1})q^{-(j-1)}$$
$$= \tilde{E}_{j+1,0} + \tilde{E}_{j+1,1}q^{-1} + \cdots + \tilde{E}_{j+1,j-1}q^{-(j-1)}$$

则式(7-70)可以写成

$$\tilde{A}(\tilde{E}_{j+1} + e_{j+1,j}q^{-j}) + q^{-j}(q^{-1}F_{j+1} - F_j) = 0$$

即

$$\tilde{A}\tilde{E}_{j+1} + q^{-j}(q^{-1}F_{j+1} - F_j + \tilde{A}e_{j+1,j}) = 0 \tag{7-73}$$

式(7-73)中，令前 j 项 $q^0, q^{-1}, \cdots, q^{-(j-1)}$ 的系数为 0，有

$$\tilde{E}_{j+1} = 0 \tag{7-74}$$

上式对任意 j 均成立，因此可记为 $\tilde{E} = 0$。

因为 $\tilde{E}_{j+1} = 0$，所以式(7-72)、式(7-73)分别简化为

$$E_{j+1} = E_j + e_{j+1,j}q^{-j} \tag{7-75}$$

$$F_{j+1} = q(F_j - \tilde{A}e_{j+1,j}) \tag{7-76}$$

将式(7-76)展开，有

$$f_{j+1,0} + f_{j+1,1}q^{-1} + \cdots + f_{j+1,n}q^{-n}$$
$$= q[f_{j,0} + f_{j,1}q^{-1} + \cdots + f_{j,n}q^{-n} - (1 + \tilde{a}_1 q^{-1} + \tilde{a}_2 q^{-2} + \cdots + \tilde{a}_n q^{-n} + \tilde{a}_{n+1}q^{-(n+1)})e_{j+1,j}]$$

$$= f_{j,0}q + f_{j,1} + \cdots + f_{j,n}q^{-n+1} - (e_{j+1,j}q + e_{j+1,j}\tilde{a}_1 + e_{j+1,j}\tilde{a}_2 q^{-1} + \cdots + e_{j+1,j}\tilde{a}_{n+1}q^{-n})$$

上式中,由同次项系数相等,有

$$f_{j,0} = e_{j+1,j}$$

$$f_{j+1,0} = f_{j,1} - e_{j+1,j}\tilde{a}_1 = f_{j,1} - f_{j,0}\tilde{a}_1$$

$$f_{j+1,1} = f_{j,2} - e_{j+1,j}\tilde{a}_2 = f_{j,2} - f_{j,0}\tilde{a}_2$$

$$\vdots$$

$$f_{j+1,n-1} = f_{j,n} - e_{j+1,j}\tilde{a}_n = f_{j,n} - f_{j,0}\tilde{a}_n$$

$$f_{j+1,n} = -e_{j+1,j}\tilde{a}_{n+1} = -f_{j,0}\tilde{a}_{n+1} \tag{7-77}$$

上述公式可以记为向量形式

$$\boldsymbol{f}_{j+1} = \tilde{\boldsymbol{A}}\boldsymbol{f}_j \tag{7-78}$$

其中,

$$\boldsymbol{f}_{j+1} = [f_{j+1,0}, f_{j+1,1}, \cdots, f_{j+1,n}]^{\mathrm{T}}, \quad \boldsymbol{f}_j = [f_{j,0}, f_{j,1}, \cdots, f_{j,n}]^{\mathrm{T}}$$

$$\tilde{\boldsymbol{A}} = \begin{bmatrix} -\tilde{a}_1 & 1 & 0 & \cdots & 0 \\ -\tilde{a}_2 & 0 & 1 & \cdots & 0 \\ \vdots & \vdots & \vdots & \ddots & \vdots \\ -\tilde{a}_n & 0 & 0 & \cdots & 1 \\ -\tilde{a}_{n+1} & 0 & 0 & \cdots & 0 \end{bmatrix} = \begin{bmatrix} 1-a_1 & 1 & 0 & \cdots & 0 \\ a_1-a_2 & 0 & 1 & \cdots & 0 \\ \vdots & \vdots & \vdots & \ddots & \vdots \\ a_{n-1}-a_n & 0 & 0 & \cdots & 1 \\ a_{n+1} & 0 & 0 & \cdots & 0 \end{bmatrix}_{(n+1)\times(n+1)}$$

由式(7-75)及式(7-77),有

$$E_{j+1} = E_j + f_{j,0}q^{-j} \tag{7-79}$$

当 $j=1$ 时,由式(7-62)所示的 Diophantine 方程及式(7-71),有

$$1 = E_1\tilde{A} + q^{-1}F_1$$

$$= e_{1,0}(1 + \tilde{a}_1 q^{-1} + \tilde{a}_2 q^{-2} + \cdots + \tilde{a}_n q^{-n} + \tilde{a}_{n+1}q^{-(n+1)})$$

$$+ (f_{1,0}q^{-1} + f_{1,1}q^{-2} + \cdots + f_{1,n}q^{-(n+1)})$$

由上式可得

$$E_1 = e_{1,0} = 1 \tag{7-80}$$

$$\boldsymbol{f}_1 = [f_{1,0}, f_{1,1}, \cdots, f_{1,n}]^{\mathrm{T}} = [-\tilde{a}_1, -\tilde{a}_2, \cdots, -\tilde{a}_{n+1}]^{\mathrm{T}} \tag{7-81}$$

这样,利用式(7-80)、式(7-81)、式(7-78)和式(7-79),就可以进行递推计算求取 F_{j+1}、E_{j+1},进而获取 GPC 中式(7-64)所示的预测模型未知参数。

7.5.3　滚动优化

在 GPC 中,应使 $k+j$ 时刻的预测输出尽量接近参考轨迹 $y_r(k+j)$。k 时刻优化目标的一般形式为

$$J(N_1, N_2) = E\left\{ \sum_{j=N_1}^{N_2} [y_M(k+j) - y_r(k+j)]^2 + \sum_{j=0}^{L-1} \lambda(j)[\Delta u(k+j)]^2 \right\}$$

式中,N_1、N_2 分别表示优化时域的初始值和终值,称为最小和最大预测步程;L 为控制步

程；$\lambda(j)$为控制增量加权系数，为了计算简便，通常取为常数λ。

为了减少优化计算量，N_1应大于对象的纯时延。若对象不存在时间延迟，可取$N_1=1$。令$N_2=P$为预测步程。这样k时刻优化目标为

$$J(k)=E\left\{\sum_{j=1}^{P}\left[y_{\mathrm{M}}(k+j)-y_{\mathrm{r}}(k+j)\right]^2+\sum_{j=0}^{L-1}\lambda\left[\Delta u(k+j)\right]^2\right\}$$

采用式(7-64)输出预测模型，即

$$y_{\mathrm{M}}(k+j)=\bar{G}_j\Delta u(k+j-1)+F_j y(k) \tag{7-82}$$

则

$$y_{\mathrm{M}}(k+1)=\bar{G}_1\Delta u(k)+F_1 y(k)$$

$$y_{\mathrm{M}}(k+2)=\bar{G}_2\Delta u(k+1)+F_2 y(k)$$

$$\vdots$$

$$y_{\mathrm{M}}(k+P)=\bar{G}_P\Delta u(k+P-1)+F_P y(k)$$

由于$\bar{G}_j$的前j项系数和对象单位阶跃响应的z变换前j项系数相同，因此上式可改写为

$$y_{\mathrm{M}}(k+1)=G_1\Delta u(k)+s(k+1)$$

$$y_{\mathrm{M}}(k+2)=G_2\Delta u(k+1)+s(k+2)$$

$$\vdots$$

$$y_{\mathrm{M}}(k+P)=G_P\Delta u(k+P-1)+s(k+P) \tag{7-83}$$

其中，

$$G_1=g_0$$

$$G_2=g_0+g_1 q^{-1}$$

$$\vdots$$

$$G_P=g_0+g_1 q^{-1}+\cdots+g_{P-1}q^{-(P-1)}$$

而

$$s(k+1)=g_{1,1}\Delta u(k-1)+g_{1,2}\Delta u(k-2)+\cdots+g_{1,m}\Delta u(k-m)+F_1 y(k)$$

$$=\left[\bar{G}_1-G_1\right]\Delta u(k)+F_1 y(k)$$

$$s(k+2)=g_{2,2}\Delta u(k-1)+g_{2,3}\Delta u(k-2)+\cdots+g_{2,m+1}\Delta u(k-m)+F_2 y(k)$$

$$=q\left[\bar{G}_2-G_2\right]\Delta u(k)+F_2 y(k)$$

$$\vdots$$

$$s(k+P)=g_{P,P}\Delta u(k-1)+g_{P,P+1}\Delta u(k-2)+\cdots+g_{P,P+m-1}\Delta u(k-m)+F_P y(k)$$

$$=q^{P-1}\left[\bar{G}_P-G_P\right]\Delta u(k)+F_P y(k)$$

可见，$s(k+j)$代表过去的控制信号在$k+j$时刻产生的输出分量及过去输出测量值之和。令

$$\boldsymbol{y}_{\mathrm{M}}=[y_{\mathrm{M}}(k+1),y_{\mathrm{M}}(k+2),\cdots,y_{\mathrm{M}}(k+P)]^{\mathrm{T}}$$

$$\Delta\boldsymbol{u}=[\Delta u(k),\Delta u(k+1),\cdots,\Delta u(k+P-1)]^{\mathrm{T}}$$

$$\boldsymbol{s}=[s(k+1),s(k+2),\cdots,\Delta s(k+P)]^{\mathrm{T}}$$

则式(7-83)所示的预测模型可以记为

$$y_M = G\Delta u + s$$

其中,

$$G = \begin{bmatrix} g_0 & 0 & 0 & \cdots & 0 \\ g_1 & g_0 & 0 & \cdots & 0 \\ g_2 & g_1 & g_0 & \cdots & 0 \\ \vdots & \vdots & \vdots & \ddots & \vdots \\ g_{P-1} & g_{P-2} & g_{P-3} & \cdots & g_0 \end{bmatrix}$$

$$s = \boldsymbol{\eta}(q^{-1})\Delta u(k) + \boldsymbol{\varphi}(q^{-1})y(k)$$

$$\boldsymbol{\eta}(q^{-1}) = \begin{bmatrix} \bar{G}_1 - G_1 \\ q(\bar{G}_2 - G_2) \\ q^2(\bar{G}_3 - G_3) \\ \vdots \\ q^{P-1}(\bar{G}_P - G_P) \end{bmatrix}$$

$$\boldsymbol{\varphi}(q^{-1}) = \begin{bmatrix} F_1(q^{-1}) \\ F_2(q^{-1}) \\ \vdots \\ F_P(q^{-1}) \end{bmatrix}$$

令

$$\boldsymbol{y}_r = [y_r(k+1), y_r(k+2), \cdots, y_r(k+P)]^T$$

则目标函数可以写成如下的向量形式

$$J(k) = [G\Delta u + s - \boldsymbol{y}_r]^T [G\Delta u + s - \boldsymbol{y}_r] + \lambda \Delta u^T \Delta u \tag{7-84}$$

由 $\partial J/\partial \Delta u = 0$,且当控制步程与预测步程相等,即 $L = P$ 时,有

$$\Delta u = (G^T G + \lambda I)^{-1} G^T (\boldsymbol{y}_r - s) \tag{7-85}$$

设 d^T 为 $(G^T G + \lambda I)^{-1} G^T$ 的第一行,则 k 时刻的控制增量为

$$\Delta u(k) = d^T (\boldsymbol{y}_r - s)$$

则 k 时刻的控制量为

$$u(k) = u(k-1) + d^T (\boldsymbol{y}_r - s)$$

当 $L < P$ 时,有

$$\Delta u(k+j) = 0, \quad j = L, L+1, L+2, \cdots, P-1$$

相应地,有

$$G = \begin{bmatrix} g_0 & 0 & 0 & \cdots & 0 \\ g_1 & g_0 & 0 & \cdots & 0 \\ g_2 & g_1 & g_0 & \cdots & 0 \\ \vdots & \vdots & \vdots & \ddots & \vdots \\ g_{P-1} & g_{P-2} & g_{P-3} & \cdots & g_{P-L} \end{bmatrix}$$

$$\Delta u = [\Delta u(k), \Delta u(k+1), \cdots, \Delta u(k+L-1)]^{\mathrm{T}}$$

当对象具有纯时延时,一般取 N_1 大于对象时延时间。这时在输出预测表达式中,则应令

$$y_{\mathrm{M}} = [y_{\mathrm{M}}(k+P_1), y_{\mathrm{M}}(k+P_1+1), \cdots, y_{\mathrm{M}}(k+P_2)]^{\mathrm{T}}$$

$$s = [s(k+P_1), s(k+P_1+1), \cdots, \Delta s(k+P_2)]^{\mathrm{T}}$$

而

$$G = \begin{bmatrix} g_{P_1-1} & g_{P_1-2} & \cdots & g_{P_1-L} \\ g_{P_1} & g_{P_1-1} & \cdots & g_{P_1-L+1} \\ \vdots & \vdots & \ddots & \vdots \\ g_{P_2-1} & g_{P_2-2} & \cdots & g_{P_2-L} \end{bmatrix}$$

通常,$L \leqslant P_2 - P_1 + 1$。

7.5.4　反馈校正

GPC 是从自校正控制发展起来的,因此保持了自校正的方法原理,即在控制过程中,不断通过实际输入输出信息在线修正模型参数,并以此修正控制规律,这是一种广义的反馈校正。在 DMC 中,模型校正是通过在一个不变的预测模型产生的预测结果中附加一个预测误差来实现的,而 GPC 则是通过在线修正模型参数来实现模型校正的。

考虑对象模型

$$A(q^{-1})\Delta y(k) = B(q^{-1})\Delta u(k-1) + \xi(k)$$

则

$$\Delta y(k) = -A_1(q^{-1})\Delta y(k) + B(q^{-1})\Delta u(k-1) + \xi(k) \tag{7-86}$$

其中,$A_1(q^{-1}) = A(q^{-1}) - 1$。令

$$\boldsymbol{\theta} = [a_1, a_2, \cdots, a_n \vdots b_0, b_1, \cdots, b_m]^{\mathrm{T}}$$

$$\boldsymbol{\varphi} = [-\Delta y(k-1), -\Delta y(k-2), \cdots, -\Delta y(k-n) \vdots \Delta u(k-1), \Delta u(k-2), \cdots,$$
$$\Delta u(k-n_b-1)]^{\mathrm{T}}$$

则式(7-86)可记作

$$\Delta y(k) = \boldsymbol{\varphi}^{\mathrm{T}}\boldsymbol{\theta} + \xi(k)$$

在此,可以利用渐消记忆的递推最小二乘法估计参数向量

$$\hat{\boldsymbol{\theta}}(k) = \hat{\boldsymbol{\theta}}(k-1) + \boldsymbol{K}(k)[\Delta y(k) - \boldsymbol{\varphi}^{\mathrm{T}}(k)\hat{\boldsymbol{\theta}}(k-1)]$$

$$\boldsymbol{K}(k) = \boldsymbol{P}(k-1)\boldsymbol{\varphi}(k)[\boldsymbol{\varphi}^{\mathrm{T}}(k)P(k-1)\boldsymbol{\varphi}(k) + \mu]^{-1}$$

$$\boldsymbol{P}(k) = \frac{1}{\mu}[I - \boldsymbol{K}(k)\boldsymbol{\varphi}^{\mathrm{T}}(k)]\boldsymbol{P}(k-1) \tag{7-87}$$

其中,$0 < \mu < 1$ 为遗忘因子,$\boldsymbol{K}(k)$ 为权因子,$\boldsymbol{P}(k)$ 为正定的协方差阵。通常可取 $\hat{\boldsymbol{\theta}}(0) = 0$,$\boldsymbol{P}(0) = \alpha^2 \boldsymbol{I}$,$\alpha$ 是一个足够大的正数。

在通过递推最小二乘估计法辨识得到 $A(q^{-1})$、$B(q^{-1})$ 的参数后,就可重新计算式(7-85)所示控制律中的 $\boldsymbol{G}$、$\boldsymbol{s}$,进而获得最优控制量。

7.5.5　广义预测控制的稳定性

为了分析方便,可以采用状态空间的形式进行讨论。因为噪声和扰动不影响线性系统的稳定性,所以将对象模型改写为

$$A(q^{-1})\Delta y(k)=B(q^{-1})\Delta u(k-1) \tag{7-88}$$

由此可得控制增量到输出的脉冲传递函数

$$G(z)=\frac{y(z)}{\Delta u(z)}=\frac{z^{-1}B(z^{-1})}{A(z^{-1})\Delta}=\frac{z^{-1}B(z^{-1})}{\widetilde{A}(z^{-1})}$$

$$=\frac{b_0 z^{-1}+b_1 z^{-2}+\cdots+b_m z^{-m-1}}{1+\tilde{a}_1 z^{-1}+\cdots+\tilde{a}_n z^{-n}+\tilde{a}_{n+1}z^{-n-1}}$$

$$=\frac{b_0 z^n+b_1 z^{n-1}+\cdots+b_m z^{n-m}}{z^{n+1}+\tilde{a}_1 z^n+\cdots+\tilde{a}_n z+\tilde{a}_{n+1}} \tag{7-89}$$

上式可描述成如下的 $n+1$ 状态空间形式

$$x(k+1)=\widetilde{A}x(k)+bu(k)$$
$$y(k)=c^{\mathrm{T}}x(k) \tag{7-90}$$

如果 $n\geqslant m$,则

$$\widetilde{A}=\begin{bmatrix}-\tilde{a}_1 & 1 & 0 & \cdots & 0\\ -\tilde{a}_2 & 0 & 1 & \cdots & 0\\ \vdots & \vdots & \vdots & \ddots & \vdots\\ -\tilde{a}_n & 0 & 0 & \cdots & 1\\ -\tilde{a}_{n+1} & 0 & 0 & \cdots & 0\end{bmatrix},\quad b=\begin{bmatrix}b_0\\ \vdots\\ b_m\\ 0\\ \vdots\\ 0\end{bmatrix},\quad c=\begin{bmatrix}1\\ 0\\ \vdots\\ 0\end{bmatrix}$$

如果 $n<m$,则系统将成为 $m+1$ 阶; b 向量为 $m+1$ 维; $\widetilde{A}$ 矩阵中所缺系数可置为 0。

在考虑稳定性时,不妨设 $y_r(k+j)=0$。当 $P_1=1,L=P_2$ 时,与 GPC 相应的性能指标可以写成

$$J=x^{\mathrm{T}}(k+P_2)Qx(k+P_2)+\sum_{j=1}^{P_2-1}\left[x^{\mathrm{T}}(k+j)Qx(k+j)+\lambda_j\Delta u^2(k+j)\right]$$

其中, $Q=cc^{\mathrm{T}}$。按离散系统线性二次型调节器(LQR)问题,它的状态反馈和控制增量由下述迭代方程给出

$$P(P_2)=Q$$

对 $j=P_2-1,P_2-2,\cdots,1,0$,有

$$P(j)=Q+\widetilde{A}\{P(j+1)-P(j+1)b[\lambda(j)+b^{\mathrm{T}}P(j+1)b]^{-1}b^{\mathrm{T}}P(j+1)\}\widetilde{A}$$
$$k(j)=\{[\lambda(j)+b^{\mathrm{T}}P(j)b]^{-1}b^{\mathrm{T}}P(j)\}\widetilde{A}$$
$$\Delta u(k+j)=-k^{\mathrm{T}}(k+j)x(k+j)$$

基于以上表达式,可以得到如下结论:

(1) 设 $(\widetilde{A},b,c^{\mathrm{T}})$ 是能镇定且能检测的,如果 $P_2\to\infty,L=P_2$,那么闭环系统就是渐近稳定的。

(2) 设 $(\widetilde{A}, b, c^T)$ 是完全状态能控和能观,取 $P_1 = n+1, P_2 \geqslant 2n+1, L = n+1, \lambda = 0$,那么 GPC 控制系统将成为一个稳定的状态有限脉冲响应系统。

(3) 设开环稳定的 $(\widetilde{A}, b, c^T)$ 是能镇定且能检测的,如果 $L = P_1 = 1, \lambda = 0$,那么当 $P_2 \to \infty$ 时,GPC 控制系统闭环稳定,而且所有闭环极点和开环极点相同。

(4) 设 $(\widetilde{A}, b, c^T)$ 是能镇定且能检测的,如果取 $L = P_1 \geqslant n+1, P_2 - P_1 \geqslant n, \lambda = \varepsilon \to 0$,那么 GPC 闭环稳定。

(5) 设 $(\widetilde{A}, b, c^T)$ 是能控和能观的,$L = P_2 = N, \lambda > 0$,那么存在一个有限的 N,使 GPC 控制系统闭环稳定。如果 $(\widetilde{A}, b, c^T)$ 是能镇定且能检测的,则仍然存在一个有限的 N,使 GPC 控制系统闭环稳定。而如果 $(\widetilde{A}, b, c^T)$ 是能镇定且能检测的,取 $P_2 > L$,但 $P_2 - L$ 是一个有限数,则必存在一个有限的 L,使 GPC 控制系统闭环稳定。

7.6 面向实际应用中的预测控制

前面介绍的预测控制算法,为工业过程的优化控制提供了新的途径。随着实际应用的日益广泛,预测控制得到了进一步的发展。本节将介绍几种面向实际应用的预测控制,以加深对预测控制基本原理的理解。

7.6.1 前馈-反馈预测控制

在上述的预测控制算法中,采用实测信息与预测信息间的误差构成未来输出误差的预测

$$\hat{e}(k+i) = e(k+i-1) = y(k+i-1) - y_M(k+i-1)$$

对预测模型进行校正,得到校正后的系统输出预测值为

$$y_c(k+i) = y_M(k+i) + \hat{e}(k+i)$$
$$= y_M(k+i) + [y(k+i-1) - y_M(k+i-1)]$$

其中,由于误差产生的原因未知,所以误差的预测只能建立在误差信息自身的基础上,无法采用任何因果性的预报方式。

对于反馈控制系统,只有当扰动引起被控量偏离设定值后,控制器才会产生相应的控制作用,用以消除被控量与设定值之间的偏差。然而,对于可测、不可控的扰动输入,如果可以根据扰动的规律直接产生前馈控制作用,用以补偿甚至消除扰动对系统的影响,那么这种控制作用显然比反馈控制作用更及时、更有效。按照上述思想提出的控制策略就是前馈控制,其基本思想是以可测、不可控的扰动为依据,直接产生控制作用,用以补偿这类扰动对系统输出的影响。在理想情况下,前馈控制可以完全补偿扰动对系统的影响。但是由于前馈控制的种种局限(无法检验控制效果,难以实现完全补偿等),使得其在实际过程控制中的应用受到了一定的限制。为了解决上述问题,工程上将前馈和反馈控制两者结合构成前馈-反馈的控制结构,该结构被普遍地应用于工业过程中。

下面针对单变量 DMC 控制算法,讨论前馈补偿问题。假定测得系统输出对于可控输入量 u 的阶跃响应系数(即控制通道的阶跃响应系数)为 $a_1,a_2,\cdots$,系统输出对于规律已知的不可控输入量 v 的阶跃响应系数(即扰动通道的阶跃响应系数)为 $b_1,b_2,\cdots$。那么在每个采样时刻,系统输出应该是可控输入 u 和不可控输入 v 共同作用的结果。因此,在前时刻为 k,控制步程为 L,当前及未来时刻的可控变量增量序列为 $\Delta u(k),\Delta u(k+1),\cdots,$ $\Delta u(k+L-1)$,当前及未来时刻的不可控变量增量序列为 $\Delta v(k),\Delta v(k+1),\cdots,\Delta v(k+L-1)$,那么 L 时刻以后就有 $\Delta u(k+L)=\Delta u(k+L+1)=\cdots=0,\Delta v(k+L)=\Delta v(k+L+1)=\cdots=0$,未来时刻的输出预测值可以表示为

$$y_M(k+1)=\hat{a}_1\Delta u(k)+\hat{a}_2\Delta u(k-1)+\cdots+$$
$$\hat{b}_1\Delta v(k)+\hat{b}_2\Delta v(k-1)+\cdots$$

$$y_M(k+2)=\hat{a}_1\Delta u(k+1)+\hat{a}_2\Delta u(k)+\hat{a}_3\Delta u(k-1)+\cdots+$$
$$\hat{b}_1\Delta v(k+1)+\hat{b}_2\Delta v(k)+\hat{b}_3\Delta v(k-1)+\cdots$$
$$\vdots$$

$$y_M(k+L)=\hat{a}_1\Delta u(k+L-1)+\cdots+\hat{a}_L\Delta u(k)+\hat{a}_{L+1}\Delta u(k-1)+\cdots+$$
$$\hat{b}_1\Delta v(k+L-1)+\cdots+\hat{b}_L\Delta v(k)+\hat{b}_{L+1}\Delta v(k-1)+\cdots$$
$$\vdots$$

$$y_M(k+P)=\hat{a}_{P-L+1}\Delta u(k+L-1)+\cdots+\hat{a}_P\Delta u(k)+\hat{a}_{P+1}\Delta u(k-1)+\cdots+$$
$$\hat{b}_{P-L+1}\Delta v(k+L-1)+\cdots+\hat{b}_P\Delta v(k)+\hat{b}_{P+1}\Delta v(k-1)+\cdots \quad (7\text{-}91)$$

将预测输出值及控制增量表示成向量形式

$$\boldsymbol{y}_M=[y_M(k+1),y_M(k+2),\cdots,y_M(k+P)]^T \quad (7\text{-}92)$$
$$\Delta\boldsymbol{u}=[\Delta u(k),\Delta u(k+1),\cdots,\Delta u(k+L-1)]^T \quad (7\text{-}93)$$
$$\Delta\boldsymbol{v}=[\Delta v(k),\Delta v(k+1),\cdots,\Delta v(k+L-1)]^T \quad (7\text{-}94)$$

那么,式(7-91)可简记为

$$\boldsymbol{y}_M=\boldsymbol{A}\Delta\boldsymbol{u}+\boldsymbol{B}\Delta\boldsymbol{v}+\boldsymbol{s} \quad (7\text{-}95)$$

式中,$\boldsymbol{A}$、$\boldsymbol{B}$ 为模型系数矩阵

$$\boldsymbol{A}=\begin{bmatrix} \hat{a}_1 & 0 & \cdots & 0 \\ \hat{a}_2 & \hat{a}_1 & \cdots & 0 \\ \vdots & \vdots & \ddots & \vdots \\ \hat{a}_L & \hat{a}_{L-1} & \cdots & \hat{a}_1 \\ \vdots & \vdots & \ddots & \vdots \\ \hat{a}_P & \hat{a}_{P-1} & \cdots & \hat{a}_{P-L+1} \end{bmatrix} \quad (7\text{-}96)$$

$$\boldsymbol{B}=\begin{bmatrix} \hat{b}_1 & 0 & 0 & 0 \\ \hat{b}_2 & \hat{b}_1 & \cdots & 0 \\ \vdots & \vdots & \ddots & \vdots \\ \hat{b}_L & \hat{b}_{L-1} & \cdots & \hat{b}_1 \\ \vdots & \vdots & \ddots & \vdots \\ \hat{b}_P & \hat{b}_{P-1} & \cdots & \hat{b}_{P-L+1} \end{bmatrix} \quad (7\text{-}97)$$

式(7-95)中，s 表示过去的可控变量及可测不可控变量对系统输出所产生的影响。显然，$A\Delta u$ 代表当前及未来时刻的可控变量对系统输出的影响，$B\Delta v$ 代表当前及未来时刻的可测、不可控变量对系统输出的影响。由 7.4.4 节可知

$$y_c = A\Delta u + B\Delta v + y + p$$

$$e = y_r - y_c = \alpha_2[r - y(k)] - A\Delta u - B\Delta v - p$$

令

$$J = e^T Q_1 e + \Delta u^T Q_2 \Delta u$$

其中，对角矩阵 $Q_1 = \text{diag}\{q_{11}^2, q_{12}^2, \cdots, q_{1P}^2\}$。

$$\frac{\partial J}{\partial \Delta u} = 2\frac{\partial e}{\partial \Delta u}Q_1 e + 2Q_2 \Delta u$$

$$= -2A^T Q_1[\alpha_2[r - y(k)] - A\Delta u - B\Delta v - p] + 2Q_2\Delta u$$

$$= 2(A^T Q_1 A + Q_2)\Delta u - 2A^T Q_1\{\alpha_2[r - y(k)] - B\Delta v - p\}$$

由 $\partial J/\partial \Delta u = 0$ 有

$$\Delta u = (A^T Q_1 A + Q_2)^{-1} A^T Q_1\{\alpha_2[r - y(k)] - B\Delta v - p\}$$

设 d^T 为矩阵 $(A^T Q_1 A + Q_2)^{-1}A^T Q_1$ 的第一行，则有

$$\Delta u(k) = d^T\{\alpha_2[r - y(k)] - B\Delta v - p\}$$

带有前馈补偿作用的 DMC 控制原理图如图 7-7 所示。从图中可以看出，这种控制算法具有对可测、不可控输入 v 的前馈补偿作用。

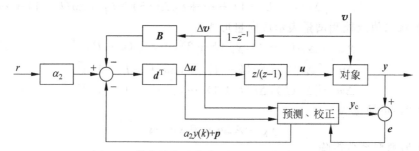

图 7-7　带有前馈补偿作用的 DMC 控制原理图

7.6.2　串级预测控制

前馈控制算法，只是适用于系统输入可测且不可控的情况。对于不可测、变化情况未知的扰动，预测控制只能采用反馈控制方式。但是，对于扰动变化频繁、幅值大，被控对象具有较大的惯性，或者被控对象具有较大的纯滞后等情况，往往采用简单的预测控制很难满足生产工艺对控制精度的要求。

串级控制系统由于副环回路的存在，在很大程度上提高了系统的控制性能。将系统主要扰动纳入到串级控制系统的副环回路中，可以大大地抑制该扰动对系统的影响。本节以 DMC-PID 串级控制为例，来说明串级预测控制的设计思想。

DMC-PID 串级控制系统方框图如图 7-8 所示。

从图 7-8 可以看出，DMC-PID 串级控制系统由内环 PID 控制回路（副回路）和外环

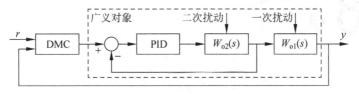

图 7-8　DMC-PID 串级控制系统方框图

DMC 控制回路（主回路）组成。由于串级控制系统内环回路的存在,可以改善被控对象的动态特性,提高系统的工作频率,增强系统的抗干扰能力以及抑制被控过程的非线性特性等。为了充分发挥 DMC-PID 串级控制系统的上述特点,需要正确合理地设计串级控制系统的主、副回路。

副回路应包括生产过程中变化剧烈、频繁而且幅度大的主要扰动。由于串级控制系统的副回路具有调节速度快、抑制扰动能力强的特点,在副回路设计时,要充分发挥这一特点,把生产过程中的主要扰动包括在副回路中,以尽量减小扰动对系统的影响。当然,并不是说副环回路包括的扰动愈多愈好,而应该在不失去副环回路的快速性的前提下包括尽可能多的扰动。

在 DMC-PID 串级控制系统中,DMC 控制的对象不再是原来的被控对象,而应该是图 7-8 所示的广义对象。因此,在获取预测模型时,应该在副回路的设定值处施加阶跃信号,而不是让原来的控制变量做阶跃变化。当原来的被控过程具有较大的惯性或较大的纯滞后时,为了保证副环回路具有调节快速性,往往使主对象 $W_{o1}(s)$ 中具有较大的容量滞后或纯滞后。在这种情况下,采用预测控制器作为主控制器要比采用 PID 控制更为有利,可以提高系统的控制质量。

本章小结

本章主要讲述了预测控制的基本原理、预测控制系统的 3 个核心组成部分及其在预测控制系统中所完成的功能。本章不仅讲述了几种典型的预测控制方法（模型算法控制、动态矩阵控制以及广义预测控制）,最后还提及了面向实际的预测控制。

思考题与习题

1. 在预测控制方法中,预测模型起到什么作用? 什么是滚动优化?

2. 什么是模型算法控制? 分别叙述模型算法控制中的预测模型,模型校正方法以及滚动优化目标。

3. 什么是动态矩阵控制? 分别叙述动态矩阵控制算法中的预测模型,模型校正方法以及滚动优化目标。

4. 什么是广义预测控制? 广义预测控制中的预测模型、模型校正方法分别是什么? 广义预测控制中的滚动优化目标是什么?

第 **8** 章

过 程 优 化

学习目标
(1) 掌握过程优化的基本概念;
(2) 掌握过程优化模型的建立与求解方法;
(3) 了解大工业过程稳态优化的基本思想;
(4) 了解大工业过程稳态优化的基本方法。

8.1 概述

8.1.1 基本概念

对于现代工业过程控制而言,自动控制不仅要求在干扰作用下对重要工艺参数(如温度、压力、流量和液位等)的控制平稳、快速和准确,而且要求在保证安全运行的条件下,在整个装置甚至整个企业范围内实现过程优化,以降低能源和原材料消耗,提高产品的产量和质量,使企业总体经济效益达到最优。然而,过去对控制理论与控制系统设计方法的研究都假定可以获得理想的控制回路设定值,重点集中在如何提升反馈控制的效果上。近年来,生产过程的优化控制逐渐受到学术界和工业界的关注与研究。生产过程优化是将最优化技术应用于工业控制,把企业经营目标和过程控制联系在一起的一门新兴的综合技术,已成为目前生产过程控制的重要研究内容。

所谓过程优化就是在满足各项生产要求的条件下,寻求一组使评价生产过程的目标函数达到最优的操作参数。这是采用先进技术提高经济效益的重要手段。对于一个实际生产装置,其生产原料和对产品的要求以及其他生产条件,都会有不同程度的变化。于是,原有工艺参数的设定点并不一定能保证整个装置乃至整个企业的运行效益最优。因此,在不修改工艺、不增加生产设备的情况下,根据市场经济信息和生产条件的变化调整操作参数,使评价生产过程的目标函数达到最优,从而使整个生产过程处于最佳运行状态,以取得最好的经济效益。操作参数一般指关键控制系统的设定值,例如,通过操作参数优化计算,可以找到对应于系统环境下的精馏塔最优回流比、最大产品回收率,反应器的最佳反应温度和再循环流量等。

过程优化分为离线优化和在线优化两类,而在线优化又可分为在线优化开环指导和闭环在线优化控制两类。离线优化是指采集现场数据,离线建立过程优化模型,通过离线优化计算得到最佳操作条件并由操作人员去实施调整。由于模型、优化计算都是离线的,不能随现场生产条件的变化作调整,故离线优化是短暂、不能持久的。因现场各种因素影响,对象是慢时变的。建立在线数学模型,随时根据生产现场的实测数据进行最优化计算,并将寻优计算所得出的最优生产工艺参数(操作条件)提供给操作人员实施,此过程称为在线优化开环指导;将在线优化计算的最优生产工艺参数直接作为控制器的设定值,由控制系统直接实现,则称为闭环在线优化控制。以上三者在优化计算的方法上没有实质的区别,但在线优化更能适应工况的变化,尤其是闭环在线优化控制能及时地取得更好的优化操作结果,但它对模型要求较高,因此实现难度也相对较大。

一般来说,基础级控制是通过选择适当的控制规律,使得控制系统的控制品质最好,其目标函数中包含时间变量,而不包含与企业的经济效益有关的变量,其解法有古典的变分法和近代的极大值原理方法等。而过程优化控制所关心的不是基础级控制系统的控制品质,而是整个生产过程的效益,其目标函数中不包含时间变量,但包含与企业的经济效益密切相关的变量,其解法有传统的数学规划方法和近年来发展起来的进化计算等。

优化的范围和深度对于不同的层次有着不同的含义。在生产过程的经营管理中,一般又可以分为操作工况优化和生产计划调度优化,本章主要介绍操作工况优化。

当前,过程优化方法已广泛应用于化工、炼油、冶金及轻工等部门,成为提高经济效益的重要途径。

8.1.2　过程优化的主要工作

过程优化的目的就是寻求连续生产过程中各个装置控制系统的最优设定值,以使整个装置运行于最优工况。实现过程优化主要包括过程优化模型的建立、过程优化模型的求解及系统实现等方面工作。

1. 过程优化模型的建立

在建立过程优化模型之前,首先需要选定所研究的范围,也就是系统。例如,可以选择一套生产装置作为系统,也可以选择由多套装置组成的一个生产车间作为系统,可以选择一个工厂或一个公司作为研究的对象。系统可大可小,所取的系统越大,优化后得到的效益也越大。但是,同时也带来了变量的维数增多和流程的结构复杂等问题,使优化模型的建立和运算变得困难。所以,系统的确定取决于需要优化的目标以及当前优化的技术水平。当所拥有的计算手段或掌握的计算方法还有限时,就不得不缩小系统,取较小的范围为研究对象。这时,所得到的结果在给定的范围内是最优的;但是从更大的系统、从全局来看,该结果就可能不是最优的了。过程优化模型包括决策变量的选取、目标函数的确定、约束条件的建立。其中,约束条件包括对系统过程基本规律的描述(即过程模型)。

2. 过程优化模型的求解及系统实现

过程优化模型将过程操作变量与经济效益方面的因素联系起来,把过程稳态模型寓于装置的经济模型之中,是实现优化操作的核心。过程优化模型的特点是规模庞大,可能包含几千个甚至上万个方程和变量。优化过程需要反复迭代，计算量大。为此，必须针对不同装置的不同过程优化模型特点，选择合适的优化算法。有时需要在常规的优化方法，如线性规划或非线性规划基础上，引入人们的知识与经验，形成启发式规则，以加快优化计算过程，加快收敛速度。近年，一些新的算法（如遗传算法、模拟退火算法、粒子群算法、差分进化算法等）已经得到广泛应用。除上述关键技术以外，实现过程优化的环境也是十分重要的。过程优化的运行环境是计算机网络系统，系统一般分为两个层次。第一层为广泛应用的集散控制系统（DCS），完成常规控制以及比常规控制效果更好的先进控制（APC）。这些控制回路的设定值是预先设定的。第二层为过程优化计算，需综合分析影响系统效益的各种因素，把工艺过程的经济效益与装置操作直接联系在一起，确定过程的最佳控制点，实现经济上的最佳控制目标。此任务由 DCS 系统上的上位机完成，经上位机优化计算后的优化值直接返回到 DCS 系统上。为此，需要解决上、下位机之间数据传送的问题。

8.2 过程优化模型

8.2.1 目标函数

目标函数将追求的目标与系统的参数相关联，通常是与生产成本、产品产量和市场价格等变量有关的经济指标，如总费用最小、总收益最大等。

系统的优化结果不仅与目标有关，而且与目标函数的形式、函数中各个系数的数值有关。对于一个实际系统，要正确地建立目标函数，必须认真仔细地考虑。例如，若以利润最大为目标，由于利润等于产值减成本，而成本的计算与原材料价格、公用工程用量、设备性能、劳动生产率等众多因素有关，所以需要认真考虑众多因素。

一般过程系统的优化问题，其目标函数的曲面特性事先并不清楚。可能是单峰函数，只有一个最优解；也可能是多峰函数，即存在一个最优值和多个次优的极值。当待定参数的维数较多，例如超过五维时，很可能存在多个极值。所以，用优化的必要条件求得的结果，从理论上说应该进一步判断是极大值还是极小值、是局部极值还是全局的最优解。但是，到目前为止，尚无方便通用的判断方法，一般只能依靠经验来确定。

目标函数是衡量生产过程优劣的一种性能指标，它是对生产过程事先规定的优化比较准则，也就是过程优化目标的一种数学描述。在实际生产过程中，可以根据需要选取不同的目标函数，如利润函数，它追求的目标是生产利润最大化，将目标表示为系统的参数的函数或泛函。

目标函数通常以 J 来表示，它是 n 维操作变量向量 x 的函数，其一般形式为

$$J = f(x) \tag{8-1}$$

式中，$x = (x_1, x_2, \cdots, x_n)^{\mathrm{T}}$。

目标函数的形式视过程的具体要求而定，它可以是线性函数，也可以是非线性函数。一般是根据生产要求来构造具体的函数结构形式。

优化问题的实质是求出在满足约束条件下使目标函数 J 成为最大值或最小值的操作变量 x 值。由于 $\max J(x)$ 等价于 $\min[-J(x)]$，所以求目标函数极大值问题也可转化为求

极小值问题,即

$$\min J(\boldsymbol{x}) = \max[-J(\boldsymbol{x})] \tag{8-2}$$

当产品的生产工艺和生产设备已经确定时,优化的目标是提高产品的产量和质量,减少原料用量和能源消耗,即优质、高产、低耗。

不难看出,生产过程优化操作的目标函数通常是与生产成本、产品产量和市场信息等密切相关的一个数学表达式。

值得注意的是,目标函数中不包含任何动态信息。在实际生产过程中,不同的生产过程,优化目标函数也有所不同。优化目标函数一般取以下 3 种具体形式。

1. 利润函数

它追求的目标是生产利润最大化,其数学描述为

$$\max J_P = \sum c_{P_i} P_i - \sum c_{F_i} FL_i - \sum c_{Q_i} Q_i \tag{8-3}$$

式中,P_i,c_{P_i} 为产品 i 产量及其价格因子;FL_i,c_{F_i} 为原料处理量及其价格因子;Q_i,c_{Q_i} 为能量消耗及其价格因子。式(8-3)中,第一项为产值;第二项为原料消耗;第三项为能耗。利润函数有助于考查企业的生产效益。

2. 能耗函数

它追求的目标是生产单位数量产品的能耗损失最小化,其数学描述为

$$\min J_E = \sum c_{E_i^U} \frac{E_i^U}{FL} \Big/ \Big(\sum c_{E_i^U} \frac{E_i^U}{FL} + \sum c_{E_i^V} \frac{E_i^V}{FL} \Big) \tag{8-4}$$

式中,E_i^V,$c_{E_i^V}$ 分别为可利用能量及其价格因子;E_i^U,$c_{E_i^U}$ 分别为不可利用能量及其价格因子;FL 为原料处理量。式(8-4)中,分子为单位原料处理量的不可利用能量;分母为单位原料处理量的不可利用能量及可利用能量之和。能量利用函数的比值是企业节能的重要指标。

3. 综合收益函数

它追求的目标是综合经济效益最大化,其数学描述为

$$\max J_G = \sum c_{P_i} P_i - \sum c_{F_i} FL_i + \sum c_{E_i^V} E_i^V - \sum c_{E_i^U} E_i^U \tag{8-5}$$

该函数综合考虑了产值、原料及节能等各项指标,能够比较全面地反映企业生产经营状况,通常适用于整个生产装置的优化。

目标函数的表达式看起来很简单,但是具体表达往往会遇到很大的困难。因为生产过程的工艺错综复杂,某一设备的原料往往是另一设备的产品,而该设备的产品又被送到下一个设备作为原料,这时若用市场出售价格来计算,就可能不适当。另外,当某个设备达到最优工况时,对整个装置或全厂来说,却不一定是最优的。因此,必须进行具体分析,根据不同的问题,选择不同的优化目标函数。

在不同的条件下,由于人们对产值、成本及能耗所关注的程度不同,所以可以得到利润函数的各种简化形式。

有些工程问题要求的指标不止一个,例如:生产企业既要求利润高,又要求能耗低,同

时还要求安全、稳定生产。这些指标往往互不协调，不能统一。这种由多个目标构成的问题，具有多个目标函数，称为多目标优化问题。

8.2.2　决策变量

需要通过优化设计确定的变量称为决策变量。对于一个实际的生产装置而言，决策变量的选取是以过程操作特点及控制系统设计为依据的，主要为关键控制回路的被控变量。例如，在乙醛氧化制醋酸的多级氧化过程中，当进料纯度确定时，产品转化率是由各反应段温度和氧气进料量确定的，因此可以选取氧气进料量、反应段温度作为氧化过程操作优化的决策变量。

8.2.3　约束条件

最优化问题可分为有约束优化问题和无约束优化问题两大类。在实际工业过程操作中，几乎所有的优化目标都受到各种约束条件的限制，超出了这些限制，不但不能得到最好的效益，甚至会破坏安全生产，造成极大的损失。因此，过程优化必须是满足一定的限制条件下，过程系统所要求的目标达到最优。过程优化模型的约束条件一般可以分为两类：过程自身运行规律（如物料、能量平衡等）以及实际生产过程限制（如生产能力、设备负荷及产品质量要求等），两类约束共同构成过程优化问题的约束条件。

1. 过程模型约束

过程自身运行规律是系统必须遵循的基本规律，称之为过程方程或状态方程。一般是根据物料平衡、能量平衡、过程的物理及化学基本原理建立起来的过程模型。过程模型是对生产过程特性的数学描述，模型所反映的内容将因为其使用的目的不同而不同。一个准确的过程模型，它应该能够较好地反映生产过程中的输入、输出和状态变量之间的定量关系。

过程模型必须体现过程中关键的独立控制变量的变化，这些独立变量通常作为回路控制器的设定值，例如流量或温度控制回路。该模型近似反映了对非独立变量，即约束的影响，或对与经济有关的变量的影响，如回收率、物料平衡或能量消耗等。过程模型的建立可分为基于机理的建模方法与基于数据的建模方法两大类，也可以将两者结合起来。机理建模是通过对生产过程的机理分析得到数学模型的过程，所建模型称为机理模型。机理模型的特点是概念清晰，能反映过程的机理与变化规律，具有非常明确的物理意义。基于数据的建模方法就是将实际生产的输入、输出数据关联起来建立过程模型的方法，这种方法不需要机理建模所要求的机理知识，实现较为简单，但对数据要求较高，模型物理意义不够明确。针对不同的过程对象与实际情况可选择适当的建模方法，对于较为复杂的过程对象常采用机理与数据相结合的混合建模方法。

根据模型中是否含有时间变量，可把模型分为稳态模型和动态模型。稳态模型又称静态模型，其特点是过程变量不随时间变化，它描述的是过程的稳态特性。动态模型中包括时间变量，过程状态变量随时间的转移而不断变化，描述过程动态特性的模型叫作动态模型。稳态模型主要针对连续生产的稳态过程。动态模型主要针对间歇生产过程，或者是稳态过程从一种工况过渡到另一种工况时的数学描述,对过程控制、生产装置的开车、停车、事故处理和动态优化等非常重要。

由于过程模型反映了被优化过程系统自身的运行规律,因此过程模型的准确性直接关系到优化结果是否有效。所以,过程模型的建立是过程优化模型建立过程中极其重要和艰巨的工作。

过程模型是优化模型中最重要、最复杂的一组约束方程,其形式一般为等式,因此又称为等式约束。一般表示为

$$h(x_1,x_2,\cdots,x_n)=0 \tag{8-6}$$

2. 生产约束

实际生产约束是指为使过程在一定范围或条件下正常运行,人为确定、施加给过程的限制条件,它们主要为产品、质量限制和设备负荷限制。例如,由于材料性质的限制,物流的温度不能超过某个数值,或者为了确保安全生产,物流的流量不得低于某个下限值等。这类方程称为设计方程,一般为不等式约束,表示为

$$g(x_1,x_2,\cdots,x_n)\leqslant 0 \quad (\text{或} \geqslant 0) \tag{8-7}$$

过程约束方程和生产约束方程共同形成了一个封闭的约束空间,称为可行域。在该可行域内的每一个点都将满足约束条件从而成为优化模型的一个可行解,可行解不一定是最优解。解的"优劣"要通过优化模型的性能指标或目标函数的值来判断。因此,过程优化问题是在可行域中寻求使目标函数达到最大值或最小值的工况操作点,这样的点称为优化问题的最优解,这个最优解即为最优操作变量。

8.2.4　过程优化模型的建立

优化模型的建立是整个过程系统最优化工作中关键的一步,也是最费时费力的一步。如果模型过于简单,漏掉了关键因素,那么得到的结果没有实用价值。但是,因为过程系统涉及的因素面广,关系复杂,所以建立模型时不能不分巨细,那些无关大局,可以忽略的因素,应该断然舍弃,否则由于复杂计算带来的误差,可能反而使结果失去实际意义。所以,要建立一个切实的模型,只有在掌握了大量有用的资料,对系统有了深刻的理解后才能完成。通常,一个成功的优化模型是需要经过多次评价、修改后才能建成的。

确定了决策变量与目标函数,然后建立约束条件从而组成过程优化模型。过程优化模型与一般的优化模型一样可以表示为下列一般数学形式

目标函数　　　　　　　　$\max J=f(x)$

约束条件

$$\begin{cases} h(x)=0 \\ c(x)=0 \\ g(x)\geqslant 0 \end{cases} \tag{8-8}$$

其中,f 是与某种经济指标相关的目标函数;等式约束 h 体现过程的物料和能量平衡关系;等式约束 c 和不等式约束 g 则表示设备负荷、操作安全或产品质量等约束。当决策变量 x 不是时间的函数时,此优化模型为稳态优化模型;当决策变量 x 是时间的函数时,此优化模

型为动态优化模型。

下面以原油蒸馏过程为例,说明建立稳态优化模型的方法。

1. 常压蒸馏过程优化问题的描述

原油产品的质量指标不同于化工精馏过程中的组分浓度,一般采用馏分油的 ASTM 蒸馏特性或其他性质来描述,如汽油干点、航煤的相对密度以及柴油的 90% 点或凝固点等。这些质量指标通常也是常压蒸馏塔操作的控制指标。同"过精馏"普遍存在于化工精馏过程中类似,为了保证产品质量,常压蒸馏塔的操作也往往偏于保守,因此必须进行优化操作,实现质量卡边生产,以提高轻油效率,使企业获得最大的经济效益。

常压蒸馏塔的优化问题可以描述为:根据蒸馏塔工艺机理(稳态模型),在一定的质量和设备负荷等约束下,建立优化模型,求解并给出优化工况的关键操作变量(决策变量)的设定值(如塔温、抽出流量等),为现场操作人员提供指导或进行闭环优化控制。

2. 原油蒸馏塔优化问题的建立

过程优化问题涉及决策变量的选取、目标函数的确定、约束条件的建立、优化算法的选择等。

1) 决策变量的选取

根据生产工艺要求、原油蒸馏过程操作的特点,产品质量及轻油收率主要是由各侧线产品抽出量及塔内气液相负荷比决定的,而气液相负荷比由全塔热平衡确定。当全塔供热仅依靠进料,而且进料状态已知时,影响全塔热平衡的主要因素为中段循环回流取热负荷。因此,原油蒸馏过程的优化决策变量包括各侧线产品抽出流量、中段循环回流取热负荷及进料温度。

2) 目标函数的确定

目标函数通常是与生产成本、产品质量和市场信息等变化量有关的经济指标。在实际生产过程中,可以选择综合效益函数为目标函数,表示为

$$\max J_c = \sum P_i c_{P_i} - \sum FL_i c_{FL_i} - \sum Q_i c_{Q_i}$$

式中,P_i,c_{P_i} 为产品 i 的产量及价格因子;FL_i,c_{FL_i} 为第 i 股进料的流量及价格因子;Q_i,c_{Q_i} 为第 i 处能量消耗及价格因子。式中,第一项为产值,第二项为进料成本,第三项为能耗等各项指标,能够比较全面地反映生产状况。

3) 约束条件的建立

(1) 过程约束。常压蒸馏塔在实际运行过程中受到许多约束条件的限制,如生产能力、设备负荷及产品质量要求等,同时还受到过程自身运行规律的限制,如物料能量平衡及热力学平衡等。这些限制构成了优化问题的约束条件,具体体现为侧线产品干点、凝固点限制,过程模型的限制及塔板水力学模型的限制。

该常压蒸馏塔装置生产工艺为原油从油品罐区经换热网络进入电脱盐、脱水装置。再经换热后进入初馏塔。初馏塔底拔头油经换热后分四路流量控制进入常压加热炉,然后进入常压塔。根据生产需要,常压塔有 4 种生产方案,即汽柴油方案、航空煤油方案、重整料方案和溶剂油方案。其中,常压塔底及一线气提塔底有气提蒸气吹入。全塔取热系统共有 4

个(如图 8-1 所示),分别为塔顶二级冷凝冷却系统(热量无法回收)、常顶循环回流、一中循环回流和二中循环回流,其中循环回流取热用于预热原油进料。

采用机理法建立常压塔的过程模型。为建立常压蒸馏塔的稳态模型,依据生产工艺提出简化假设:每块板上的气液相充分混合;忽略塔板液相滞留量;忽略热量损失及塔板热容;气液相离开塔板时处于气液相平衡状态。

根据生产工艺,在上述简化假设下,针对塔板模型,列出全塔物料平衡(包括组分物料平衡)方程、相平衡方程、摩尔分率加和方程及全塔能量平衡方程,即通常所称的 MESH 方程,任意一个平衡级塔板 j 的变量关系如图 8-2 所示。在已知各独立变量的情况下,应用物料平衡、能量平衡、气-液平衡和组分分数归一等基本方程,确定全塔的温度和组分分布以及产品收率和能耗。过程模型方程如下:

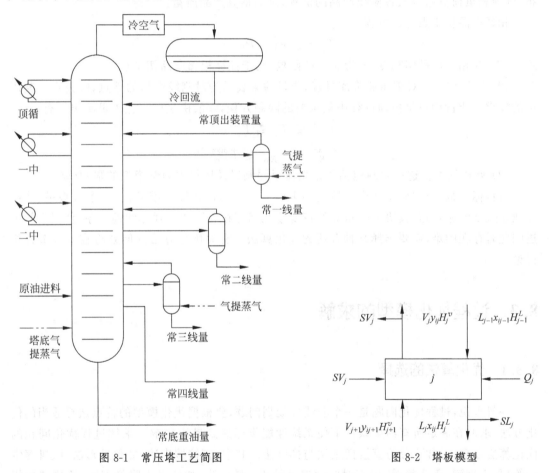

图 8-1 常压塔工艺简图   图 8-2 塔板模型

物料平衡(M)方程

$$L_{j-1} - L_j - SL_j - V_j - SV_j + V_{j+1} + FL_j = 0$$

$$L_{i,j-1}x_{i,j-1} - (L_{i,j} + SL_{i,j})x_{i,j} - (V_{i,j} + SV_{i,j})y_{i,j} + V_{i,j+1}x_{i,j+1} + FL_j z_{i,j} = 0$$

相平衡(E)方程

$$y_{i,j} = k_{i,j}x_{i,j}$$

归一(S)方程

$$\sum_i x_{i,j} = 1$$

$$\sum_j y_{i,j} = 1$$

能量平衡（H）方程

$$L_{j-1}H_{j-1}^L - (L_j + SL_j)H_j^L - (V_j + SV_j)H_j^V + V_{j+1}H_{j+1}^V + FL_jH_j^F + Q_j = 0$$

式中，FL 为塔板进料量，Q 为交换热量，H 为热焓，L、V 分别为塔板液相、气相负荷，SL、SV 分别为塔板液相、气相侧线抽出量，k 为组分气液相平衡常数，x_{ij}、y_{ij} 分别为液相、气相摩尔组分组成，上标 F 表示进料，上标 L 表示液相，上标 V 表示气相，下标 i 表示组分数，下标 j 表示塔板数。采用改进的泡点与流量加和联合算法，用以计算全塔的温度分布、气液相负荷分布以及各侧线产品的馏程，进而估算产品质量。

相邻产品切割点计算方程

$$T_c = g(FL_j, P_j, \cdots)$$

式中，T_c 为相邻产品切割点，g 为非线性函数，用于计算相邻产品切割点。

（2）质量约束。对于原油蒸馏过柱，质量约束表示为对侧线产品的干点，90% 点或凝固点的要求。质量约束是蒸馏过程中最重要的限制方程，一般由生产工艺人员给出。有

$$T_c^{min} \leqslant T_c \leqslant T_c^{max}$$

$$T_{KK}^{min} \leqslant T_{KK} \leqslant T_{KK}^{max}$$

（3）操作约束。这一限制包括各采出流量限制以及塔板水力学模型的限制（略）。

由目标函数、过程模型和产品质量约束构成复杂的过程优化模型，是一个大规模、非线性数学规划问题，而且其决策变量和约束变量之间存在着隐式的强非线性关系，使得求解上述问题时存在困难，需要选择某种合适的优化算法。有关优化算法的问题将在 8.3 节详细讨论。

8.3　过程优化模型的求解

8.3.1　优化算法的选择

一般来说，过程优化问题是一个非线性规划问题，要根据优化模型的特点选择适当的优化方法，求取在满足所有约束条件下使系统性能指标达到最优的解。求解过程优化问题的优化算法很多，通常可分为直接搜索法与梯度法。其中，直接搜索法（如单纯形法、随机搜索法等）易于理解、程序简单，但有时收敛速度较慢；梯度法（如广义下降梯度法、逐次二次规划法等）是利用梯度信息的方法，收敛速度较快，但程序复杂，对模型特性要求较多（如连续、可导）。

优化算法选择的原则是可用、简单，并且能保证足够的计算精度和计算速度。例如，对于确定性的问题，即问题的各种条件和有关的各项参数都是确定的，如果系统的约束条件和目标函数都是线性关系式，则可选用线性规划求解。如果优化模型中有一个方程不是线性关系，就不能选用方便、成熟的线性规划，而要用非线性规划求解。对于一些非确定性问题，

即问题的某些条件或参数不确定,只掌握其随机变化规律,或者只知道其变化的可能范围,则可以考虑应用统计优化方法、最小最大等方法进行优化计算。总之,由于系统最优化问题的性质各不相同,至今还没有一种普遍适用的方法。必须根据系统的特征和优化问题的特点,巧妙地应用现有的或开发新的系统优化方法。对于变量维数多、过程复杂的大系统,其优化方法还很不成熟,是目前正在探索的课题之一。

8.3.2　遗传算法

遗传算法(genetic algorithm,GA)是由美国 J. Holland 教授提出的,是一种基于生物自然选择与遗传机理的随机搜索算法。和传统搜索算法不同,遗传算法的搜索不依赖于梯度信息,其主要特点是群体搜索策略和群体中个体之间的信息交换。它适用于处理传统搜索方法难于解决的复杂非线性问题,作为一种全局优化搜索算法,具有简单通用、适于并行处理以及应用范围广等显著特点。

遗传算法的主要内容包括编码、适应度函数构造与约束处理、遗传操作与收敛条件设定等。

1. 编码

遗传算法主要是通过遗传操作对群体中具有某种结构形式的个体施加结构重组处理,从而不断地搜索出群体中个体间的结构相似性,形成并优化积木块,以逐渐逼近最优解。一般可利用编码技术对设计变量进行编码,将设计变量转化为适合于群体进化的表达形式。编码方法一般应遵循位串定义长度最短、模式阶次最高、模式数目最大等原则,常用的编码方式有二进制编码与实数编码等。

下面对编码方法进行分析。

如有两种编码方法,一种是二进制(即包含两种字符)编码,另一种是 k 进制(包含 k 种字符)编码。用两种编码方法产生同样多的编码数,显然两种编码的位数不等。假设二进制编码的位数为 t,k 进制编码的位数为 j,则 t 和 j 有如下关系

$$2^t = k^j$$

编码位数为 t 的二进制编码模式数目为 3^t,编码位数为 j 的 k 进制编码的模式数目为 $(k+1)^j$。当 k 取 4,t 取 6 时,j 为 3。这时,二进制编码的模式数目为 729,而三位四进制编码的模式数目为 125。从理论上可以证明,当 $k>2$ 时,下列关系成立

$$3^t > (k+1)^j$$

因而,可以得出用二进制编码来描述个体比其他多进制位串编码能反映更多数目的基因模式。因此,在遗传算法中常采用二进制位串进行编码。

长度为 l 的二进制位串与设计变量 x_i 之间映射关系可表示为

$$x_i = a_i + \frac{M(b_i - a_i)}{2^t - 1}$$

$$M = \frac{(x_i - a_i)(2^t - 1)}{(b_i - a_i)}$$

式中,M 为由二进制位串编码对应的十进制数值,b_i、a_i 为设计变量的上下限。从上式可以看出,对应于 l 位个体的设计变量 x_i 实际上变成了一个离散变量,设计变量的离散间隔为

$(b_i-a_i)/(2^l-1)$。当 l 取值越来越大时，离散间隔就越来越小；当 l 趋于无穷大时，离散间隔就趋于 0。这时，设计变量与个体间的离散映射关系就变成了连续映射关系。

2. 适应度函数构造与约束处理

适应度是遗传算法中描述个体性能的主要指标。在群体进化过程中，通过对适应度值的调整就可实现目标函数向最优值的逼近。由于遗传算法依据适应度的值对个体进行优胜劣汰，因此将无约束优化问题的目标函数与个体的适应度建立映射关系，即可在群体进化过程中实现对优化问题目标函数的寻优。在遗传算法中，一般将优化模型的目标函数进行适当的数学变换，即可作为适应度函数。这样，通过适应度函数，适应度就与优化模型的目标函数建立了对应关系。将目标函数转换成适应度函数，需遵循一个最基本的原则，即优化过程中目标函数变化方向（如向目标函数最大值变化或向最小值变化）应与群体进化过程中适应度函数变化方向一致。

由于大多数的实际优化问题均为有约束优化问题，所以如何处理约束也是运用遗传算法解决优化问题的重要工作。

应用遗传算法求解有约束优化问题时，解决约束的技术大致可分为 4 类：拒绝策略、修复策略、改进遗传算子策略和惩罚策略。每种策略都有不同的优点和缺点。

1）拒绝策略

拒绝策略将抛弃所有进化过程中产生的不可行的染色体，是遗传算法中普遍的做法。当可行的搜索空间是凸的，且为整个搜索空间的适当的一部分时，这种方法应该是有效的。然而，这是很严格的限制。例如，对于许多约束优化问题，初始种群可能全由非可行染色体构成，这就需要对它们进行修补。对于某些系统（特别是可行搜索空间非凸时），允许跨过不可行域时修复往往更容易达到最优解。

2）修复策略

修补染色体是指对不可行的染色体采用修复程序使之变为可行的。对于许多组合优化问题，构造修复程序相对比较容易。Liepins 及其合作者通过对遗传算法的性能实验测试证明，对于一个有多个不连通可行集的约束组合优化问题，修复策略在速度和计算性能上都远胜过其他策略。

修复策略取决于是否存在一个可将不可行后代转化为可行的修复程序。该方法的缺点是它对问题本身的依赖性，对于每个具体问题必须设计专门的修复程序。对于某些问题，修复过程甚至比原问题的求解更复杂。

修复后的染色体可用来评估，也可用来替代原染色体进入种群。Liepins 等采用永不替代法，即不让修复过的染色体进入种群；而 Nakano 和 Yamada 采用了始终替代法。最近，Orvosh 和 Davis 提出了所谓的 5% 规则：对于多数组合优化问题，若令 5% 的修复过的染色体替代原染色体，则带有修复程序的遗传算法可取得最好的效果。Michalewicz 等则认为对有非线性约束的优化问题，15% 的替代律为最好。

3）改进遗传算子策略

解决可行性问题的一个合理办法是设计针对问题的表达方式以及专门的遗传算子来维持染色体的可行性。Michalewicz 等指出这种方法通常比基于惩罚的遗传算法更可靠。许多领域中的实际工作者采用专门的问题表达方式和遗传算子构造了非常成功的遗传算法，这已是一个十分普遍的趋势。但是，该方法的遗传搜索受到了可行域的限制。

4）惩罚策略

上面三种策略的共同优点是都不会产生不可行解，缺点则是无法考虑可行域外的点。对于约束严格的问题，不可行解在种群中的比例很大。这样，将搜索限制在可行域内就很难找到可行解。Glover 和 Greenberg 建议的约束管理技术允许在搜索空间里的不可行域中进行搜索，这比将搜索限制在可行域内的方法能更快地获得最优解或获得更好的最终解。惩罚策略就是这类在遗传搜索中考虑不可行解的技术。

惩罚技术大概是用遗传算法解约束优化问题中最常用的技术。本质上它是通过惩罚不可行解将约束问题转化为无约束问题。在遗传算法中，惩罚技术用来在每代的种群中保持部分不可行解，使遗传搜索可以从可行域和不可行域两边来达到最优解。

惩罚策略的主要问题是如何设计一个惩罚函数 $p(x)$，从而能有效地引导遗传搜索达到解空间的最好区域。不可行染色体和解空间可行部分的关系在惩罚不可行染色体中起了关键作用：不可行染色体的惩罚值相当于某种测度下的不可行性的"测量"。设计惩罚函数没有一般规则，这仍要依赖于待解的问题，惩罚函数一般分为定量惩罚与变量惩罚。

3. 遗传操作与收敛条件

1）遗传操作

后代群体的产生是通过选择、杂交、变异等遗传操作实现的。遗传操作是模拟生物基因遗传的操作，其任务就是对群体的个体按照它们对环境的适应程度（适应度评估）施加一定的操作，从而实现优胜劣汰的进化过程。通过遗传操作可使问题的解一代又一代地优化，逼近最优解。可见，遗传操作影响着群体进化的效率和收敛，是遗传算法中的重要内容。

（1）选择算子。从群体中选择优胜的个体，淘汰劣质的个体的操作叫选择。选择的目的是在群体中个体的适应度评估基础上把优化的个体直接遗传到下一代，或通过配对交叉产生新的个体再遗传到下一代。目前常用的选择算子的方法有最佳个体保存方法、联赛选择方法等。不同的选择方法对于遗传算法的性能影响各不相同，应根据问题求解特点采用较适合的方法或者是把它们结合使用。

（2）交叉算子。所谓交叉是指把两个父代个体的部分结构加以替换重组从而生成新个体的操作。与自然界生物进化过程中遗传基因重组的作用相似，遗传操作的交叉算子作为最主要的遗传运算，在遗传算法中也起着核心的作用。遗传算法的性能在很大程度上取决于采用的交叉运算的性能。

（3）变异算子。变异是一种基本运算，即使群体中的个体自发地产生随机变化，一种简单的变异方法是替换一个或多个基因。在遗传算法中，变异可以提供初始种群中不含有的基因，或找回选择过程中丢失的基因，为种群提供新的内容。这样，变异使遗传算法可保持群体多样性，以防止出现未成熟收敛现象，并具有局部的随机搜索能力。

2）收敛条件

群体进化收敛性可通过各代群体平均适应度变化率和最优个体适应度变化率等指标判别。如果群体平均适应度变化率和最优个体适应度变化率小于许可精度，则可以认为群体进化处于稳定状态，群体进化基本收敛，可结束群体进化过程；否则继续群体的进化过程。当然，也可以更简单地设定最大进化代数作为收敛条件。

4. 遗传算法的特点

近年来，无论在理论上还是在实践上，GA 已被证明是一种有效的优化策略。

基于 GA 的函数优化算法的特点如下。

(1) 对问题解集的编码进行优化计算,而不是优化解集本身。

(2) 由种群到种群的并行搜索,而不是由单个解开始进行搜索。

遗传算法利用设计变量编码在设计变量空间进行多点搜索,因而遗传算法在搜索的空间上将比现有优化方法要大。进化算子的各态历经性使得遗传算法能够非常有效地进行概率意义下的全局搜索,遗传算法中的突变算子能避免杂交繁殖收敛于局部优良个体,并保持群体搜索的多样性;这些确保了遗传算法中多点搜索一直处在不同的局部区域。因此,遗传算法比现有优化方法具有更强的全局寻优能力。而传统的优化方法则是通过邻近点比较而移向较好点,从而达到收敛的局部搜索过程。这样,只有问题具有凸性时才能找到全局最优解,因为这时任何局优解都是全局最优解。

(3) 只依据目标函数值或适应度函数值来评价个体的优劣,而不需要梯度等其他信息,具有极强的鲁棒性。

目前使用较多的优化方法大多是一些基于梯度信息的优化方法。这类优化方法不管是直接法还是间接法,都需利用目标和约束函数的导数信息,因此这类优化方法对函数的性能要求较高。而遗传算法对所解的优化问题没有太多的数学要求。由于遗传算法的进化特性,它在解的搜索中不需要了解问题的内在性质,可以处理任意形式的目标函数和约束,无论是线性的还是非线性的,离散的还是连续的,甚至混合的搜索空间。因此,遗传算法表现出更强的鲁棒性。

(4) 使用非确定性的概率规则,而不是确定的状态转移规则。

上述特点提高了遗传算法的寻优性能,使其对于各种特殊问题可以提供极大的灵活性来混合构造领域独立的启发式,以保证算法的有效性。目前,遗传算法已广泛应用于各个领域。

8.3.3　过程优化控制的结构

优化控制,实际上就是综合应用过程建模技术、优化技术、先进控制技术以及计算机技术,在满足生产安全要求及产品质量约束的条件下,在线计算并改变过程的操作条件,使得生产过程始终运行于"最优"状态。图 8-3 给出了过程优化控制的结构图,它是一个包括控制层和优化层的两级控制方案。控制层通过常规控制或先进控制实现回路控制,达到较好的动态控制性能。优化层通过过程模型模拟过程的稳态特性,并为过程优化器提供必要的优化约束条件。在此基础上,过程优化器结合生产操作的经济指标给出最优的控制层设定值,为现场操作人员提供指导或进行闭环优化控制,以使过程运行在所期望的"优化"工况下。

总之,结合工程任务要求,需要开发工业过程优化控制系统,包括优化层、控制层等多级软件及硬件结构,使其能有效地进行工业过程优化控制,以达到降低能耗、提高效益的目的。

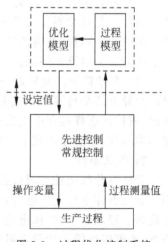

图 8-3　过程优化控制系统结构图

8.4 大工业过程稳态优化

8.4.1 大工业过程稳态优化问题的引入

1. 大工业过程系统

随着生产进步,工业生产过程越来越复杂,一个生产流程可能由多个生产过程组成,可以称由少数几个控制量和被控量所组成的装置、设备或单元为工业过程;而称有多台设备的车间或整个生产流程为大工业过程(large-scale industrial processes),大工业过程是一种特殊的大系统(large-scale systems)。例如,合成氨生产过程就是一个大工业过程,它是由转化、变换、吸收、甲烷化、压缩、合成 6 个主要子过程(subprocess)组成的。

许多大系统在正常情况下,动态变化是其主要的特征,因此称为动态大系统(dynamic large-scale systems);而大工业过程在正常工作条件下,平稳进行连续生产,可称为稳态大系统(steady-state large-scale systems)。大系统中的许多子系统之间有众多的、复杂的关联关系,如图 8-4 所示。对大工业过程而言,这种关联常表现在各子过程间管道的连接或产品的传递上,例如,在化工过程中,一个子过程中的产品常是另一个子过程的原料,或者一个子过程中的高压加热蒸气又输送到另一个子过程中继续加以利用等。

显然,对于上述包含多个过程的大系统而言,实现了单一过程优化并不意味着大系统总体最优。大系统的特点除了包含许多个互联子系统外,还有它的数学模型维数很高,地域上分布很广,关联非常复杂。此外,对系统的要求需要由多个目标函数来评价,系统内部有动态进程快慢不同的子系统以及多种随机因素等。大系统的上述特点决定了简单应用单一过程优化方法是很难解决包含多个过程的大系统优化问题的。从优化理论出发,所选定的系统规模越大,优化后带来的经济效益就越客观。生产规模与生产要求的发展推动了多过程大系统优化方法的研究与开发。本章主要介绍较为经典的分解与协调法。

对于大系统常常采用两种结构方式来处理信息交换和施加控制,即分散控制和递阶控制。分散控制(decentralized control)结构如图 8-5 所示。

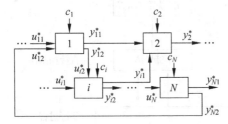

图 8-4 由 N 个子系统组成的互联大系统

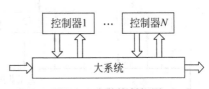

图 8-5 分散控制框图

另一种控制结构方式是递阶控制(hierarchical control),它主要包含多级和多层两种结构形式。图 8-6 所示的递阶控制是多级结构形式(multi-level structure),每级都有控制器,递阶排列呈金字塔形。同一级的决策单元是平等的,它们相互独立并平行地工作,并且只接受各自上一级决策单元的指令,而上一级决策单元也不会逾越下一级决策单元,直接干预更下一级的工作。对于最高层决策单元(称作协调器),它间接拥有大系统的全部信息,这种信息结构较为经典。多层递阶控制结构各层的决策周期是不同的,愈到下层,决策周期愈短;愈到上层,决策问题的性质就愈缺乏结构化和愈难量化。如工业过程的控制层采用常规控制将各参数控制在所要求的工作条件下;而上一层如监督层(supervisory layer),它起优化和故障监测、诊断的作用;再上面一层如学习和适应(1earning and adaption)层,它的作用是通过学习和适应来改变监督控制层中的某些不确定的参数,例如数学模型的参数;最上一层为管理层,它主要起到生产管理的作用,例如制订短期、中期或长期的生产计划等。

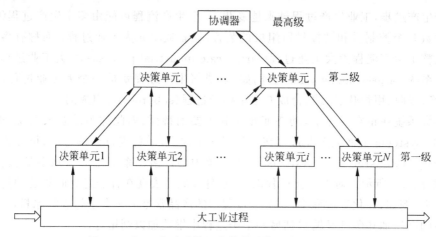

图 8-6   由 N 个子系统组成的大系统的多级控制结构

在大工业过程优化中,分解与协调法就是应用递阶控制结构思想,如图 8-7 所示。20世纪 60 年代中期,阿里斯(Aris)等首先提出可将大系统分解为多个子系统,并在不同等级上对子系统进行优化和协调运算,以求得大系统的最优解。图 8-7 中既有直接控制层又有优化层,而优化层本身又是一个两级结构,由局部决策单元级和协调器组成。

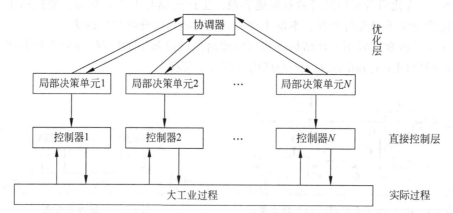

图 8-7   大工业过程计算机在线稳态优化控制

由于目前大工业生产过程大都采用计算机控制,因此,对于图 8-7 中那样的多级多层递阶控制,只需将已有的计算机连接成局域网络,并增加一台计算机作为协调器即可。目前,集散控制系统的广泛应用已经为实施递阶稳态优化控制准备了硬件条件(环境)。

由大系统的分散或递阶控制结构可以看出,大系统的一个关键问题是它的分解

(decomposition)。对大工业过程来说,分解是按照装置、单元或车间以及地域的分布来进行的。例如,上文中提到的合成氨厂就可分成 6 个子系统,并称这种分解为水平分解(horizontal decomposition)。按功能如图 8-7 的分解,则称为垂直分解(vertical decomposition)。

协调是多级递阶控制中的一个关键。协调器控制着下一层许多局部决策单元,如图 8-7 所示,它们有各自的子过程数学模型和目标函数。协调器的任务就是通过对下层局部决策单元的干预,来保证它们分别找到的决策能满足整个大工业过程的总目标函数优化的要求。因此,协调器不断地和下级局部决策单元交换信息,同时按照一定的数字协调规则(或协调策略)进行计算,并发出对各个子过程局部决策单元的干预信息(或协调作用)。

2. 大工业过程稳态优化

对于一个平稳而且连续生产的大工业过程进行过程优化称为大工业过程稳态优化(static optimization)。工业过程中具有代表性的石油、化工过程的优化已经经过了多年的研究和实践,并拥有了一些成功的例子。但是,由于建模困难、开发研制工作量巨大以及技术上的困难等,大工业过程稳态优化的研究与应用较为困难。

前文已对单个过程优化问题进行了介绍。而对于大工业过程的稳态优化问题,其求解步骤是首先求出子过程优化解然后将结果传输给协调器,然后由协调器进行权衡是否达到了全局最优化。若是,则停止计算并命令各局部决策单元保持各新决策变量值(有关控制器的新设定值)同时加到实际过程中,经过一段暂态以后,过程趋向稳态,这时它处于最优工况;若否,则协调器通过对协调策略的计算,对下级各局部决策单元发出干预信息,要求它们按新的要求重新优化,直到达到全局最优为止。这样便结束一次优化计算,即寻找最优设定值的过程。由于慢扰动的存在,经过一段时间以后,过程又开始偏离它的最优工况,这样寻找最优设定值的过程呈周期性地重复进行。这就是大工业过程递阶稳态优化的定性描述,也是本章探讨的内容。

8.4.2 大工业过程稳态优化问题的数学描述

一个由 N 个子过程组成的被控大工业过程(包括它的直接控制器)可表示为

$$\boldsymbol{y}_i = \boldsymbol{F}_i^*(\boldsymbol{c}_i, \boldsymbol{u}_i, \boldsymbol{z}_i), \quad \boldsymbol{u}_i = \sum_{j=1}^N \boldsymbol{h}_{ij} \boldsymbol{y}_j, \quad i \in \overline{1, N} \tag{8-9}$$

式中,$\boldsymbol{y}_i$、$\boldsymbol{u}_i$、$\boldsymbol{c}_i$ 和 $\boldsymbol{z}_i$ 分别为第 i 个子过程的输出、关联输入、控制变量和扰动;$\boldsymbol{h}_{ij}$ 为布尔型矩阵,H 的元素,可取 0 或 1;$F^*: C_i \times U_i \times Z_i \rightarrow Y_i$ 为第 i 个子过程的输入输出映射,C_i、U_i、Z_i 和 Y_i 为有限维欧几里得空间,也可以紧凑地表示为

$$\boldsymbol{Y} = \boldsymbol{F}^*(\boldsymbol{C}, \boldsymbol{U}, \boldsymbol{Z}), \quad \boldsymbol{U} = \boldsymbol{H}\boldsymbol{Y} \tag{8-10}$$

式中

$$\boldsymbol{F}^*(\boldsymbol{C}, \boldsymbol{U}, \boldsymbol{Z}) = \begin{bmatrix} \boldsymbol{F}_1^*(\boldsymbol{c}_1, \boldsymbol{u}_1, \boldsymbol{z}_1) \\ \vdots \\ \boldsymbol{F}_N^*(\boldsymbol{c}_N, \boldsymbol{u}_N, \boldsymbol{z}_N) \end{bmatrix}, \quad \boldsymbol{H} = \begin{bmatrix} \boldsymbol{h}_1 \\ \vdots \\ \boldsymbol{h}_N \end{bmatrix} = \begin{bmatrix} h_{11} & \cdots & h_{1N} \\ \vdots & \ddots & \vdots \\ h_{N1} & \cdots & h_{NN} \end{bmatrix}$$

$$\boldsymbol{C} = (\boldsymbol{c}_1^{\mathrm{T}} \cdots \boldsymbol{c}_N^{\mathrm{T}})^{\mathrm{T}} \in C_1 \times \cdots \times C_N = C$$

$$U = (\boldsymbol{u}_1^{\mathrm{T}} \cdots \boldsymbol{u}_N^{\mathrm{T}})^{\mathrm{T}} \in U_1 \times \cdots \times U_N = U$$

$$Y = (\boldsymbol{y}_1^{\mathrm{T}} \cdots \boldsymbol{y}_N^{\mathrm{T}})^{\mathrm{T}} \in Y_1 \times \cdots \times Y_N = Y$$

$$Z = (\boldsymbol{z}_1^{\mathrm{T}} \cdots \boldsymbol{z}_N^{\mathrm{T}})^{\mathrm{T}} \in Z_1 \times \cdots \times Z_N = Z$$

假定对于加到大工业过程的每一个控制 c 和扰动 z，大工业过程将产生唯一的输出 y，则输入输出关系可用映射 $K^*:C \times Z \to Y$ 表示。即有

$$y = K^*(c, z) \tag{8-11}$$

必须指出 $F^*(\boldsymbol{C},\boldsymbol{U},\boldsymbol{Z})$ 或 $K^*(c,z)$ 为等式约束，这些关系式可能很难精确知道，因此，这个关系式是实际过程关系式的一个近似。即

$$\boldsymbol{y}_i = F_i(\boldsymbol{c}_i, \boldsymbol{u}_i, \boldsymbol{z}_i), \quad i \in \overline{1,N} \tag{8-12}$$

$$y = F(c, u, z) \tag{8-13}$$

$$y = K(c, z) \tag{8-14}$$

式中，F_i、F 和 K 分别为 F_i^*、F^* 和 K^* 的模型。

本书中讨论的工业过程，对于像触媒老化这样一类慢扰动而言是一个快系统。在工业过程中的扰动有两种情况：一种是快扰动，它的影响可以被闭环自动控制系统所抑制，只引起变量 u 或 y 瞬时的波动，这种波动对目标函数计算是可以略去不计的；另一种是慢扰动 z，它是时间的未知函数，很难精确地估计。但是，在一个优化周期之中，如果进行优化计算的时间很短，则这些慢扰动可以用它们的估计值近似，它们可被假定为常数。因此，在下文中就把它们从所有映射中删掉，从而简化表达式，如 $y = K^*(c)$，$y = F(c, u)$ 等。因为 z 是时间的未知函数，所以，过程的关系式 F^* 或 K^* 以及它们的模型 F、K 都是时变的，因此，在每一个优化周期开始都有一个模型更新(updating)的问题。

另外，从安全和过程中设备的物理性能以及实际条件限制等方面考虑，子过程的关联输入 $\boldsymbol{u}_i$ 和控制变量 $\boldsymbol{c}_i$ 之间往往还受到一定的约束，这些约束条件可以由一组不等式所规定的集合 CU_i 表示，一般形式为

$$(\boldsymbol{c}_i, \boldsymbol{u}_i) \in CU_i \stackrel{\text{def}}{=} \{(\boldsymbol{c}_i, \boldsymbol{u}_i) \in C_i \times U_i : G_{ij}(\boldsymbol{c}_i, \boldsymbol{u}_i) \leqslant 0, j \in I_i\}, \quad i \in \overline{1,N} \tag{8-15}$$

这里 I_i 表示一组整数。更为广泛的约束还涉及子过程的输出 $\boldsymbol{y}_i$，其形式为

$$(\boldsymbol{c}_i, \boldsymbol{u}_i, \boldsymbol{y}_i) \in CUY_i \stackrel{\text{def}}{=} \{(\boldsymbol{c}_i, \boldsymbol{u}_i, \boldsymbol{y}_i) \in C_i \times U_i \times Y_i : G_{ij}(\boldsymbol{c}_i, \boldsymbol{u}_i, \boldsymbol{y}_i) \leqslant 0, j \in I_i\}, \quad i \in \overline{1,N} \tag{8-16}$$

这一类约束称为输出关联不等式约束(out dependent inequality constraint)。对它的处理是较为困难的，因为输出预先(在优化时)并不知道。

对每个子过程，要求给出一个局部的目标函数 J_i，它可以是 c_i、u_i 的显函数，记作 $J_i(c_i, u_i)$。大工业过程的总目标函数具有如下形式

$$J = \sum_{i=1}^{N} J_i \tag{8-17}$$

综上，可以将一个大工业过程稳态优化问题表示为

$$\begin{cases} \min_{c,u} J(\boldsymbol{C}, \boldsymbol{U}, \boldsymbol{Y}) \\ \text{s.t. } \boldsymbol{Y} = F^*(\boldsymbol{C}, \boldsymbol{U}) \\ \boldsymbol{U} = \boldsymbol{H}\boldsymbol{Y} \\ \boldsymbol{G}(\boldsymbol{C}, \boldsymbol{U}, \boldsymbol{Y}) \leqslant 0 \end{cases} \tag{8-18}$$

这里 $G = (G_{11}, \cdots, G_{1I_1}, \cdots, G_{N1}, \cdots, G_{NI_N})^{\mathrm{T}}$，基于模型的优化的问题可表示为

$$
\begin{cases}
\min\limits_{c,u} J(C, U, Y) \\
\text{s. t. } Y = F(C, U) \\
U = HY \\
G(C, U, Y) \leqslant 0
\end{cases}
\tag{8-19}
$$

类似地，对于目标函数和约束中未含输出 Y 的情况，也可写出其稳态优化形式。在某些情况下，模型的优化问题也可以采用如下的等价形式

$$
\begin{cases}
\min J(C, HY, Y) \\
\text{s. t. } Y = K(C) \\
G(C, HY, Y) \leqslant 0
\end{cases}
\tag{8-20}
$$

8.4.3　三种基本协调方法

8.4.2 节讨论了大工业过程优化进程的两层结构，其中，各决策单元并行进行，完成过程级优化。协调器对各决策单元的干预称为协调作用，用来处理子过程间的关联问题，各决策单元和协调器通过相互迭代找到最优解。本节将介绍三种常用的求解问题(MOP)的协调方法，即直接法(direct method)、价格法(price method)和混合法(mixed method)。

为了方便起见，引进符号 ∇，其含义为：对于任意实向量函数

$$
f(x, y, \cdots, z) = (f_1(x, y, \cdots, z), \cdots, f_m(x, y, \cdots, z))^{\mathrm{T}}, \quad x \in \mathbf{R}^n, y \in \mathbf{R}^p, z \in \mathbf{R}^q
$$

$$
\nabla_x f(x, y, \cdots, z) \stackrel{\text{def}}{=\!=} [f_{ij}(x, y, \cdots, z)]_{n \times m} = \left[\frac{\partial f_j}{\partial x_i}\right]_{n \times m}
$$

$$
\nabla_{xx} f(x, y, \cdots, z) \stackrel{\text{def}}{=\!=} \nabla_x [\nabla_x f(x, y, \cdots, z)]
$$

$$
\nabla_{xy} f(x, y, \cdots, z) \stackrel{\text{def}}{=\!=} \nabla_y [\nabla_x f(x, y, \cdots, z)]
$$

$$
\nabla_x^{\mathrm{T}} f(x, y, \cdots, z) \stackrel{\text{def}}{=\!=} (\nabla_x f(x, y, \cdots, z))^{\mathrm{T}}
$$

若 $f(x, y, \cdots, z) = f(x)$，简记 $\nabla_x f(x)$ 为 $\nabla f(x)$，$\nabla_{xx} f(x)$ 为 $\nabla^2 f(x)$，$\nabla_x^{\mathrm{T}} f(x)$ 为 $\nabla^{\mathrm{T}} f(x)$。∇ 具有如下性质：对任意的 $p \times m$ 阶矩阵 M，有

$$
\nabla_x M f(x, y, \cdots, z) \stackrel{\text{def}}{=\!=} (\nabla_x f(x, y, \cdots, z)) M^{\mathrm{T}}
$$

$f(x)$ 在 x_0 的一阶近似可以表达如下

$$
f(x) \cong f(x_0) + \nabla_x^{\mathrm{T}} f(x_0)(x - x_0)
$$

1. 直接法

直接法又称关联预测法(interaction prediction method, IPM)，这种协调方法由协调器直接指定各子过程的输出变量 y_i 的值(同时也就规定了关联输入变量 u_i 的值)，下层各局部决策单元按预测的关联变量求解各自的优化决策问题，然后将解出的决策变量值 $\hat{c}_i$ 传输给协调器，以便对 Y 进行总目标函数的优化。从而问题(MOP)可分为子过程优化与协调两部分。子过程优化可描述如下

$$(LP_i) \begin{cases} \text{对于协调器给定的 } y_i \in Y \\ \text{求出}\hat{c}_i(y_i) = \mathrm{argmin} J_i(c_i, h_i y_i, y_i) \\ \text{s. t. } y_{ik} - F_{ik}(c_i, u_i) = 0 \quad (k = 1, 2, \cdots, n_i) \\ G_{ij}(c_i, u_i, y_i) \leqslant 0 \\ (c_i, u_i, y_i) \in CUY_i \end{cases} \tag{8-21}$$

式中，$Y \overset{\text{def}}{=} \{y_i \in Y : C_i(y_i) \neq \phi, i \in \overline{1,N}\}$；$C_i(y_i) \overset{\text{def}}{=} \{c_i \in C_i : y_i = F_i(c_i, h_i y_i), (c_i, h_i y_i, y_i) \in CUY_i\}$。

在求出 $\hat{c}_i(y_i)$ 以后，各局部决策单元把相应的目标函数 $Q_i(\hat{c}_i(y), h_i y_i, y_i)$ 传输给协调器，协调器的任务是求出协调变量 $\hat{y} \in Y$ 使得

$$\sum_{i=1}^{N} J_i(\hat{c}_i(\hat{y}_i), h_i \hat{y}_i, \hat{y}_i) = \min \sum_{i=1}^{N} J_i(\hat{c}_i(y_i), h_i \hat{y}_i, y_i) \tag{8-22}$$

整个优化问题的求解是通过逐次修正协调变量（关联输出 y 的预测值），并相应地重复求解各局部决策单元的优化问题这样一个迭代过程实现的。协调器和各子过程间的信息交流见图 8-8。

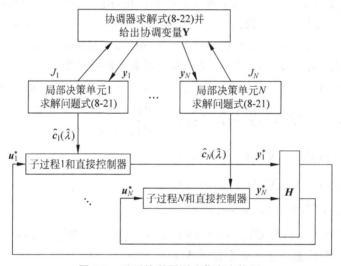

图 8-8　开环关联预测法信息交换图

这种协调原则由于直接对关联输入和关联输出进行预估或指定，所以称为直接法或关联预测法。又因为每次都从上一级指定关联变量值使子过程优化中的模型发生变化，所以这种方法又称为模型协调法（model coordination method）。由各子过程求得的 $\hat{c}_i(y_i)$ 虽然不是最终的优化解，但如果把它们加到过程中，模型方程和约束条件都能满足，因此这些 $\hat{c}_i(y_i)$ 都是可行的（feasible），故直接法又称作可行法（feasible method）。

在直接法中，需要确定可行集 Y，而用解析方法确定 Y 是一件十分困难的事情，这是直接法的一个缺点。直接法的另一个缺点是较难得到目标函数对 y 的导数，不能用梯度搜索法求解协调问题，因此优化工作收敛较慢。另外，直接法要求各子过程关联输出变量数不能多于该子过程控制变量数，否则难于求解。

波兰 Findeisen 学派对直接法的许多理论问题作了深入的研究，得到了一些重要的结

论,如有关递阶优化解的存在性、可行域的性质、目标函数性质、协调问题解的存在性等。

2. 价格法

价格法又称关联平衡法(interaction balance method, IBM),其基本思想是"割断"各子系统之间的关联,而各局部决策单元则把关联输入当作独立寻优变量来处理。通过引入对关联约束 $U=HY$ 的 Lagrange 乘子向量,将关联归并到目标函数中作为对目标的修正,Lagrange 函数为

$$L(C,U,Y,\lambda)=J(C,U,Y)+\lambda^{\mathrm{T}}(U-HY) \tag{8-23}$$

式(8-23)可以分解为

$$L=\sum_{i=1}^{N}L_i=\sum_{i=1}^{N}\left\{Q_i(c_i,u_i,y_i)+\lambda_i^{\mathrm{T}}u_i-\sum_{j=1}^{N}\lambda_j^{\mathrm{T}}h_{ji}y_i\right\} \tag{8-24}$$

L_i 是修正后的第 i 个子过程的目标函数。价格法通过协调器对 Lagrange 乘子 λ_i 的不断修正调整各子过程的目标函数,以最后满足关联约束条件,所以该协调法又称为目标协调法(goal coordination)。因此在价格法协调中,协调变量是乘子 λ。

局部决策单元的任务为

$$(LP_i)\begin{cases}\text{对于协调器给定的}\lambda\\ \text{求出}(\hat{c}_i(\lambda),\hat{u}_i(\lambda))=\mathrm{argmin}L_i(c_i,u_i,y_i,\lambda)\\ \text{s.t. }y_{ik}-F_{ik}(c_i,u_i)=0\quad(k=1,2,\cdots,n_i)\\ G_{ij}(c_i,u_i,y_i)\leqslant0\\ (c_i,u_i,y_i)\in CUY_i\end{cases} \tag{8-25}$$

协调器的任务是求出协调变量 $\hat{\lambda}$,使得

$$\hat{U}(\hat{\lambda})=H\hat{Y}(\hat{\lambda}) \tag{8-26}$$

式中,

$$\hat{Y}(\hat{\lambda})=F(C(\hat{\lambda}),U(\hat{\lambda})) \tag{8-27}$$

价格法的两级结构和信息交换如图 8-9 所示。

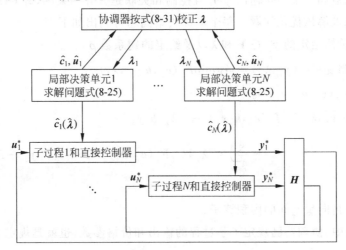

图 8-9　开环平衡预测法信息交换图

依据 Lagrange 对偶优化定理可以进一步简化协调器的工作。

定义 Lagrange 对偶函数 $D(\boldsymbol{\lambda})$ 为

$$D(\boldsymbol{\lambda}) = L(\boldsymbol{C}(\hat{\boldsymbol{\lambda}}), \boldsymbol{U}(\hat{\boldsymbol{\lambda}}), \boldsymbol{F}(\boldsymbol{C}(\hat{\boldsymbol{\lambda}}), \boldsymbol{U}(\hat{\boldsymbol{\lambda}})), \boldsymbol{\lambda}) \tag{8-28}$$

如果 $L(\boldsymbol{C}, \boldsymbol{U}, \boldsymbol{Y}, \boldsymbol{\lambda})$ 具有鞍点，则必有

$$\max_{\lambda} \boldsymbol{D}(\boldsymbol{\lambda}) = \min_{c,u,y} J(\boldsymbol{C}, \boldsymbol{U}, \boldsymbol{Y}) \tag{8-29}$$

而且鞍点处的 (c, λ) 就是问题的解，并且有

$$\nabla \boldsymbol{D}(\boldsymbol{\lambda}) = \hat{\boldsymbol{U}} - \boldsymbol{H}\hat{\boldsymbol{Y}} \tag{8-30}$$

因此对 $\boldsymbol{\lambda}$ 的修正公式为

$$\boldsymbol{\lambda}^{k+1} = \boldsymbol{\lambda}^k + \varepsilon_k \nabla \boldsymbol{D}(\boldsymbol{\lambda}^k) \tag{8-31}$$

式中 ε_k 是步长因子。这样就可以用有效的梯度搜索优化技术来求解协调优化问题，对于每一个搜索算法（下文称作协调策略），重要的是收敛性的证明和收敛条件。

这个协调方法有其经济含义，当各子过程表示经济部门时，关联不平衡相当于经济供求不平衡，这样要通过修正 Lagrange 乘子 $\boldsymbol{\lambda}$ 来达到关联平衡，即相当于修正价格来达到供求平衡，$\boldsymbol{\lambda}$ 有经济上价格的含义。故这个协调方法标为价格法。价格法的一个缺点是关联平衡一直要到迭代的最后才能达到，如果迭代能收敛，只有最后的解是可行的，并可加到实际过程中。因此，该法又称为不可行法(infeasible method)。

3. 混合法

混合法即是将上述直接法与价格法两种协调方法合并起来的协调方法，又称为关联预测平衡法(interaction prediction and balance method)，被认为是最有效的方法之一。这时，关联输出和 Lagrange 乘子同时作为协调变量。本书介绍输出预测平衡方法(output prediction and balance method, OPBM)，事实上，为了加速求解迭代的收敛，采用增广的 Lagrange 函数，即在其中加了一个罚项，所以，这种混合法也可以认为是大系统求解的罚函数研究法的一种。

假定目标函数和约束不含输出 y 并且控制和关联是分开约束的，即 $CU = C \times U$。仍用两级递阶解法来求解该优化问题。每个局部决策问题可列出如下

$$(LP_i) \begin{cases} \text{对于协调器给定的 } \boldsymbol{y}_i \in \boldsymbol{Y} \text{ 和 } \boldsymbol{\lambda} \text{ 以及给定的罚系数 } \rho \\ \text{求出控制变量} \hat{c}_i(\boldsymbol{y}_i, \boldsymbol{\lambda}_i) = \arg\min L_i(\boldsymbol{c}_i, \boldsymbol{h}_i \boldsymbol{y}_i, \boldsymbol{\lambda}_i) \\ \text{s.t.} \quad G_{ij}(\boldsymbol{c}_i, \boldsymbol{u}_i, \boldsymbol{y}_i) \leqslant 0 \\ L_i(\boldsymbol{c}_i, \boldsymbol{h}_i \boldsymbol{y}_i, \boldsymbol{\lambda}_i) = J_i(\boldsymbol{c}_i, \boldsymbol{h}_i \boldsymbol{y}_i) + <\boldsymbol{\lambda}_i, \boldsymbol{h}_i \boldsymbol{y}_i> \\ \qquad\qquad - \sum_{j=i}^{N} <\boldsymbol{\lambda}_j, \boldsymbol{h}_{ij} \boldsymbol{F}_i(\boldsymbol{c}_i, \boldsymbol{h}_i \boldsymbol{y}_i)> + \dfrac{\rho}{2} \| \boldsymbol{y}_i - \boldsymbol{F}_i(\boldsymbol{c}_i, \boldsymbol{h}_i \boldsymbol{y}_i) \|^2 \end{cases}$$

$$\tag{8-32}$$

式中，$< \cdot, \cdot >$ 是向量空间的内积算子。

在局部问题中，协调器已规定了子过程的输出和价格参数，也就是规定了子过程的所有关联。局部问题的解 $\hat{\boldsymbol{C}}(y, \lambda)$ 被假定为对于每一 (y, λ)，$y \in \boldsymbol{Y}$，$\lambda \in \boldsymbol{\Lambda} \subset \boldsymbol{U}$，是唯一的。协调

器的任务就是求出函数 $J(\hat{\boldsymbol{C}}(\boldsymbol{y},\boldsymbol{\lambda}),\boldsymbol{HY})$ 的每一个鞍点 $(\hat{\boldsymbol{y}},\hat{\boldsymbol{\lambda}})$，使得平衡条件 $\hat{\boldsymbol{y}}-F(\hat{\boldsymbol{c}},\boldsymbol{H}\hat{\boldsymbol{y}})=0$ 成立。

协调变量 $\boldsymbol{Y}$、$\boldsymbol{\lambda}$ 可以用如下的校正公式

$$\boldsymbol{Y}^{k+1}=\boldsymbol{Y}^{k}+K\,\nabla_{\mathrm{Y}}L \tag{8-33}$$

$$\boldsymbol{\lambda}^{k+1}=\boldsymbol{\lambda}^{k}-A(\boldsymbol{Y}^{k}-F(\boldsymbol{C}^{k},\boldsymbol{HY}^{k})) \tag{8-34}$$

式中矩阵 K、A 可以取成一个标量（常数），由试凑决定。

混合法的适用条件是，增广 Lagrange 函数 $L(\boldsymbol{C},\boldsymbol{Y},\boldsymbol{\lambda})$ 的鞍点必须存在。并且，协调器所处理的输出变量数要比决策变量 $\boldsymbol{C}$ 数小得多，否则，这种混合法结构便无实际意义。罚系数 ρ 较小时，求解迭代即可达到最优点。由于罚函数项凸化了目标函数，所以，混合法的适用条件较价格法弱。混合法的优点在于，它虽然稍微增加了协调任务，但它简化了各子过程的求解。全部寻优任务在两级之间有较均匀的分配。

混合法兼有直接法和价格法两者的某些特征。它对关联约束是满足的，即迭代求解每一步的解 $\boldsymbol{c}_i^k(\boldsymbol{y}_i^k,\boldsymbol{\lambda}_i^k)$ 对于实际工业过程都是可行的；同时不像直接法，它不要求 $\dim\boldsymbol{c}_i\geqslant\dim\boldsymbol{y}_i, i\in\overline{1,N}$，然而仍要求 $\dim\boldsymbol{c}_i+\dim\boldsymbol{u}_i\geqslant\dim\boldsymbol{y}$。它也有确定可行域 Y 的问题，然而比直接法的可行域容易处理。算法的信息交换如图 8-10 所示。

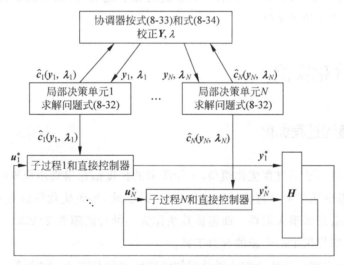

图 8-10 开环混合协调法信息交换图

对于复杂工业过程，通常难以获得其准确的稳态模型 F^*，所以一般用近似模型代替。利用模型 F 进行优化，称为基于模型的优化（model-based optimization），所得到的解称为基于模型的优化解。

所建立的数学模型和实际过程间存在的差异称为模型-实际差异。这种基于模型的优化解施加于实际过程不一定是最优的，严重时甚至会违反在实际过程中的约束。因此，Findeisen 领导的研究组提出了利用实际过程的信息来修正基于模型的最优解的方法。显然，这种信息只是实际过程的关联输出和关联输入的稳态值。因此，对于一个实际大工业过

程,各局部决策单元把基于模型的最优解施加到实际过程上去之后,必须等待过程暂态的终结,测量关联值并将它们反馈给优化层,设法利用此信息来改善基于模型的优化解。反馈信息可以传输给下级的各局部决策单元(分散局部反馈),也可以传输给上级的协调器(全局反馈)。

于是,Findeisen学派提出在原来的优化层之下增加一个迭代校正(iterative correction)层,它接受原来基于模型的优化解,并迭代校正为改进的优化解,施加到实际过程中;原来的从优化层下达实际过程的递阶优化控制,现在有了一个反馈送路,形成了一个闭环控制。前面的基于模型的优化控制则被称为开环控制。

前文的3种基本协调方法,加上2种方式的信息反馈,组成了下述6种基本的具有校正机制(correction mechanism)的递阶控制:

(1) 具有全局反馈的直接法;

(2) 具有局部反馈的直接法;

(3) 具有全局反馈的价格法;

(4) 具有局部反馈的价格法;

(5) 具有全局反馈的混合法;

(6) 具有局部反馈的混合法。

应该说,同时采用全局和局部两种反馈都是可以实现的,但相当困难,关于上述具有反馈的协调方法可参见相关文献。

8.5 过程优化实例

8.5.1 常压蒸馏过程优化

前文已建立常压蒸馏过程优化模型,由于所需的梯度信息很难用规则的、显式的数学形式给出,而采用差分法求取则将使计算量迅速增加,因此,传统优化算法在求解蒸馏过程稳态优化问题时就会遇到很大困难。而遗传算法作为一种智能随机搜索算法为求解大规模复杂非线性优化问题提供了一个新的有力工具。

限于篇幅,考虑到一般传统的非线性规划的算法原理与方法,在"运筹学""优化方法"等多种专门著作中有详细介绍,以下仅介绍一种改进的遗传算法(DEMGA)在过程优化问题中的应用。仍以常压蒸馏过程优化问题为例,应用改进的遗传算法(DEMGA)对8.2.4节中建立的常压蒸馏过程优化模型进行求解。

对于遗传算法而言,种群中每一个个体即为上述优化问题决策变量的组合,通过对种群中的每一个个体进行解码,并依据优化模型的目标函数值与约束信息,求得该个体的适应度,执行遗传算法中选择、交叉、变异、迁徙、聚类等遗传因子,产生新的解。如此重复遗传操作,产生新一代种群,直到满足终止条件,得出优化问题的解。最终优化值及计算过程中所得到的各种次优工况列于表8-1。

表 8-1　优化结果

决策变量	常顶量/(t/h)	常一线量/(t/h)	常二线量/(t/h)	常三线量/(t/h)	轻油收率/%
优化前 工况	6.343	9.758	34.641	36.905	32.757
	6.499	9.832	35.226	37.470	33.273
次优工况	6.422	10.053	34.710	38.485	33.485
	6.506	9.897	34.710	38.547	33.509
最优工况	6.576	9.859	34.710	38.547	33.521
增加量	+0.233	+0.101	+0.069	+1.642	+0.764

可以看出,按照优化工况进行操作,每小时可增加汽油馏分(常顶和常一线抽出产品)0.334t,增加柴油馏分(常二线和常二线抽出产品)1.711t,使得年处理量 250 万 t 的常压蒸馏装置轻油收率提高 0.764%,经济效益十分显著。

8.5.2　发酵过程补料优化

发酵过程是一个多变量、非线性的复杂动态过程。发酵过程的优化不但复杂,而且存在众多局部极值点。补料分批发酵过程中的补料优化问题,即如何控制补料速率(或质量浓度)使得产物产量(或产率)最高,到现在为止仍是工业发酵优化控制中的关键问题。目前,发酵过程补料优化的策略通常是以底物的流加速率、流加质量浓度为控制和调节变量。

发酵过程的优化研究主要是建立在发酵过程动力学模型基础上的。在模型基础上对复杂工业过程进行优化往往需要一个高效的算法。随着模拟退火、遗传算法等优化算法的兴起,现代优化算法被广泛地应用于发酵过程优化问题的求解。差分进化算法(DE)是遗传算法的一个分支,简单易用,以其稳健性和强大的全局寻优能力已在多个领域取得成功。本节将以酒精发酵过程的补料优化为例,建立其过程优化模型,并采用差分进化算法对模型进行求解。

1. 过程优化模型的建立

发酵补料在工业现场往往采用开环的控制方式,使得发酵过程按照一条预先确定的补料曲线进行。式(8-35)~式(8-38)为补料分批发酵生产酒精的动力学模型,该模型预测值与实验数据拟合较好

$$\frac{\mathrm{d}X}{\mathrm{d}t} = \left(\mu - \frac{F}{V}\right)X \tag{8-35}$$

$$\frac{\mathrm{d}S}{\mathrm{d}t} = \frac{F}{V}(S_F - S) - \sigma X \tag{8-36}$$

$$\frac{\mathrm{d}P}{\mathrm{d}t} = \pi X - \frac{F}{V}P \tag{8-37}$$

$$\frac{\mathrm{d}V}{\mathrm{d}t} = F \tag{8-38}$$

其中,X、S、P 和 V 为过程状态变量,分别表示菌体浓度,基质浓度,产物浓度和发酵液体积。F 为补料速率,S_F 为补料基质浓度。μ、σ 和 π 分别表示比生长速率,基质比消耗速率和产物比生产速率,它们由以下表达式给出

$$\mu = \frac{0.408}{1 + \dfrac{P}{16}} \frac{S}{0.22 + S} \tag{8-39}$$

$$\sigma = 10\mu \tag{8-40}$$

$$\pi = \frac{1}{1 + \dfrac{P}{71.5}} \frac{S}{0.44 + S} \tag{8-41}$$

本节以上述动力学模型为基础，进行发酵过程的补料优化。假定发酵过程中补料浓度不变，选择补料速率为决策变量。优化目标是寻找使得最终酒精产量达到最大的补料曲线，转化为求解最小值问题，则目标函数为

$$J = -P(T_f)V(T_f) \tag{8-42}$$

发酵结束时间设置为 $T_f = 54\text{h}$。状态变量的初始值设置如下：$X(0) = 1, S(0) = 150$，$P(0) = 0, V(0) = 10$。假设补料基质浓度 S_F 与发酵液初始基质浓度相同，即 $S_F = 150$。整个发酵过程中补料速率被限制在区间 $(0, 12)$ 上。

状态变量 V 需要满足以下约束

$$V(t) - 200 \leqslant 0 \tag{8-43}$$

2. 差分进化算法

下面对所采用的优化算法——差分进化算法进行简单介绍。差分进化算法（differential evolution, DE）首先由父代个体间的差分向量构成变异算子；然后父代个体与变异个体按一定的概率进行交叉操作，生成一试验个体；最后在父代个体与试验个体之间根据适应度的大小进行选择操作，选择适应度更优的个体作为子代。

考虑以下有约束非线性优化问题

$$\begin{cases} \min J(X) \\ g_k(X) \leqslant 0 \quad k = 1, 2, \cdots, m \\ I \leqslant X \leqslant U \end{cases} \tag{8-44}$$

式中，$X = (x_1, x_2, \cdots, x_n), I = (x_{1\min}, x_{2\min}, \cdots, x_{n\min}), U = (x_{1\max}, x_{2\max}, \cdots, x_{n\max})$。

以下是 DE 算法的三个核心操作即变异操作、交叉操作与选择操作。

（1）变异操作。DE 最基本的变异成分是父代的差分向量，每个向量由父代（第 G 代）群体中两个不同的个体 (X_{r1}^G, X_{r2}^G) 生成。差分向量定义为

$$D_{1,2} = X_{r1}^G - X_{r2}^G \tag{8-45}$$

根据变异个体的生成方法不同，形成了多种不同的差分进化算法方案。本书所选方案从种群中随机抽取两个不同个体同最优个体和父代个体一起生成差分向量，对第三个随机个体进行变异操作。这种方案与经典的差分进化方案有所不同，既能提高算法的收敛速度，又能保持较高的种群多样性。个体变异操作的方程为

$$\hat{X}_i^{G+1} = X_{r3}^G + F_\alpha(X_b^G - X_{r1}^G) + F_\beta(X_i^G - X_{r2}^G) \tag{8-46}$$

式中，$\hat{X}_i^{G+1}$ 为临时变异个体，X_b^G 为种群中适应度最好的个体，X_i^G 为父代个体；X_{r1}^G、X_{r2}^G、X_{r3}^G 为与 X_b^G、X_i^G 不同的 3 个互不相同的个体；F_α 和 F_β 为缩放因子，分别表示最佳个体和父代个体对下一代个体的影响大小。

（2）交叉操作。群体中第 i 个个体 X_i^G 将与 $\hat{X}_i^{G+1}$ 进行交叉操作,产生试验个体 X_T。为保证个体 X_T 的进化,首先通过随机选择使得 X_T 中至少有一位由 $\hat{X}_i^{G+1}$ 贡献,而对于其他位,可利用一个交叉概率因子 CR 决定哪位由 $\hat{X}_i^{G+1}$ 贡献,哪位由 X_i^G 贡献。交叉操作的方程为

$$x_{jT} = \begin{cases} \hat{x}_{ji}^{G+1}, & \text{rand()} \leqslant \text{CR} \\ x_{ji}^G, & \text{否则} \end{cases} \tag{8-47}$$

式中,rand() 为一 $[0,1]$ 之间的均匀随机数,$j=1,2,\cdots,n$,表示第 j 个变量(基因),n 为变量的维数。由式(8-47)可知,CR 越大,$\hat{X}_i^{G+1}$ 对 X_T 的贡献越多,当 CR$=1$ 时,$X_T = \hat{X}_i^{G+1}$,有利于局部搜索和加速收敛速率;CR 越小,X_i^G 对 X_T 的贡献越多,当 CR$=0$ 时,有利于保持种群的多样性和全局搜索。由此可见,保持种群多样性和收敛速率是矛盾的。

为了保证产生的试验个体满足边界约束条件,需要对偏离约束的个体进行处理

$$x_{jT} = \begin{cases} \text{rand()} \cdot (x_{j\max} - x_{j\min}) + x_{j\min}, & x_{jT} \leqslant x_{j\min} \vee x_{jT} \geqslant x_{j\max} \\ x_{jT}, & \text{其他} \end{cases} \tag{8-48}$$

（3）选择操作。DE 采用"贪婪"的搜索策略,经过变异和交叉操作后生成的试验个体 X_T 与 X_i^G 进行竞争。只有当 X_T 的适应度较 X_i^G 更优时才被选作子代;否则,直接将 X_i^G 作为子代。对于有约束的优化问题,利用以下准则来选出子代个体:

① 若 X_T 和 X_i^G 都可行,有较高适应度的个体胜出;
② 若只有一个个体可行,可行的个体胜出;
③ 若两个个体都不可行,偏离约束条件较少的个体胜出。

3. 优化求解及结果分析

采用差分进化算法求解上述补料优化问题时,将整个发酵过程划分为若干个等长的时间段,并假定每个时间段内的补料速度为一恒定值,则

$$N_u = \frac{T_f}{d} \tag{8-49}$$

式中,N_u 为发酵过程等分成的时间段数,也即差分进化算法中的基因长度;d 为每个时间段的长度。本文取 $d=2h$,则 $N_u=27$。

DE 算法的参数设置为:群体规模 NP$=270$,交叉参数 CR$=0.9$,变异参数 $F_\alpha=0.9$,$F_\beta=1.2$,最大进化代数为 500。由于算法是随机算法,进行 30 次计算,产物最终产量的平均值为 20401 ± 13(置信水平 95%),最大值为 20421,文献[1]中这两个值分别为 20017 ± 17 和 20061,可见采用差分进化算法得到的产物产量平均值和最大值比文献中分别提高 1.92% 和 1.79%,且各次优化结果在平均值上下浮动较小。

本章小结

在本章中,首先介绍了过程优化的基本概念,具体说明了过程优化的主要工作、过程优化模型的建立以及大工业过程稳态优化的基本方法等,然后,利用两个过程优化问题为例,

讲解了针对一个实际过程如何实施过程优化。本章中介绍的是基于模型的过程优化方法,所以,建立精确的过程模型是过程优化成功的关键。对于一些复杂过程可能需要多种建模方法相结合建立混合过程模型;而对于难于建立精确模型的过程也可采用基于数据的过程优化方法,这方面的研究一直在进行,可参考相关文献加以了解。

思考题与习题

1. 什么是过程优化? 过程优化涉及哪些工作?
2. 如何建立过程优化模型?
3. 如何确定过程优化的决策变量? 过程优化涉及的过程模型需要描述哪些变量之间的关系?
4. 分解协调算法的基本原理是什么?

第9章

过程控制系统实例

9.1 发酵过程的自动控制

9.1.1 发酵过程及其数学模型

发酵是微生物在一定培养环境中生长并形成代谢产物的过程。现代发酵工程是指利用微生物的生长繁殖和代谢活动来大量生产人们所需产品的工程技术体系,是化学工程与生物技术相结合的产物,是生物技术的重要分支,也是生物加工与生物制造实现产业化的核心技术。

1. 发酵过程及其特点

现代工业发酵多采用液体发酵的方式,微生物通过悬浮在培养基中,通过输送空气和搅拌等操作给发酵过程供氧并驱散二氧化碳。由于发酵液的混合较均匀,发酵反应器密封,容易避免杂菌污染,发酵热也容易通过夹套冷却等方式移走,发酵的规模可以达到非常大的程度,通常发酵罐体积可达几百立方米。

好气发酵的发酵罐通常采用具有较大高径比的带有机械搅拌的罐体。为了实现较好的混合,在一根搅拌轴上通常需安装几个搅拌桨。Rushton 涡轮搅拌桨、弯叶涡轮搅拌桨和箭叶搅拌桨是传统的搅拌桨形式,近年来倾向采用大盘面比的轴向流搅拌桨或与涡轮桨共用,以提高搅拌效果。发酵罐底部设有空气管以导入空气,其形式可为一开口管,也可做成环形的分布器。此外,发酵罐须配有用于排气、接种、取样、补料、调节 pH、消泡剂、放料等功能的管道,发酵罐和各管道的阀门配置应便于任一部分均可单独灭菌。由于发酵是放热反应,发酵中需不断将发酵热移走,小型发酵罐可采用夹套,大型发酵罐则需采用内置蛇管。为了对发酵过程进行监控,发酵罐中还装有各种传感器,对温度、pH、溶氧、空气流量、尾气氧和二氧化碳、罐压、发酵液体积(或重量)等参数进行测量。

在发酵过程中,需要维持一定的培养条件(如温度、空气、搅拌 pH、溶氧和营养物质浓度等)给所培养的微生物提供适宜的环境和营养,从而提高发酵的效率。为了维持一定的pH 需要加碱,此时可加入氨水或通入氨气,这样既可调节 pH,又可作为氮源使用。发酵中由于微生物的代谢,往往会产生大量泡沫,如不加控制,不但影响通气,而且会导致大量泡沫从排气管道溢出而造成损失,也容易引起杂菌污染,可以在发酵罐中安装机械消泡装置,或者通过调整空气流量和罐压来消除泡沫,而添加油脂或合成消泡剂是最有效的消泡手段。图 9-1 显示了发酵罐的物料流。

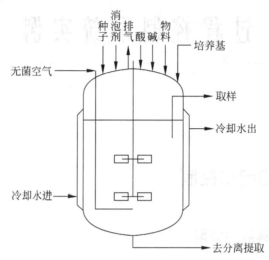

图 9-1　发酵罐的物料流

　　发酵和其他化学工业反应的最大区别在于它是生物体所进行的反应,其主要特点如下:
　　(1) 发酵过程一般来说都是在常温常压下进行的生物化学反应,反应安全,操作和反应条件温和,但反应速率比较慢,因而目的产物的转化率也比较低。
　　(2) 发酵所用的原料通常以淀粉、糖蜜或其他农副产品为主,只要加入少量的有机和无机氮源就可进行反应。
　　(3) 发酵过程中对杂菌污染的防治至关重要。如果污染了杂菌,生产上就要遭到巨大的经济损失,因而维持无菌条件是发酵成败的关键。
　　和传统的发酵工艺相比,现代发酵工程除了上述的发酵特征之外更有其优越性:除了使用微生物外,还可以用动植物细胞和酶,也可以用人工构建的“工程菌”来进行反应;反应设备也不只是常规的发酵罐,而是以各种各样的生物反应器而代之,连续化程度高,使发酵水平在原有基础上有所提高和创新。

2. 发酵过程的数学模型

　　在发酵过程中,微生物细胞从培养基中摄取碳水化合物,然后将其分解合成细胞成分并同时生成能量。细胞合成过程中的化学能量以三磷酸腺苷(adenosine triphosphate,ATP)的形式储存,通过对 ATP 水解释放能量用来进行化学反应、能量输送等。将培养基中的营养成分分解生成 ATP 的过程称为异化(catabolism)过程,利用 ATP 水解生成的能量将低分子化合物合成复杂的高分子细胞构成成分的过程则称为同化(anabolism)过程,如图 9-2所示,图中 ADP 代表二磷酸腺苷(adenosine diphosphate)。
　　下面以葡萄糖为碳源的有氧发酵为例简要介绍发酵过程的数学模型。
　　该发酵过程最主要的酵解途径是 EMP(embden-meyerhof-parnas)的糖酵解途径,其化

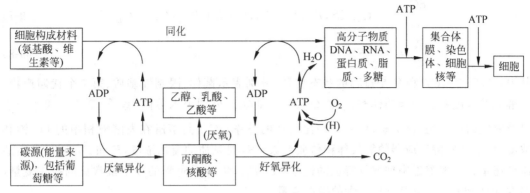

图 9-2 细胞的生物合成过程

学方程式可以描述如下

$$C_6H_{12}O_6+2ADP+2NAD^++2H_3PO4\rightarrow \tag{9-1}$$
$$2CH_3(CO)COOH+2ATP+2NADH+2H^++2H_2O$$

在有氧条件下,EMP 途径中生成的 NADH 一起进入三羧酸循环(TCA)和呼吸链,生成 ATP

$$NADH+2H^++0.5O_2+3ADP+3H_3PO_4\rightarrow NAD^++3ATP+4H_2O \tag{9-2}$$

由 EMP 糖酵解途径生成的丙酮酸脱羧形成乙酰辅酶 A,经过 TCA 循环和呼吸链的作用,最终完全氧化生成 ATP、CO_2 和水

$$CH_3(CO)COOH+2.5O_2+15ADP+15H_3PO_4\rightarrow 3CO_2+15ATP+44H_2O \tag{9-3}$$

最终葡萄糖被完全氧化成 CO_2 和水,同时生成 38molATP。

从过程控制的角度来讲,上述化学方程式并不适用,发酵过程的数学模型才是发酵过程控制的基础。在发酵过程中,存在着成百上千个与生物酶相关联的反应,如果将这成百上千个反应全部进行数学解析,既没有可能也没有任何实际意义。实用上,在不失去整体反应特征的前提下,用统合(lumping)的形式对最重要、最能体现过程特征的反应进行归纳总结,建立的数学模型更具有意义。

通常情况下,描述发酵过程的典型的基本数学模型可以通过发酵罐中各种物质(菌体、限制性基质、代谢产物、氧气等)的物质平衡式进行计算

(单位时间内目的物质的) 变化量=(单位时间内目的物质的)流入量-流出量+生成量

或

(单位时间单位体积内目的物质的)变化量=(单位时间单位体积内目的物质的)传质量-消耗量

假定流加液中菌体和代谢产物的浓度为 0,根据各物质的物料平衡,以各物质的浓度为过程的状态变量,可得如下微分方程

$$\frac{dX}{dt}=\mu_X(S,P_1,P_2,\cdots,P_n)X-\frac{F}{V}X \tag{9-4}$$

$$\frac{dS}{dt}=-Q_S(S,P_1,P_2,\cdots,P_n)X+\frac{F}{V}(S_f-S) \tag{9-5}$$

$$\frac{dP_i}{dt}=\mu_{P_i}(S,P_1,P_2,\cdots,P_n)X-\frac{F}{V}P_i,\quad i=1,2,\cdots,n \tag{9-6}$$

$$\frac{dC_L}{dt} = -Q_{O_2}(S, P_1, P_2, \cdots, P_n)X + K_{1a}(C_L^* - C_L) \qquad (9\text{-}7)$$

$$\frac{dV}{dt} = F - F_O \qquad (9\text{-}8)$$

其中,X、S、P_i、C_L 和 V 是过程的状态变量,分别表示菌体、限制性基质、第 i 个代谢产物、溶解氧的浓度和发酵液的体积;μ_X、Q_S、μ_{P_i} 和 Q_{O_2} 分别表示菌体、基质、第 i 个代谢产物以及氧气的比增殖、比消费、比生产和比消耗的速率;C_L^* 是溶解在发酵液相中的 O_2 饱和浓度,K_{1a} 是发酵反应器的氧气体积传质系数;S_f 是基质的流加浓度,F 和 F_O 则是基质的流加速率和从发酵罐中抽取发酵液的速率;F、F_O 和 S_f 是过程的 3 个最常见的操作变量,温度、pH 和 C_L 是发酵过程隐含的操作变量。

式(9-4)～式(9-8)即是以葡萄糖为碳源时的有氧发酵过程的基本数学模型,式中不同的 F、F_O 和 V 代表不同的反应器运行形式:$F = F_O = 0$(V=定值)表示间歇式的反应器运行,其特点是在接菌之前将所有基质和培养基成分加入到反应器中,开始培养之后,除了控制发酵温度、添加酸或碱控制 pH、改变通气量或搅拌速率控制溶氧浓度外,不再添加任何基质和营养成分,反应终了时取出全部产物;$F \neq 0$ 且 $F_O = 0$ 表示流加操作或者说是半连续式的操作,是在接菌开始培养之后,按照需要添加基质的操作方式,反应终了时取出全部产物;$F = F_O \neq 0$(V=定值)表示连续式操作,是在接菌开始培养并达到期望的状态之后,不断连续地添加基质或营养成分,同时从反应器中抽取出等体积的反应产物和细胞,反应器中的各种物质的浓度均处于恒定不变状态的操作方式。

9.1.2　发酵过程的控制

发酵过程控制实质上包含了两方面的内容:一是如何改变微生物细胞自身的遗传组成和生理特性,称为细胞的"内部控制";二是对包含营养成分、细胞体及代谢产物在内的细胞生长的物理、化学环境条件的控制,称为"外部控制"。本章研究的范围是"外部控制",所以这里所说的发酵过程控制就是把发酵过程的某些状态变量控制在某一期望的恒定水平上或者时间轨线上。发酵过程的控制与其最优运行条件往往是紧密相关的,生产中经常会将某些变量控制在最优的运行条件下,以提高发酵过程的生产水平。

1. 发酵过程控制的目标

根据发酵过程的实际情况和需要,其控制的目标是多种多样的。一般来说,主要有以下3 个最基本的目标:

(1) 浓度。它是指目的产物的最终浓度或总活性,这是发酵产品质量的一个标志。由于发酵过程反应转化率较低,因此提高浓度可以减少下游分离精制过程的负担,降低整个过程的生产费用。

(2) 生产强度或生产效率。它是指目的产物在单位时间内单位反应器体积下的产量,是生产效率的具体体现。

(3) 转化率。它是指基质或者说反应底物向目的产物转化的比例,这涉及原料使用效率的问题。在使用昂贵的起始反应底物或者反应底物对环境形成严重污染的发酵过程中,原料的转化效率至关重要,通常要求接近 100%。

一般情况下,这 3 项指标是不可能通过控制在某种操作条件下同时取得最大的。提高某一项指标,往往需要以牺牲其他指标为代价,这就需要对发酵过程做整体的性能评价。

2. 发酵过程控制的特点

与传统的过程控制相比,发酵过程的控制主要有如下特点:

(1)发酵过程的动力学模型参数随发酵时间或发酵批次动态变化,过程呈现强烈的时变性和非线性特征,对于某些发酵过程甚至无法准确了解其中的生物化学反应,无法用数学模型来对动力学特性进行定量的描述。

(2)菌体生长与产物的形成往往不同步,即形成产物的过程与菌体生长的过程并不总是保持一致。发酵过程通常包含菌体繁殖阶段和产物分泌阶段。在菌体生长达到一定程度后,产物才开始大量分泌。如果菌体浓度过低,则产物分泌自然较少,但菌体浓度过高,反过来也会抑制产物分泌。因此,对于菌体生长阶段的控制和产物形成阶段的控制需要分别进行,并且这两个阶段又相互影响和制约。

(3)发酵反应的不可逆性造成了控制的困难,操作条件的变化可能造成整个反应产物性质的改变。

(4)发酵过程中绝大多数生物状态变量是很难在线测量的,尽管近年来生物电极和传感器技术的飞速发展使得某些生物状态变量的在线测量成为可能,但其实际应用依然受到测量噪声、稳定性、苛刻的操作维护条件、价格等因素的制约。一些极为重要的作为控制对象的生物化学参数,只能采用离线化验分析的方法得到,无法满足现场实时控制的需要。

(5)由于发酵过程涉及许多物理过程和化学反应,其相互之间的作用和影响使得发酵过程的响应速率慢、在线测量带有大时间迟延。

3. 发酵过程的基本控制系统

实现发酵过程的控制,首先需要确立过程的目标函数,确定过程的状态变量、操作变量和可测量变量,建立模型来描述这些变量随时间变化的关系,模型可以是机理模型、黑箱模型或混合模型,最后通过计算机实施在线自动检测和控制,选择和确定一种有效的控制算法来实现发酵过程的控制。

如前所述,发酵过程控制的最终目标是目的产物浓度、生产效率和转化率。然而,这三个目标往往是不能直接获得的,而是通过某些显示发酵过程状态及其特征的参数所反映出来的,这些参数就是过程的状态变量,它们与操作条件也就是操作变量之间存在着某种对应的因果关系,通过控制操作变量可以将发酵过程的某些重要的状态变量控制在某一期望的恒定水平上或者时间轨线上,进而实现对最终目标的控制。

发酵过程的控制通常是围绕着如下 5 个重要的发酵罐参数进行控制,其控制流程图如图 9-3 所示。

1)发酵温度

对于特定的微生物,都有一个最适宜的生长温度,在该温度下生物酶具有最佳活力。因此,微生物发酵过程中的发酵温度是一个很重要的微生物生长环境参数,必须严格地加以控制。影响发酵温度的最主要的因素是微生物发酵产生的热量,此外电机搅拌热、冷却水本身

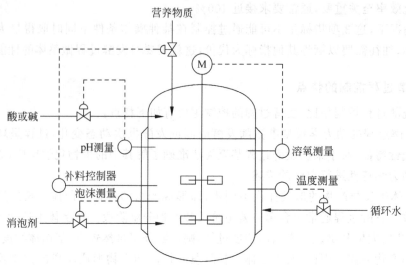

图 9-3 发酵过程控制流程图

的温度变化以及周围环境温度的变化等也会影响发酵温度。对于小型的发酵罐,温度控制通常采用以发酵温度为被控参数、冷却水流量为控制参数的 PID 单回路控制方案。对于大型的发酵罐系统,则采用以发酵温度为主回路、冷却水系统为副回路的串级控制方案。

2) 发酵过程 pH

pH 是表征微生物生长及产物合成的另一个重要参数,也是反映微生物代谢活动的综合指标。在发酵过程中,pH 是动态变化的,这与微生物的代谢活动及培养基的性质密切相关。一方面,微生物通过代谢活动分泌乳酸、乙酸、柠檬酸等有机酸或分泌一些碱性物质,从而导致发酵环境的 pH 变化;另一方面,微生物发酵过程中也会利用培养基中的生理酸性盐或生理碱性盐,从而引起发酵环境的 pH 变化。不适宜的 pH 会严重影响微生物代谢的进行和代谢产物的合成。在工业生产中,控制 pH 通常从改变基础培养基的配方组分角度考虑。若发酵液 pH 偏低,则通过加氨水的方法,使其 pH 回升;若 pH 偏高,可适当增加糖的补加量来调整。pH 对象特性具有时变性、不确定性、较大的迟延等特点,由于这种复杂性,从机理入手建立模型是相当困难的,采用常规控制几乎不可能,可以采用智能模糊控制、自适应控制等先进控制方式来获得较满意的控制效果。

3) 溶氧(DO)浓度

在好氧型发酵过程中,氧是微生物生长必需的原料。由于氧在水中的溶解度很低,所以在好氧微生物发酵过程中 DO 往往最容易成为限制因素。若供氧不足,将会抑制微生物的生长和代谢的进行。因此,在发酵过程中,要保持一定的 DO 浓度。而判断 DO 是否足够的最简便、有效的办法是在线监测发酵液中 DO 的浓度,最常用的测定 DO 的方法是基于极谱原理的电流型测氧覆膜电极法,在实际生产中就是在发酵罐内安装 DO 电极进行 DO 测定。

影响 DO 浓度的因素有很多,除了供给的空气量、搅拌转速、发酵罐压力、罐温等可测参数的影响外,基质浓度、产物浓度等不可测参数对其也有影响。DO 浓度不仅影响微生物生长和代谢,反过来微生物细胞的生长和代谢过程中消耗氧的状况也会影响 DO 的浓度。当培养基养分丰富,微生物对于营养的利用需要消耗更多的氧时,会导致 DO 值下降;反之,培养基养分缺乏，微生物的摄氧率也会随之降低，则 DO 值会逐渐上升。因此，发酵过程中对基质养分补充时的非平稳波动，往往也会造成发酵液中 DO 的振荡。

由此可见，发酵过程中 DO 的对象特性很难通过系统辨识方法获得，传统的控制方法难以得到理想的控制效果。目前，发酵罐 DO 浓度的控制主要通过调节搅拌转速或者调节供给的空气量来实现，一般需要引入人工智能的方法，采用专家系统进行控制。

4）消泡控制

在发酵前期，由于加入全部液料，搅拌电机全速开动，空气通入量达到最大，微生物生长旺盛。此时，发酵液会产生大量泡沫，稍有不慎，就可能产生液泛现象，极易造成杂菌污染。发酵过程中泡沫的多少与通气和搅拌的剧烈程度以及培养基的成分有关，基质的起泡能力随成分的品种、产地、加工、储藏条件而有所不同，且与配比有关。此外，发酵液的性质随菌体的代谢活动不断变化，也是泡沫消长的重要因素。

泡沫的控制方法可分为机械消泡和化学消泡两大类。在工业发酵过程中，通常采用添加消泡剂的方式减少泡沫，防止发酵液上浮。消泡控制一般采用双位式控制方法：当发酵液液面达到一定的高度时，自动打开消泡剂的阀门；当液面降回到正常时，自动关闭消泡剂阀门。在消泡控制中，过程响应较慢，所以控制回路中应加入时间迟延，防止加入过量的消泡剂。

5）补料控制

在发酵过程中，通常需要不断地补充营养物质以维持微生物的生长，使之按事先优化的生长轨迹生长，以获得高产的微生物代谢产物。但是，由于微生物和代谢状况无法实时在线测量，且发酵过程中有许多不确定因素，所以补料控制极为困难。一般的发酵工业生产过程是根据实验室大量的试验研究结果得出的补料轨线来指导补料，发酵工艺技术人员按照离线的试验数据根据实际情况给出补料速率。这种补料方法往往不能确保发酵过程沿着所需的优化轨线生长，不能获得最好的代谢产物。为了解决这一难题，反馈控制补料方式应运而生，它可以根据营养物摄取或需求量、比生长速率、尾气成分分析、细胞形态学等因素来控制补料。如何控制好中间补料仍是发酵控制中有待解决的难题，大量的研究工作都集中于发酵过程的补料控制，有关情况将在下面进一步讨论。

4. 发酵过程的补料控制

补料是指在发酵过程中，间歇或连续地补加含有营养成分的新鲜培养基。合适的补料工艺能够有效地控制微生物的中间代谢，使之向有利于产物积累的方向发展。早期的补料方式完全是凭经验进行的开环补料控制，即发酵到一定时间，经验性地添加一定量营养物，因而无法保证发酵朝最优的预定方向进行。如果能利用发酵反应器内的营养物浓度、产物浓度以及细胞浓度等有关参数的实时在线检测值对补料流量进行反馈控制，对于控制中间代谢、提高发酵产量具有重要的意义，是整个补料发酵生产中的关键。下面以基于人工神经网络和模糊控制的酵母流加发酵过程反馈控制为例进行简要介绍。

由于酵母菌在好氧培养中存在 Crabtree 效应，即酵母的呼吸活力对游离的葡萄糖十分敏感，当葡萄糖浓度达到一定值时会对发酵产生阻遏作用，此外基质浓度过高也会使代谢转向生成酒精的方向，因此为获得最大酵母得率，不能采用恒速流加的方法，必须根据发酵过程的需要间隔地加入营养物质葡萄糖。在酵母流加培养过程中,可以利用生物量浓度测定仪在线测量过程中的酒精浓度,利用溶氧电极测定发酵液的溶氧浓度,再以这两个状态变量作为反馈控制指标,通过一套模糊人工神经网络控制系统来确定葡萄糖流加速率的大小,最大限度地提高酵母菌产量和产率。该模糊人工神经网络控制系统将人工神经网络和模糊控制相结合,利用人工神经网络的自学习能力和模式识别能力来自动调整和修改模糊控制器的控制参数,以缩短和减少模糊控制器的调整和修改所需要的时间和人力,从而提高模糊控制器的实用能力。

　　酵母流加培养过程中的溶氧浓度和酒精浓度是可测的状态变量,其中溶氧浓度分为振荡或者非振荡两种情况,酒精浓度分为增加、不变或者减少等三种情况。将两者结合在一起,可以得到 6 种不同的变化模式,每种模式分别对应于某一特定的过程状态。例如,如果是溶氧浓度为振荡、酒精浓度为增加的情况,说明当前基质流加速率的变化量太大,过程持续地处在基质瞬时匮乏和瞬时过量的"不良"控制状态;而如果是溶氧浓度为非振荡、酒精浓度为不变或者减少的情况,则说明过程当前处于基质既不匮乏又不过量的"良好"状态。根据这些模式可以设置模糊规则和模糊隶属度函数来实现模糊控制。为了提高模糊控制的性能,还可以进一步利用人工神经网络来识别和判断溶氧浓度和酒精浓度的变化模式,并利用模式识别的结果,根据一定的规则对模糊控制器的隶属度函数进行自动调节和修正,从而达到改善和提高模糊控制性能的目的。该模糊人工神经网络补料控制系统的构成和工作原理如图 9-4 所示。

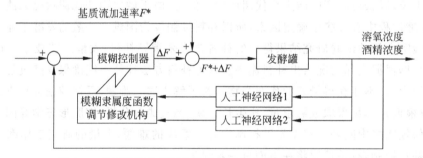

图 9-4　基于模糊神经网络的补料控制系统的构成和工作原理

　　图 9-4 中基质流加速率 F^* 可根据离线数据按照下式计算得到

$$F^* = \frac{\mu X V}{Y_{X/S} S_f} \tag{9-9}$$

其中,假定菌体的得率 $Y_{X/S}$ 和基质流加浓度 S_f 为已知参数,菌体浓度 X、比增殖速率 μ 和发酵液体积 V 每小时计算测定一次,而酒精浓度和溶氧浓度的在线测定间隔为 5min。于是,葡萄糖的总流加速率 F 为 F^* 与模糊控制器的输出 ΔF 之和,即 $F = F^* + \Delta F$。可测的溶氧浓度和酒精浓度,一方面共同作为反馈指标用来调节模糊反馈控制器的输出;另一方面,它们的时间序列数据不断输入到两个已经训练好的人工神经网络中进行模式识别,并根据模式识别的结果,由模糊隶属度函数调节修改机构按照式(9-10)的方法,对梯形隶属度函数的两个端点 $f_{\min}$ 和 $f_{\max}$ 进行自动调节和更新,即

$$\begin{cases} f_{\min}(k+1) = (1+\delta a) f_{\min}(k) \\ f_{\max}(k+1) = (1+\delta b) f_{\max}(k) \end{cases} \tag{9-10}$$

式中,k 表示模糊隶属度函数进行更新和调整的时间间隔(一般为 20min);δ 为更新步长,通常为一个很小的数值($\delta = 0.05$);调整参数 a 和 b 则是表示 $f_{\min}$ 和 $f_{\max}$ 更新方向的参数,参数的取值如表 9-1 所示。

表 9-1　模糊隶属度函数调整参数(a,b)的取值及其变化

调整参数(a,b)取值的变化		溶氧浓度	
		振荡	非振荡
酒精浓度	增加	$(+1,-1)$	$(-1,0)$
	不变	$(+1,0)$	$(0,0)$
	减少	$(+1,+1)$	$(0,0)$

根据模式识别的结果,a 和 b 在 $+1,0$ 和 -1 三个值之间发生改变,其物理意义如下:

(1) 如果溶氧浓度出现振荡,同时酒精浓度在增加,则说明基质流加速率的变化量过大,因此需要加大 $f_{\min}$ 同时减小 $f_{\max}$,即($a=+1,b=-1$)。

(2) 如果溶氧浓度出现振荡,同时酒精浓度在减少,则说明基质流加速率变化的整个区域偏低,需要同时加大 $f_{\min}$ 和 $f_{\max}$,即($a=+1,b=+1$)。

(3) 如果溶氧浓度为非振荡,而酒精浓度为不变或减少,则说明此时的基质流加速率变化量的模糊隶属度函数设定正确,符合控制的要求,因此同时保持 $f_{\min}$ 和 $f_{\max}$ 不变,即($a=0,b=0$)。

这样,模糊反馈控制器的隶属度函数就可以根据过程的模式变化而不断地更新和调整,使模糊反馈控制器与现时的发酵环境相适应,进而提高和改善整个控制系统的性能。

控制系统中两个作为模式识别器的人工神经网络对于过程模式变化的识别精度直接关系到模糊控制器的在线调节,因而对于控制性能有着直接的影响。本例中,选择了一个 $131 \times 4 \times 2$ 的 3 层人工神网络进行溶氧浓度的模式识别,一个 $251 \times 4 \times 3$ 的 3 层人工神经网络进行酒精浓度的模式识别,选取 1440 套不同的溶氧浓度数据和 1500 套不同的酒精浓度数据利用 BP 算法对这两个神经网络进行学习和训练,保证了对酒精浓度的正确识别率为 90.2%,溶氧浓度的正确识别率为 98.7%,满足了在线状态模式识别和模糊控制器在线调节和修正的要求。

图 9-5 给出了此模糊神经网络控制系统的控制效果。从图中可以看到,菌体浓度在整个培养过程中平稳上升,培养结束时达到了 85g/L 左右,比相同条件下采用常规模糊控制时得到的 73g/L 提高了约 15%;而发酵液中的溶氧浓度处于振荡状态的情形被大大缓解,在培养 3h 以后基本平稳保持在 5mg/L 的水平上;代谢副产物酒精虽然在培养初期有所积累,但是在培养 3h 以后酒精浓度基本平稳保持在接近 0 的水平上。

当然,也可以利用其他控制方法替代本例中的模糊人工神经网络控制部分,形成其他控制方案,例如利用专家控制系统、神经网络解耦控制等。

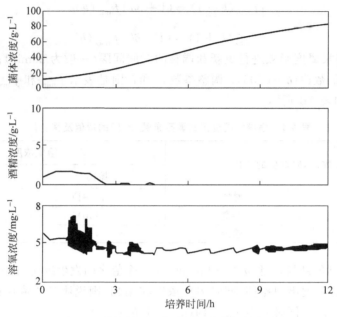

图 9-5　模糊神经网络控制系统的控制效果

9.2　化学反应过程控制

9.2.1　化学反应过程概述

化学反应过程的本质是物质的原子、离子重新组合的过程，它使一种或几种物质变成另一种或另几种物质。一般可用下列化学反应方程式表示

$$aA+bB+\cdots \rightleftharpoons cC+dD+\cdots+Q \tag{9-11}$$

例如，氨合成反应可写成

$$3H_2+N_2 \rightleftharpoons 2NH_3+Q \tag{9-12}$$

式(9-11)中，A、B 等称为反应物，C、D 等称为生成物；a、b、c、d 等则表示相应物质在反应中消耗或生成的摩尔比例数；Q 为反应的热效应，Q 值可以从手册中或用测量的方法获得，它与热焓的变化值 ΔH 在数值上相等，符号则相反。

化学反应过程具有以下一些特点：

(1) 化学反应遵循物质守恒和能量守恒定律，因此，反应前后物料平衡，热量也平衡。

(2) 反应严格地按反应方程式所示的摩尔比例进行。

(3) 化学反应过程中，除发生化学变化外，还发生相应的物理变化，其中比较重要的有热量和体积的变化。

(4) 许多反应需在一定的温度、压力和催化剂存在等条件下才能进行。

9.2.2 反应器的控制方案

1. 概述

化学反应的种类繁多,因此在控制上的难易程度相差很大。化学反应器是过程工业生产中的重要设备之一,它通常是整个生产过程的核心。从生产角度出发,反应器控制的基本出发点是获得要求的产品质量与产量,尽可能地节约能源,系统安全可靠地运行。

一些容易控制的反应器,控制方案十分简单,甚至与一个换热器的控制完全类似。但是,当反应速度快、放热量大或由于设计上的原因使反应器的稳定操作区域很小时,反应器控制方案的设计成为一个非常复杂的问题。此外,一些高分子聚合反应由于物料的黏度很大而给温度、流量和压力的正确测量带来很大困难,以致严重影响反应器控制方案的实施,下面对反应器控制方案设计的有关问题作一简单介绍。

在设计反应器控制方案时,首先要明确反应器的控制目标和可能的控制手段。关于控制目标可从下列 3 方面考虑。

(1) 控制指标。根据反应器类型及其所进行的反应的不同,其控制指标可以选择反应转化率、产品的质量、产量或收率等直接指标,或与它们有关的间接工艺指标,例如温度、压力、温差等。

(2) 物料平衡和能量平衡。为了使反应器的操作能够正常进行,在反应器运行过程中必须保持物料与能量的平衡。例如,为了保持热量平衡,需要及时除去反应热,以防热量的积聚;为了保持物料平衡,需要定时地排除或放空系统中的惰性物料,以保证反应的正常进行。

(3) 约束条件。与其他单元操作设备相比,反应器操作的安全性具有更重要的意义,这样就构成了反应器控制中的一系列约束条件。例如,不少具有催化剂的反应中,一旦温度过高或反应物中含有杂质,将导致催化剂的破损和中毒;在有些氧化反应中,反应物的配比不当会引起爆炸;流化床反应器中,流体速度过高,会将固相吹走,而流速过低,又会导致固相沉降等。因此,在设计中经常配置报警、连锁或选择性控制系统等特殊的自动化系统。

控制指标的选择常常是反应器控制方案设计中的一个关键问题。如果有条件直接测量反应物的成分,例如黄铁矿焙烧炉的出口二氧化硫浓度,可选择成分作为直接被控变量。否则,可选择某种间接变量,例如一个绝热反应器的出料与进料的温差表征了反应器的转化率

$$y = \frac{\rho c_p (T - T_f)}{x_0 \Delta H} \tag{9-13}$$

当进料浓度 x_0 恒定时,$(T - T_f)$ 就与 y 成正比。这就是说,转化率 y 越高,放热量就越大,$(T - T_f)$ 也越大,所以可以取 $(T - T_f)$ 作为 y 的间接指标。最常用的间接指标是反应器的温度,但是对于具有分布参数特性的反应器,应注意所测温度的代表性。

此外,由于影响反应的因素大部分都是从外部进反应器的,所以保证反应质量的一种自然设想,是尽可能将扰动排除在反应器系统之外,即将进反应器的每个参数维持在规定的数值,这些控制回路大多设置在反应器以外,这类控制方案可称为稳定外围的控制系统。最常用的方案有以下几种:

（1）反应物料流量控制。

保证进料量的稳定,将使参加反应的物料比例和反应时间恒定,并避免由丁流量变化而使物料带走的热量和反应放出的热量变化,从而引起反应温度的变化。这在转化率低、反应热较小的绝热反应器或转化率高、反应放热大的非绝热反应器中,更显得重要。因为前者,流量变化造成带走的热量变化,对反应器温度影响大;后者,流量变化,造成进反应器的物料变化,使反应放出热量变化大,对反应器温度影响也大。

（2）流量比值控制。

在上述物料流量控制方案中,如果每一种进反应器的物料都采取流量自动控制,则物料之间的比值也得到保证。但这种方案只能保持静态比例关系。另外,当其中的一个物料,由于工艺等原因不能采用流量控制时,就不能保证进入反应器的各个物料之间成一定的比例关系。在控制要求较高,流量变化较大时,针对上述情况可采用双闭环比值控制系统或单闭环比值控制系统。

（3）反应器入口温度。

反应器入口温度的变化,同样会影响反应。这对反应体积较小、反应放热又不大的反应或吸热反应,影响更是显著,这时需要稳定入口温度。但是,对体积大的强放热反应器,入口温度变化对反应影响较小,而入口温度控制相对来说比较麻烦,常常不加控制。上述几个外围控制,主要目的是稳定进反应器的物料量和热量。对出反应器的物料,因为它对反应一般不发生直接影响,通常不需要加以控制。若有,大都是从物料平衡角度出发,采用反应器液位对出料的控制,或从反应条件角度出发,用反应器压力控制出反应器的气体量等。

（4）冷却剂或加热剂的稳定。

冷却剂或加热剂的变化影响热量移走或加的大小。因此,常需稳定其流量或压力。但冷却剂或加热剂往往作为反应温度控制的操纵变量。因而,它们的流量一般不进行自动控制,至多作为与反应温度串级时的内环被控变量。如果它们的上游压力变化比较大,通常采用压力控制或反应温度-流量串级控制,以减少流量的波动。

下面以合成氨工业生产过程中的控制问题为例,说明化学反应过程控制方案。

2. 合成氨过程的控制

合成氨过程以煤、天然气、重油或石脑油为原料,通过一系列的化学反应与分离过程,以获得氮肥生产的重要原料合成氨。目前大型合成氨厂基本上可归纳为以烃类（天然气、石脑油）为原料的蒸气转化、热法净化和以重油、煤为原料的部分氧化、冷法净化两大流程。以天然气为原料的制氨工艺流程如图9-6所示。合成氨所需的氢气由甲烷（天然气主要成分）与水蒸气反应得到;而合成氨所需的氮气是直接从空气中取得的。

若合成氨厂以天然气为原料,并采用蒸气转化、高温净化工艺路线,则其制氨工艺流程如图9-7所示。经脱硫后的天然气与蒸气以一定比例混合后进入一段转化炉炉管内,在催化剂的作用下进行甲烷转化反应,将甲烷转化为 H_2、CO 或 CO_2,在管外通过燃烧天然气与弛放气来提供甲烷转化反应所需要的热量。

一段转化炉的出口气体再与工艺空气和蒸气混合后进入二段转化炉,空气中的氧气先与一段转化气中的部分氢气发生反应,此燃烧反应所放出的热量使气体温度升高,从而使一

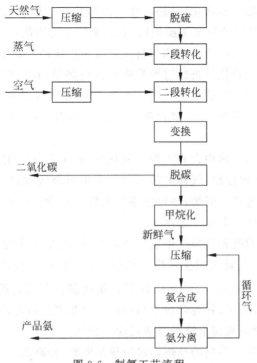

图 9-6　制氨工艺流程

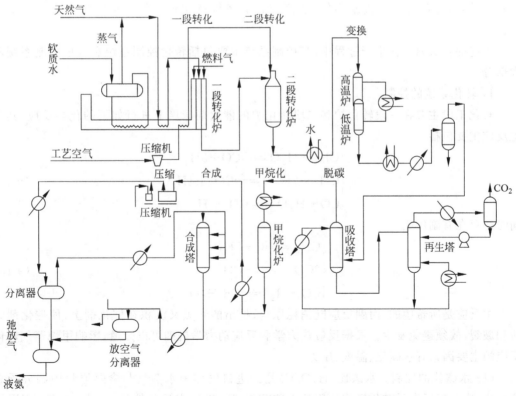

图 9-7　天然气蒸气转化、热法净化制氨工艺流程

段转化气中残存的甲烷进一步转化,最终要使二段转化炉的出口气体中甲烷含量降到规定指标以下;二段炉加空气中的氧全部反应后,其剩余的氮为提供合成氨反应所需。自然,在二段炉前配入工艺空气的比例可作为调节合成系统氢氮比的主要手段。

从二段转化炉出来的转化气再经过废热锅炉进行热量回收,以产生整个工艺系统所需要的高压蒸气。经热量回收后的工艺气进入变换工段,依次经过高温变换炉与低温变换炉,在催化剂床层内进行变换反应,使一氧化碳与水蒸气继续反应生成合成氨所需的氢气,并除去一氧化碳。

经低温变换后的出口气体中含有大量二氧化碳,此工艺气被引入二氧化碳吸收塔的底部,在塔内与脱碳溶液逆流接触,气体中的二氧化碳被溶液吸收,脱碳气从顶部引出。从吸收塔底部出来的富液经过降压闪蒸,在再生塔中脱除二氧化碳后再返回循环使用。再生塔顶部出口的二氧化碳则供尿素生产之用。

从吸收塔顶部引出的脱碳气再进甲烷化炉,使未被完全清除的一氧化碳与二氧化碳在甲烷化催化剂的作用下,与氢气发生反应生成甲烷,最终使残余的($CO+CO_2$)脱除到微量 [$CO+CO_2$ 含量应在 $20cm^3/m^3$(20ppm)以下],从而制得合成氨所需的氢氮混合气(新鲜气)。此新鲜气经压缩机加压,并与合成出口的循环气相混合后再经循环压缩机压缩后进合成系统,在合成塔的催化剂藏层上进行合成反应生成氨。

合成塔出口气体经过一系列的换热器进行热量回收,经高低压分离器分离出液氨,而大部分气体则返回合成系统循环使用。为防止循环气中惰性气体(如 CH_4+Ar 等)含量的不断累积升高,需要适量排放循环气,从而使合成塔维持在较高的转化率状态下进行生产操作。

上述的合成氨工艺生产过程中,其控制系统主要包括转化控制系统和合成控制系统两大部分。

1) 转化系统的控制

转化工段主要在一段转化炉和二段转化炉的催化剂床层上进行如下的化学反应,其中主反应主要包括

$$\begin{cases} CH_4+H_2O \rightleftharpoons CO+3H_2 \\ CH_4+2H_2O \rightleftharpoons CO_2+4H_2 \\ CO+H_2O \rightleftharpoons CO_2+H_2 \end{cases} \tag{9-14}$$

同时还存在有副反应

$$\begin{cases} CH_4 \rightleftharpoons C+2H_2 \\ 2CO \rightleftharpoons C+CO_2 \\ CO+H_2 \rightleftharpoons C+H_2O \end{cases} \tag{9-15}$$

主反应是所希望的,而副反应既消耗原料,析出的炭黑又沉积在催化剂上,使催化剂失活和破裂,故须避免发生。根据反应热力学和反应动力学机理可以知道,影响甲烷蒸气转化反应的主要因素有水碳比、温度、压力。

(1) 水碳比的控制。水碳比(H_2O/C)是指进口气体中水蒸气与含烃原料中碳分子总数之比,这个指标表示转化操作所用的工艺蒸气量。在给定的条件下,水碳比越高,则甲烷的平衡含量越低。作为转化工段的一个十分关键的工艺参数,水碳比控制的好坏,直接关系

到生产的安全性,影响转化炉管与触媒的使用寿命,而且水碳比值还与生产过程的经济效益
息息相关。

由于烃类的蒸气转化过程主要在一段转化炉中进行,因而一段转化炉的水碳比控制
至关重要。从理论上讲,水碳比应该是指进口气体中水蒸气与含烃原料中碳分子总数之
比,但考虑到进口气体中总碳在分析与测定中的困难,常选用原料气的流量,并结合分析
数据加以修正来替代总碳,从而通过水蒸气流量与原料气流量的控制来实现水碳比的
控制。

生产过程对水碳比的要求包括三方面:第一,在正常工作时,即水蒸气与原料气两物流
都充分,不加量也不减量时,要求保持一定比值;第二,在加、减量时具有逻辑程序,即加大
负荷时,先加蒸气后加原料气;减少负荷时,则先
减原料气后减水蒸气;第三,当某一物料减少(或
物流不足)时仍能保持比值。为此,人们设计了
具有逻辑关系的水碳比控制系统,如图 9-8 所
示。该系统在正常工作时,是以蒸气流量为主动
量、原料气为从动量的双闭环比值控制系统。提
量时,可以根据需要提高设定值,则通过高选器,
蒸气先提量,然后天然气提量;减量时,降低设定
值,通过低选器,先降低原料气,后通过高选器降
蒸气量。所以该控制系统能满足以下逻辑关系:
提量时,先提蒸气,后提原料气;而降量时,先降
原料气,后降蒸气。这样可以防止析碳,保证安
全操作。

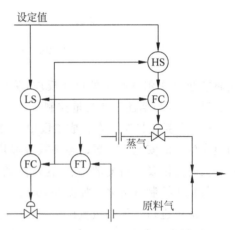

图 9-8　具有逻辑关系的水碳比控制系统

(2) 一段炉出口温度的控制。在转化炉的温度控制中,最为关键的是一段炉出口温度、
在不使炉管过热的条件下,提高出口温度,可使残余甲烷含量降低。为使炉管不过热,应尽
量使各排炉管温度均衡,总体要求希望出口温度尽可能高些,但各排炉管间温差尽量小一
些,既提高生产强度,又延长炉管寿命。造成一段转化炉出口温度变化的主要原因是燃料气
流量的变化、助燃空气流量的变化、负荷的大小及水碳比值的变化等。对后两个因素单独设
置有控制回路加以控制,在正常情况下是不变的。作为助燃用的空气流量通常是过量加,它
对温度有一定影响,但影响不太大。最主要的影响还是燃料气流量的变化。所以,在控制系
统设计时,选择一段炉出口温度为被控变量,通过改变燃料气流量来达到控制指标。为了克
服负荷变化的影响,引负荷的前馈信号,并设置燃料气压力的超驰控制,使整个系统安全有
效地运行。

图 9-9 为该控制系统的方框图。该系统在燃料气压力下跌到某一限度时,为防止回火
事故,通过低选器使回路切换成燃料气压力的单回路控制方式,使燃料气压力恢复至正常范
围。在正常情况下,该系统是一个前馈加串级控制系统。它是以原料气变化作为前馈信号,
当负荷量变化时可及时调整燃料气流量,以稳定出口温度。

2) 合成系统的控制

氨的合成反应方程式为

$$3H_2 + N_2 \Longleftrightarrow 2NH_3 + Q \tag{9-16}$$

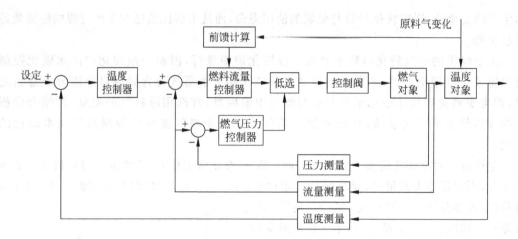

图 9-9　一段炉出口温度控制方框图

它属放热且摩尔数减少的可逆反应,采用固定床绝热反应器,其主要的控制系统包括氢氮比、床层温度与惰性气体含量控制。

(1) 氢氮比控制。在合成工段中,氢氮比是最关键的工艺参数之一,氢氮比控制的好坏与整个生产的安全及装置的经济效益都是直接相关的。另外,由于被控对象惯性滞后大,且具有大时滞以及无自衡的特点,这就使氢氮比的控制难度显著增加。

氢氮比控制方案之一如图 9-10 所示,这是一个变比值前馈加串级反馈控制系统。主变量为合成塔进口气体的氢氮比,副变量为新鲜气的氢氮比,从而构成一个串级控制系统。同时,引原料天然气与工艺空气的变比值控制,用以克服主要扰动天然气流量对整个系统的影响。当原料天然气组成发生变化时,通过调节进二段转化炉的工艺空气量与天然气的比值,以稳定新鲜气中的氢氮比;而当进合成塔气体中的氢氮比发生偏差时,系统自动改变新鲜气氢氮比的设定值,从而达到最终的控制要求。

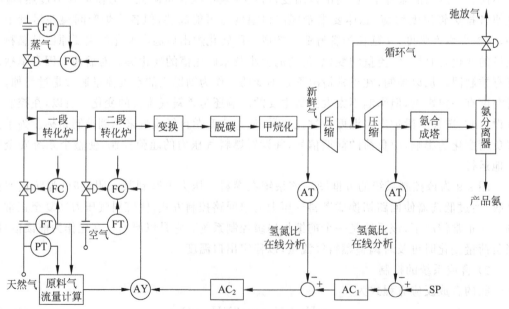

图 9-10　氢氮比串级变比值控制系统

（2）合成塔温度控制。为了保证合成反应能稳定地进行，要求合理地控制好催化剂床层的温度，以提高合成效率，充分发挥催化剂作用，延长使用寿命，而合成塔温度是合成系统中一个关键的参数。

图 9-11 所示为合成塔温度控制方案之一例。图 9-11 中主线进口采用手动遥控，同时设计了床层进口温度控制系统、合成出口温度与入口温度的串级控制系统。

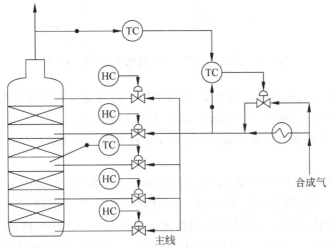

图 9-11 合成塔温度控制系统

第一催化剂床层的被控变量为合成气的口温度，操纵变量是冷副线流量。原因在于合成气刚入塔时，距离平衡还尚远，反应速率为主要因素。入口温度过低，对反应速率不利；若入口温度过高，则容易造成入口处反应速率过快，使床层温度上升过猛，影响到催化剂的使用寿命。

第二床层的被控变量为床内温度，操纵变量是激冷量。理由是在第二床层中化学平衡将成为主要因素，故床内温度具有代表性。

此外，还设计了一个合成塔出口温度 T_o 与入口温度 T_i 的串级控制系统。选择塔出口温度为主变量的意义要从整个合成塔的热量平衡角度来看，入口温度为 T_i 的合成气体，依靠合成反应所释放的热量，使其温度上升为 T_o。T_o 下降则表示转化深度不够，需要提高入口物料的热焓，即提高入口温度。只有在 T_i 上升后，才能使 T_o 回升。反之亦然。该串级系统在进行整定时，应该对两个参数适当兼顾。

（3）合成弛放气控制。在合成氨工艺中，由于采用了循环流程，新鲜气中带来的少量惰性气体（$CH_4 + Ar$）虽然并不参加反应，但冷冻分离液氨时的温度又不足以使其分离出来，因此随着循环的进行，在合成回路中惰性气含量将不断累积升高，对合成反应不利。为此，在生产过程中采用弛放气放空方式，适量地排放掉惰性气，使之达到平衡，从而使合成塔维持在较高的转化率状态下进行生产。

需要说明的是，在排放时，氢及氮这些有用的气体也同时被排放，过量的排放显然是不经济的。因此，弛放气中惰性气的含量控制也是合成氨生产中比较关键的节能控制回路之一。图 9-12 为采用串级加选择性控制方案的惰性气含量控制示意图。

在该控制系统中设置超弛控制的目的，主要为了系统安全起见。倘若循环回路压力不断升高超出限定范围时，通过高选器使压力控制器接通，从而增加弛放气量，使系统压力恢复到正常的范围，正常情况下，以回路中惰性气分率作为主变量，在实际系统中采用全组分

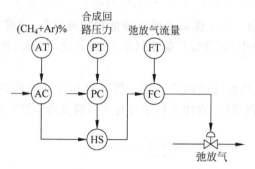

图 9-12　合成氨循环气中惰性气体含量控制系统

色谱仪测定合成循环气中各组分的分率,再将甲烷分率与氩分率相加后作为被控变量。显然该对象时间常数大,纯滞后时间也长,采用直接控制方式是难以达到要求的,为此考虑采用串级控制方案,将弛放气流量构成一副回路,改善系统的动态特性,以获得主变量的较理想的控制品质。

　　在上述控制系统中,惰性气分率的设定值是由人工给定的,如能把经过实时优化计算后获得的最佳值作为该系统的设定,即实现 SPC 优化运行,就能达到增产、节能的效果。

　　合成氨的过程控制可以采用先进控制技术。对于一个日产千吨的氨厂来说,其控制功能框图如图 9-13 所示。从图 9-13 可以看出,作为第 2 级的先进控制和优化处于第 1 级回路

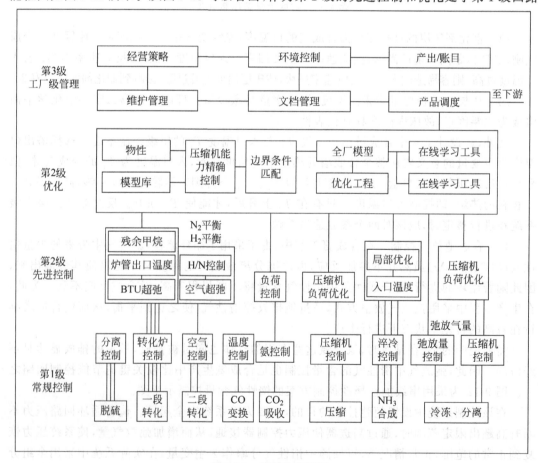

图 9-13　控制功能框图

控制和第 3 级工厂管理之间,起着承上启下的重要作用。性能良好的先进控制是实施在线优化的前提,同时又可将企业领导者的经营决策、生产管理、环境控制、调度等有关信息及时落实到生产装置的实际运行中,实现企业综合自动化。

图 9-13 中第 1 级常规控制包括流量、压力、温度、液位等单回路控制和简单的串级控制。第 2 级先进控制和优化采用的便是鲁棒多变量预测控制技术(robust multivariable predictive control technology,RMPCT)。RMPCT 是一种多变量控制器。它能处理 3 种类型的变量,即被控变量、操纵变量和干扰变量,且每种变量有多个。

9.3　加热炉过程的控制

9.3.1　概述

加热炉是轧钢厂的重要设备,其任务是按轧机的轧制节奏将不同规格、不同钢种、不同装入温度的钢坯加热到工艺要求的温度。加热炉多采用煤气做燃料,通过煤气和空气的混合燃烧为炉内的钢坯加热。按照生产模式的不同主要分为周期式和连续式;按照钢坯在炉内的运动方式分类常见炉型有推钢式、步进式、辊底式和台车式加热炉等。

图 9-14 为典型的常规步进梁式加热炉示意图。钢坯由装料端进入加热炉后,先进入加热一段升温,然后再进入加热二段强化加热把钢坯表面升温到出钢所要求的温度,这时坯料内外有较大的温度偏差,最后再经过均热段进行均热,坯料内外的温度逐渐趋于均匀,最后把加热好的钢坯运送出炉。

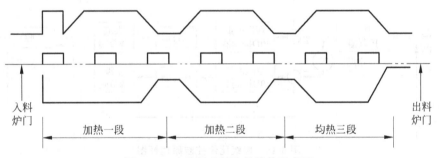

图 9-14　步进梁式加热炉结构示意图

虽然炉子形式种类很多,但是从过程控制的角度来说,其主要的任务基本上是共同的,也就是炉温和炉压的控制。沿炉长方向可以把加热炉分为加热一、加热二、均热三段,一般采用三段炉温自动控制,各段也可以再分上下层进行更细致的分区控制。

9.3.2　控制系统分析

加热炉控制系统的目的是在保证加热质量的前提下,尽可能地降低燃料消耗、减少氧化烧损,提高钢坯的收得率。为了达到工艺需求,需要在炉膛温度、压力等工艺参数上进行控制。其主要的控制回路为炉温控制和炉膛压力控制,其他如煤气压力、空气压力控制等为辅助回路。

从过程控制角度来分析,加热炉温度常常被看作具有大惯性、大纯滞后的典型被控对象,操纵量为煤气流量。主要干扰因素有轧制节奏的变化、入炉钢坯温度的变化、煤气热值波动以及煤气压力波动等。同时为了保证经济燃烧,空气的供给量要严格按照空燃比进行控制,以保证在各种工况下都能够在保证加热的前提下节约燃料。因此,炉温控制要尽可能考虑扰动的快速恢复(如煤气压力扰动)、空气流量的比值控制以及轧制节奏变化的及时跟踪,以便保证温度控制的稳定性和快速性。由于热值的波动和入炉钢坯温度的扰动难以检测和计算,一般在常规控制回路中并不考虑。

工艺要求加热炉的炉膛压力应该是微正压,炉压过低会让外部冷气进入从而降低钢温,过高则会使高温炉气大量外泄浪费能量和烧损设备。根据物料守恒的分析,当进入炉膛的介质(包括煤气和空气)数量和由烟道排出的烟气数量达到平衡时炉压将保持稳定。炉压控制回路就是通过对烟道阀门或者排烟机转速的调整来达到炉压的控制目的。生产过程中,炉门是需要经常开启和关闭的,这势必会影响已经在关门期间建立的平衡关系。因此,控制系统除了考虑关门期间空气和烟气的平衡关系,还要考虑在开启炉门动作期间的快速反应。

9.3.3 基础控制回路原理

1. 炉温控制原理

1)串级比值控制

考虑煤气压力的扰动和煤气空气的比例关系,最基本的温度控制系统一般是串级比值控制,如图 9-15 所示。

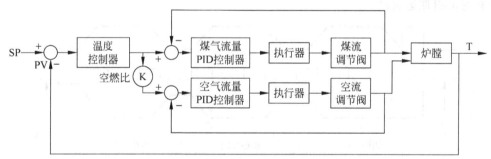

图 9-15　串级比值控制原理框图

串级控制方法比较简单、实用,可以保证稳态的空燃比并较快克服包含在副回路中的煤气压力扰动。但是在动态调整过程中,实际的空气和燃料比值关系得不到严格控制。

2)双交叉限幅控制

双交叉限幅燃烧控制是采用燃料流量和空气流量的实测值来分别对副回路控制器的空气流量和煤气流量的设定值进行限幅,通过相互制约防止负荷变化很快时出现燃料或空气的过渡过剩。通过双交叉限幅,副回路控制器会在主回路的输出以及防止燃烧系统出现过氧和缺氧燃烧的上下限中选择一个合适的值给副回路控制器作为设定值。这样,燃料的流量和空气的流量会严格地按照一个合理的比值交替地上升,使实际的空燃比保持在合理的范围之内。其控制系统框图如图 9-16 所示。

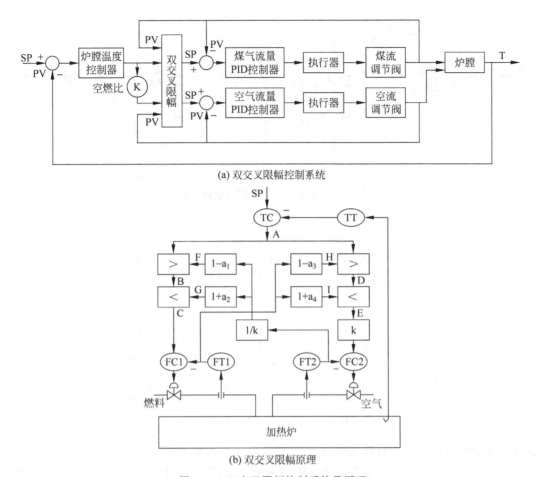

(a) 双交叉限幅控制系统

(b) 双交叉限幅原理

图 9-16　双交叉限幅控制系统及原理

双交叉限幅燃烧控制方式能有效地限制空气过剩率的实际值,在实际实施时需要根据实际情况对限幅值进行合理调整。限幅范围小可以严格控制空燃比,但同时也严重降低了控制系统的响应速度。

3) 生产率前馈

由于温度对象的容量滞后和纯滞后的特性,在轧制节奏有较大变化时是很难靠上述回路进行较快跟踪的。因此,可以将轧制节奏转化为生产率参数进行前馈补偿,以提高控制系统的相应能力。如图 9-17 所示,当生产率出现较大波动时,前馈控制输出会直接作用到煤气流量的设定值,未等到温度的反应就及时调整了煤气量,减少温度的波动。

2. 炉压控制原理

为防止冷风倒灌和火焰从炉内喷出,加热炉内应保持微正压。调节器根据安装在均热段上部的变送器测量的压力变化去控制烟道上挡板阀的开度,对炉压进行控制,以保证炉内保持微正压。由于主要影响炉压的参数是鼓风量,因此引入鼓风量的前馈来提高回路对该干扰的响应速度。其控制原理图如图 9-18 所示。

当炉门开启时对炉内压力形成突发性干扰,这种干扰采用常规的控制方法反应缓慢。

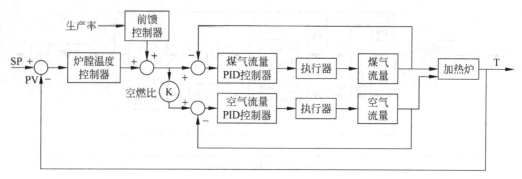

图 9-17   带有生产率前馈的温度控制

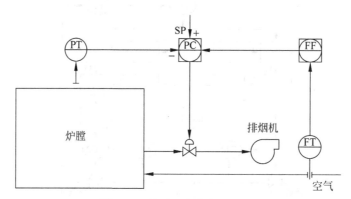

图 9-18   炉膛压力控制原理图

因此需在炉门开启期间进行迭代学习控制,迭代学习公式如下:

$$u_n = u_{n-1} + k(\alpha P_{n-1} + (1-\alpha) P_{n-2} - P_{set}) \tag{9-17}$$

式中,u_n 为本次炉门打开挡板阀的开度的变化量;u_{n-1} 为上次炉门打开挡板阀的开度的变化量;α 为加权系数(0~1);k 为比例系数;P_{n-1} 为前一次炉门打开时炉压变化平均值(百分比);P_{n-2} 为前两次炉门打开时炉压变化平均值(百分比);P_{set} 为炉压控制器设定值(百分比)。

通过调整比例系数和加权系数,经过多次自动的迭代学习,炉门开启时使阀门自动开启到经验阀位,保持合适的炉压。

9.3.4   过程优化控制

1. 概述

对于加热炉的钢坯加热过程而言,钢坯温度不能在线连续测量,因此难以采用传统的回路控制策略实现钢坯温度最优控制,只能通过炉温进行间接控制。加热炉钢坯温度的合理控制取决于炉温的合理优化设定,一般来说,这些设定值都是依据经验给出的,因此带有很大的随机性,而当生产节奏有波动的情况下,往往会产生过烧和夹生等情况发生。

因此,加热炉优化控制的核心功能主要包括以下几部分:

(1)物料跟踪。计算钢坯在炉内的精确位置以及跟踪钢坯的物理参数。

(2) 钢温计算。建立动态热传导方程,求解钢坯温度,实现钢坯温度的在线软测量。

(3) 炉温决策与设定。按照最佳钢坯升温曲线给出炉温的优化设定值;一般由寻优计算给出,也有经验公式形式。

(4) 待温决策。非正常工况的对策。

(5) 模型的学习。模型参数的更新功能。

优化模型功能结构示意图如图 9-19 所示。

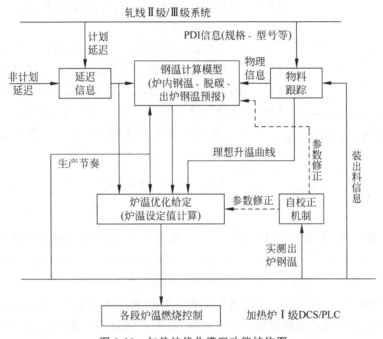

图 9-19　加热炉优化模型功能结构图

2. 过程优化模型的主要功能

1) 物料跟踪模型

物理跟踪模型主要功能为实时确定炉内每一块钢的准确位置,内容包括:

(1) 入炉跟踪。根据装钢机行走位移和钢坯物理尺寸计算钢坯首次进入炉内的位置,同时发布入炉信息给管理级计算机。

(2) 炉内跟踪。根据步进梁行走位移计算炉内钢坯的精确位置。

(3) 出炉跟踪。根据炉内出口钢坯的精确位置和钢坯物理尺寸计算出钢机行走位移,同时发布出信息给管理级计算机。

2) 钢温计算模型

根据实测炉温推算各钢坯位置炉气温度以及上一时刻钢坯内温度分布,周期计算现时刻钢坯内温度分布,进而依据预测剩余在炉时间对钢坯作必要炉温计算,最后优化指标确定的各钢坯加权系数,决定各段炉温设定。

钢坯的数学模型根据传热学原理得到,为了模型计算的可实施性,模型必须得到必要的简化。首先,目前运行的模型多数是简化为一维导热;其次,一些必要的假设是建立模型的基础。

降维处理方法一般是简化为直线分析或者沿径向分析。对于截面为圆形（管坯）或接近正方形（方坯）的钢坯按照一维圆形处理，按照径向导热进行计算；对于长宽比较大的板坯，忽略长度宽度方向的导热，只考虑厚度方向的一维导热。

（1）钢坯内部导热。以板坯为例，假设加热钢坯厚度为 H，将钢坯沿厚度方向分割为

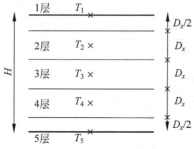

图 9-20 钢坯沿厚度方向分层示意图

N 层（本文中 $N=5$），钢坯各分割层断面温度均值依次为 $T_i(i=1,2,3,4,5)$，钢坯沿厚度方向分层示意图如图 9-20 所示。

以钢坯内部某一分割层为研究对象，从传热机理上分析它的温度变化规律，进而推导出钢坯被加热时的内部热传导方程。根据能量守恒定律，可得钢坯内部热传导方程式（9-18），公式左侧为 $t \sim t+\Delta t$ 时刻第 i 层钢坯的传导的总热流，右侧为第 i 层钢坯的内能增量。

$$\int_t^{t+\Delta t}\left(\lambda_{i-1,i}\frac{T_{i-1}^t-T_i^t}{D_x}+\lambda_{i+1,i}\frac{T_{i+1}^t-T_i^t}{D_x}\right)A\mathrm{d}t=\rho C_{pi}AD_x(T_i^{t+\Delta t}-T_i^t),\quad i=2,3,\cdots,N-1$$

$$(9\text{-}18)$$

式中，T_i^t 为 t 时刻第 i 层钢坯的温度值；$\lambda_{i-1,i}$ 为第 $i-1$ 层钢坯与第 i 层钢坯之间的等价热传导率，kcal/m·hr·℃；D_x 为 $H/4$，m；ρ 为钢坯的密度，kg/m^3；C_{pi} 为钢坯第 i 层的比热容，kcal/kg·℃；A 为钢坯垂直于厚度方向的截面面积，m^2。

（2）加热炉对钢坯的传热。目前通常采用总括热吸收率法来确定钢坯表面热流密度。总括热吸收率法对钢坯表面热流进行简化处理，将影响钢坯表面热流的诸多因素概括为一个无因次的系数，即总括热吸收率。由于总括热吸收率法算法简单，所以它在连续加热炉在线控制数学模型中得到了广泛的应用。

采用总括热吸收率法时钢坯的表面热流密度可表示为

$$q=\sigma \cdot \phi_{cf} \cdot (T_f^4-T_s^4) \tag{9-19}$$

式中，σ 为斯特藩-玻耳兹曼常数；ϕ_{cf} 为基于炉温的总括热吸收率系数；T_f 为钢坯所在处的炉气温度；T_s 为钢坯表面温度。

由式（9-19）即可对钢坯上下表面温度进行温度计算。

（3）基本数学模型方程。最终可得钢坯表面及内部导热方程如下

$$\int_t^{t+\Delta t}\left(q_U(t)+\lambda_{1,2}\frac{T_2^t-T_1^t}{D_x}\right)A\mathrm{d}t=\rho C_{p1}\frac{D_x}{2}(T_1^{t+\Delta t}-T_1^t)$$

$$\int_t^{t+\Delta t}\left(\lambda_{i-1,i}\frac{T_{i-1}^t-T_i^t}{D_x}+\lambda_{i,i+1}\frac{T_{i+1}^t-T_i^t}{D_x}\right)A\mathrm{d}t=\rho C_{pi}AD_x(T_i^{t+\Delta t}-T_i^t),\quad i=2,3,\cdots,N-1$$

$$\int_t^{t+\Delta t}\left(q_D(t)+\lambda_{N-1,N}\frac{T_{N-1}^t-T_N^t}{D_x}\right)A\mathrm{d}t=\rho C_{pN}A\frac{D_x}{2}(T_N^{t+\Delta t}-T_N^t)$$

$$q_U(t)=\phi_{cf}\sigma\left[(T_f^t+273)^4-(T_1^t+273)^4\right]$$

$$q_D(t)=\phi_{cf}\sigma\left[(T_f^t+273)^4-(T_N^t+273)^4\right]$$

$$(9\text{-}20)$$

对导热方程(9-20)进行数值求解时,由于时间步长 Δt 取值通常较小,则方程中涉及的 t 至 $t+\Delta t$ 时间内热流密度的积分计算可以由时间层初始时刻和终了时刻的热流密度值来近似表示离散化求解。在实际求解过程中,通常采用显示差分和 C-N 格式差分。

3) 炉温设定优化

加热炉炉温优化设定就是要在允许的各控制段炉温变化范围内选择出最优的炉温设定值,使得炉内钢坯在满足轧线产量和加热质量的条件下,加热炉能耗达到最低。加热炉是一种准稳态设备,在一定条件的稳定生产状态下,对于具体的钢种规格以及炉子产量,存在稳态的最优设定值和钢坯的理想加热曲线。

钢坯加热是一个复杂的过程,工况不同,要求加热过程也不同。由于加热炉生产工况的波动,如钢种、钢坯规格和加热炉生产率的变动,稳态条件下的最佳炉温并不一定能够保证钢坯实际加热过程最优化。因此,有必要由钢坯在炉内的实时温度场和稳态工况下的理想加热曲线按某种校正算法对稳态炉温设定值作动态补偿修正,以获得在动态工况下能够保证钢坯加热质量及最小燃料消耗的炉温设定值,即实现加热炉的炉温动态优化设定。加热炉炉温优化设定结构示意图如图 9-21 所示。

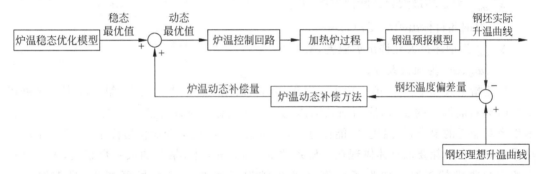

图 9-21　加热炉炉温优化设定结构示意图

(1) 稳态优化。对于加热炉炉温优化的目标函数来说,其不可能包含实际生产中的所有生产目标,这里比较重要的生产目标如下:

① 出炉时刻,钢坯的表面温度达到轧制工艺要求的最低温度,或者说出炉时刻钢坯的表面温度与轧制工艺期望的钢坯表面温度的偏差小于给定值;

② 出炉时刻钢坯的表面温度与钢坯的中心温度的偏差符合要求,即钢坯的断面温差小于给定值;

③ 在满足钢坯出炉温度的前提下,尽量降低钢坯的能量消耗;

④ 尽量缩短钢坯的在炉时间,提高加热炉的生产率;

⑤ 尽量降低钢坯的氧化烧损。

综上,本文建立如下的炉温优化目标函数

$$J = w_1 [T_s(L) - T^*]^2 + w_2 [T_s(L) - T_c(L)]^2 + w_3 \sum_{s=0}^{L} T_f(s) \quad (9-21)$$

满足约束条件

$$T_s(s+\Delta s) = F(T_s(s), T_f(s+\Delta s))$$
$$T_f(s) = F(s, T_{fs1}, T_{fs2}, T_{fs3})$$

$$T_s(s + \Delta s) - T_s(s) \leqslant \Delta T_{smax}$$

$$T_s(s) - T_c(s) \leqslant \Delta T_{cmax}$$

$$|T_s(L) - T^*| \leqslant \Delta T_{out}$$

$$T_{fsimin} \leqslant T_{fsi} \leqslant T_{fsimax} \quad i = 1,2,3$$

优化目标函数中各符号所代表的意义如下：

L 为炉子全长，m；

s 为钢坯沿炉长方向的位移，$s = 0, 1, \cdots, L$；

$T_s(s)$，$T_c(s)$ 为 s 处钢坯表面温度和中心温度，℃；

$T_f(s)$ 为 s 处炉气温度，℃；

T_{fsi} 为第 i 段的炉温设定值，℃；

T_{fsimax} 为第 i 段的炉温设定值变化上限，℃；

T_{fsimin} 为第 i 段的炉温设定值变化下限，℃；

ΔT_{smax} 为钢坯最大允许升温速度，℃；

ΔT_{cmax} 为钢坯最大允许断面温差，℃；

T^* 为钢坯目标出炉温度，℃；

ΔT_{out} 为钢坯最大允许出炉温差，℃；

w_1、w_2、w_3 为加权系数。

优化指标式(9-21)中，第一项表示对钢坯出炉时刻表面温差的要求，第二项表示对钢坯出炉时刻断面温差的要求，这两项共同体现了生产目标对钢坯加热质量的要求；第三项表示生产对能耗的要求，炉温越高，能耗越大，否则反之。在此综合优化指标中，生产对钢坯加热质量要求和能耗要求具体体现在加权系数 w_1、w_2、w_3 上，某个加权系数越大，表示对相应的指标要求就越高。如为了使钢坯的出炉温差和断面温差尽可能小，只需取 w_1，$w_2 \geqslant w_3$。

约束条件中，第 1 个约束条件表示钢坯在某一位置的温度由该位置处的炉气温度和钢坯在前一位置的温度决定，钢坯温度分布符合机理传热模型；第 2 个约束条件表示炉温分布为沿炉长方向的一维空间分段线性分布，且由对应炉温各检测点的温度（热电偶测量温度）来决定，炉温分段线性分布符合炉温规律；第 3～5 个约束条件分别表示对钢坯加热速度、钢坯断面温差及出炉温差的要求；第 6 个约束条件表示对第 i 段炉温设定值的限制。

于是求解最优炉温分布的问题可归结为在满足以上 6 个约束条件的情况下，求解一组最优参数值 T_{fs1}^*，T_{fs2}^*，T_{fs3}^*，使得优化指标式(9-21)达到最小。由于炉温分布是沿炉长方向分段线性化的，求出各设定点的最佳静态炉温之后，将其进行分段线性化处理就能得到全炉长方向炉温静态分布。

（2）动态补偿。当炉内生产工况发生波动时，通过炉温设定值的动态补偿和实时修正最终使得炉内所有钢坯按照预定的理想加热曲线完成加热过程。炉温动态补偿的基本思想是在每个控制周期内，比较控制段内各块钢坯平均温度理想值与模型预报值，利用段内所有钢坯温度偏差对各控制段炉温分布进行补偿刷新。考虑到工程实际应用中，往往更多的是关心钢坯各段出口温度，因此本文采用段末温度控制法来实现炉温的动态补偿调整。

段末温度控制法是以钢坯各控制段出口温度为主要控制目标，将炉内钢坯按照计划的出钢周期和虚拟的炉温制度进行虚拟加热直至到达段出口处,通过计算各段出口处钢坯预测温度与理想温度的偏差,最终对每一块钢坯都给出一个最优炉温设定值,以使炉内每一块钢坯在离开各段时尽可能满足优化加热曲线对段出口温度的要求。炉内各个控制段的最终炉温设定值是通过段内所有钢坯炉温设定值的综合得到的。由于段末温度控制法是以钢坯段出口温度为主要目标,因此不仅能够保证钢坯离开当前段时达到理想加热曲线规定的段出口温度,而且大大降低了炉温动态决策的计算量。

利用段末温度控制法进行炉温动态补偿调整主要包括以下 3 个计算步骤:

(1) 根据炉内每一块钢坯温度及当前轧制节奏,分别计算与之对应段的炉温设定值。我们将这样的设定值称为"单坯炉温设定值"。

(2) 在每一个控制炉段内,对上一步估算的单坯炉温设定值进行综合,得到该控制段的炉温设定值。

(3) 对上述计算出的各段炉温设定值进行处理,如限幅、死区等,然后下达给加热炉基础自动化系统去执行。

利用段末温度控制法进行炉温动态补偿优化设定的流程图如图 9-22 所示。

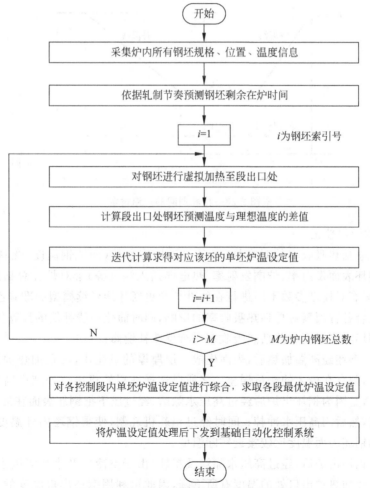

图 9-22　段末温度控制法优化设定流程图

4）待温/待轧处理

当轧机出现故障或者换辊期间不能轧钢时，加热炉不能连续出钢，这种情况称为待温/待轧。在实际生产中，待轧现象是难以避免的。待轧一般可分为计划待轧和非计划待轧。对于计划待轧，其起始时刻和持续时间一般是可知的；对于非计划待轧，其起始时刻和持续时间一般是不可知的。当待轧发生时，钢坯在炉内不再运动，如果不适当调整加热炉的热工操作，则炉内钢坯的整体温度就会上升，这不仅浪费燃料，还加重钢坯的氧化和脱碳，严重影响钢坯的加热质量。

加热炉数学模型还包括对计划待轧和非计划待轧提供相应的操作、控制策略，以避免钢坯过热、减少氧化，同时保证钢坯的加热要求和尽可能节约燃料。

待轧控制策略是指加热炉在待轧期间内炉子的热负荷或炉温随时间的调节规律，一般包括炉子的降温、保温和升温等过程的控制，使得待轧结束时能迅速恢复正常生产，将燃料消耗降到最低，并防止过烧和加热质量降低。图 9-23 为待轧期间加热炉的炉温设定模式。

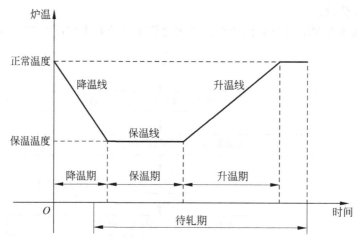

图 9-23　待轧期间的炉温设定

5）模型的学习校正

由于炉膛总括热吸收率的时变性，各种热工操作参数（如装钢温度、燃料消耗量、空燃比、生产率、钢坯表面发射率、炉围发射率、热电偶插入深度等）会对炉膛总括热吸收率造成影响。因此，只有对模型参数不断进行在线补偿和更新才能延续模型的准确性。

本文为综合各种因素对总括热吸收率的影响，同时简化在线补偿的计算复杂度，引入粗轧机组出口钢坯实测温度对总括热吸收率进行反馈补偿修正。

众所周知，钢坯经高温加热后，表面生成一层厚厚的氧化皮，若在加热炉出口处进行钢坯温度的测量，则存在较大的测量误差。之所以选择在粗轧机出口处装设高温计以检测钢坯的表面温度，是因为钢坯出炉后经过高压水除鳞，经过压下把钢坯表面在加热炉内生成的氧化铁皮剥离，然后用高压水冲掉；同时经过粗轧机轧制，使得钢坯内外温度分布较均匀，从而所测量的钢坯表面温度比较接近实际温度。

加热好的钢坯出炉后，经过高压水除鳞及粗轧，由于空冷以及水冷等因素，粗轧机组出口的钢坯温度较加热炉出口处的温度有所下降，因此可利用钢坯出口温度的预报值及粗轧降温模型计算出粗轧机组出口的钢坯预报温度，则可得粗轧机出口处的钢坯温度预报值和

实测值的偏差 ΔT_{RN} 为

$$\Delta T_{RN} = T_{RN}^{\Lambda} - T_{RN} \tag{9-22}$$

其中，T_{RN}^{Λ} 为粗轧机出口处钢坯温度预报值，T_{RN} 为粗轧机出口处钢坯温度实测值。

由于粗轧阶段温降是一定的，则加热炉出口处的钢坯温度预报值和实测值之差与粗轧机出口处的钢坯温度预报值和检测值之差相等，即

$$\Delta T_{exit} = \Delta T_{RN} \tag{9-23}$$

所得的钢坯出炉温度偏差 ΔT_{exit} 可用于对总括热吸收率进行反馈补偿修正。基于粗轧机组出口钢坯实测温度的总括热吸收率反馈补偿策略如图 9-24 所示。

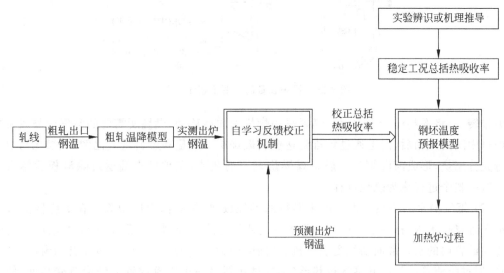

图 9-24　总括热吸收率反馈补偿校正原理

9.4　锅炉过程的控制

9.4.1　概述

锅炉是石油、电力、化工等行业生产中必不可少的重要的动力设备。锅炉从用途上可以分为动力锅炉和工业锅炉两大类，而工业锅炉又可以分为辅助锅炉、废热锅炉、快装锅炉、夹套锅炉等。它们的燃料亦是多种多样的，有烧油的、油气混合烧的、烧煤的，也有利用余热的。

锅炉设备的主要工艺流程如图 9-25 所示。燃料和热空气按一定比例进入燃烧室燃烧，把水加热成蒸气，产生的饱和蒸气经过热器，形成一定温度的过热蒸气，汇集到蒸气母管，经负荷设备控制阀供给负荷设备用。

锅炉设备的工作过程概括起来包括 3 个同时进行的过程：燃煤锅炉的燃烧过程、烟气向水的传热过程和水的汽化过程。简述如下：

（1）燃煤锅炉的燃烧过程。燃料煤加到煤斗中并落在炉排上，电机通过减速机、链条带

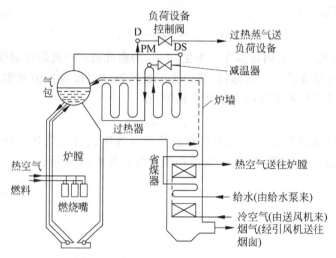

图 9-25　锅炉设备的主要工艺流程图

动炉排转动,将燃料煤带入炉内。燃料煤边燃烧边向后移动,燃烧所需要的空气由鼓风机送入炉排中间的风箱后,向上通过炉排到达燃料燃烧层。风量和燃料量成比例(风煤比),以便进行充分燃烧,形成高温烟气。燃料煤燃烧剩下的灰渣,在炉排末端返过除渣板后排入灰斗。这一整个过程称为燃烧过程。

(2) 烟气向水的传热过程。由于燃料的燃烧放热,炉膛内温度很高。在炉膛四周墙面上都布置着排水管,称为水冷壁。高温烟气与水冷壁进行强烈的辐射换热和对流换热,将热量传递给管内的水。继而烟气受引风机、烟囱的引力向炉膛上方流动,烟气出烟窗(炉膛出口)并通过防渣管后就冲刷蒸气过热器(蒸气过热器是一组垂直放置的蛇形管受热面,使气包中产生的饱和蒸汽在其中受烟气加热而过热)。烟气流经过热器后又经过接在上、下炉筒间的对流管束,使烟气冲刷管束,再次以对流换热方式将热量传递给管束内的水。沿途降低温度的烟气最后进入尾部烟道,与省煤器和空气预热器内的水进行热交换后,以较低的烟温排出锅炉。省煤器实际上就是给水预热器,它和空气预热器一样,都设置在锅炉尾部烟道中,以降低排烟温度,提高锅炉效率,从而节省燃料。

(3) 水的汽化过程。该过程就是蒸气的产生过程,主要包括水循环和气水分离过程。经过处理的水由泵加压,先流经省煤器而得到预热,然后进入气包。锅炉工作时,气包中的工作介质是处于饱和状态下的汽水混合物。位于烟温较低区段的对流管束,因受热较弱,汽水的容重较大;而位于烟气高温区的水冷壁和对流管束,因受热强烈,相应水的容重较小,因而容重大的往下流入下气包,而容重小的则向上流入上气包,形成了水的自然循环。

蒸气产生的过程是借助内装的气水分离设备,以及在气包本身空间中的重力分离作用,使气水混合物得到分离。蒸气在上气包顶部引出后进入蒸气过热器,而分离下来的水仍回到上气包下半部分的水中。

9.4.2　控制系统分析

无论是作为热源还是动力源,锅炉都是为机器和设备提供蒸气,但所需要的蒸气规格不同,所以必须使锅炉的蒸气量和规格随时适应负荷设备的需要。但是,当蒸气负荷变化时,蒸气母管压力则要随之而变,气包压力也必随之变化,则进入和流出锅炉的热量不平衡,必须改变燃料量以使之保持平衡。改变燃料量必须随之改变空气量,以保证最佳燃烧;为保证炉膛内有一定负压,必须改变引风机的排烟量。与此同时,必须通过气包水位的控制来改变给水量,以保证输出蒸气与给水的平衡。在过热蒸气系统中,必须改变减温水量来保证过热蒸气温度。可以看出,为了保证供给合格的蒸气,使之适应负荷的需要,生产过程的各主要工艺参数必须严格控制。

根据蒸气包炉控制系统的工作特点,控制系统的基本控制任务和控制要求包括:

(1) 蒸气量和压力要适应需要或保持在给定范围;

(2) 过热蒸气温度要保持在一定范围内;

(3) 气包水位要保持在一定范围内;

(4) 燃烧的经济性,且要保证安全运行;

(5) 炉膛负压要保持在一定范围内。

同时,还可以看出锅炉是一个复杂的控制系统,主要输入变量是负荷、锅炉给水、燃烧量、送风和引风等。主要输出变量为气包水位、蒸气压力、过热蒸气温度、炉膛负压、过剩空气(烟气含氧量)等。

从上述可以看出,这些输入变量和输出变量之间是相互联系、相互影响的。所以,锅炉设备是一个多输入、多输出且相互关联的控制对象,当前在实际工程处理上作了一些简化,将锅炉设备的控制分为几个控制系统。其主要控制系统如下:

1) 锅炉气包水位控制

锅炉气包水位控制的被控对象是气包水位,其操纵变量是给水流量。其控制的基本规律是根据气包内锅炉负荷的蒸发量,按物料平衡关系保证给水流量,以维持气包内水位在一定允许范围内。这是保证锅炉、汽轮机安全运行的必要条件之一,是锅炉正常运行的重要指标。

2) 锅炉燃烧过程控制

锅炉燃烧过程有 3 个被控变量:蒸气压力、烟气含氧量和炉膛负压。其中,蒸气压力或负荷、烟气含氧量主要是反映燃烧经济性的。其操纵变量也有 3 个:燃料量、送风量和引风量。而这 3 个操纵变量和 3 个被控变量互相关联,必须统一考虑,从而组成合适的燃烧系统控制方案,以使燃料燃烧所产生的热量能满足蒸气负荷的需要。同时,保证燃烧的经济性以及锅炉的安全运行,并使炉膛负压能保持在一定范围内。

3) 过热蒸气温度控制

以过热蒸气温度为被控变量,喷水量为操纵变量组成的温度控制系统,以使过热器出口温度保持在允许范围内,并且保证管壁温度不超过允许的工作温度。

9.4.3　基础控制回路原理

1. 锅炉气包水位控制

水位控制的主要干扰来自两方面。其一是"虚假水位"。当蒸气用气量突然增加时,气包中蒸发量大于给水量,水位应下降。但由于蒸气流量阶跃增加,气包中压力减小,汽水循环管路中水的气化强度增加,蒸发面以下气泡容积增大,致使水位有虚假上升趋势,此现象称为"虚假水位"。这将使调节器得到错误信号,影响调节的动态品质。其二是给水系统的扰动,例如给水泵的压力波动。

图 9-26 为串级三冲量给水控制系统控制原理图,系统方框图如图 9-27 所示。其中主调节器接受气包水位信号作为主控信号,副调节器除接受主调节器信号外,还接受给水流量反馈信号和蒸气流量前馈信号,组成一个三冲量的串级控制系统(也可以称为串级前馈控制系统)。其中,副调节器的作用主要是通过副回路进行给水流量的调节,并快速消除来自给水侧的扰动。一旦蒸气流量发生波动,在没有影响到水位之前,前馈控制器就按照蒸气流量的大小改变副控制器的设定值,进而快速抑制蒸气流量变化对水位的影响。故大大提高了针对负荷扰动的水位调节速度,并可以补偿由于虚假水位造成的主控制器的误动作。

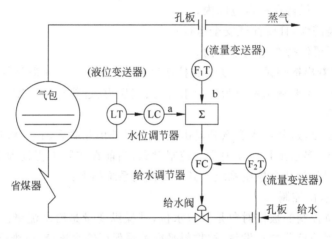

图 9-26　串级三冲量给水控制系统原理图

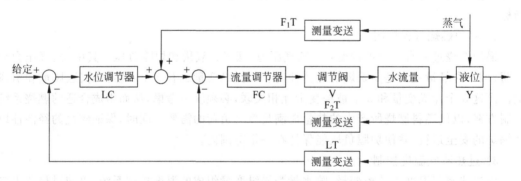

图 9-27　串级三冲量给水控制系统方框图

和传统的单级三冲量给水控制系统相比,串级三冲量系统有如下特点:

(1) 两个调节器任务不同,参数整定相对独立。副调节器的任务是当给水扰动时,迅速动作使给水量不变;当蒸气流量扰动时,副调节器迅速改变给水量,保持给水和蒸气量平衡。主调节器的任务是校正水位,这比单级三冲量给水控制系统的工作更为合理。

(2) 在负荷无较大变化时,水位静态值是靠主调节器来维持的。在这里可以根据对象在外扰下虚假水位的严重程度来适当加强蒸气流量信号的作用强度,以便在负荷变化时,使蒸气流量信号能更好地补偿虚假水位的影响,从而改变负荷扰动下的水位控制质量。

2. 锅炉燃烧控制

锅炉燃烧系统是一个复杂的多变量耦合系统。输入量有给煤量、鼓风量和引风量;输出量有蒸气压力、烟气含氧量(燃烧的经济性)、炉膛负压。燃料是热量的唯一来源,给煤量的变化直接影响锅炉提供的蒸气量,也影响气包压力的变化,是燃烧系统的主控量。鼓风量的变化产生不同的风煤比和相应的燃烧状况,表现出不同的炉膛温度,并决定炉膛损失的大小,直接决定着锅炉能否经济运行。在送风量改变的同时也改变引风量,使炉膛负压保持稳定,保证锅炉安全运行。

为便于分析,通常将锅炉燃烧系统简化成互相联系、密切配合但又相对独立的 3 个单变量系统:以燃料量维持母管压力恒定的气压控制系统;以送风量维持经济燃烧的送风控制系统;以引风量维持炉膛负压稳定的炉膛负压控制系统。其控制回路方框图如图 9-28 所示。

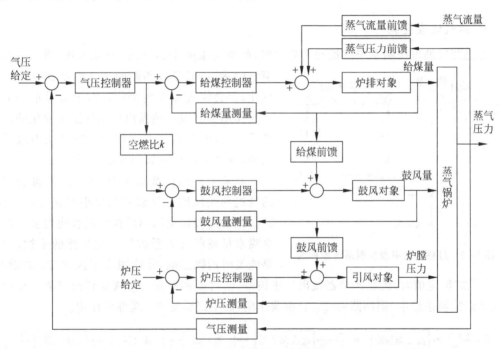

图 9-28　燃烧控制回路方框图

1) 主气压力控制/给煤控制

主气压力也就是气包出口蒸气压力。蒸气压力自动控制以蒸气压力信号为被控参数,以给煤量为操纵量,通过调节燃料量(给煤量调节),使得燃料供应量能在最佳范围内以尽量快的速度将蒸气炉压力维持在设定值上。该回路采用串级前馈控制方案。

影响蒸气压力的因素主要有内扰和外扰两种。一种是燃料量或燃煤煤质的改变引起的扰动,称之为内扰动;另一种是蒸气流量(负荷)变化引起的扰动,称之为外扰动。由于从燃料的燃烧释放热量,到水蒸发过程时间常数比较大,相应滞后,因此设计前馈环节对较好克服扰动作用十分必要。其中,蒸气压力前馈来自于出口压力,用于克服内扰;蒸气流量前馈来自于气机(负荷),用于克服外扰。

2) 鼓风控制

空气是用于助燃的,鼓风控制应使空气量与给煤量维持合适的比值-空燃比,以保证较高的燃烧效率。鼓风控制器的设定值来自气压控制器的输出乘以空燃比 k,也就是计算的设定给煤量乘以比值 k,并采用前馈反馈的控制方案实现鼓风量的控制。其中,给煤前馈是为了提高给煤在前馈作用下快速变化时鼓风控制的跟随速度。

在一些鼓风控制系统中,为了保证动态过程的空燃比,防止冒黑烟,还增加了交叉限幅功能。目的是加煤前先加风,减风前先减煤,具体的控制策略与加热炉控制中的双交叉限幅类似。

3) 炉膛压力控制

负压是由鼓风量和引风量之间特定关系形成的,鼓风量的大小变化是炉膛负压产生扰动的主要因素。控制系统通过变频器调节引风量构成单回路反馈调节,同时,采用鼓风量前馈环节提高回路对鼓风量扰动的反应速度。一旦鼓风量发生变化,控制器可以迅速地调整引风机的转速,从而抵消鼓风量波动的影响,稳定炉膛负压。

3. 蒸气温度控制

过热蒸气温度控制系统的扰动来源很多,如蒸气流量、减温水量、燃烧工况、进入过热器蒸气的热焓、流经过热器的烟气温度和流速等的变化,都会使气温发生变化。由于减温水调节阀开始作用到二级过热器出口蒸气温度变化的时间滞后很大,因此蒸气温度控制一般采用串级系统结构,其系统原理图如图 9-29 所示。

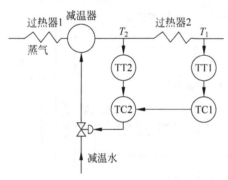

图 9-29 过热气温串级控制系统原理图

其系统方框图如图 9-30 所示。减温器对象的延迟和惯性比过热器对象要小得多,所以副回路的控制过程比主回路的控制过程快得多。对来自喷水量或蒸气流量或烟气侧热量的干扰,副回路能及时消除影响,并能减少干扰对 T_1 的影响。

当 T_1 偏离给定值时,由主调节器发出校正信号,通过副回路使 T_2 恢复到给定值。在过热蒸气串级控制系统中,副回路对 T_1 起粗调作用,而主回路对 T_1 起细调作用。

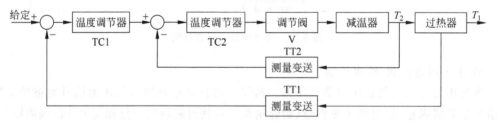

图 9-30 过热气温串级控制系统方框图

9.4.4 工业锅炉的优化控制分析与设计

锅炉优化的目的是在受到负荷、燃料、环境和锅炉状态发生变化时,仍能连续地使锅炉效率最高。通常期望的效率在 $82\%\sim88\%$,很少超过 90% 和低于 65%。锅炉优化可以从多个方面入手,就控制而言,常见的方案是使过剩空气量最少和烟气温度最低,从而使热损失最少;在满足需要的前提下,尽可能降低蒸气压力,直接节省燃料。本书仅就烟气含氧量的优化控制展开讨论。

1. 优化控制分析

1) 燃烧过程最优工作点

在规定负荷下,锅炉操作时的热损失与过剩空气量或效率有关,如图 9-31 所示。所有热损失总和曲线是有最小点的,所以控制系统希望操作在该最优点附近。

从图中可知,辐射热和煤的热损失为常数,最大热损失是通过烟囱排出的烟气所带走的热量,空气量小时则会引起不完全燃烧,所以有一个最经济燃烧点存在,即最小的过剩空气量和烟囱排气的烟气温度最低。

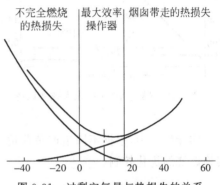

图 9-31　过剩空气量与热损失的关系

可见,最小热损失点不是在过氧量为 0 这一点,这是因为炉膛中有一个混合问题,按理论上计算的所需的氧量,由于混合不均而会造成燃料的不完全燃烧,从而造成燃料的损失。因而,热损失最少或效率最高点是在燃料完全燃烧下,过氧量最少,即烟气量最少(带走热量少)的平衡点。在这点上,烟气带走的热损失与不完全燃烧的燃料损失平衡。

2) 燃烧优化程度的自动检测

燃烧优化程度一般是通过检测烟气成分实现的。燃烧过程的操作,通常是提供足够的空气量使所有燃料都转化为二氧化碳,因此,残留在烟气中的氧含量和一氧化碳含量是评价燃烧优化程度的常见手段。

根据不同燃料的特性和不同的工作点,理论上的过剩空气量是不同的。一般情况下,气体燃料所需的过气量最低,而固体燃料所需最高,最优过氧量对于煤气、油和煤分别为 1%、2% 和 3%。

过剩空气量又常常通过过氧量 O_2% 描述。过氧量 O_2% 作为衡量锅炉最经济运行的指标是比较流行的方法。但是,它也不是很灵敏的。为了最小化有效,O_2 的检测元件应尽可能安装在燃烧区,但是这一点温度往往还是低于 O_2 表设计时所需的温度。同时,作为不完全燃烧的评价手段,烟气中 CO 含量同样可以描述燃烧的充分程度。

图 9-32 描述了燃气锅炉运行效率和过氧量以及 CO 的关系。从理论上讲,在烟囱中,由于 O_2 的存在,CO 应是零。但实际上,锅炉最大效率区通常维持 CO 在 0.01% ~ 0.04%,而 O_2 通常维持在 1% ~ 2%。

3) 锅炉负荷的影响

如果用过氧量来检测锅炉运行的最经济区时,由于过氧量 O_2% 与负荷有一定的关系。如图 9-33 所示,过空气量(过氧量 O_2%)随着负荷的下降而必须增加,这是因为负荷低时燃烧速率下降和空气流量减少,而炉膛的体积未变,这使燃料和空气混合的效率降低,因此就必须用比较高的过氧量才能使燃料充分燃烧。

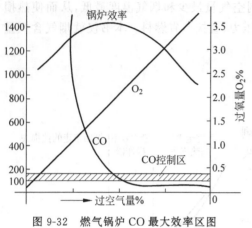

图 9-32   燃气锅炉 CO 最大效率区图

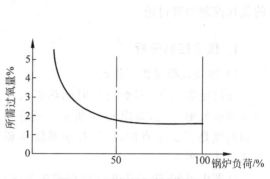

图 9-33   过氧量与负荷的关系

实际生产中,根据不同生产负荷情况,按照优化曲线生成优化的过氧量优化控制目标,实施燃烧的优化控制。

2. 优化控制设计

燃烧过程的优化控制是通过优化空气/燃料比来实现。如前节所述,空气和燃料按照比值关系进行控制,不实施优化控制时,空燃比为经验设定的常数,不会随着锅炉负荷状态的变化而变化。优化控制的目的就是根据锅炉的负荷情况和最优过氧量的曲线,自动计算不同负荷下的最佳空燃比,从而实现优化燃烧。

由负荷和过氧量校正的空燃比的控制如图 9-34 所示。氧含量控制器（AC）的设定值根据蒸气流量（负荷）用 $f(D)$ 函数进行优化处理,得到不同负荷下的优化氧含量设定值。利用该输出对理论空燃比进行校正,得到最优空燃比实施燃料和鼓风量的比值控制。$f(D)$ 函数实现的优化曲线已经在前节描述。

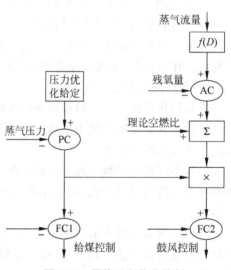

图 9-34   燃烧过程优化控制

参 考 文 献

[1] 邵裕森,巴筱云.过程控制系统及仪表[M].北京:机械工业出版社,1993.

[2] 俞金寿.工业生产过程先进控制技术[M].上海:华东理工大学出版社,2008.

[3] 王树青.先进控制技术应用实例[M].北京:化学工业出版社,2005.

[4] 王桂增,王诗宓.高等过程控制[M].北京:清华大学出版社,2002.

[5] 邵惠鹤.工业过程高级控制[M].上海:上海交通大学出版社,1997.

[6] 金福江.脱木素反应的多变量推断控制系统研究[J].西南科技大学学报,2005,20(1):6-10.

[7] 黄德先,王京春,金以慧.过程控制系统[M].北京:清华大学出版社,2011.

[8] 席裕庚.预测控制[M].北京:国防工业出版社,1993.

[9] 舒迪前.预测控制系统及其应用[M].北京:机械工业出版社,1996.

[10] Rocha M,Rocha I. A New Representation in Evolutionary Algorithms for the Optimization of Bioprocesses[C]. 2005 IEEE Congress on Evolutionary Computation, 2005,(1):484-490.

[11] 沈静珠,陈炳珍.过程系统优化[M].北京:清华大学出版社,1994.

[12] 万百五,黄正良.大工业过程计算机在线稳态优化控制[M].北京:科学出版社,1998.

[13] 潘立登.先进控制与在线优化技术及其应用[M].北京:机械工业出版社,2009.

[14] 鄂加强.铜精炼过程优化建模与智能控制[M].长沙:湖南大学出版社,2006.

[15] 何小荣.化工过程优化[M].北京:清华大学出版社,2002.

[16] 徐博文.过程建模与优化[J].化工自动化及仪表,1997,24(5):52-55.

[17] 孙垂丽,陆桢,徐博文.基于过程模型的常压蒸馏装置在线能量优化[J].化工自动化及仪表,2001,28(4):22-25.

[18] 张亚乐,徐博文,方崇智,等.一种改进的遗传算法在原油蒸馏过程优化中的应用[J].化工自动化及仪表,1997,24(3):12-17.

[19] 张亚乐,徐博文,方崇智,等.基于稳态模型的常压蒸馏塔在线优化控制[J].石油炼制与化工,1997,28(10):48-52.

[20] 李人厚,邵庆福.大系统的递阶与分散控制[M].西安:西安交通大学出版社,1986.

[21] 万百五,Robert P D. 稳态大系统递阶控制技术的一些改进(Ⅰ)直接法[J].西安交通大学学报,1983,2:1-8.

[22] 万百五,Robert P D. 稳态大系统递阶控制技术的一些改进(Ⅱ)价格法[J].西安交通大学学报,1983,2:9-16.

[23] 玄光男,程润伟.遗传算法与工程设计[M].北京:科学出版社,2000.

[24] 黄德先,王京春,金以慧.过程控制系统[M].北京:清华大学出版社,2011.

[25] 俞金寿,顾幸生.过程控制工程[M].北京:高等教育出版社,2012.

[26] 牛培峰,张秀玲,罗小元,等.过程控制系统[M].北京:电子工业出版社,2011.

[27] 李国勇.过程控制系统[M].北京:电子工业出版社,2009.

[28] 孙增圻,邓志东,张再兴.智能控制理论与技术[M].2版.北京:清华大学出版社,2011.

[29] 厉玉鸣,孟华.化工仪表及自动化[M].北京:化学工业出版社,2011.

[30] 李少远,蔡文剑.工业过程辨识与控制[M].北京:化学工业出版社,2010.

[31] 陈夕松,汪木兰.过程控制系统[M].2版.北京:科学出版社,2011.

[32] 陈必链.微生物工程[M].北京:科学出版社,2010.

[33] 陈坚,堵国成.发酵工程原理与技术[M].北京:化学工业出版社,2012.

[34] 郭一楠,常俊林,赵峻,等.过程控制系统[M].北京:机械工业出版社,2009.

[35] 师黎,陈铁军,李晓媛,等.智能控制理论及应用[M].北京:清华大学出版社,2009.

[36] 杨英华,李东.轧钢加热炉燃烧自动控制系统的运行机制[J].中国冶金,2005.15(11):27-29.

[37] 陈洪伟.本钢4#步进梁加热炉集散控制系统[D].沈阳:东北大学,2005.

[38] 彭麟.蓄热式加热炉建模与优化设定方法研究[D].沈阳:东北大学,2012.

[39] 马太.加热炉 HMI 监控系统仿真研究[D].沈阳:东北大学,2009.

[40] 崔苗.基于炉气非灰辐射特性的炉膛总括热吸收率动态补偿研究[D].沈阳:东北大学,2009.

[41] 王银锁.过程控制系统[M].北京:石油工业出版社,2009.

[42] 孙优贤,邵惠鹤.工业过程控制技术[M].北京:化学工业出版社,2006.